名师名著 教育中国 · 规划精品系列

国家级一流本科课程建设成果教材

石油和化工行业“十四五”规划教材

FOOD MACHINERY AND EQUIPMENT

食品机械与设备

牟光庆 主 编

王海涛 王 浩 马凤鸣 副主编

化学工业出版社

·北 京·

内容简介

“食品机械与设备”课程是食品科学与工程专业的核心课程。大连工业大学“食品机械与设备”课程在2023年被评选为国家级一流本科课程，本教材为一流课程建设成果。本书共十五章，涵盖食品物料输送、清理、分离、粉碎与脱壳、混合、成型、杀菌、浓缩、干燥、冷冻、发酵和包装等单元操作的各类机械与设备，介绍了食品机械与设备的基本理论、主要结构和具体应用。着重增强学生的动手能力与创新意识，培养学生的工程素质和实践能力。

本教程可作为高等院校食品科学与工程、食品质量与安全、食品机械及其自动化等相关专业课程教材，也可以供相关科研、技术管理及生产领域的从业人员参考。

图书在版编目（CIP）数据

食品机械与设备 / 牟光庆主编 ; 王海涛，王浩，马凤鸣副主编. -- 北京 : 化学工业出版社，2026. 2.
（石油和化工行业“十四五”规划教材）（国家级一流本科课程建设成果教材）. -- ISBN 978-7-122-49735-2

Ⅰ. TS203

中国国家版本馆CIP数据核字第2026X3M038号

责任编辑：赵玉清
文字编辑：周 倜
责任校对：边 涛
装帧设计：刘丽华

出版发行：化学工业出版社
（北京市东城区青年湖南街13号 邮政编码100011）
印 装：河北鑫兆源印刷有限公司
880mm×1230mm 1/16 印张16½ 字数489千字
2026年2月北京第1版第1次印刷

购书咨询：010-64518888
售后服务：010-64518899
网 址：http://www.cip.com.cn
凡购买本书，如有缺损质量问题，本社销售中心负责调换。

定 价：49.80元

前言

2023 年 2 月教育部等五部门印发《普通高等教育学科专业设置调整优化改革方案》，方案强调深化新工科建设，主动适应产业发展趋势，主动服务制造强国战略，围绕“新的工科专业，工科专业的新要求，交叉融合再出新”，将相关学科专业发展前沿成果、最新要求融入人才培养方案和教学过程。

食品工业是我国制造业中的第一大产业，食品产业关系到国民经济的发展和人民营养健康，深化新工科建设对食品科学与工程类专业教材建设提出了更高的要求。食品生产的工业化离不开食品机械与设备，“食品机械与设备”课程是食品科学与工程专业的核心课程，在培养学生解决复杂工程问题能力方面发挥重要作用。面对食品产业新的发展趋势和新工科建设的新要求，需要在“食品机械与设备”课堂教学中引入新的教育理念，优化教学内容，推动食品科学与工程类专业教学的创新发展，培养创新型人才。大连工业大学牟光庆教授负责的“食品机械与设备”课程在 2023 年被评选为国家级一流本科课程，在这样的背景下，促成了本书的出版。本教材由大连工业大学、东北农业大学、沈阳农业大学和华南农业大学共同参与编写，在介绍有关食品机械与设备原理的基础上，着重于食品机械与设备的工作原理和使用、选型中的注意事项，以育人为初心，构建适宜于食品科学与工程的人才培养模式。

本书涵盖食品物料输送、清理、分离、粉碎与脱壳、混合、成型、杀菌、浓缩、干燥、冷冻、发酵和包装等单元操作的各类机械与设备。着重增强学生的动手能力与创新意识，培养学生的工程素质和实践能力。本教材可供我国高等院校食品科学与工程、食品质量与安全、食品机械及其自动化等相关专业学生和科研技术人员了解食品机械与设备的基本理论、主要结构、先进装备和具体应用，为选择和设计新型食品机械与设备，解决实际工程问题提供必要的支持。

本教材由大连工业大学牟光庆任主编，大连工业大学王海涛、东北农业大学王浩和沈阳农业大学马凤鸣任副主编。全书共十五章。具体编写分工：第一章和第二章由大连工业大学牟光庆编写；第三章和第四章由大连工业大学王海涛编写；第五章和第六章由东北农业大学王浩编写；第七章和第八章由大连工业大学吴超编写；第九章和第十二章由大连工业大学苏文涛编写；第十章由大连工业大学宋玉昆编写；第十一章和第十三章由沈阳农业大学马凤鸣编写；第十四章和第十五章由华南农业大学司徒文贝编写。

由于编者水平有限，本教材存在疏漏和不妥之处，敬请读者批评指正。

编者于大连工业大学

2025 年 5 月

目录

第一章　绪论　001

第一节　食品机械与设备的历史与现状　002
一、概述　002
二、我国食品工业及食品机械的发展历程　002
第二节　食品机械与设备的分类、特点和要求　002
一、食品机械与设备的分类　002
二、食品机械与设备的特点　003
三、食品机械与设备的要求　003
第三节　食品机械与设备的研究及发展　004
一、我国食品机械工业发展目标　004
二、食品机械发展重点　005
三、食品机械与设备的研究与发展　006
总结　007
思考练习　007

第二章　输送机械与设备　008

第一节　固体物料输送机械　009
一、带式输送机　009
二、斗式输送机　011
三、螺旋输送机　013
四、振动输送机　015
第二节　液体物料输送机械　017
一、齿轮泵　017
二、离心泵　018
三、螺杆泵　021
四、罗茨泵　022
五、滑片泵　024
六、水环真空泵　025
第三节　气力输送设备　026
一、概述　026
二、气力输送设备的分类　026
三、气力输送设备的主要构件　028
总结　031
思考练习　031

第三章　清洗、分选及分级机械与设备　032

第一节　清洗的概述　033
一、清洗的作用　033
二、清洗的基本原理　033
第二节　原料清洗机械与设备　034
一、鼓风清洗机　034
二、刷洗机　034
三、滚筒清洗机　034
四、桨叶清洗机　034
第三节　洗罐机　035
一、空罐清洗机　035
二、实罐清洗机　035
第四节　洗瓶机　035
一、洗瓶机分类　035
二、半机械化洗瓶机　035

三、全自动洗瓶机 037
第五节 机械设备清洗系统 039
一、就地清洗系统的概述 039
二、影响 CIP 清洁效果的因素 040
三、 CIP 的分类及结构 040
第六节 分选设备 043
一、分选概述 043
二、分选原理 043
三、筛分式分选机械 043
四、形状分级机械 044
五、力学分选机械 045
六、光电学分选机械 046
总结 048
思考练习 049

第四章 分离机械与设备 050

第一节 分离的概述 051
一、分离概述 051
二、典型分离体系 051
三、典型分离方法 051
第二节 过滤机械与设备 052
一、过滤概述 052
二、加压过滤机 052
三、真空过滤机 054
第三节 离心分离机械与设备 056
一、离心分离概述 056
二、过滤式离心机 057
三、分离式离心机 058
四、沉降式离心机 059
第四节 萃取机械与设备 059
一、萃取分离概述 059
二、液-液萃取设备 059
三、固-液萃取设备 061
四、超临界流体萃取 063
五、微波、超声波辅助萃取 064
第五节 膜分离机械与设备 064
一、膜分离概述 064
二、膜材料、膜组件及膜系统 064
总结 066
思考练习 066

第五章 研磨和粉碎机械与设备 067

第一节 研磨和粉碎机械与设备简介 068
一、研磨和粉碎机械与设备作用 068
二、研磨和粉碎机械与设备在食品加工中的重要性 068
三、研磨和粉碎机械与设备的分类及其特点 068
第二节 辊式磨粉机 070
一、辊式磨粉机的分类 070
二、辊式磨粉机的结构 070
第三节 粉碎机械 072
一、粉碎方法与理论 073
二、机械冲击式粉碎机 073
三、气流粉碎机 074
第四节 刀具运动原理与切割机械 075
一、刀具运动原理 075
二、切割机械 076
第五节 食品典型加工工艺中研磨和粉碎设备的应用 078
一、典型工艺介绍 078
二、研磨和粉碎设备的使用 079
第六节 粉碎设备最新研究进展 080
一、绿色粉碎技术 080
二、智能化和自动化 081
三、节能技术 082
总结 082
思考练习 082

第六章　脱壳与脱皮机械与设备　084

第一节　脱壳与脱皮机械与设备简介　085
一、脱壳与脱皮机械与设备作用　085
二、脱壳与脱皮机械与设备概述　085
第二节　砻谷机　086
一、砻谷机的用途　086
二、砻谷机的分类　086
第三节　其它剥壳机械　087
一、圆盘剥壳机　087
二、立式离心剥壳机　088
第四节　碾米机　089
一、碾米机的分类　089
二、碾米机的结构　089
三、碾米的基本原理　091
第五节　块状果蔬原料去皮机　092
一、去皮原理　092
二、去皮机　093
第六节　花生脱红衣机　094
一、结构　094
二、工作原理　095
第七节　食品典型加工工艺中脱壳与脱皮设备的应用　096
一、典型工艺介绍　096
二、脱壳与脱皮设备的使用　098
三、典型工艺中脱壳与脱皮设备选型　099
第八节　脱皮设备最新研究进展　099
总结　101
思考练习　101

第七章　搅拌、混合及均质机械与设备　103

第一节　搅拌、混合及均质机械与设备简介　104
第二节　搅拌机　104
一、搅拌过程　104
二、搅拌混合机理　104
三、搅拌机的结构　105
四、液体流型　106
第三节　混合机与捏合机　106
一、混合机　106
二、捏合机　109
第四节　均质机和胶体磨　112
一、均质原理　112
二、高压均质机　112
三、高剪切均质机　113
四、胶体磨　115
第五节　食品典型加工工艺中搅拌、混合及均质设备的应用　115
一、典型工艺介绍　115
二、搅拌、混合及均质设备的使用　115
三、典型工艺中搅拌、混合及均质设备的选型　116
第六节　均质机械设备最新研究进展及应用　117
一、数字化控制技术　117
二、材料创新　118
三、能效和环保　118
四、数据分析和人工智能应用　118
五、结论与展望　118
总结　118
思考练习　119

第八章　食品成型机械与设备　120

第一节　压延成型机械与设备　121
一、卧式压延机　121
二、立式压延机　122
三、多层压延机　122

第二节　模压成型机械与设备　123
一、冲印式饼干成型机　123
二、辊印式饼干成型机　125
三、辊切式饼干成型机　126
第三节　搓圆成型机械与设备　126
一、伞形搓圆机　126
二、桶形搓圆机　127
三、输送带式搓圆机　127
四、盘式馒头搓圆机　128
五、网格式面包成型机　128
六、旋转式食品搓圆装置　128
第四节　包馅成型机械与设备　129
一、包馅成型基本方法　129
二、共挤辊切成型饺子机　131
三、灌肠感应式包馅成型机　132
四、馄饨成型机　132
第五节　食品成型机械与设备最新研究进展及应用　133
一、食品成型设备的最新研究趋势　133
二、 3D 打印技术简介　134
三、 3D 打印技术在食品工业领域的应用　135
四、食品 3D 打印技术未来发展　135
总结　136
思考练习　137

第九章　杀菌机械与设备　138

第一节　立式、卧式杀菌锅　139
一、立式杀菌锅　139
二、卧式杀菌锅　139
第二节　回转式机械　140
一、结构　140
二、工作过程　140
三、杀菌特点　141
第三节　水封式连续高压设备　141
第四节　超高温瞬时灭菌设备　142
一、直接加热超高温瞬时灭菌设备　142
二、间接加热超高温瞬时灭菌设备　144
第五节　非热技术与设备　146
一、高电压脉冲电场非热杀菌技术与设备　146
二、食品的辐照杀菌技术与设备　147
三、紫外线杀菌技术与设备　148
四、超高静压杀菌技术与设备　150
五、脉冲强光非热杀菌原理与设备　151
第六节　食品典型加工工艺中杀菌设备的新应用　152
一、典型工艺介绍　152
二、杀菌设备的使用　152
三、典型工艺中杀菌设备的选型　153
总结　153
思考练习　154

第十章　食品冷冻机械与设备　155

第一节　食品冷冻机械与设备简介　156
第二节　制冷机的工作原理和结构　156
一、制冷原理　156
二、制冷剂与载冷剂　157
三、制冷系统的组成　157
第三节　制冷系统的主要设备　158
一、制冷压缩机　159
二、冷凝器　160
三、膨胀阀　161
四、蒸发器　161
五、制冷机的附属设备　162
第四节　食品速冻机械与设备　163
一、隧道式连续速冻机　164
二、螺旋式速冻机　165

三、间接接触式速冻机 165
四、直接接触式速冻机 168
总结 170
思考练习 170

第十一章 浓缩设备 171

第一节 浓缩的基本原理及设备分类 172
一、浓缩设备的原理与特点 172
二、浓缩设备的分类 172
第二节 单效浓缩设备 173
一、单效升膜式浓缩设备 173
二、单效降膜式浓缩设备 174
三、中央循环管式浓缩器 175
四、盘管式浓缩设备 176
五、带搅拌的夹套式真空浓缩锅 177
六、活动刮板式薄膜蒸发器 177
第三节 多效浓缩设备 178
一、多效蒸发的效数 178
二、多效蒸发的工作原理 179
三、多效真空浓缩的流程 179
四、双效降膜式浓缩设备 180
五、三效降膜式浓缩设备 181
第四节 冷冻浓缩设备 181
一、冷冻浓缩的原理与特点 181
二、冷冻浓缩装置系统 182
第五节 食品典型加工工艺中浓缩设备的应用 184
一、典型工艺介绍 184
二、浓缩设备的使用 186
总结 186
思考练习 187

第十二章 干燥机械与设备 188

第一节 对流型干燥设备 189
一、厢式干燥器 189
二、隧道式干燥机 189
三、喷雾干燥机 190
四、流化床干燥机 193
五、气流式干燥机 197
第二节 传导型干燥设备 198
一、滚筒干燥机 198
二、网带式干燥机 199
三、真空干燥机 200
第三节 辐射型干燥机械与设备 201
一、微波干燥机 201
二、红外辐射干燥机 202
第四节 真空冷冻干燥机 203
一、真空冷冻干燥的原理及特点 203
二、常见冷冻干燥机 203
第五节 食品典型加工工艺中干燥设备的应用 204
一、典型工艺介绍 204
二、典型工艺中干燥设备的选型 204
总结 205
思考练习 205

第十三章 挤压加工机械与设备 206

第一节 挤压加工技术的基本概念 207
一、挤压加工技术的概念 207
二、挤压加工技术的特点 207
三、挤压机类型及特点 207

第二节　单螺杆挤压机 208
一、单螺杆挤压机的构成 208
二、单螺杆挤压原理 209
三、单螺杆挤压机主要工作构件 209
第三节　双螺杆挤压机 212
一、双螺杆挤压机分类及特性 212
二、双螺杆挤压机挤压过程 215
第四节　食品典型加工工艺中挤压设备的应用 215
一、典型工艺介绍 215
二、挤压设备的使用 218
三、典型工艺中挤压设备的选型 220
总结 220
思考练习 221

第十四章　发酵机械与设备 222

第一节　发酵设备的类型和基本构成 223
一、发酵设备的基本要求 223
二、发酵设备的分类 223
第二节　厌氧发酵设备 223
一、间歇式发酵罐 223
二、连续酒精发酵设备 224
第三节　通风发酵设备 226
一、自吸式发酵罐 226
二、机械搅拌通风发酵罐 228
三、气升式发酵罐 233
第四节　食品典型加工工艺中发酵设备的应用 234
一、典型工艺介绍 234
二、发酵设备的使用 234
总结 236
思考练习 236

第十五章　食品包装机械 237

第一节　液体灌装机 238
一、包装机械的分类 238
二、常压灌装机 238
三、等压灌装机 238
四、真空灌装机 241
第二节　散体充填包装机 241
一、容积式充填机 241
二、称重式充填机 243
三、计数充填机 244
第三节　多功能包装机 245
一、袋成型—充填—封口机 246
二、热成型—充填—封口机 246
三、无菌包装机 248
总结 250
思考练习 250

参考文献 251

数字资源索引 253

第一章　绪论

知识导图

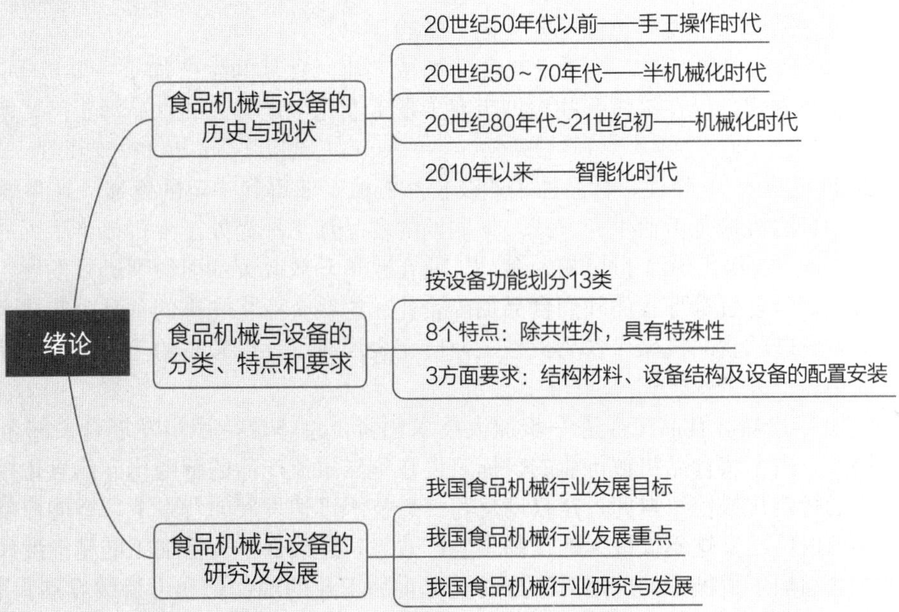

学习目标

○ 了解食品机械与设备伴随食品行业发展的历程，明确食品机械与设备对于食品行业发展的重要性及意义。

○ 了解食品机械与设备的分类及特点。

○ 了解食品机械与设备在发展过程中的需求，现阶段和未来发展的重点方向。

第一节 食品机械与设备的历史与现状

一、概述

食品机械是食品工业生产中把食品原料加工或重组成食品或半成品的机械和设备，是食品工业的重要组成部分。它涵盖了各类食品机械设备及系统的设计开发、加工制造、检测调试、运行控制、管理维护、销售服务乃至回收处理等诸多方面；涉及工程力学、材料科学、机构学、设计技术、信息技术、自动化技术、管理技术等多种学科的交叉与集成。食品工业的发展需求推动和促进了食品机械的发展，而发展起来的食品机械又保证了食品工业的发展。这种相互依赖关系贯穿于食品机械和食品工业的全部发展过程。

二、我国食品工业及食品机械的发展历程

我国食品工业及食品机械的发展历程可分为四个阶段。

第一阶段，20 世纪 50 年代以前，几乎没有食品机械工业。食品的生产加工主要以手工操作为主，基本属于传统作坊生产方式。仅在沿海一些大城市有少量工业化生产方式的食品加工厂，所用的设备几乎全是国外设备。

第二阶段，20 世纪 50～70 年代，食品加工业及食品机械工业得到一定的发展。在主要的粮食加工厂中基本上实现了初步的机械化工业生产方式，但同期的食品加工厂尚处于半机械半手工的生产方式。

第三阶段，20 世纪 80 年代～21 世纪初，食品工业在改革开放政策的引领下迅猛发展。随着外资的引入，出现了很多独资、合资等形式的外商食品加工企业。这些企业将先进的食品生产技术引进国内的同时，也引入了大量先进的食品机械。食品机械工业已完全形成了一个独立的门类齐全、品种配套的产业，成为机械工业中的十大产业之一。

第四阶段，2010 年以后，食品工业进一步加大技术创新，总体保持稳步发展，头部企业实力明显增强，出口稳定增长。国家将食品机械行业的目标定位在重点主流产品的智能化、信息化控制，特别是要实现本机和远程的智能化操控。自此，在自动化和信息技术迅速发展的背景下，智能控制技术在食品加工机械中的应用愈发广泛，这不仅极大地提高了生产效率，还确保了食品加工的精准度和安全性。探索智能控制技术在食品加工机械中的应用对于推动整个食品工业的现代化和可持续发展具有重要意义。这也为我国食品机械行业的发展提供了很大的契机。因此，食品机械智能化和自动化发展趋势将在未来很长一段时间内对我国食品机械行业的发展起着较强的引导作用。

第二节 食品机械与设备的分类、特点和要求

一、食品机械与设备的分类

食品机械按照食品种类和行业不同，可以分为：粮油加工设备、果蔬保鲜与加工设备、畜禽产品加工设备、水产品加工设备、方便食品加工设备、饮料加工设备和食品加工中废弃物综合利用设备等。

按照加工对象或生产品种进行划分，包括制糖机械、饮料加工机械、糕点加工机械、蛋品加工机械、蔬菜加工机械、果品加工机械、乳品加工机械、糖果加工机械、水产品加工机械、油脂深度加工机械、调味品加工机械、豆制品加工机械、屠宰和肉食加工机械、酿酒机械、果蔬保鲜机械、烟草机械、罐头食品加工机械等。

按照设备功能不同进行划分，包括食品粉碎设备、食品混合和搅拌机械、食品浓缩设备、均质机械、杀菌机械、干燥机械、洗刷机械、分选机械、热交换器和不锈钢食品槽罐等。

二、食品机械与设备的特点

食品机械是特点非常突出的一种加工机械。食品工业加工对象（农产品、畜产品、水产品和林产品等）繁多，加工性质和工艺（物理的、化学的、生物的、物理化学的等）不同，需求品种各异，加工的最终产品是食品。因此，食品机械除具有一般机械产品的共性外，还有其特殊性，包括规模适应性、技术适应性、季节适应性、安全适用性、灵活适用性、成套适用性、工艺适应性和智能自动化。

三、食品机械与设备的要求

2023 年我国发布了新修订的《食品机械安全要求》（GB 16798—2023）国家标准，并于 2024 年 4 月 1 日起执行。为了防止产品在生产加工过程中由机械设备因素引起的物质传递（包括物理、化学等方面，如产品接触材料的脱落、反应、溶解、分解等），以及加工过程的残留物变质，防止由此对人体产生有害作用，该国家标准详细说明了对食品机械的结构材料、设备结构及设备的配置安装等相关要求。

（一）结构材料要求

产品接触表面材料应符合产品相容性的要求。结构材料还应满足相应使用条件（如产品特性温度、压力、介质特性等）的要求。产品接触表面材料应具有安全性、可追溯性，不应对产品的性质、纯度、质量产生影响。

（二）结构特性要求

设备结构、产品输送管道和连接部分不应有滞留产品的凹陷及死角。管道控制阀应采用易于清洗和杀菌的卫生型阀门结构。机械装置上连接的配管、分支管及其它附属物应采用满足使用条件的密封材料，并具有防止污染物侵入、产品滞留的结构，具有防止产品向内泄漏的结构。外部零部件伸入产品区域处应设置可靠的密封，以免产品受到污染。

（三）可洗净性

产品接触表面的结构尽可能简单，满足易清洗、消毒、杀菌和减菌的要求。产品区域应开启方便，处于该区域不能自动清洗的零部件的拆卸和安装应简单、方便。不可拆卸的零部件应可自动清洗；允许不用拆卸进行清洗时，其结构应易于清洗和检查。有产品、洗净水等排出的产品接触表面，应具备自排净结构或有排净的功能。结构上避免盲区。

（四）在线清洗和在线消毒

在线清洗（CIP）不应有盲区和不能完全洗净的空间；应有排出洗净水和产品物料的构造；应有一定的方法来确认洗净性；应确定适当的洗净条件，并提供给使用者。

（五）可拆卸性

当设备不能自动清洗时，需要清洗的部位应易于拆卸、清洗。设备中需要拆卸部分易于接近，应不必采用特殊工具即能完成拆卸，重新安装时易于操作。

（六）可检查性

处于产品区域的零部件，在清洗后应易于检查。必要时进行检验性清洗。需要清洗的特殊部位，应容易拆开检查。

（七）设备的配置安装

设备、地面、墙壁和其他设备的位置，设备管道的配置和固定，设备和排污系统的连接，不应对清洁工作的进行和检查构成障碍，也不应对产品安全构成威胁。输送有别于产品的介质（如液压油、冷溶剂等）的管道支架的配置、连接的部位，避免因工作过程中偶发故障或泄漏而对产品造成污染，不应妨碍设备清洁工作的进行。设备及其附件在制造或安装中采用的绝热材料不应对大气和产品造成污染。完成安装后的设备不应对环境造成影响、对产品安全构成威胁。

第三节　食品机械与设备的研究及发展

一、我国食品机械工业发展目标

由中国机械工业联合会发布的《食品和包装机械工业“十四五”发展规划》中指出，我国食品机械工业新时期的发展目标如下。

（一）高质量发展目标

到 2025 年，预计我国食品和包装机械工业规模以上企业总产值达到 1500 亿元，全行业生产总值达 5000 亿元，年均增长率稳定在 8%左右，企业盈利能力年均增长率达到 7%左右，出口额到 2025 年达到 120 亿美元，实现规模和质量协调发展，国际竞争力明显提升。

（二）技术创新目标

到 2025 年，重点领域科技研发经费占总产值的比例达到 3%～5%，关键装备自主化率由 70%提高到 80%以上，彻底改变我国高端食品和包装机械及重要领域成套装备依赖进口局面。

（三）绿色发展目标

装备节能降耗、环保减排、资源综合利用等指标达到国家相关标准的要求，部分产品达到国际先进水平，产品平均能耗减少 3%～5%以上。

（四）标准化目标

到 2025 年，完成制修订国家标准 20 项、行业标准 30 项、团体标准 60 项，参加国际标准 3～5 项。

（五）结构调整目标

到 2025 年力争打造 1～3 个销售额达到 50 亿元级企业集团和 20～30 个销售额达到 10 亿元级企业集团，成为国内知名、国际有影响的公司。从主要面向国内市场转向同时面向国内国际两个市场，进一步拓展国际市场，增加出口、减少进口，到 2025 年，使我国食品机械和包装机械进出口实现顺差 20%以上。

（六）智能化目标

“十四五”期间，以提升产业链和供应链信息化服务水平为目标，实现装备设计模块化、制造数字化，重要领域装备成套化和智能化。重点建设一批数字化制造车间和智能化工厂。行业企业60%以上实现数字化制造和管理产品智能化程度大幅提升，在重点优势领域的高端产品全部实现智能化。

二、食品机械发展重点

依据“十四五”发展目标，坚持稳规模、调结构、提水平、强创新、攻关键和保安全的高质量发展思路，把技术创新智能化、信息化、绿色安全、高效节能及重要成套装备作为“十四五”食品与包装机械行业的发展重点任务，以“中国制造2025”发展纲要和面向2030年的《食品与包装机械技术路线图》为指导，全面推进技术创新、智能制造、绿色制造和高质量发展，努力实现“中国制造向中国创造转变、中国速度向中国质量转变、中国产品向中国品牌转变”。

（一）采用先进设计方法，提高装备技术水平

为提高食品与包装机械产品的性能和质量、缩短开发周期、降低原材料消耗及制造成本，利用数字化设计平台，采用机械优化设计、虚拟样机、模块化设计和集成设计等先进设计技术，从传统的面向零部件、单一工作过程、单一学科的局部优化发展到面向整体的多学科全面优化机械产品，研发高速度、高精度、高性能和智能化的装备，是我国食品和包装机械行业高质量发展必由之路。主要包括：创新设计方法、综合设计优化方法、虚拟样机设计方法、模块化设计方法等。

（二）采用先进制造技术，提高装备制造水平

全面推进“中国制造2025”发展战略实施，积极采用快速制造、精密加工、3D打印、数控加工、柔性制造、物联网、人工智能等先进制造技术和装备，推进制造业与信息技术深度融合，实现关键工序智能化、关键岗位机器人替代、生产过程数字化、供应链信息化，推进装备制造向服务型制造转型发展，重点建设智能工厂及车间，搭建智能制造网络系统平台，实现食品和包装机械制造的数字化和智能化，提高关键零部件和整机的制造质量。

（三）加强共性关键技术及通用装备研发

重点对食品和包装机械中量大面广的共性关键技术进行深入研究，通过技术创新与系统集成，创新绿色、高效和高端加工关键技术，不断发展智能化、绿色化、高性能的通用装备，满足食品工业、包装工业等行业发展的装备需求。主要包括：高效食品粉碎技术及装备（高效低能耗湿法粉碎设备、食品超低温粉碎与纳米加工设备、干法超细粉碎技术及大型装备等）、食品分离提取技术及装备（提取过程传质强化技术、分离过程清堵技术、提取分离过程计算机模拟与智能化控制技术和高效分离技术及装备等）、食品干燥技术及装备、食品杀菌技术与智能装备、食品冷加工技术及装备（食品冷冻新技术及装备、真空冷冻干燥技术及装备、冰鲜技术及装备等）、食品加工清洁技术与装备、食品制造感知技术及品质检测仪器、工业机器人应用技术以及包装共性关键技术及通用包装机械等。

（四）加强重点专用技术与装备开发

主要包括：禽畜屠宰与肉类加工装备、乳制品加工技术与装备、水产品保鲜加工技术与装备、果蔬加工技术与装备、油脂加工装备、方便食品加工成套装备、传统中式调理食品工业化装备、发酵酿造关键技术及装备、大型高速饮料啤酒包装生产线、果汁及乳制品等高速杀菌灌装封盖生产线、白酒及酱油

和醋高速灌装封盖生产线、物流化包装装备及智能化立体仓储系统、一次性卫生防护用品生产关键技术与装备和加大食品工业互联网服务平台建设等。

三、食品机械与设备的研究与发展

近二十年来，随着我国农林牧渔业总产值持续升高（图 1-1），消费市场对食品工业的产能和加工水平有了更高的要求。食品加工企业需要使用更先进、更节能、更环保、更安全的食品机械开展生产，食品机械因此逐渐进入了新型材料、节能环保、智能控制系统、食品安全监测等技术的研发应用时代。新时代食品机械行业发展有六大趋势，即制造方式绿色化、设备卫生安全标准化、工业创新与装备成套化、技术创新与系统集成化、信息与技术融合、智能化、制造服务化。

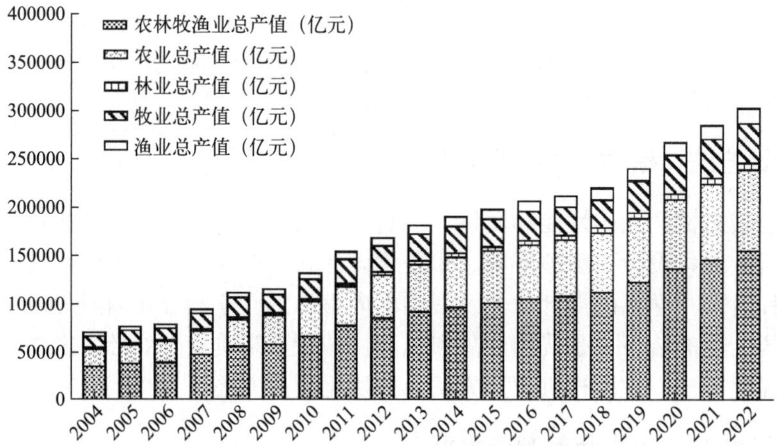

图 1-1 近二十年全国农林牧渔业总产值统计

食品机械中的新型材料主要包括：高分子材料（具有良好的机械性能和耐腐蚀性）、复合材料（结合了多种材料的优点，性能更优越）、纳米材料（具有特殊的性能，如抗菌、防腐等）和可降解材料（环保可持续）等。新型可降解高分子材料的开发能够很好地满足目前食品包装领域中对于材料健康、安全以及环保等诸多方面的要求，而且节约能源，不会造成环境污染，十分符合新时代可持续发展的绿色理念。

食品机械中智能控制技术的应用能有效解决传统食品加工设备的操作不规范、不合理等问题，满足不同的生产需求；能够极大地优化食品机械的生产过程与效率，减少不必要的工序，节省人力，从而达到提高生产效率、降低成本、推动食品工业长远发展的目的；针对复杂而又困难的生产要求，可通过自组织控制、自适应控制等手段提高食品机械的生产效率。食品机械加工生产过程中，智能控制技术的应用，主要体现在：

① 食品机械加工生产环节中智能控制技术的应用，以计算机技术、传感器技术、PLC 技术、机器人技术和运动控制技术等为主。

② 食品质量检测中的应用，如全程、动态监控，以便及时指出不合格产品方面。

③ 机械故障诊断方面的应用，如故障检查、诊断以及预警等方面。

目前，我国的大型食品企业在规模上已经相当可观，但是大型的食品机械装备仍然只能依靠从国外进口，国内的食品机械工程公司缺乏核心技术，并且普遍规模不大，有一定的区域性，技术往往以集成国外设备和产品为主，在大型工厂建设及智能化水平方面，仍在全力追赶欧美先进企业。人们已经普遍认识到，智能机械设备优于传统工业生产，数字化工厂在效率和成本上也会大大优于传统工厂，在未来替代现有的工业产品的趋势是不可逆转的，放眼食品行业的智能制造，食品包装机械日趋自动化。高端装备战略兴起智能制造成主流，食品机械将实现远程智能化。节能将成为产业发展的原则和目标。

总结

○ **我国食品机械与设备发展历程**

20 世纪 50 年代以前，手工阶段；20 世纪 50～70 年代，半机械半手工阶段；20 世纪 80 年代～21 世纪初，机械主导阶段；2010 年后，智能化机械阶段。

○ **食品机械分类**

输送机械与设备，清洗、分选及分级机械与设备，分离机械与设备，研磨与粉碎机械与设备，脱壳与脱皮机械与设备，搅拌、混合及均质机械与设备，食品成型机械与设备，杀菌机械与设备，干燥机械与设备，食品冷冻机械与设备，浓缩设备，挤压加工机械与设备，发酵机械与设备，食品包装机械等。

○ **食品机械与设备的特点**

规模适应性、技术适应性、季节适应性、安全适用性、灵活适用性、成套适用性、工艺适应性、智能自动化等。

○ **现阶段食品机械发展总体目标**

总体目标及发展重点可参照《食品和包装机械工业“十四五”发展规划》。

思考练习

（一）我国食品机械与设备发展历程分为哪几个阶段？

（二）食品机械与设备按照不同的功能可分为哪些类别？

（三）我国食品机械与设备有哪些特点？

（四）我国食品机械与设备安全要求参照哪项国家标准，大致分为哪些方面？

（五）我国食品机械与设备未来发展的重点及方向是什么？

第二章 输送机械与设备

知识导图

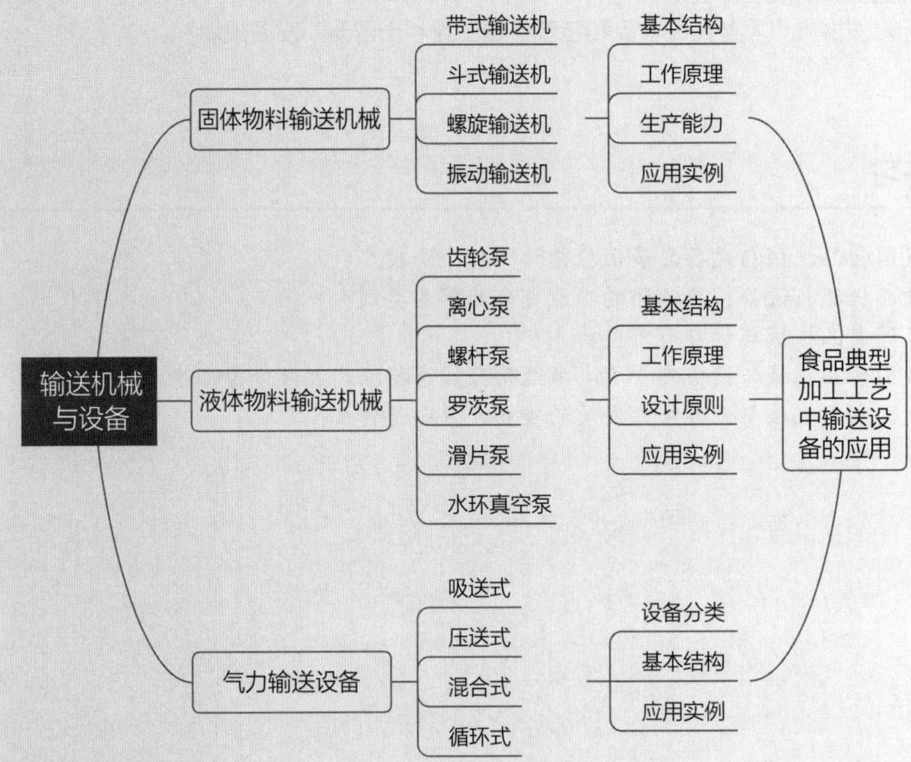

学习目标

○ 了解并掌握输送机械与设备的分类、基本结构及工作原理。

○ 了解输送机械与设备在食品加工工艺中的应用及重要性。

第一节　固体物料输送机械

一、带式输送机

（一）概述

带式输送机是一种以输送带作为承载件和牵引件或只作承载件，以摩擦驱动方式实现物料输送的机械。适用于块状、颗粒状物料及整件物品的水平或小角度输送。带式输送机的优点是结构简单、输送路线布置灵活、输送速度快、载量大、能耗低、可连续输送、保养检修容易、维修管理费用低。缺点是输送带易磨损、中间卸料时须加装卸料装置、普通胶带式输送机不适用于输送倾角过大的场合。按输送带的材质，可以分为橡胶输送带、塑料输送带、钢丝绳芯输送带；按输送机的结构形式可以分为水平带式输送机、倾斜带式输送机、曲线带式输送机；按驱动方式分为滚筒驱动带式输送机、直线电机驱动带式输送机；按用途可以分为通用带式输送机、专用带式输送机等。

（二）带式输送机的工作原理及主要构件

1. 工作原理

带式输送机是食品工厂中采用最广泛的一种连续输送机械。输送带绕过各个滚筒后，连接成一个具有上、下分支的闭合环路，两分支分别由上、下托辊支承，依靠输送带与驱动滚筒间摩擦力使输送带产生连续运动，依靠输送带与物料间摩擦力使物料随输送带一起运行，从而完成输送物料任务。

2. 带式输送机的核心构件

核心构件主要由输送带、驱动装置、上下托辊组、张紧装置、加料装置、卸料装置、支承构件、安全保护装置等组成。常见的带式输送机结构如图 2-1 所示。

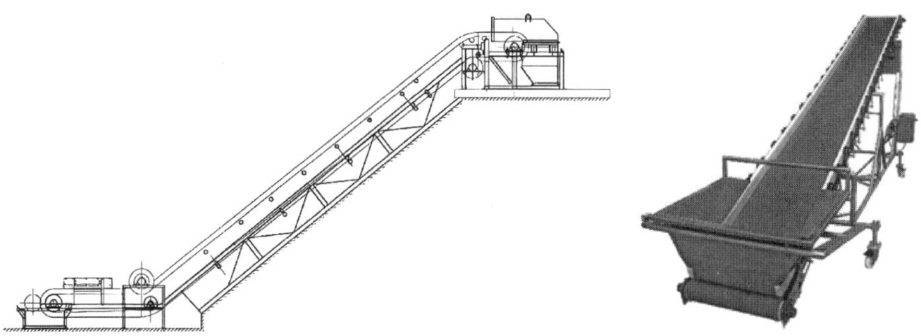

图 2-1　带式输送机的结构

（1）输送带

输送带是带式输送机的牵引和承载构件，用来输送物料和传递动力。输送带需要具备如下特点：强度高、挠性好、自重轻、延伸率小、吸水性小、对分层现象的抵抗性能好和耐磨性好。常用输送带有橡胶带、塑料带、帆布带、链条带、钢带和钢丝网带等，如图 2-2 所示。

（2）驱动装置

带式输送机的动力部分，主要由电机、减速机、驱动滚筒、联轴器等组成。在倾斜式输送机上，一般还会设有制动装置或止逆器。驱动滚筒是将驱动装置的动力，通过摩擦力传递给输送带使之运行的部件，为了增加滚筒和输送带之间摩擦力，可在滚筒表面设置花纹、包一层木材或皮革橡胶等材料以提高其和输送带之间摩擦系数。

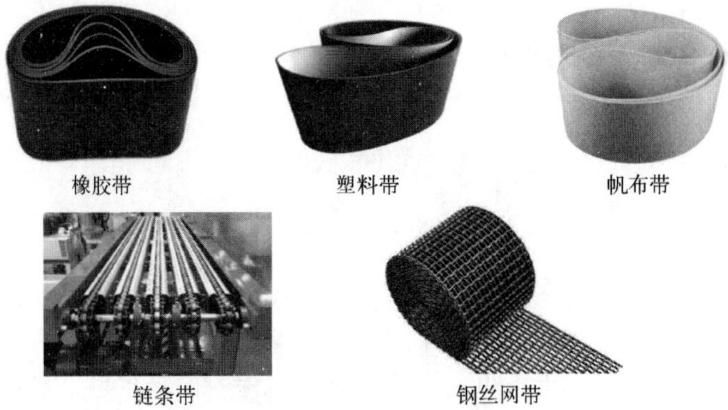

图 2-2 常见的输送带类型

（3）机架和托辊

食品工业中使用的带式输送机多为轻型输送机，其机架一般用型钢（槽钢、圆钢等）与钢板焊接而成。可移式输送机在机架底部安装滚轮，便于移动。

托辊的作用是支承输送带及其上的物料，保证输送平稳运行。按组成数量分单节辊、二节辊、三节辊等型式。按类型可分为槽型、平行、调心、缓冲、回程、过渡托辊等型式。常见托辊类型如图 2-3 所示。

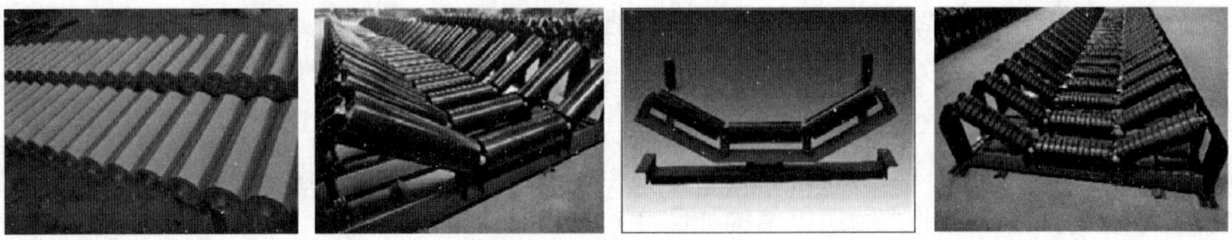

图 2-3 常见的托辊类型

（4）张紧装置

输送带张紧的目的是使输送带紧边平坦，提高其承载能力，保持物料运行的平稳。带式输送机中的张紧装置，不仅要在安装时张紧输送带，还要求能够补偿因输送带伸长而产生的松弛现象，使输送带与驱动滚筒之间保持足够的摩擦力，避免打滑，维持输送机正常运行。带式输送机中的张紧装置有中部张紧和尾部张紧两大类。常用的尾部张紧装置有螺旋式、重锤式和自动张紧式等，如图 2-4 所示。

（5）加料和卸料装置

加料装置是为获得连续均匀的物料流量而设置，可分为螺旋式、带式、板式、刮板式、振动式、往复式、圆盘式、转筒式、叶轮式等型式。卸料装置是用于输送机中部任意点卸下物料的装置，分犁式卸料器和卸料车两种。

（6）安全保护装置

安全保护装置是在输送机工作过程中出现故障时，进行监测和报警的装置，包括跑偏开关、拉绳开关、打滑监测装置、超速监测装置、溜槽堵塞保护装置等。

（三）带式输送机的常见应用

在屠宰车间可利用带式输送机将屠宰后的整猪或大块肉类运送到不同的加工区域进行切割、分拣、处理等。在包装和储藏工序上，带式输送机将完成加工的肉制品运送到包装工位进行称重、包装，最后在冷库内储藏。在面团制作区域，和好的面团被放置在输送带上稳定地输送到发酵区。发酵后的面团通过带式输送机被送至整形、成型工位。成型的面包被传送到烤炉入口的耐高温输送带上。烘烤完成后，

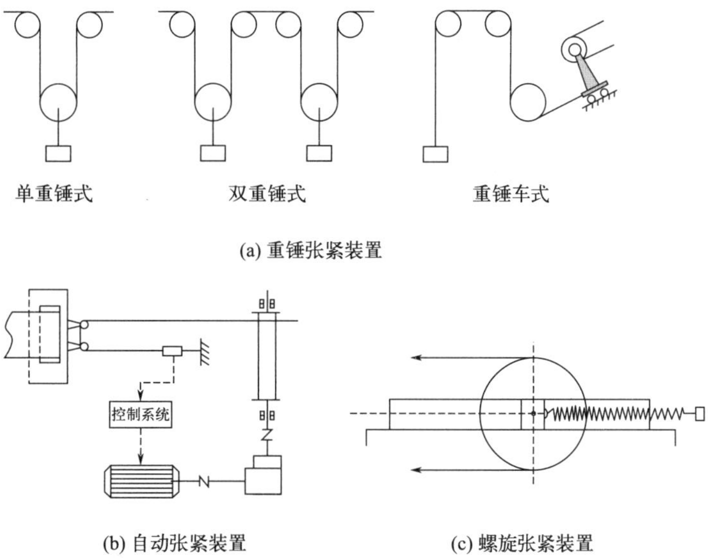

图 2-4 张紧装置简图

通过具有一定耐温性能和良好透气性的输送带进行冷却。冷却后的面包到达包装区域，进行包装、运输和储藏。

二、斗式输送机

（一）概述

斗式输送机是一种在垂直或大倾角倾斜向上输送粉状、粒状或小块状物料的连续输送机械，在我国粮油工业中用得非常广泛。斗式输送机的优点是结构简单、输送量大、输送效率高、能耗低、能在垂直方向输送物料而占地面积较小、能在全封闭的罩壳内进行工作。缺点是对过载敏感，必须连续均匀地供料，料斗容易磨损，容易引起粉尘爆炸等。

斗式输送机的分类：

1. 按卸料方式分类

离心卸料式：这种类型的斗式输送机运行速度较快，料斗在头部以离心力将物料抛出卸料。重力卸料式：料斗以较慢的速度运行，物料依靠自身重力从斗中滑落卸料。混合卸料式：结合了离心卸料和重力卸料的特点，部分物料靠离心力抛出，部分靠重力滑落。

2. 按牵引构件分类

胶带牵引食品斗式输送机：采用胶带作为牵引构件，运行平稳，噪声较小。链条牵引食品斗式输送机：链条强度高，能承受较大载荷。

3. 按料斗形式分类

深斗：斗口深，容量大。浅斗：斗口浅，容量小。角斗：导向侧壁的尖角形斗。

4. 按安装方式分类

垂直斗式输送机：物料在垂直方向上进行输送，能有效节省空间。倾斜斗式输送机：以一定的倾斜角度输送物料，布置较为灵活。

在实际应用中，会根据食品的特性、输送量、输送高度、场地条件等因素来选择合适类型的食品斗式输送机，以确保高效、稳定、卫生地完成输送任务。

（二）斗式输送机的工作原理及主要构件

1. 工作原理

斗式输送机通过料斗把物料从储料槽舀起，随着输送带或链提升到顶部，绕过顶轮后向下翻转并将物料倾入接收槽内。带传动的斗式输送机的传动带一般采用橡胶带，装在传动滚筒和改向滚筒上。链传动的斗式输送机一般装有两条平行的传动链，一般有一对传动链轮和一对改向链轮。斗式输送机一般都装有机壳，以防止斗式输送机中粉尘飞扬。

2. 斗式输送机的核心构件

斗式输送机的核心构件（图 2-5）自下而上可分为三部分：下为机座 6，包括料斗 9、底轮 3 等；中为机筒 7，包括牵引构件 1 和承载构件 4 等；上为机头 5，包括传动机构 8、卸料管 10 和头轮 2 等。

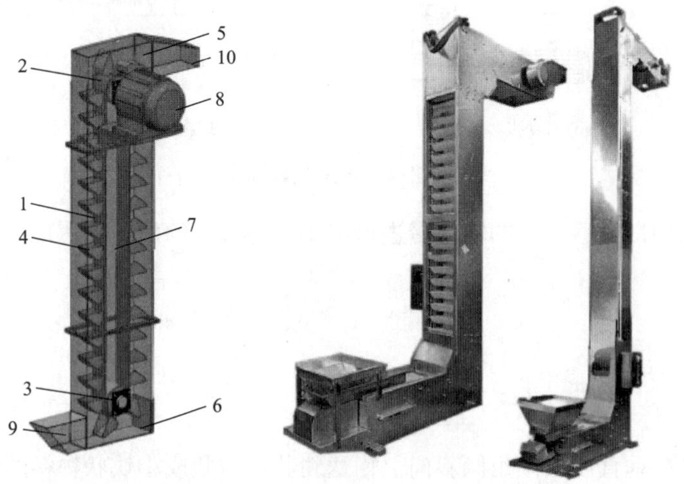

图 2-5 斗式输送机结构图及实例

（1）牵引构件

斗式输送机的牵引构件主要有胶带和链条两种。胶带具有成本较低、质量轻、运行平稳且噪声小等优点。但胶带的强度相对较低，不适用于高温、磨损严重或物料粒度较大的工况。常用于高速轻载提升，适合体积和相对密度小的粉末、小颗粒等物料。而链条带具有强度高、耐磨损、能承受较大的拉力和冲击力等特点，适用于高温、重载的工作环境，可用于低速重载提升。依靠链条传递动力，常用的链条是板片或衬套链条。

（2）料斗

料斗是斗式输送机的盛料构件，如图 2-6 所示，料斗可分为三种形式：有圆弧形底部的深斗、浅斗，有导向侧壁的尖角形斗（导槽料斗）。导槽料斗主要用于做连续布置的斗式输送机。当这些料斗绕在上部链轮时，料斗的前壁和突出的两个侧壁就形成了导槽。浅斗的特征是料斗前部边缘与斗背垂直段倾斜度较深斗大（成 45°角）和深度较小，适用于卸潮湿和流动性不良的粒状物料。深斗和浅斗都有弧形的底部，使物料不易黏结在斗底，有利于卸料。深斗的特征是前部边缘稍作倾斜（与斗背垂直段成 60°角）且深度较大，适用于卸干燥、易流动、不易黏结且容易被抛出的粒状物料。

（3）机筒

机筒是斗式输送机机壳的中间部分，为两根矩形截面的筒，多使用厚度为 2～4mm 的钢板制成，在筒的纵向和端面配以角钢，以加强机筒的刚度，同时端面角钢的凸缘又可连接机筒法兰。

（4）机座

机座是斗式输送机机壳的下部，由机座外壳、底轮、张紧装置及料斗组成。底轮的大小与头轮基本

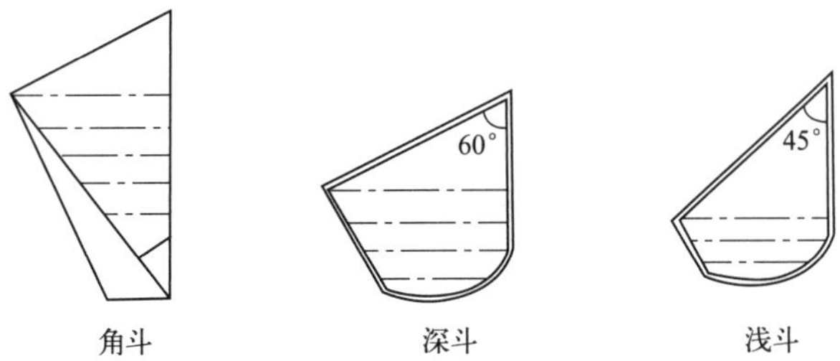

图 2-6 料斗的形状

相同，当斗式输送机提升高度较大或生产率较高时，为了减少料斗的进料阻力，底轮的直径可适当减小到头轮直径的 1/2～2/3。

（5）辅助装置

一些斗式输送机还可能配备防逆转装置、吸风管和通风口等。防逆转装置可防止动力中断时输送机发生逆转，避免扯掉料斗或损坏皮带；吸风管和通风口可保证输送机在卸料和进料过程中内部压力与外界基本相等，减少进料和卸料困难，同时避免粉尘外溢。

三、螺旋输送机

（一）概述

螺旋输送机属于没有挠性牵引构件的连续输送机械。适用于水平、倾斜或垂直向上输送粉状、粒状和小块状物料，不适于输送易变质、黏性大、易结块的物料，广泛应用于食品工业中。

螺旋输送机的优点是横断面尺寸小，能在其它输送设备无法安装时或操作困难的地方使用；能实现密闭输送，以减少物料对环境的污染，对输送粉尘大的物料尤为适宜；可以多点进料、卸料；物料的输送方向是可逆的，一台输送机可同时向两个方向输送物料，即向中心输送或背离中心输送；在物料输送中还可同时进行混合、搅拌、松散、加热和冷却等工艺操作。缺点是物料在输送过程中，由于与机槽、螺旋体间的摩擦以及物料间的搅拌翻动等原因，输送功率消耗较大，同时对物料具有一定的破碎作用；特别是它对机槽和螺旋叶片有强烈的磨损作用；对超载敏感，需要均匀进料，否则容易产生堵塞现象；不宜输送含长纤维及杂质多的物料。

螺旋输送机的分类：

（1）水平螺旋输送机

水平放置，用于在水平方向上输送物料，常用于较短距离的物料输送。

（2）倾斜螺旋输送机

有一定的倾斜角度，适用于在倾斜方向上输送物料。能在空间有限的情况下实现物料的提升和输送。

（3）垂直螺旋输送机

垂直布置，用于在垂直方向上提升物料。能够节省空间，实现物料的快速垂直输送。

（4）可弯曲螺旋输送机

具有一定的弯曲性能，可以根据实际场地和工艺需求进行弯曲布置。灵活性较高，能够适应复杂的输送路线。

（5）双螺旋输送机

由两根螺旋轴组成，通常用于提高输送能力或对物料进行特殊的搅拌、混合处理。

（6）无轴螺旋输送机

采用无中心轴设计，适合输送黏性大、缠绕性强的物料。

（二）螺旋输送机的工作原理及主要构件

1. 工作原理

螺旋输送机的工作原理根据输送方向不同具有一定差异，水平螺旋输送机是当螺旋在料槽内旋转时，装入料槽的物料由于受到自身重力和物料与料槽间摩擦力的作用，不随螺旋一起旋转，而沿着料槽轴线方向移动，物料输送的过程类似于螺母与螺杆的运动。而在垂直螺旋输送机中，物料的自重是向下的，当螺旋旋转时，物料是靠离心力、螺旋叶片与槽壁之间的摩擦力而向上旋转移动。

2. 核心构件

螺旋输送机的核心构件主要由料槽、转轴、螺旋、轴承和传动装置等部分组成，如图 2-7 所示。

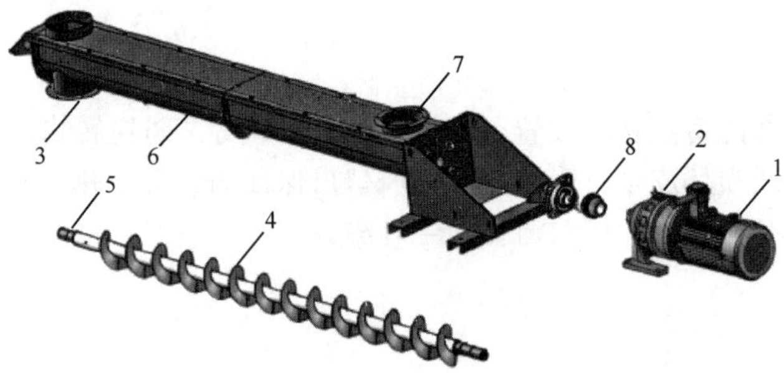

图 2-7 螺旋输送机结构图

1—电动机；2—减速器；3—卸料口；4—螺旋叶片；5—转轴；6—料槽；7—进料口；8—头部轴承

（1）螺旋

主要功能是通过旋转推动物料沿着输送机的壳体向前移动。螺旋的叶片可以分为五种类型。实体螺旋是最常见的一种螺旋形式。它的螺旋叶片是连续的实体结构，适用于输送干燥的、小颗粒的、不易结块的物料。带式螺旋的螺旋叶片由带状材料制成，通常具有一定的柔韧性。适合输送黏性较大、容易黏附的物料。叶片式螺旋的叶片之间有一定的间隔，类似于风扇的叶片。这种螺旋有利于物料的松散和搅拌，适用于需要混合或疏松处理的物料。齿形螺旋的叶片上带有齿状结构，能够增加对物料的剪切和破碎作用。常用于需要对物料进行破碎或细化处理的场合。组合式螺旋则是由以上多种螺旋形式组合而成，以满足特殊的输送需求。常见的螺旋类型如图 2-8 所示。

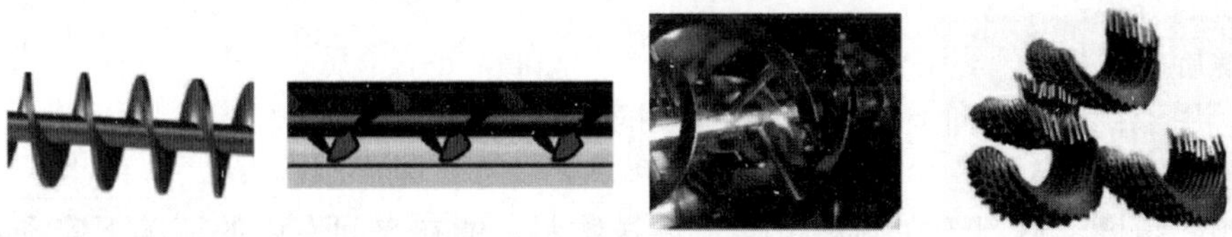

实体式　　叶片式　　带式　　齿形式

图 2-8 螺旋叶片形状

（2）轴

轴可以是实心的或是空心的，它一般由长 2～4m 的各节段装配而成，通常采用钢管制成的空心轴，在强度相同情况下，质量小、互相连接方便。轴的各个节段的连接，可以利用轴节段插入空心轴的衬套内，以螺钉固定连接起来，如图 2-9 所示。

（3）轴承

轴承分为头部轴承、尾部轴承和中间轴承。头、尾部应装有止推轴承，以承受由于运送物料的阻力所产生的轴向力。当轴较长时，应在每一中间节段内装一吊轴承，用于支承螺旋轴。吊轴承一般采用对开式滑动轴承，如图 2-10 所示。

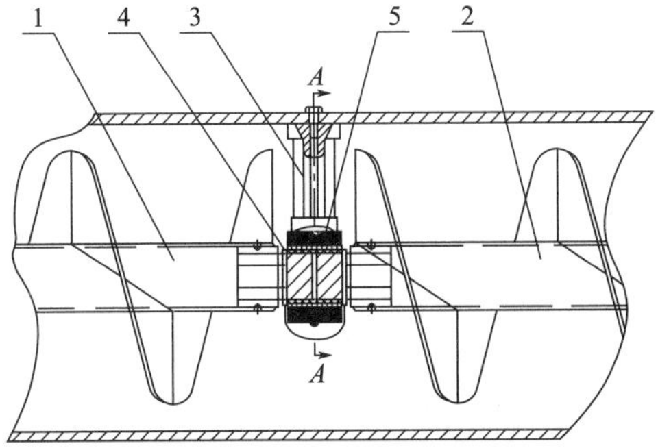

图 2-9 螺旋输送机连接轴示意图

1—前螺旋；2—后螺旋；3—支撑套；4—连接套；5—轴承

图 2-10 对开式滑动轴承

（4）料槽

料槽是由 3～8mm 厚的薄钢板制成带有垂直侧边的 U 形槽，为了便于连接和增加刚性，在料槽的纵向边缘及各节段的横向接口处都焊有角钢。每隔 2～3m 设一个支架，槽上面有可拆卸的盖子。料槽的内直径要稍大于螺旋直径，使两者之间有间隙。螺旋和料槽制造装配越精确，间隙越小，这对减少磨损和动力消耗很重要。一般间隙为 6.0～9.5mm。

（三）螺旋输送机的应用

在面粉生产加工过程中，螺旋输送机能够将面粉从仓库平稳、高效地输送至搅拌、烘焙等加工区域。也可以实现面粉及其配料的定量输送，保证配料的准确性。同时还可以与面粉筛分设备、计量设备等协同工作，共同构成一个完整的自动化生产系统。在可可豆的处理和加工中，螺旋输送机将可可豆从储存区输送至加工车间的初始阶段进行清理和筛选，清理可可豆中的杂质并根据可可豆的大小、质量进行分级，随后再由螺旋输送机将不同批次和品质的可可豆输送至烘焙设备。

四、振动输送机

（一）概述

振动输送机是利用激振器使料槽振动而输送物料。振动输送机适用于块状、粉粒状物料的输送。在输送过程中，可实现多种工艺要求，不适宜输送黏湿粉状物料，一般为水平输送，向上输送角度不超过 10°，输送距离较短。振动输送机的优点是结构简单、体轻、密封性好；物料输送阻力小，动力消耗小；可输送高温物料同时进行物料的筛分、冷却、干燥等工作。缺点是工作状态不稳定，调整较困难，动载荷大；零部件使用寿命较短，噪声较大，物料在输送时呈跳跃式行进；难于输送粉状及黏性物料。

（二）振动输送机的工作原理及主要构件

1. 工作原理

振动输送机工作时，由激振器驱动主振弹簧支承的工作槽体。主振弹簧通常倾斜安装，斜置倾角为 β，称为振动角。激振力作用于工作槽体时，工作槽体在主振弹簧的约束下做定向强迫振动。处在工作槽体上的物品，受到槽体振动的作用断续地被输送前进。当槽体向前振动时，依靠物料与槽体间的摩擦力，槽体把运动能量传递给物料，使物料得到加速运动，此时物料的运动方向与槽体的振动运动方向相同。此后，当槽体按激振运动规律向后振动时，物料因受惯性作用，仍将继续向前运动，槽体则从物料下面往后运动。由于运动中阻力的作用，物料越过一段槽体又落回槽体上，当槽体再次向前振动时，物料又因受到加速而被输送向前，如此重复循环，实现物料的输送。

2. 核心构件

振动输送机的核心构件主要由输送槽、激振器、主振弹簧、隔振弹簧、平衡底架、进料装置、卸料装置等部分组成，如图 2-11 所示。

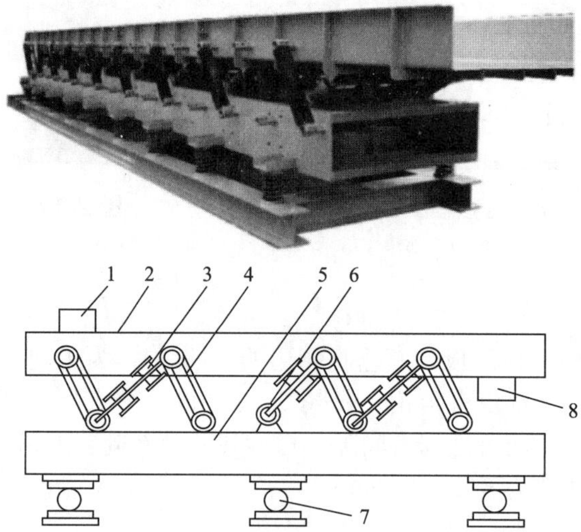

图 2-11　振动输送机结构图

1—进料口；2—输送槽；3—主振弹簧；4—导向杆；
5—平衡底架；6—激振器；7—隔振弹簧；8—卸料口

（1）激振器

激振器是振动输送机的动力来源及产生周期性变化的激振力，使输送槽与平衡底架产生持续振动的部件，可分为机械式、电磁式、液压式及气动式等类型。其激振力的大小，直接影响着输送槽的振幅。

（2）输送槽与平衡底架

输送槽（承载体、槽体）和平衡底架（底架）是振动输送机系统中的两个主要部件。槽体输送物料，底架主要平衡槽体的惯性力，并减小传给基础的动载荷。

（3）主振弹簧与隔振弹簧

主振弹簧与隔振弹簧是振动输送机系统中的弹性元件。主振弹簧的作用是使振动输送机有适宜的近共振工作点，使系统的动能和位能互相转化，以便更有效地利用振动能量；隔振弹簧的作用是支承槽体，使槽体沿着某一倾斜方向实现所要求的振动，并能减小传给基础或结构架的动载荷。

（4）导向杆

导向杆的作用是使槽体与底架沿垂直于导向杆中心线做相对振动，并通过隔振弹簧支撑着槽体的重力。导向杆通过橡胶铰链与槽体和底架连接。

（5）进料装置与卸料装置

进料装置与卸料装置是控制物料流量的构件，通常与槽体采用软连接的方式。

（三）振动输送机的应用

振动输送机常用于食品的筛分、分级和干燥等。在坚果、水果干等混合物料输送中，可以使不同大小的物料在输送路径上实现一定程度分离，便于后续精确分级操作。作为进料系统，振动输送机可以将待分级的食品物料均匀稳定地输送到其它精确分级设备（如色选机、尺寸分级筛等）进料口，保证后续设备进料均匀、连续，提高整体分级效率和效果。

第二节　液体物料输送机械

一、齿轮泵

（一）概述

齿轮泵是依靠泵缸与啮合齿轮间所形成的工作容积变化和移动来输送液体或使之增压的回转泵。优点是流量均匀，结构轻便紧凑，维护保养方便，有自吸能力，流量大。适用于输送不含固体颗粒、无腐蚀性、黏度较大的润滑性液体。缺点是压力脉动较大且噪声大。齿轮泵需配安全阀，以防止由于某种原因如排出管阻塞使泵的出口压力超过容许值而损坏泵或电动机。

1. 按齿轮啮合形式

外啮合齿轮泵，两个齿轮的齿外廓相互啮合，其中一个是主动轮，另一个是从动轮。内啮合齿轮泵，一个齿轮的齿内廓与另一个小齿轮的齿外廓相啮合。

2. 按齿形曲线

渐开线齿轮泵，齿形为渐开线，加工工艺相对简单，成本较低。摆线齿轮泵，具有结构紧凑、体积小、流量脉动小等优点。

3. 按压力等级

低压齿轮泵，通常工作压力低于 2.5MPa。中压齿轮泵，工作压力在 2.5MPa 至 8MPa 之间。高压齿轮泵，工作压力高于 8MPa。

4. 按排量是否可变

定量齿轮泵，排量固定不变，输出流量相对稳定。变量齿轮泵，排量可以根据工作需要进行调节。

（二）齿轮泵的工作原理及主要构件

1. 工作原理

齿轮泵由两个齿轮、泵体与前后盖组成两个封闭空间，当齿轮转动时，齿轮脱开侧空间的体积从小变大，形成真空，将液体吸入，齿轮啮合侧空间的体积从大变小，将液体挤入管路中。吸入腔与排出腔是靠两个齿轮的啮合线来隔开的。齿轮泵工作时，主动轮随电动机一起旋转并带动从动轮跟着旋转。泵体上装有安全阀，当排出压力超过规定压力时，输送液体可以自动顶开安全阀，使高压液体返回吸入管。

2. 核心构件

齿轮泵的核心构件主要由两个齿轮、泵体与前后盖等部分组成。外啮合齿轮泵的齿轮在泵体外部啮合，两个齿轮的齿形相互啮合（图 2-12），并通过外部的传动装置（如电机或发动机）将动力传递给齿轮，使其旋转。这种泵除了齿轮和泵体外，还需要外部的传动装置。

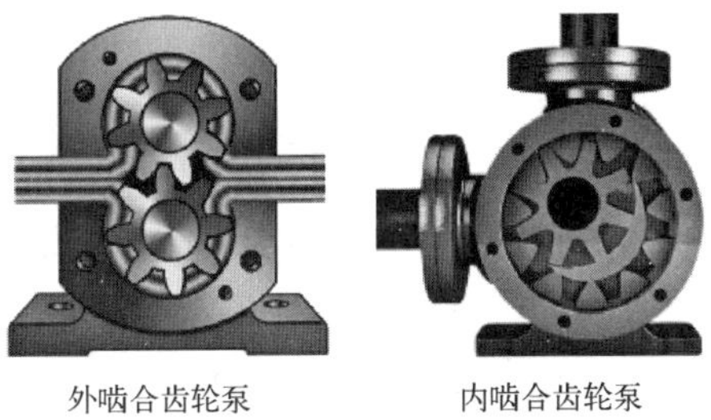

图 2-12　齿轮泵结构图

外啮合齿轮泵的应用较为广泛，结构简单，维护起来比较容易，输出压力高，适合黏度比较高的物料，但其体积相对较大。

内啮合齿轮泵的齿轮在泵体内部啮合（图 2-12），其中一个齿轮是内齿轮，嵌套在另一个齿轮的外部。内啮合齿轮泵体积小，价格便宜，适合输出压力小和物料黏度较低的工况，但其结构相对复杂，不易维护。

二、离心泵

（一）概述

离心泵是靠叶轮旋转时产生的离心力来输送液体的泵。优点是结构简单而紧凑，对于同一输送量，离心泵所占面积小，重量轻，材料耗用较少，对基础要求没有往复泵高，故制造安装费用少；可高速运行，传动结构简单易安装；可用耐化学腐蚀的材料制造泵，适用于输送腐蚀溶液；输出量可由排出阀门任意调节甚至全关，不会出现压头无限上升的危险；排液均匀无脉冲现象。缺点是运行前，必须使泵体内充满液体；不适宜供应小流量、大压头，效率低；遇到设计不完善或操作不当时对流体质量有影响；安装不妥会出现“气缚”现象。

1. 按工作叶轮数目分类

单级泵：在泵轴上只有一个叶轮。多级泵：在泵轴上有两个或两个以上的叶轮，这时泵的总扬程为 n 个叶轮产生的扬程之和。

2. 按工作压力分类

低压泵：压力低于 100m 水柱❶。中压泵：压力在 100～650m 水柱之间。高压泵：压力高于 650m 水柱。

3. 按叶轮进水方式分类

单侧进水式泵：又叫单吸泵，即叶轮上只有一个进水口。双侧进水式泵：又叫双吸泵，即叶轮两侧都有一个进水口，它的流量比单吸泵大一倍，可以近似看作是两个单吸泵叶轮背靠背放在一起。

4. 按泵壳结合缝形式分类

水平中开式泵：在通过轴心线的水平面上开有结合缝。垂直结合面泵：结合面与轴心线相垂直。

5. 按泵轴位置分类

卧式泵：泵轴位于水平位置。立式泵：泵轴位于垂直位置。

6. 按叶轮出来的水引向压出室的方式分类

蜗壳泵：水从叶轮出来后，直接进入具有螺旋线形状的泵壳。导叶泵：水从叶轮出来后，进入它外面设置的导叶，之后进入下一级或流入出口管。

（二）离心泵的工作原理及主要构件

1. 工作原理

叶轮内的液体受到叶片的推动而与叶片共同旋转，由旋转而产生的离心力，使液体由中心向外运动，并获得动量增量（图 2-13）。在叶轮外周，液体被甩出至蜗卷形流道中。由于液体速度的降低，部分动能被转换成压力能，从而克服排出管道的阻力不断外流。叶轮吸入口处的液体因向外甩出而使吸入口处的液体形成低压（或真空），因而吸入池中的液体在液面压力（通常为大气压力）作用下源源不断地压入叶轮的吸入口，形成连续的抽送作用。

离心泵启动时，如果泵壳与液体入口管路内没有充满液体，则泵内充满空气，由于空气的密度远小于液体的密度，不能产生较大的离心力，致使叶轮中心处所形成的真空不足以将液体吸入泵内。此时，虽然启动离心泵，但不能输送液体，此种现象称为气缚。为了使泵内充满液体，在液体入口管底部安装带吸滤网的底阀，底阀为止逆阀，滤网是为了防止固体物质进入泵内损坏叶轮的叶片而保证泵的正常操作。离心泵的出口后面可装调节流量的阀门。

---

❶ 1m 水柱＝9806.65Pa。

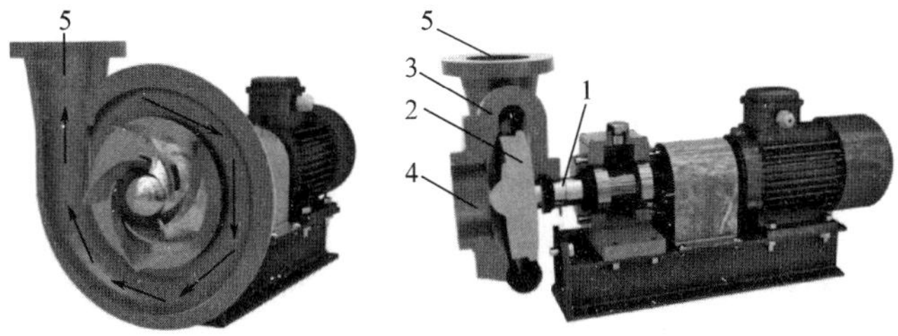

图 2-13 离心泵工作原理图

1—泵轴；2—叶轮；3—泵壳；4—液体入口；5—液体出口

2. 核心构件

离心泵的核心构件主要由叶轮、泵体、泵盖、泵轴、轴承和轴封装置等部分组成，如图 2-14 所示。由电动机带动固定在轴上的叶轮旋转，使叶轮中的液体获得能量（包括压力能和动能）。为防止液体从泵壳等处泄漏，在各密封点上分别装有密封环或轴封箱。轴承及轴承悬架支承着转轴。整台泵和电动机安装在一个底座上。离心泵的过流部件包括吸入室、叶轮及排出室（又称蜗壳）。对过流部件的主要要求是能达到所需要的流量和扬程，流动稳定、损失小、效率高。对整台泵综合要求是：结构紧凑、工作可靠、检修方便、安全耐用。

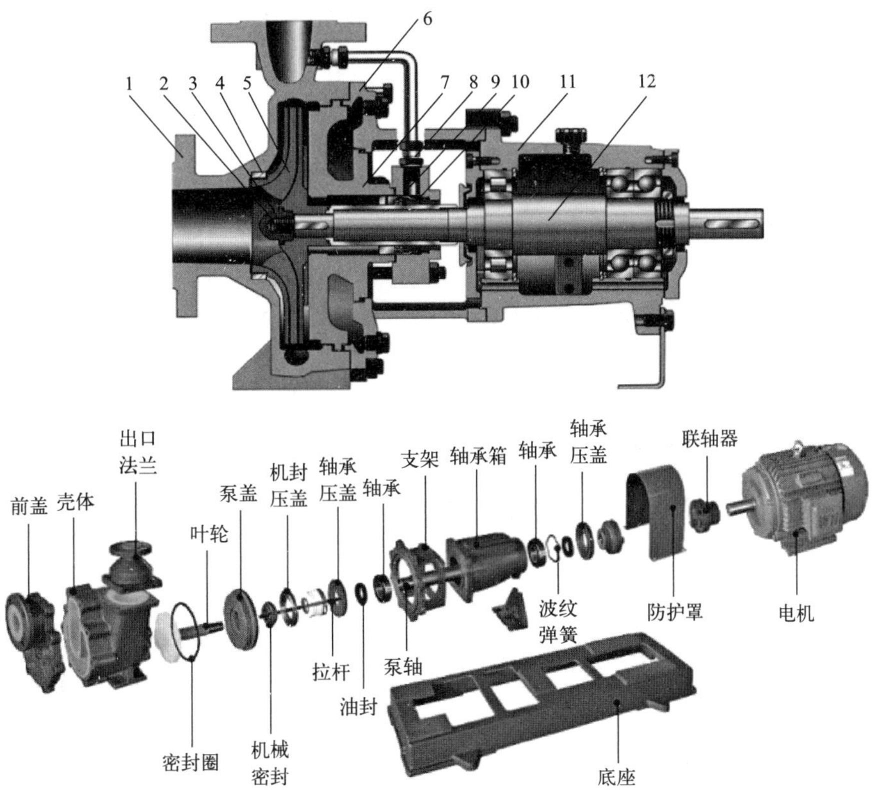

图 2-14 离心泵结构图

1—泵体；2—叶轮螺母；3—止动垫片；4—密封环；5—叶轮；6—泵盖；7—轴套；8—填料环；9—填料；10—填料压盖；11—轴承悬架；12—轴

（1）叶轮

叶轮是离心泵的做功零件，依靠它高速旋转对液体做功而实现液体的输送。叶轮一般由轮毂、叶片和盖板三部分组成。叶轮的盖板有前盖板和后盖板之分，叶轮口侧的盖板称为前盖板，另一侧的盖板称为后盖板。叶轮通常有四种类型。

闭式叶轮，如图 2-15(a) 所示，叶片两侧带有前盖板及后盖板。液体从叶轮中央的入口进入后，经两盖板与叶片之间的流道流向叶轮外缘。这种叶轮效率较高，应用最广，但只适用于输送清洁液体。

半闭式叶轮，如图 2-15(b) 所示，一般有两种结构，其一为前半开式，由后盖板与叶片组成，此结构叶轮效率较低，为提高效率需配置可调间隙的密封环。另一种为后半开式，由前盖板与叶片组成，由于可应用与闭式叶轮相同的密封环，效率与闭式叶轮基本相同。半闭式叶轮适于输送含有固体颗粒、纤维等悬浮物的液体。半闭式叶轮制造难度较小、成本较低、适应性强，近年来在炼油中应用逐渐增多，并用于输送清水和近似清水的液体。

开式叶轮，如图 2-15(c) 所示，只有叶片及加强筋，叶轮不装前后盖板，叶轮叶片数较少，2～5 片。开式叶轮适用于输送浆料或含有固体悬浮物液体，因叶轮不装盖板，液体在叶片间运动时易产生倒流，故效率较低。

双吸式叶轮，如图 2-15(d) 所示，离心泵双吸式叶轮的特点是两端均有叶轮，可以吸入流体同时喷出流体，适用于大流量泵，其抗汽蚀性能较好。

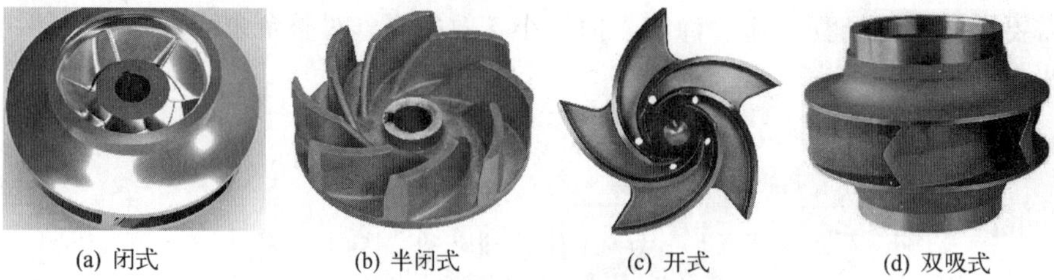

图 2-15 离心泵的叶轮

(2) 泵轴与轴套

泵轴的主要作用是传递动力，支承叶轮在工作位置正常运转。它一端通过联轴器与电动机轴相连，另一端支承着叶轮做旋转运动，轴上装有轴承、轴向密封等零部件。轴套的作用是保护泵轴，使填料与泵轴的摩擦转变为填料与轴套的摩擦，所以轴套是离心泵的易磨损件。离心泵的泵轴及轴套如图 2-16 所示。

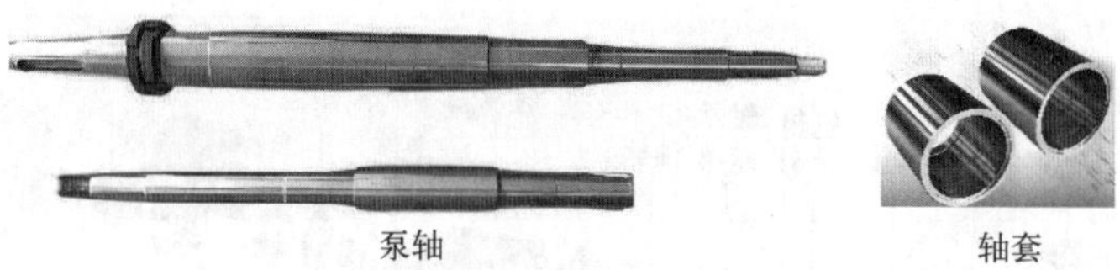

图 2-16 离心泵的泵轴及轴套

(3) 轴承

轴承起支承转子重量和承受力的作用，其结构如图 2-17 所示。离心泵上多使用滚动轴承，其外圈

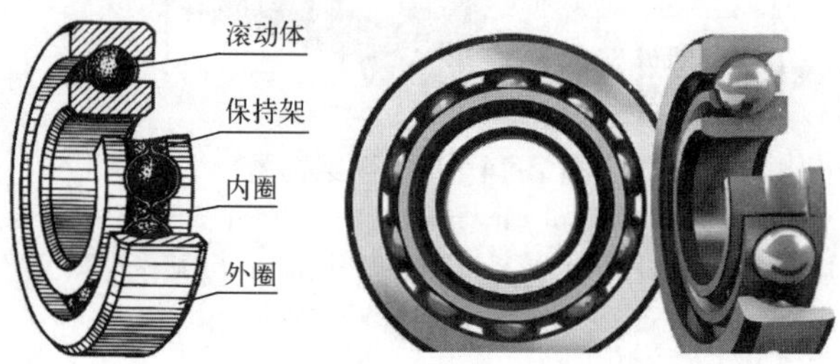

图 2-17 离心泵的轴承

与轴承座孔采用基轴制，内圈与转轴采用基孔制，配合类别国家标准有推荐值，可按具体情况选用。轴承一般用润滑脂和润滑油润滑。

（4）泵壳与导叶

离心泵的外壳多制成蜗壳形，其中有一个截面逐渐扩大的蜗牛壳形通道，如图 2-18 所示。叶轮在泵壳内顺蜗形通道逐渐扩大的方向轮转。由于通道逐渐扩大，从叶轮四周高速抛出的液体逐渐降低流速，减少了能量损失，并使部分动能有效地转化为静压能。因此，泵壳不仅是一个汇集由叶轮抛出液体的部件，而且本身又是一个能量转换装置。导叶也是离心泵的转能装置，它的作用是把叶轮甩出来的液体收集起来，使液体的流速降低，把部分速度能头转变为压力能头后，再均匀地引入下一级或者经扩散管排出。虽然导叶和叶轮都负责离心泵的引导和流体加速，但它们在离心泵中的作用和形式有所不同。导叶主要用于调节流体流入叶轮的位置和方向，控制流速和进口截面积，以适应不同的工况和流量要求。叶轮则主要用于将流体能量转化为机械能，驱动机械设备。

泵壳　　导叶

图 2-18 离心泵的泵壳及导叶

（5）轴封装置

由于泵轴转动而泵壳固定不动，在轴和泵壳的接触处必然有一定间隙。为避免泵内高压液体沿间隙漏出，或防止外界空气从相反方向进入泵内，必须设置轴封装置。离心泵的轴封装置有填料函（盘根箱）和机械（端面）密封。

填料函是将泵轴穿过泵壳的环隙做成密封圈，于其中装入软填料（如浸油或涂石墨的石棉绳等）。当离心泵工作时，叶轮将流体向外推送，同时外壳将流体限制在一个固定的区域内，该区域就是填料函的所在位置。填料函中充满了密封材料，它们与旋转的叶轮和静止的外壳之间产生摩擦力。这种摩擦力防止了流体从填料函处泄漏。填料函由填料、水封环、密封压盖等部件组成，安装在泵轴穿出泵壳处。

机械密封是由一个装在转轴上的动环和另一固定在泵壳上的静环所构成。两环的端面借弹簧力互相贴紧而做相对转动，起到了密封的作用。机械密封适用于密封要求较高的场合。

三、螺杆泵

（一）概述

螺杆泵是依靠泵体与螺杆所形成的啮合空间容积变化和移动来输送液体或使之增压的回转泵。优点是转速低，机械磨损小，不会发生汽蚀；流道宽，可以输送含有固体物的水；泵体结构是半开的，可以观察到泵内的运行情况。缺点是尺寸大，占地面积大；受机械加工条件限制，泵轴不能太长，因而扬程较低，一般不超过 10m；吸水面、出水面高度变化不能太大，否则会影响工作效率，增加能耗。

螺杆泵的分类：

1. 螺杆数目分类

按照螺杆数目分为：单螺杆泵，单根螺杆在泵体的内螺纹槽中啮合转动的泵；双螺杆泵，由两个螺杆相互啮合输送液体的泵；多螺杆泵，由多个螺杆相互啮合输送液体的泵。

2. 螺杆吸入方式分类

按螺杆吸入方式分为：单吸式，介质从螺杆一端吸入，从另一端排出；双吸式，介质从螺杆两端吸入，从中间排出。

3. 泵轴位置分类

按照泵轴位置分为：卧式泵、立式泵。

（二）螺杆泵的工作原理及主要构件

1. 工作原理

当主动螺杆转动时，带动与其啮合的从动螺杆一起转动，吸入腔一端的螺杆啮合空间容积逐渐增大，压力降低。液体在压差作用下进入啮合空间。当容积增至最大而形成一个密封腔时，液体就在一个个密封腔内连续地沿轴向移动，直至排出腔一端。这时排出腔一端的螺杆啮合空间容积逐渐缩小，而将液体排出。

2. 核心构件

螺杆泵的核心构件主要由螺杆、泵体、主动轴、轴承、密封环等部分组成，如图 2-19 所示。

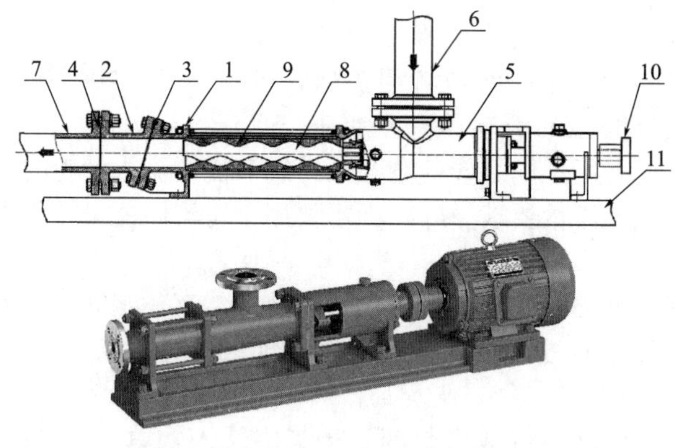

图 2-19 螺杆泵结构图及实例

1—出口短接；2—过渡短接；3—椭圆密封垫；4—圆环密封垫；5—单螺杆泵；6—进口管道；7—出口管道；8—螺杆；9—定子；10—联轴器；11—底座

（1）螺杆

螺杆是螺杆泵的核心部件，通常由不锈钢或碳钢制成。它具有螺旋形状的螺纹，这些螺纹与泵体上的螺纹相匹配。螺杆在泵的运行过程中起着输送介质的作用。

（2）泵体

泵体是螺杆泵的主要组成部分，它通常由铸铁或铸钢制成。在泵体内部，有一个与螺杆相匹配的螺纹通道，介质通过这个通道被输送。

（3）主动轴

主动轴是螺杆泵的传动部分，它通常由合金钢或不锈钢制成。主动轴的一端连接电动机或其它动力源，另一端连接螺杆。

（4）轴承

轴承是用来支撑主动轴的，它通常由耐磨材料制成。轴承的作用是减少摩擦和磨损，从而延长泵的使用寿命。

（5）密封环

密封环是用来防止介质泄漏的部件。它通常由耐磨材料制成，安装在泵体的密封腔内。密封环与螺杆之间有一定的间隙，以确保介质能够顺利通过泵体而不泄漏。

四、罗茨泵

（一）概述

罗茨泵是指泵内装有两个相反方向同步旋转的叶形转子，转子间、转子与泵壳内壁间有细小间隙而互不接触的一种变容泵。优点是启动快、耗功少、运转维护费用低；结构合理，转子间及转子与泵体间有间隙，互不接触摩擦损失小；可用较低的动力获得较大的抽速；工作平稳，能通过提高转速获得更大的抽速。缺点是启动需要较高的预真空度，不适用于高湿度环境，对颗粒物敏感，在高湿度环境下容易出现故障，水分可能导致泵内部零部件腐蚀或损坏。

（二）罗茨泵的工作原理及主要构件

1. 工作原理

罗茨泵由两个相互啮合的外形相似、具有多个螺线的转子组成。其中一个转子称为主转子，另一个转子称为从动转子。主转子和从动转子在泵内的泵腔中旋转，在旋转的过程中，转子间的啮合间隙与泵腔壁之间形成一系列的密封工作室。当主转子和从动转子旋转时，泵腔内的工作室逐渐被扩大，流体由泵的吸入端进入泵腔。随着转子继续旋转，泵腔内的工作室逐渐缩小，使进入泵腔的流体被压缩。压缩的流体沿着泵腔壁逐渐向出口端移动，并在出口处排出。主转子和从动转子的相对运动不断地推动流体流动，使得流体被连续地吸入和排出，从而实现了输送流体的功能，如图 2-20 所示。

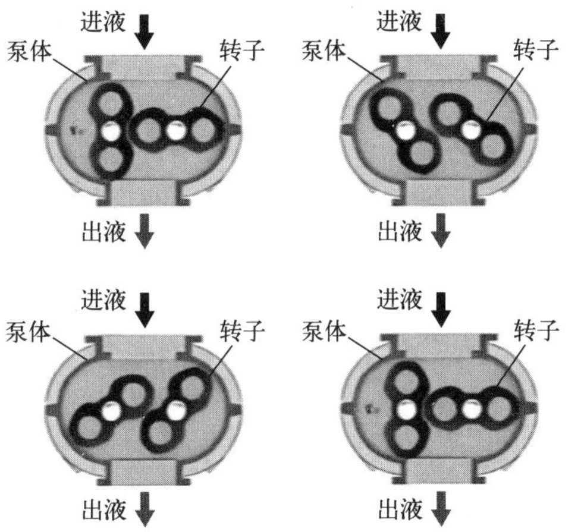

图 2-20　罗茨泵的工作原理

2. 核心部件

罗茨泵的结构如图 2-21 所示。

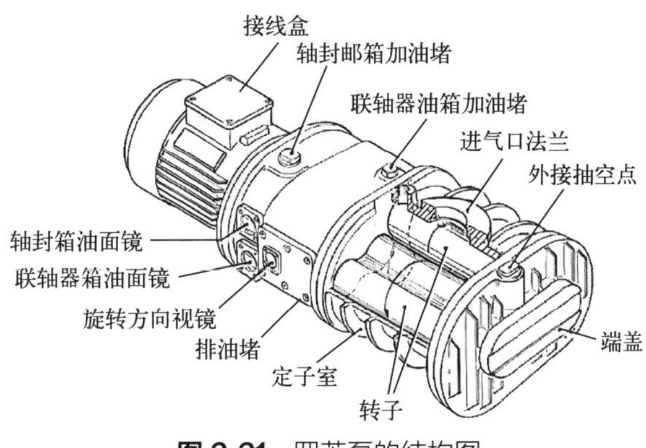

图 2-21　罗茨泵的结构图

（1）叶轮

罗茨泵的关键部件，由两个彼此啮合的叶轮组成，通过转动来获得气旋，实现真空泵的抽气作用。

（2）泵体

作为罗茨泵的核心构件，由两个叶轮和一个泵体组成，负责将气体从进风口吸入，通过叶轮的转动后将气体逸出。

（3）泵体密封性和叶轮密封性

这两个密封结构分别位于泵体与叶轮之间，旨在避免气体从泵体与叶轮之间泄漏，确保真空泵的高效抽气。

五、滑片泵

（一）概述

滑片泵是靠泵体、泵盖、偏心转子和滑片之间形成的容积（称基元容积）的周期性变化吸排液体的泵。又称刮片泵、刮板泵。优点是维护方便、性能稳定、输送介质更加均匀。缺点是滑片受力大、易损坏；内表面易发生严重的曲面挤压磨损；滑片泵在工作时有一定的噪声。

滑片泵可分为单作用和双作用两大类。

单作用滑片泵：具有径向槽的圆柱形体，槽内安放滑片，转子偏心安放泵体内，只要调整转子对定子偏心距大小，便可改变泵的流量；改变偏心距方向，便可改变泵输出液体的方向，故这种泵宜做成可调滑片泵或变量滑片泵。

双作用滑片泵：转子外表面曲线是一个圆，转子和定子中心重合；定子的内表面曲线是近似于椭圆形的，当转子转一周时有两次吸入和排出过程。此种泵的转子和定子的相对位置是不变的，故又称其不可调节滑片泵或定量滑片泵。

（二）滑片泵的工作原理及主要构件

1. 工作原理

如图 2-22 所示，滑片装在开槽的转子中，转子偏心装在泵体内，转子转动时，滑片自转子内滑出，紧贴泵体表面滑动，转子、滑片、泵体所形成的腔体随转子的转动，其空间大小呈周期性变化，腔体增大时，吸入介质，腔体变小时，排出介质，周而复始，完成介质的输送过程。

图 2-22　滑片泵的工作原理图

图 2-23　滑片泵的结构图

2. 核心部件

滑片泵的结构如图 2-23 所示。

① 泵体　泵的主体部分，为滑片泵提供结构支撑。

② 内转子　也称为转子，是滑片泵中的旋转部件，其运动决定泵的工作效率和性能。

③ 定子　与内转子配合，共同定义了泵的工作容积和排量。

④ 泵盖　覆盖在泵体上方，用于封闭和保护泵的内部结构。

⑤ 滑片　安装在转子槽内，依靠离心力紧贴偏心定子，通过滑片在转子槽内的移动来实现吸液和

排液功能。

（三）滑片泵的应用

滑片泵一般用于泥状物料的输送，在肉糜输送中具有广泛的应用。在香肠的制作过程中，需要将调制好的肉糜准确、均匀地输送到灌肠机中。对于肉丸的生产，滑片泵的柔和输送方式可以避免对肉糜中的纤维结构造成过度破坏，使肉丸在加工过程中保持良好的弹性和质地。

六、水环真空泵

（一）概述

水环真空泵内装有带固定叶片的偏心转子，是将水（液体）抛向定子壁，水（液体）形成与定子同心的液环，液环与转子叶片一起构成可变容积的一种旋转变容积真空泵。优点是制造精度要求不高；在压缩气体的过程中，温度变化小，操作和维护简单，易于保养。缺点是效率较低能耗较高；真空度低，需要大量的水作为工作介质，消耗大量的水资源。

水环真空泵的分类：单级单作用水环泵，单级指一个叶轮，单作用指每当叶轮旋转时，吸入和排气均执行一次。该泵具有更高的极限真空度，但泵速和效率较低。单级双作用水环泵，单级指一个叶轮，双作用指每当叶轮旋转一次时，吸入和排气均进行两次。在相同的抽速下，双作用水环泵的尺寸和重量明显小于单作用水环泵。由于工作室在泵毂的两侧对称分布，因此作用在转子上的负载得到了改善。这种类型的泵具有较高的抽速和较高的效率，但极限真空度较低。双级水环泵主要由串联的单作用泵组成，两个单级单作用水环泵的叶轮共享一个心轴。它的主要特点是在高真空和稳定的工作条件下具有较大抽速。

（二）水环真空泵的工作原理及主要构件

1. 工作原理

泵在启动前泵壳内充入一半水，当电动机驱动叶轮旋转时，由于离心力的作用，水被甩到壳体内壁上，形成一个与壳体内壁同心的旋转的水环，水环与叶轮不同心，叶轮上部叶片间与水环内表面间形成的空隙小于叶轮下部叶片间与水环内表面间形成的空隙。叶轮旋转的前半周，叶片间与水环内表面间形成的空隙逐渐扩大，气体经进气管被吸入壳体内；叶轮旋转的后半周，叶片间与水环内表面间形成的空隙逐渐缩小，所吸入的气体经排气管被排出。叶轮不断旋转，从而不断地完成吸入和排出气体，使与进气管一侧连通的工作容器内达到一定的真空度。

2. 主要部件

水环真空泵的结构如图 2-24 所示。

水环真空泵的外壳，一般由铸铁或钢板制成，用于固定和保护内部组件。壳体内部有各种尺寸和形状的孔和腔，用于容纳其他组件，并提供连接和密封的功能。叶轮是水环真空泵的核心组件之一，通常由铸铁或不锈钢制成。它是一个圆形或椭圆形的旋转部件，安装在泵轴上，通过电机或其他驱动装置驱动旋转。压缩室是水环真空泵的一个重要组成部分，位于壳体内部。压缩室通过叶轮的旋转和离心叶片的引导，将进入泵内的气体进行压缩，使其体积减小，压力增加。吸气室位于压缩室的前方。吸气室与进气室相连，通过进气阀控制气体的进出。吸气室一般为圆形或椭圆形，具有一定的容积，能够容纳一定量的气体。由于水环真空泵在工作过程中需要

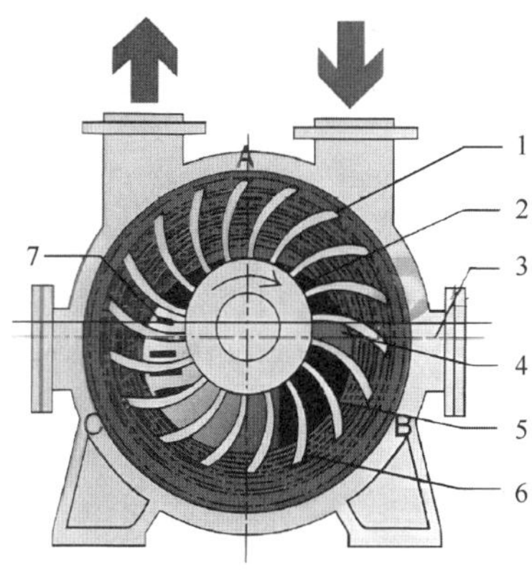

图 2-24　水环真空泵的结构图

1—叶轮；2—轮毂；3—泵体；4—气腔；5—吸气孔；6—液孔；7—排气孔

将水液环与气体严密隔离，因此对于进气室、出气室和水口等部分需要进行密封处理，以确保泵的正常工作。常见的密封方式包括橡胶密封圈、机械密封等。

（三）水环真空泵的应用

水环真空泵是依靠在系统内建立起一定的真空度，在压差作用下输送液体物料的简易流体输送设备，对于果酱、番茄酱等带有块粒的料液尤为适宜。在输送过程中，料液不通过结构复杂、不易清洗的部件，避免了料液通过泵体带来的腐蚀、污染、清洗等问题。但输送距离近、提升高度有限、效率较低。

第三节　气力输送设备

一、概述

气力输送设备是利用较强的气流动能使颗粒物料悬浮起来，并在密闭管道内沿气流方向运动以实现物料输送。在气力输送中，物料的输送是在管道中进行的，粉尘污染和损耗少；输送路线容易选择，布置灵活，合理地利用空间位置，可减少占地面积；输送生产率高，降低物料的装卸成本；在输送过程中可以同其他生产工艺结合起来，进行干燥、冷却、空气通过区分选及混合等操作。缺点是动力消耗较大，噪声大；管道以及与物料接触的构件易于磨损；对输送物料有一定限制，不宜输送易于成块黏结或易破碎的物料。对于输送量较少的，且属于间歇性操作的，不宜采用该设备。

气力输送设备大致可分为吸送式和压送式两种类型。吸送式气力输送采用的抽风机位于整个输送系统的终点，因而更适合从多个供料地向同一卸料地输送物料。抽风机对空气中杂质较敏感，吸送过程不易激起灰尘。压送式气力输送采用的鼓风机位于整个输送系统的起点，因而更适合从一个供料地同时或分别向多个卸料地输送物料。鼓风机对空气中杂质要求低，压送过程极易激起灰尘。吸送式气力输送采用负压气流进行输送，易于物料进入输送装置，因而供料设施简单，但对设备密封性要求高，卸料部分的气固分离器等部件的构造比较复杂。压送式气力输送采用正压气流进行输送，物料不易进入输送装置，因而需要更为复杂的供料设施，但卸料简单。吸送式气力输送生产率低，多用于稀相、高速、短距离输送。压送式气力输送生产率高，多用于密相、低速、长距离输送。此外，根据实际需要，还可将以上两种基本气力输送方式组合起来，进行混合式气力输送。

二、气力输送设备的分类

（一）吸送式气力输送设备

吸送式气力输送系统是采用罗茨风机或罗茨真空泵作为气源设备，取料装置部件多为吸嘴、固定式接料器等，其气源设备装在系统的末端，当风机运转后，整个系统形成负压，通过管道内外存在的压力差将空气吸入输料管。物料和一部分空气同时被吸嘴吸入并被输送到分离器；在分离器中，物料与空气分离；被分离出来的物料由分离器底部的旋转式卸料器卸出，而未被分离出来的微细粉粒随气流进入除尘器中净化，净化后的空气经系统中配置的消声器排入大气，如图 2-25 所示。

（二）压送式气力输送设备

压送式气力输送系统气源装置设在系统的进料端，由于气源设备在系统的前端，物料便不能自由流畅进入输料管而必须采用密封的供料装置。当被输送的物料被压送到达输送目的地后，物料在分离器或贮仓中分离并通过卸料装置卸出，压送的空气则经除尘器净化后排入大气，如图 2-26 所示。

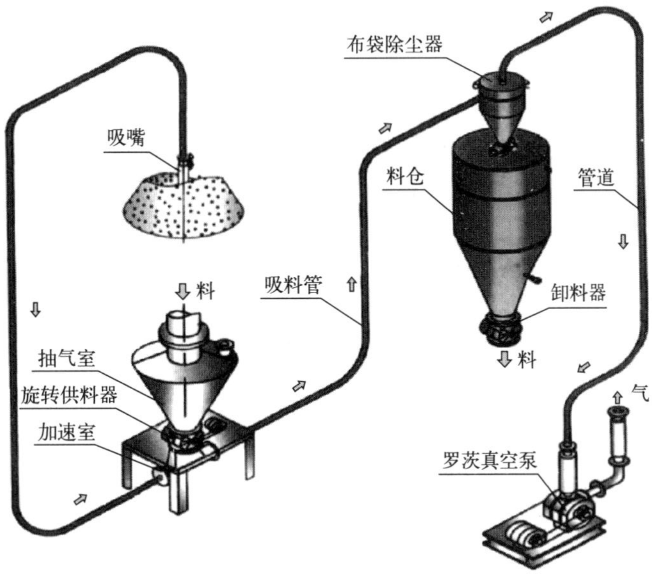

图 2-25 吸送式气力输送设备

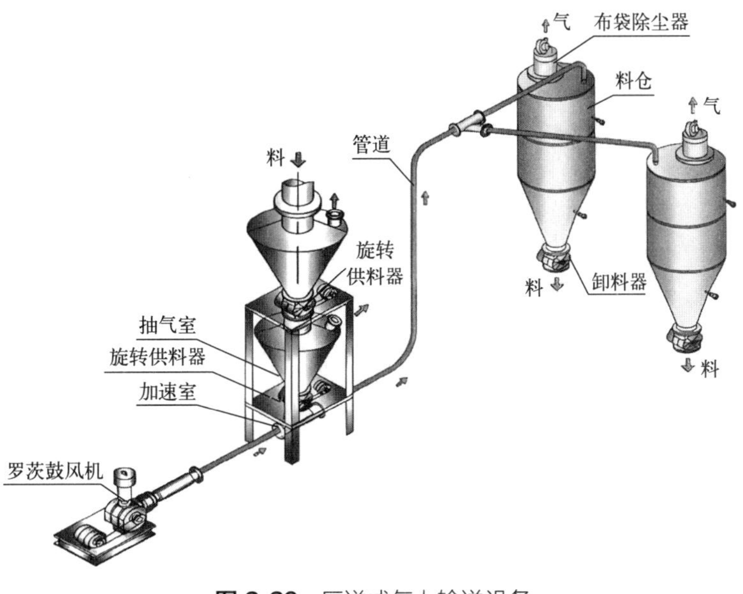

图 2-26 压送式气力输送设备

（三）混合式气力输送设备

吸压混合式气力输送系统，物料从吸嘴进入输料管吸送到分离器，经下部的卸料器卸出（它又起着压送部分的供料器作用）并送入压送输料管，从而分离器出来的空气经过风管进入风机，经压缩后进入输料管将物料压送到卸料地点；物料经卸料器排出，而空气经除尘器净化后经风管消声器排入大气中，如图 2-27 所示。

（四）循环式气力输送设备

为了保证系统在负压下运行及漏风的净化因素，在风机出口处设有旁通支管，使部分空气经布袋除尘器净化后排入大气，而大部分空气则返回接料器进行再循环。循环式系统适用于输送细小、贵重的粉状物料，如图 2-28 所示。

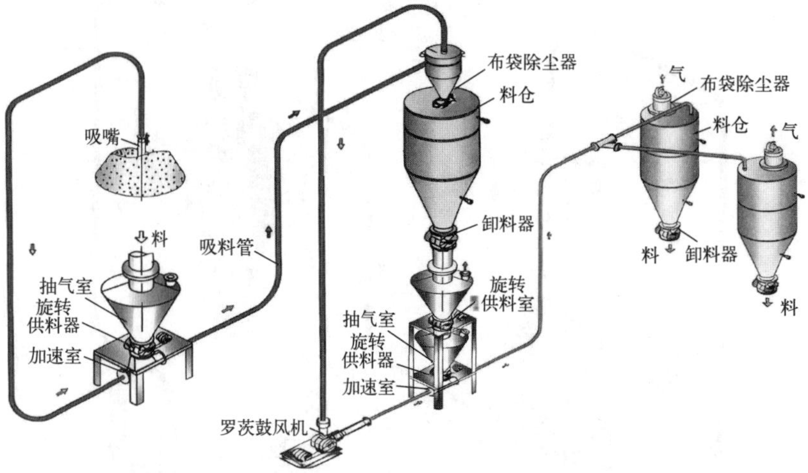

图 2-27 混合式气力输送设备

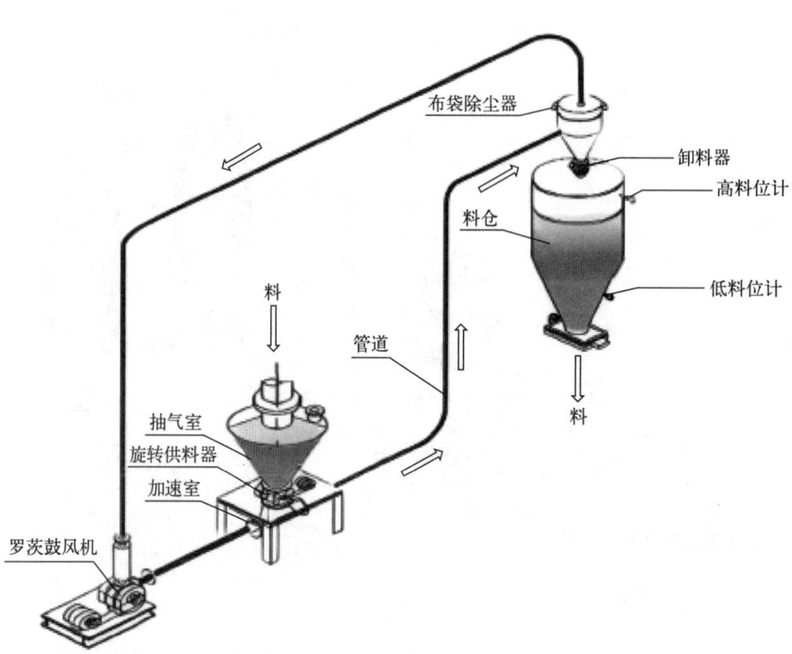

图 2-28 循环式气力输送设备

三、气力输送设备的主要构件

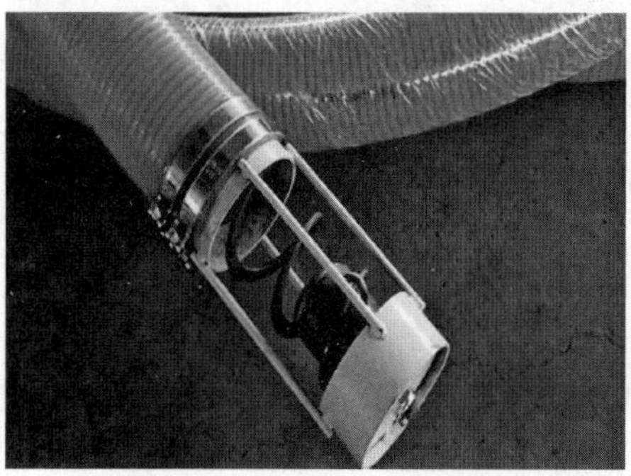

图 2-29 吸嘴式供料器

气力输送设备一般由供料器、输送管、风管、分离器、卸料器、除尘器和风机等设备和部件组成。在供料装置中物料与压缩空气混合，进入输送管道，过程中能够防止正压式输送系统中的压缩空气流出。同时，对负压式输送系统起到密封性作用，防止外界气体通入。气力输送设备的供料装置具有多种类型。吸嘴是吸送式气力输送设备中的供料器，如图 2-29 所示。物料和空气混合物在吸嘴的底部，沿内筒进入输料管，而促进料气混合的补充空气由外筒顶部经两筒环腔后，从底部的环形间隙导入内筒。通过改变环形间隙即可调节补充风量的大小，获得较高的效率。吸嘴适用于输送流动性好的物料，如小麦、豆类、玉米等。该部件直接影响输送系统的连续、高效、稳定的运转，设计中要根据物料特性和输送条件等因素合理选用。

喷射式供料器主要用于中低压气力输送系统，可将低压区的物料吸到输送管中使物料和气体混合后进行输送。因此在它的物料入口处常和能定量供料的回转叶轮式供料器等连接，使系统得到均匀连续的物料。如图 2-30 所示。

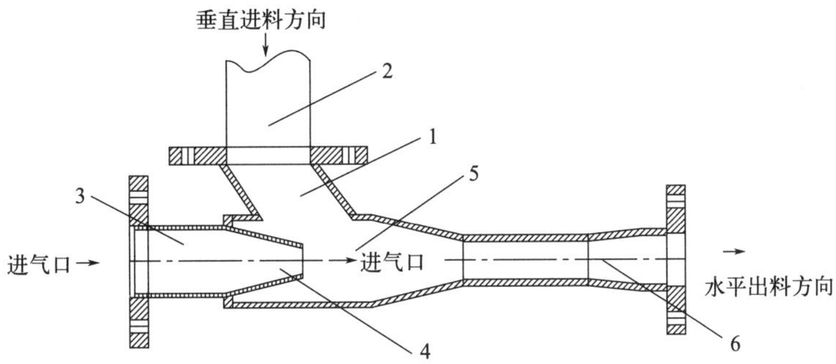

图 2-30 喷射式供料器

1—进料缓冲室；2—物料加注；3—输送气接管；4—文丘里喷嘴；5—物料；6—物料输送管

回转叶轮式供料器，也称作电动锁气器，广泛应用于中低压压送式气力输送系统。它有定量供料与锁气功能，常和喷射式供料器串联，装在喷射式供料器的上方使用，也常装在分离器的出口，作为卸料器使用。如图 2-31 所示。

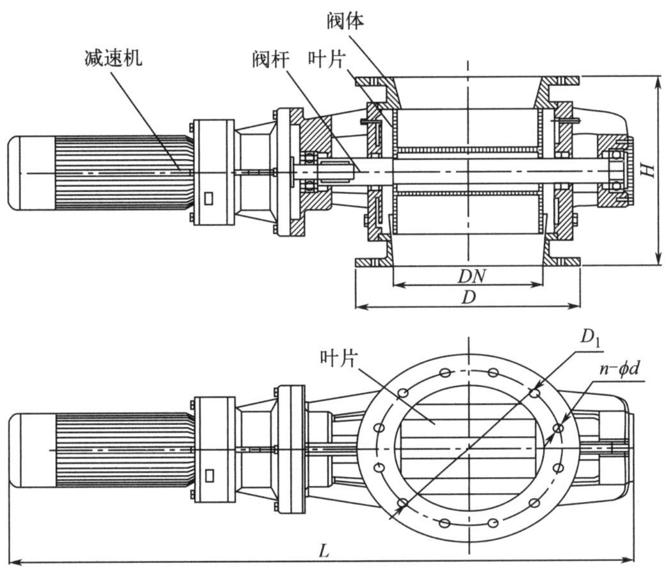

图 2-31 回转叶轮式供料器

螺旋式供料器有多种形式，它主要用于中低压气力输送系统。对于变螺距的螺旋式供料器（也称为螺旋桨泵），因有气封的作用，可用于压力小于 0.25MPa 的压送式气力输送系统。对于怕挤压的物料可用常见的定螺距的螺旋式供料器，因它能定量给料，但防漏气性能差，所以常将螺旋式供料器装在喷射式供料器的物料进口端，即由两个设备串联共同完成低压气力输送系统的供料任务。对于不怕挤压的物料，可用具有变螺距的螺旋式供料器。如图 2-32 所示。

输送过程中，料气混合的气流切向进入旋风分离器，在离心力作用下将物料分离至装置内部，物料在卸料口处卸出。旋风分离器的工作原理为靠气流切向引入造成的旋转运动，使具有较大惯性离心力的固体颗粒或液滴甩向外壁面分开。如图 2-33 所示。

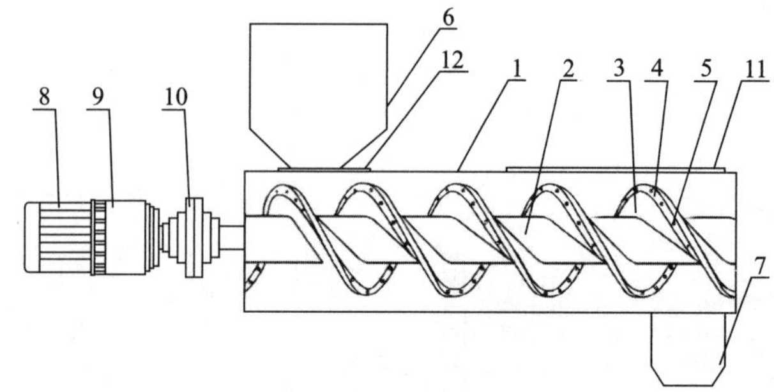

图 2-32 螺旋式供料器

1—输送管道；2—转轴；3—螺旋叶片；4—叶片保护罩；5—沉头螺钉；6—进料斗；7—出料口；8—电机；9—减速机；10—联轴器；11—检修盖；12—入口调节环

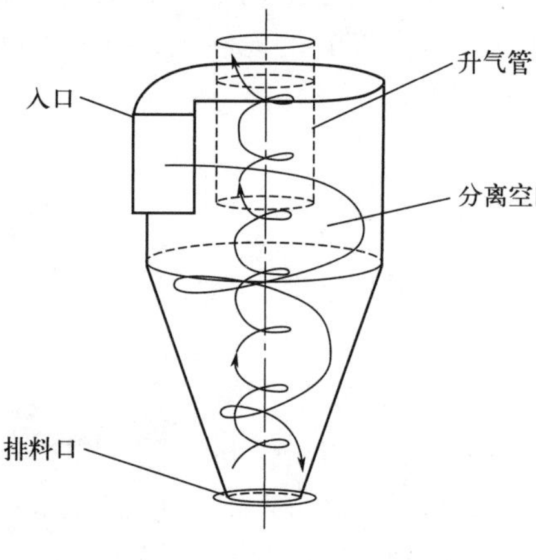

图 2-33 旋风分离器结构图

卸料装置是物料从分离器中连续或间歇卸出的装置。因其具有防止空气进入气力输送系统的功能，又被称为关风器。卸料器有叶轮式（图 2-34）、螺旋式、双阀门式等。

物料输送至卸料点后，通过除尘装置对混有粉尘的气体过滤，回收气体中的粉料，避免造成环境污染。除尘器用于拦截或回收排出的含尘气流中的微细粉粒。气力输送系统中常用离心式除尘器、袋式除尘器和水浴式除尘器。离心式除尘器的构造及工作原理与离心式分离器类似。水浴式除尘器是使含尘气流通过淋水空间或水体而将微细粉粒或纤维分离出来。袋式除尘器是一种利用有机或无机纤维过滤布，将气体中的粉尘过滤出来的净化设备。过滤布多制成布袋形，因此又称为布袋除尘器，如图 2-35 所示。

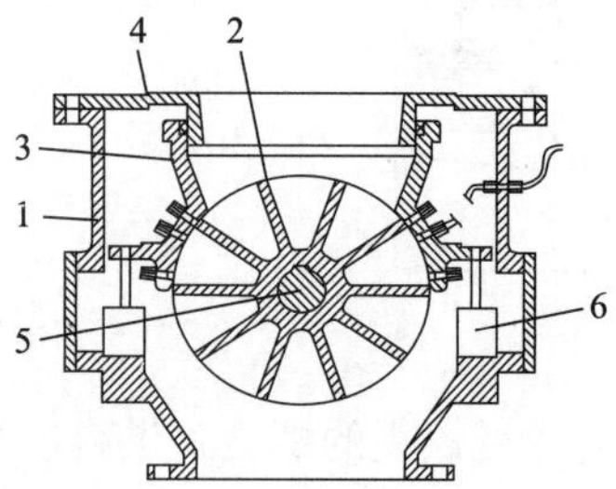

图 2-34 叶轮式卸料器

1—定子；2—转子；3—浮动体；4—上盖；5—转轴；6—气缸

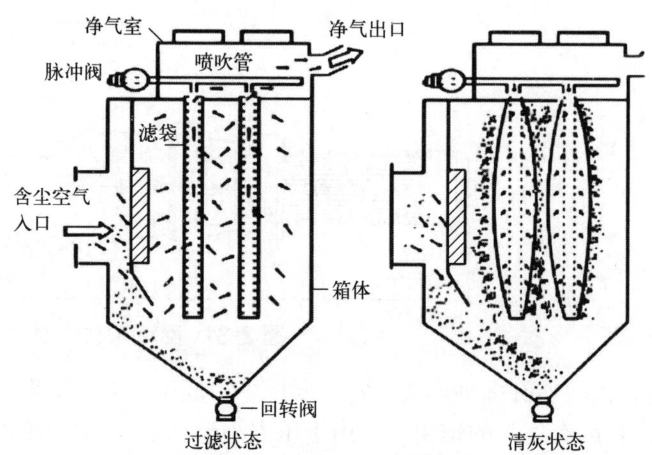

图 2-35 布袋除尘装置

总结

- **物料输送设备的分类**

  固体物料输送机械、液体物料输送机械及气力输送设备。
- **不同状态物料的输送设备的主要类型**

  固体物料输送机：带式输送机、斗式输送机、螺旋输送机、振动输送机等。

  液体物料输送机：齿轮泵、离心泵、螺杆泵、罗茨泵、滑片泵、水环真空泵等。

  气力输送机：吸送式气力输送设备、压送式气力输送设备、混合式气力输送设备、循环式气力输送设备。
- **不同输送机械设备的基本结构、工作原理和应用场景。**

思考练习

（一）依据物料状态不同食品输送设备分为哪几类？

（二）不同状态物料输送设备主要类型有哪些？其工作原理及应用有哪些？

（三）简述不同食品输送机械设备在典型食品加工工艺中的应用。

第三章　清洗、分选及分级机械与设备

知识导图

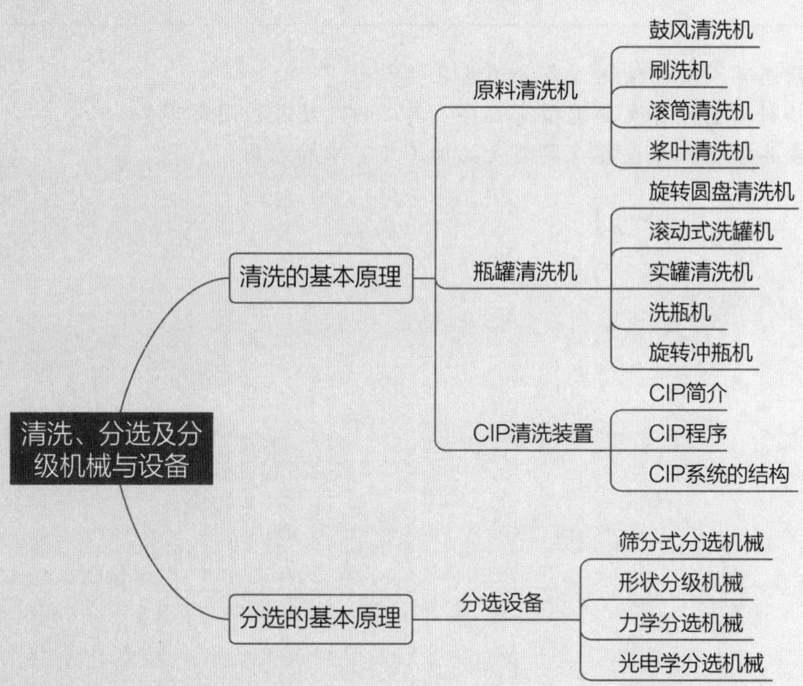

学习目标

- ○ 理解清洗、分选和分级的基本概念。能够理解清洗、分选和分级是用于处理不同类型原料的过程，包括去除杂质、分离和分类物料。
- ○ 熟悉清洗、分选和分级机械与设备的种类。能够识别不同类型的清洗、分选和分级设备，了解它们的工作原理和应用领域。
- ○ 学会选择适当的清洗、分选和分级策略。能够根据原料的特性和处理要求，选择合适的清洗、分选和分级策略，以达到预期的结果。
- ○ 理解环保和可持续性。理解清洗、分选和分级过程中的环保和可持续性考虑因素，以促进可持续资源管理。

第一节 清洗的概述

一、清洗的作用

食品加工过程中原料和加工设备的清洁是保证食品质量安全的重要措施。食品原料中的杂质对最终产品的安全性有不利的影响。例如，物理杂质可能直接影响食品的口感和品质。食品加工设备的清洁同样至关重要。设备在使用过程中会不可避免地与原料接触，如果设备清洁不当，就可能成为微生物滋生的温床，进而污染食品。在食品加工过程中，对包括原料、加工设备、包装容器和加工场所等在内的各种对象进行清洗，是防止交叉污染、保证食品质量安全的关键环节。

二、清洗的基本原理

清洗过程的本质是利用清洗介质将污染物与清洗对象分离的过程。根据清洗的原理不同，清洗可以分成机械方法和化学方法。机械方法主要利用机械力（如刷洗、用水冲等）将污染物与被清洗对象分开；化学方法主要利用水及清洗剂（如表面活性剂、酸、碱等）将污染物从被清洗物表面溶解下来。清洗机械与设备一般用化学与物理原理结合的方式进行清洗。

（一）机械方法

1. 浸泡法

在某浓度的清洗液中保持一定温度浸泡一定时间，使污染物松脱或溶于水中，再换水排走。

2. 鼓风式

洗前鼓风可除杂物以省水，洗后鼓风起吹干作用。鼓风式清洗设备在槽内装有吹气管，通过气流引起的剧烈搅拌促使杂物与原料分离，物料不易受伤，适合果品蔬菜。

3. 喷淋式

一般在浸泡后进行，小流量大压头比大流量小压头好。输送带可选网带或滚轮式（能翻滚物料）。

4. 摩擦搅拌式

在浸洗或喷洗时，用搅拌机构如螺旋、桨叶等与物料摩擦，并使物料互相摩擦，松脱的污物由水带走。

5. 刷洗式

毛刷和溶液一起强制使污物脱离。

6. 振动式

曲柄机构或超声波等产生强力振动，使污物脱离。

（二）化学清洗

利用清洗剂和污物发生化学反应，以除去污物。选清洗液时要注意：①浸润性好，快速扩散。②能使污物分离并悬浮。③能使脂肪乳化。对制品有杀菌作用。④含适量活性物质，在泡沫很少的情况下加强浸润，提高清洗速度。常用的清洗剂是氢氧化钠。

第二节 原料清洗机械与设备

在生产、流通和贮存过程中，食品原料会受到杂质（如灰尘、微生物、包装物等）的污染。加工前需要对食品原料进行有效的清洗。人工清洗食品原料效率低下，难以满足大规模生产的需求，仅适用于小批量原料的处理。对于大批量的原料清洗，机械清洗则成为主流方式。食品原料的性质、形状、大小等多种多样，洗涤方法和机械与设备的类型也很多，但所采用的清洗方法主要是刷洗、浸洗、喷洗和淋洗等。本节主要介绍鼓风清洗机、刷洗机、滚筒清洗机和桨叶清洗机。

一、鼓风清洗机

鼓风清洗机一般用于水果和蔬菜的清洗。由机架、洗槽、输送带、吹泡管、喷水装置、挑选工作台、鼓风机、电动机和传动装置等组成。物料放入槽内，多余水可溢出。物料在随输送带水平运动中被由鼓风机、管道及吹泡管吹出的空气搅动翻滚，加速物料上污物的脱离。输送带倾斜部分露出水面处有几排喷水管作加压水冲洗。

二、刷洗机

在果汁或果酱的生产过程中，对原料的洁净度要求较为严格。为了满足这一要求，通常采用刷洗机。相较于鼓风清洗机，刷洗机不仅利用流体流动产生的机械力清洁原料，还结合了毛刷的物理作用，从而显著提升了洗涤效果。

三、滚筒清洗机

滚筒清洗机常用于甘薯、马铃薯、生姜等质地较硬的块状原料的清洗。其结构简单，加工率高，清洗彻底，对产品损伤小。滚筒清洗机主要由进出料口、滚筒、喷淋装置、排水装置、电动机和传动装置组成（图 3-1）。

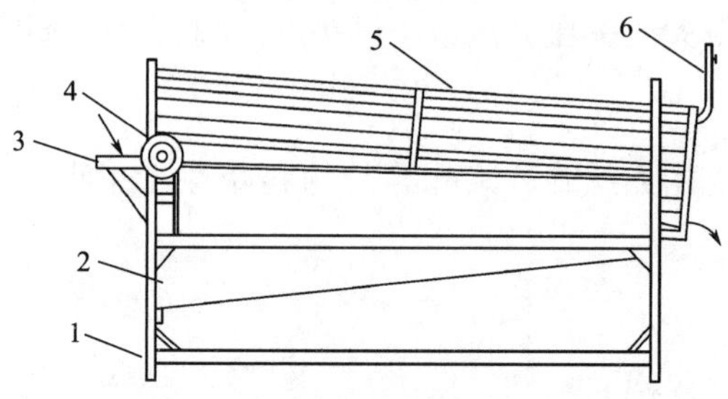

图 3-1 喷淋式滚筒清洗机结构图

1—机架；2—排水斗；3—进料斗；4—传动装置；
5—滚筒；6—进水管及喷淋装置

四、桨叶清洗机

用途：适合于一些块茎类原料，如马铃薯、胡萝卜、甜菜等。结构：由机架、洗槽（底部有排污舱口和闸门）、多孔筛底（半圆形）、轴、装料斗、卸料槽和传动装置组成。桨叶清洗机采用桨叶作为主要的清洗工具，通过高速旋转的桨叶产生强烈的流体动力和机械力，对原料进行全方位的清洗。

第三节　洗罐机

一、空罐清洗机

空罐清洗机主要利用热水进行有效冲洗，并在必要时辅助蒸汽杀菌或干燥热空气进行吹干处理。不同空罐清洗机之间的主要区别在于空罐的输送方式以及对各类空罐适应性。

（一）旋转圆盘式清洗机

旋转圆盘式清洗机主要由机壳、进罐槽、连接杆、旋转行星轮、热水蒸汽管道、喷嘴、传动系统、出罐槽、排水管等组成。其优点是结构简单，其缺点是对多罐型生产的适应性差。

（二）滚动式洗罐机

滚动式洗罐机是一个斜置的长条形箱体，其截面呈现出规整的矩形轮廓。在箱体内部，输罐机构由六根坚固的钢条组成，它们共同界定出一个矩形滚道。这一滚道的截面轴线与箱体截面轴线之间维持着一定的角度，确保空罐在向下滚动时，罐口能够以一定的角度朝下倾斜，从而有利于冲洗水的顺畅排出。当空罐从上至下沿着由钢条栏杆围成的滚道滚动时，罐内、罐身以及罐底都会同时受到来自三个不同方向的喷水冲洗。

二、实罐清洗机

实罐加工过程包括排气、封口和杀菌等步骤，在这一过程中，由于内容物的外溢或罐体的破裂外泄，实罐（尤其是肉类罐头）的外壁很容易受到污染。为了确保产品质量和外观，必须在贴标或外包装之前对实罐进行彻底的清洗。实罐清洗机一般由热水洗罐机、三刷擦罐机、擦干机和实罐烘干机及传动和输送装置组成。实罐以滚动方式连续经过洗涤剂溶液浸洗、三刷擦洗、热水冲淋去污、布轮擦干和蒸汽烘干等处理过程，以去除实罐表面的油污和黏附物。

第四节　洗瓶机

一、洗瓶机分类

回收瓶上的污物主要包括瓶内残留的食物液体、积聚的污垢以及瓶外粘贴的旧商标等。清洗方法不仅包含浸泡、喷射、刷洗三种基本方式，还常常辅以加热、使用洗涤剂等物理和化学手段。根据其操作的机械化程度，可分为半机械化、机械化和全自动洗瓶机三大类。根据瓶子在设备中的移动方式，洗瓶机还可分为回转式和链带载运式两种。在全自动洗瓶机中，根据瓶子在机器内部的移动方向，还可以细分为单端式和双端式两种。

二、半机械化洗瓶机

（一）回转式刷瓶机

经过浸泡后的瓶子，为了进一步清除瓶内外残留的污物，可以使用刷瓶机进行深度清洁。图 3-2 展示了回转式刷瓶机的结构示意图。在该刷瓶机中，传动装置驱动旋转刷轴进行自转，而这些旋转刷轴又

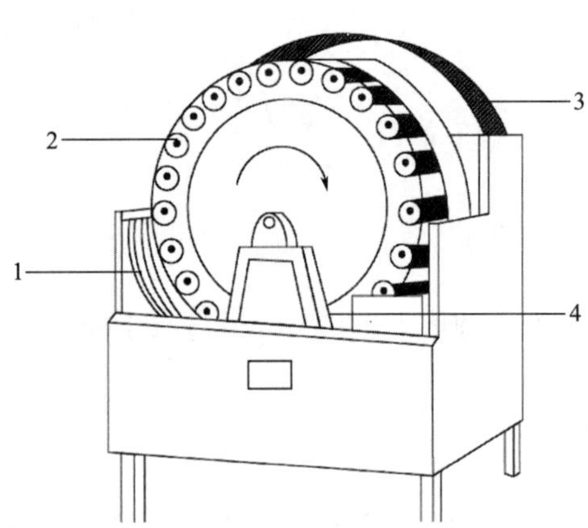

图 3-2 回转式刷瓶机结构示意图

1—板刷；2—旋转刷；3—外罩；4—水槽

安装在转鼓上，随着转鼓一同进行公转。操作员将浸泡好的瓶子从机器左端手动插入，旋转的毛刷随即去除瓶身上的残留污物；随后，操作员在右端将清洁后的瓶子拔出，送入后段的精洗槽进行进一步处理。

（二）冲瓶机

冲瓶机的主要功能是将瓶子内部的洗液彻底冲洗干净，同时也可用于新瓶的灰尘清洗。主要由转盘、瓶托、转轴和喷嘴等组成。转盘上以辐射状分布着多个瓶托，转盘与转轴紧密相连。每个瓶托下方都配备有一个喷嘴，这些喷嘴与呈辐射状分布的水管相连，并与固定水盘和活动分水盘相通（图 3-3）。

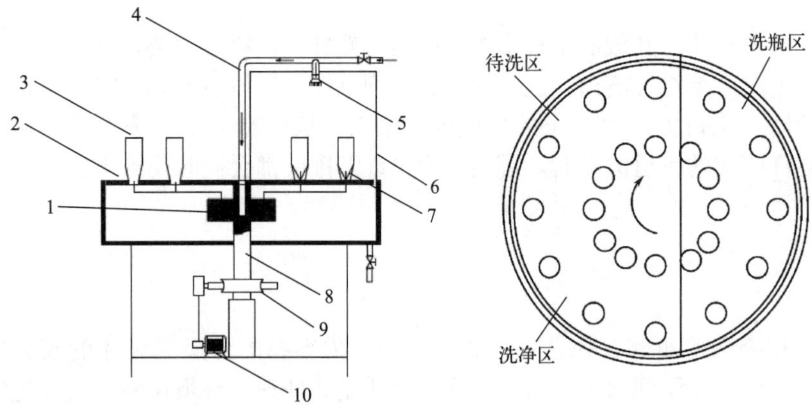

图 3-3 冲瓶机结构简图

1—分水盘；2—转盘；3—瓶子；4—进水管；5—外喷头；6—防水罩；7—内喷头；8—转轴；9—减速器；10—电机

（三）链轨式冲瓶机

链轨式冲瓶机沥干段较长，适用于酒瓶的冲洗和沥干过程。链轨式冲瓶机采用人工上、下瓶的方式，且兼容多种瓶型。链轨式冲瓶机具有循环水箱、水泵和冲洗水过滤系统，确保冲洗水在循环使用前能够得到有效的过滤，冲洗效率和水的利用率高（图 3-4）。

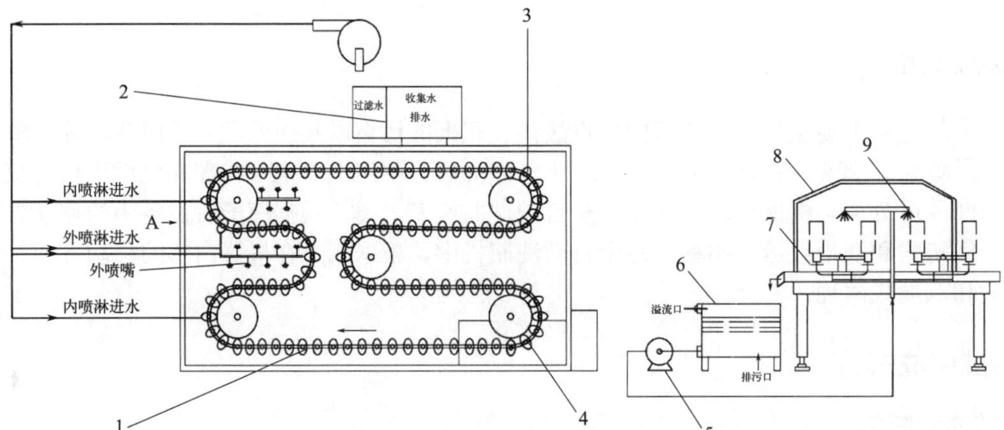

(a) 俯视图　　(b) 侧视图

图 3-4 链轨式冲瓶机结构示意图

1—上瓶区；2—过滤板；3—排水口；4—卸瓶区；5—加压泵；6—水箱；7—内喷嘴；8—防水罩；9—外喷嘴

（四）对夹式洗瓶机

对夹式洗瓶机是一种连续式直线洗瓶机，该机主要由机架、进出瓶输送系统、夹瓶输送系统、清洁水内外喷冲系统、压缩空气喷冲系统以及电气控制系统等核心部分组成。具有高效、多功能的优点。工作时，根据瓶子的规格，调整固定夹瓶链与活动夹瓶的间距。在外喷冲区，瓶子外表面得到彻底冲洗，接着，瓶子翻转 180°，进入内喷冲区。经过内喷冲后，瓶子进入滴水段。最后，清洗后的瓶子进入压缩空气喷冲区，确保瓶子完全干燥。随后，夹瓶输送链再次夹住瓶子并翻转 180°，使瓶子恢复正立状态（图 3-5）。

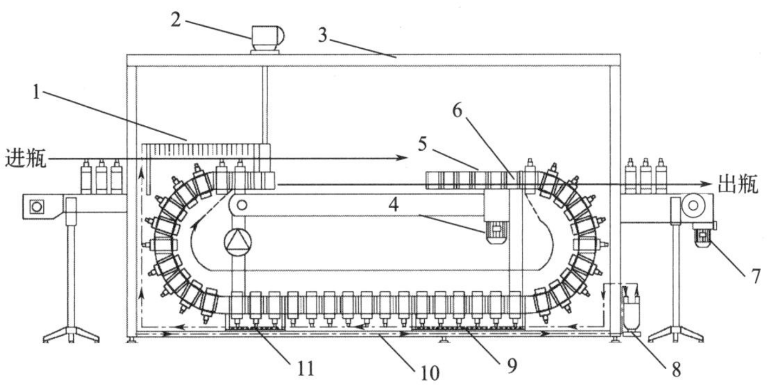

图 3-5　对夹式洗瓶机主视图

1—外喷冲区；2—夹瓶传动电机；3—机架；4—进瓶电机；5—导轨；6—夹瓶输送链；7—出瓶电机；8—喷冲泵；9—内喷冲区；10—水槽分隔板；11—压缩空气喷冲区

Ⅰ是进瓶转弯输送轨迹，由一条独立的输送带完成。然后转交给夹瓶输送链，夹瓶输送链由一组夹持链（两个动力系统）对夹完成瓶身的翻转。Ⅱ是瓶翻转清洗的输送轨迹。最后转交给独立的出瓶输送带。Ⅲ是出瓶转弯输送轨迹（图 3-6）。

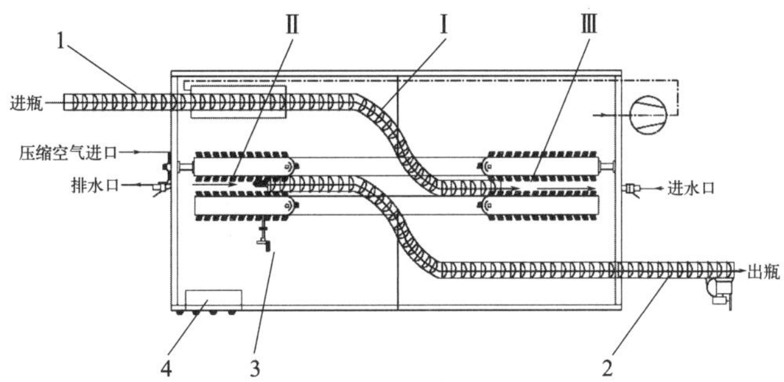

图 3-6　对夹式洗瓶机俯视图

1—进瓶输送带；2—出瓶输送带；3—直径调节手轮；4—控制箱；
Ⅰ—进瓶转弯输送轨迹；Ⅱ—瓶翻转清洗的输送轨迹；Ⅲ—出瓶转弯输送轨迹

三、全自动洗瓶机

新瓶或回收瓶在清洗过程中需要经过预浸泡、多次洗液浸泡、洗液喷射、热水喷射、温水喷射、冷水喷射及净水喷射等过程。全自动洗瓶机运行连续，无停留时间，可避免间歇运动时因惯性等造成对瓶子的冲击。

（一）单端式全自动洗瓶机

单端式全自动洗瓶机，亦被称作来回式洗瓶机，进瓶与出瓶操作均在机器的同一端完成。单端式全自动洗瓶机包含预浸泡槽、四个浸泡槽（即碱槽Ⅰ、碱槽Ⅱ、碱槽Ⅲ和碱槽Ⅳ）、热水槽和温水槽，共计七个槽体。它们协同工作，确保瓶子得到充分的清洗和消毒（图 3-7）。

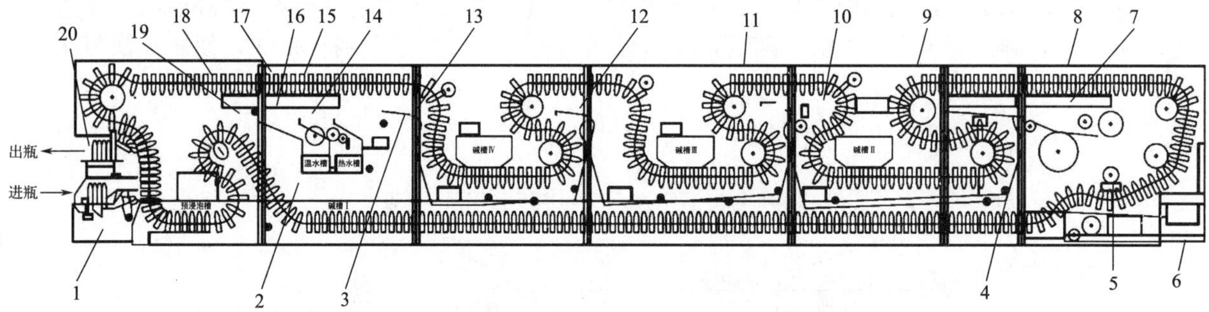

图 3-7 单端式全自动洗瓶机内部结构及清洗流程

1—进瓶；2,5—碱液喷淋；3—排水口；4—碱液底喷；6—除标Ⅰ；7,10,12,13—碱液内喷；8—碱液外喷；9—除标Ⅱ；11—除标Ⅲ；14—热水内喷；15—热水外喷；16—温水内喷；17—温水外喷；18—清水外喷；19—清水内喷；20—出瓶

浸泡喷冲工作过程分为七步。

① 脏瓶首先进入预浸泡槽。瓶子经预浸泡后除去了大部分污物，减少了进入碱槽Ⅰ的脏物和灰尘，延长洗涤液Ⅰ的使用时间。

② 随载瓶架运行，瓶子升离碱槽Ⅰ，瓶子在上升过程中翻转，将瓶内洗涤液倒掉，呈倒立状，喷淋装置对瓶底和瓶内进行喷射，喷淋液来自碱槽Ⅰ。

③ 瓶子在碱槽Ⅱ经过不少于 3.5min 的浸泡，除标装置Ⅱ在清除洗涤液中杂物的同时，尽量减少除标装置带出洗涤液的损失，然后进入碱槽Ⅲ。

④ 瓶子在碱槽Ⅲ经过不少于 2.5min 的浸泡，使瓶子上更难洗掉的脏物和商标纸脱落。然后进入碱槽Ⅳ。

⑤ 碱槽Ⅳ中的洗涤液温度为 50～55℃，瓶子在这里经过不少于 2.5min 的浸泡，使瓶子内仍未洗掉的脏物软化，以保证在最终喷淋时彻底清洗。

⑥ 瓶子从碱槽Ⅳ出来后，要经过热水喷冲（四次瓶内喷射，二次瓶外喷淋）、温水喷冲（四次瓶内喷射，一次瓶外喷淋）和清水喷冲（三次瓶内喷射，一次瓶外喷淋）。

⑦ 抽风机排出机内水蒸气，同时，使洗出来的瓶子符合洁净要求。

（二）双端式全自动洗瓶机

双端式全自动洗瓶机又称为直通式洗瓶机，进、出瓶各在一端，出瓶端可设在封闭车间内，脏瓶被隔离在门外，脏洁分流，克服了同一端进出瓶难免造成交叉污染的缺点。双端式全自动洗瓶机的工作过程主要分成四步。

① 瓶子由进瓶端进入预浸泡槽前，瓶子处于倒立状态，瓶内的污物倒入污水槽中，在预浸泡槽中，瓶子中的污物经预浸泡与瓶子分离。

② 经过预洗处理的瓶子，还需经历七个碱液槽的连续浸泡与冲洗过程。在每个浸泡槽中，瓶内的洗涤液都会进行一次倒换，确保瓶内外的脏物得到全面处理。

③ 经过七个槽的碱液清洗后，再进入热水槽进行碱液稀释和热水冲洗，进一步除去瓶内外的脏物和碱液。

④ 在完成上述一系列清洗流程后，对瓶子进行全面清洁冲洗。首先，通过三次循环水的内外冲洗，

彻底清洗瓶子内外。随后通过新水冲洗确保瓶子表面的洁净度，洗净的瓶子经过充分沥干去除水分。最后，清洗后的瓶子通过卸瓶装置自动输出。

（三）全自动洗瓶机的进瓶装置

全自动洗瓶机进瓶装置（图 3-8）由进瓶平台、整瓶装置、进瓶导轨、推瓶机构等组成。

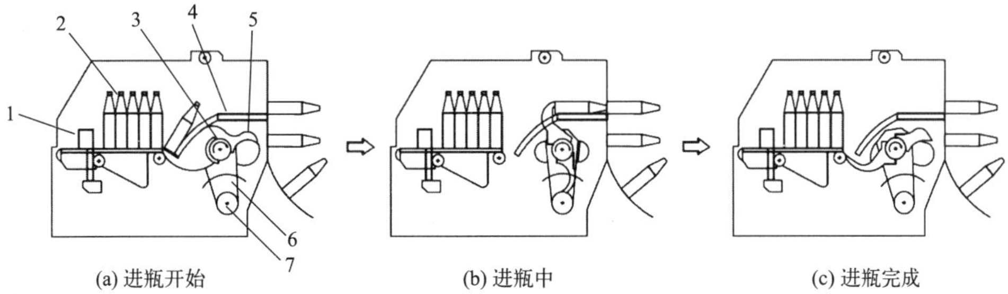

图 3-8 全自动洗瓶机进瓶装置

1—整瓶板；2—待进瓶；3—推瓶指转轴；4—进瓶导轨；5—推瓶指；6—摆杆；7—摆杆中心轴

（四）单端式和双端式全自动洗瓶机的比较

单端式全自动洗瓶机的脏瓶与净瓶距离较近，容易造成净瓶的污染，影响洗瓶质量；单端式全自动洗瓶机的进出瓶在同一端，使得与后续包装工序的连线设计会受到一定限制。双端式全自动洗瓶机的瓶套自出瓶处回到进瓶处为空载，洗瓶空间的利用率较低；双端式全自动洗瓶机的进出瓶在不同端，在连线设计上可以更灵活。

第五节 机械设备清洗系统

一、就地清洗系统的概述

就地清洗（cleaning in place，CIP）又称定位清洗或现场清洗，是指不用拆开或移动装置，在密闭的条件下，采用高温、高浓度的洗净液，对设备装置加以强力作用，把与食品接触的表面洗净和杀菌的方法。CIP 往往与就地消毒（sterilizing in place，SIP）配合操作，有的 CIP 系统本身就可用作 SIP 操作。CIP 在食品工业中应用广泛，是食品加工行业中一种高效、卫生的清洗解决方案（图 3-9）。

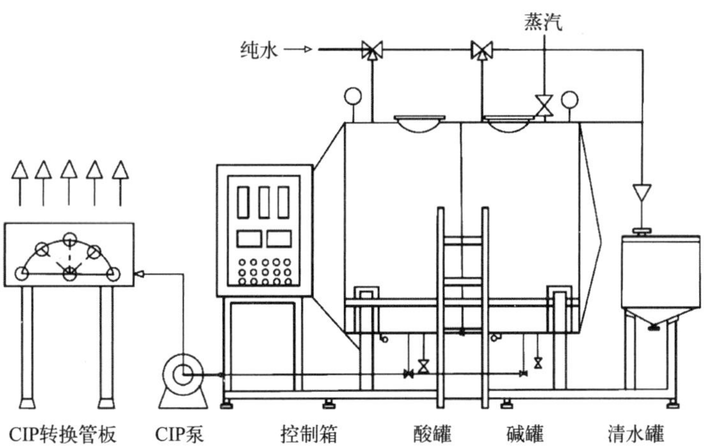

图 3-9 连体式 CIP 清洗装置

二、影响 CIP 清洁效果的因素

（一）机械力

由于污物紧密地黏附在设备表面上，要有效去除这些污物，机械力的作用是不可或缺的。为了确保达到良好的清洗效果，清洗液在接触表面时必须处于湍流状态，雷诺数（Re）可以表征湍流程度。

（二）清洗剂

通常情况下，为了清除设备表面和管道壁上的沉积焦结物，会使用碱性清洗剂、酸性清洗剂和表面活性剂等。这些清洗剂与污垢发生氧化还原、络合、皂化等化学反应，可将设备表面和管道内的污垢清洗干净。

（三）清洗接触时间

延长清洗液与设备和管道的接触时间可以增强清洗效果，但随着时间的增加，清洗效果会逐渐趋于平衡，并导致能量和人工成本的增加，从而导致清洗成本的升高。

（四）清洗液浓度

清洗液的浓度对清洗效果具有显著影响。当清洗液的浓度逐渐增加时，清洗效果也会相应提升。然而，当清洗液的浓度超过其临界浓度（通常为 1%～2%）后，继续增加浓度反而会导致清洗效果下降。

（五）清洗液温度

在 CIP 清洗过程中，清洗液的温度对清洗效果具有显著影响。一方面，提高清洗液的温度可以增加水对沉积焦结物的溶解度，从而加速焦结物从物体表面的分离。此外，高温还能降低清洗液的黏度，进一步提高清洗效果。另一方面，提高温度还能改变管路中污水的流动状态，并增大污物与清洗剂之间的化学反应速度。

三、 CIP 的分类及结构

CIP 系统装置有不同的分类方法。按集中程度，可分为集中式、分散式；按移动方式，可分为移动式清洗车、固定式清洗机；按罐体安置形式，分为卧式和立式；按罐体连接方式，分为连体式和分罐式；按清洗液使用方式，分为单次、重复和多次使用；按罐体数量，分为单罐和多罐。

典型的 CIP 系统由清洗液（包括净水）贮罐、加热器、送液泵、管路、管件、阀门、过滤器、喷头、回液泵、待清洗的设备及程序控制系统等组成。这些组件协同工作，使得部分设备或管路在清洗的同时，其它设备能够正常运行。如图 3-10 所示，容器 1 正在进行 CIP 清洗过程，而容器 2 则正在泵入生产所需的原料，同时容器 3 正在出料。这里需要注意的是，并非所有的 CIP 系统都包括以上部件，其中有些是必要的，如清洗液贮罐、加热器、送液泵和管路等；另一些则是根据需要选配的，如喷头、过滤器、回液泵等。

（一）罐

CIP 罐按数量分为单罐式和多罐式两种。单罐式一次使用装置仅由单一的洗净罐构成，其特点在于其规模小、设计简洁、成本低廉以及运转灵活。多罐式装置由两个或更多的洗净罐组成，允许清洗液多

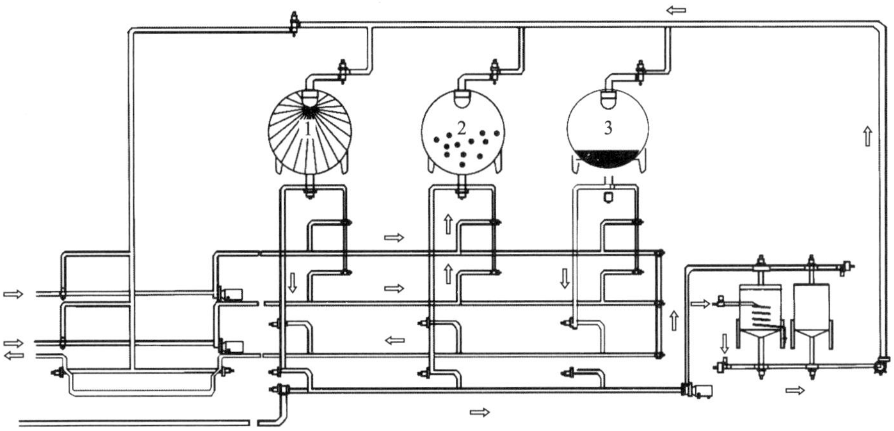

图 3-10　CIP 系统

次循环利用。CIP 罐按用途可分为洗液罐和回收液罐两种。

（二）加热装置

在 CIP 系统中通常采用板式热交换器和盘管式热交换器对清洗液进行间接加热，也可以采用蒸汽加热器用于直接加热。板式热交换器特点是传热系数高但其价格贵。盘管式热交换器虽然结构简单、价格低，但需安装在罐内，表面容易结垢，需要人工清洗。蒸汽加热器具有简单的结构、低廉的价格和高热效率的优点，但是容易结垢。

（三）清洗管路

按照功能划分，这些管路包括进水管路、排液管路、加热循环清洗管路、CIP 液供应管路、CIP 液回收管路以及自清洗管路等。为了确保系统的顺畅运行，控制阀门、在线检测仪、过滤器以及清洗头等关键组件必须根据设计要求进行配备。

（四）泵

在 CIP 过程中，常选用离心泵。供液泵是 CIP 系统正常运行的基础，还决定了机械清洗的力度，以满足清洗的严格要求。清洗液的回收，通常会结合使用离心泵和真空泵。

（五）阀门

CIP 系统为了确保清洁效果和产品的安全性，需要使用隔膜阀或以金属波纹管密封阀杆的阀门。

（六）喷头

1. 固定式喷头

固定式喷头是一种在清洗时相对于接管保持静止的喷头。这种喷头通常采用球形设计（如图 3-11 所示）。球面上按照一定的方式分布着众多小孔。在清洗过程中，清洗液从小孔向四周喷射。喷头的水流方向取决于喷头上小孔的位置和取向，常见的喷洗角度有 120°、240°、180°和 360°等。由于这种喷头拥有众多的小孔，其射程相对有限（一般为几米），因此更适用于小型设备的清洗。此外，固定式喷头还可以根据具体的设备需求进行定制设计。

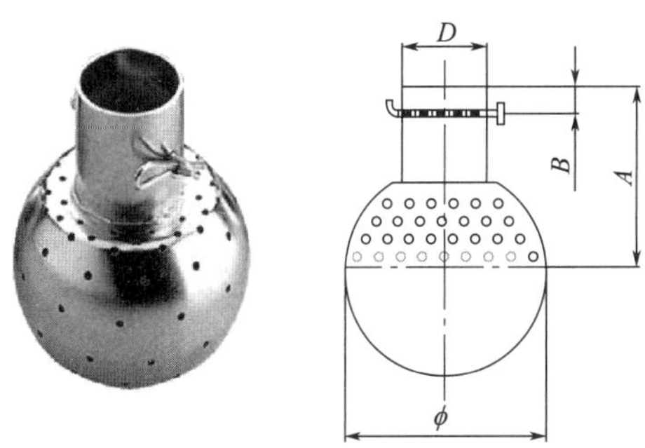

图 3-11　固定式喷头

2. 旋转式喷头

特别适用于体积较大的容器清洗。与固定式喷头相比，旋转式喷头的喷孔数量较少，其射程更远（最远可达 10m 及以上），覆盖面更广（270°～360°）。除了射程和覆盖面，旋转式喷头的旋转速度也是影响清洗效果的关键因素。通常，旋转速度较慢时，冲击清洗效果更佳。旋转式喷头进一步细分为单轴旋转式和双轴旋转式两种，以满足不同容器和清洗需求。

① 单轴旋转式喷头：通常采用单个球形或柱形设计。通过对球面上开孔的设计，可以实现 270°至 360°的不同覆盖面。单轴旋转式喷头的喷射距离相对适中，一般淋洗距离约为 5m，清洗距离约为 3m。

② 双轴旋转式喷头：其喷嘴可同时在水平和垂直两个方向进行圆周运动，从而实现对设备内壁的全方位 360°喷洗。

（七）回液系统

在 CIP 回液系统中，为了防止罐底清洗液被抽空，避免气体进入管路引发气蚀，可以在回液泵前增设一套气体自动排放装置。如图 3-12 所示，该装置在管路上设有一个直径较大的 U 形弯管，其上端配备了液位探测器和气动阀门。当液位探测器无法检测到液体时，意味着气体已进入管路，此时信号会传递至气动阀门，促使其打开并排放气体，同时回液泵关闭。一旦探测器再次检测到液体信号，气动阀门将关闭，回液泵继续运行。通过这种设计，可以有效减少气蚀的发生，确保 CIP 系统的稳定运行。

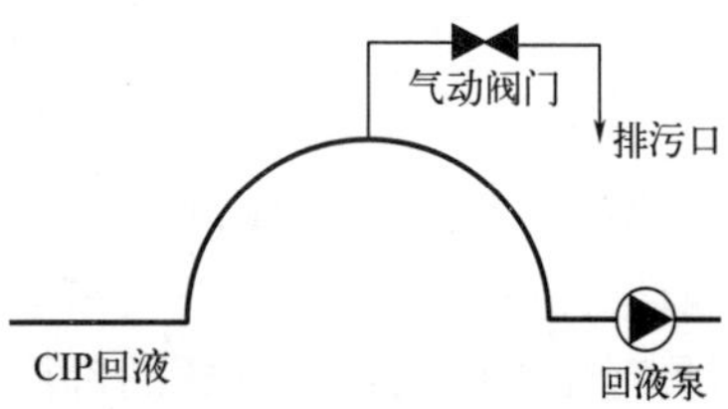

图 3-12 回液系统中气体自动排放装置

（八）过滤排污装置

在 CIP 循环清洗过程中，需要对清洗液进行过滤处理。过滤装置通常被安装在接近清洗液贮液罐的回液管路上，其主要功能有二：首先，在清洗液进入贮液罐之前，过滤装置能够去除其中的杂质，提高清洗液的清亮度，确保系统顺畅运行；其次，在 CIP 的间歇期间，过滤装置能够防止杂质与清洗液发生反应，从而减少不必要的消耗和交叉污染的风险。如图 3-13 所示，CIP 回液从过滤器的底部进入，通过内部的金属过滤网，将颗粒物、沉淀物等杂质截留过滤。过滤后的清液则通过上部的管路返回到 CIP 贮液罐或清洗罐中。为了确保过滤效果，内部的金属过滤网需要定期进行清洗和维护。这样，CIP 系统才能保持高效、稳定的运行，为生产提供清洁、安全的环境。

（九） CIP 系统的自清洗

确保 CIP 系统自身的清洁与无菌状态至关重要。为满足这一要求，CIP 系统的自清洗卫生标准涵盖了多个方面：无菌水罐必须始终保持清洁无菌；酸罐、碱罐和消毒剂罐亦需保持清洁；热水罐则需定期除垢，以维持其良好的清洗效能。此外，为了规范并优化 CIP 系统的自清洗流程，还应制定并执行相应的清洗制度，确保每一步操作都符合卫生标准，从而保障 CIP 系统的有效运行和清洗质量。

（十）备液

酸、碱、消毒剂等清洗剂和杀菌剂均具有腐蚀性，因此，在操作过程中需格外注意安全，并尽量减少对环境的负面影响。为了确保清洗液的浓度符合清洗工艺的要求，可以专门设计清洗剂添加装置，也即 CIP 液添加系统（图 3-14）。该系统主要包括加酸罐、加碱罐、加消毒剂罐等组件，这些添加罐与控制系统紧密相连。

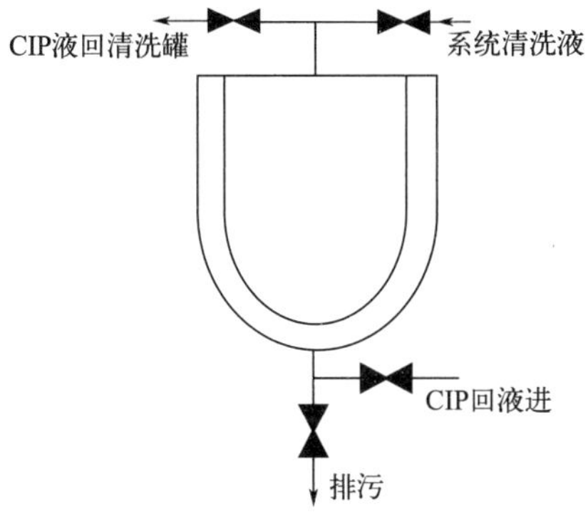

图 3-13　CIP 系统的回液过滤器

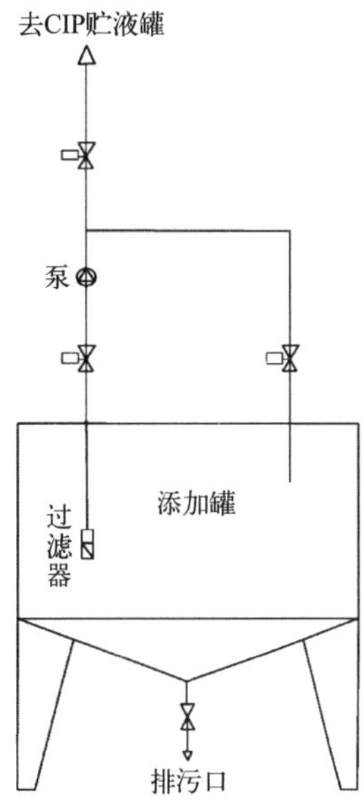

图 3-14　CIP 液添加系统

第六节　分选设备

一、分选概述

可以分为两个主要类型：分级和分选。分级：这一操作主要是根据品质指标将食品物料分成不同的等级。分选：是将异杂物及不合格个体从食品物料中剔除的操作。

二、分选原理

在固体物料的分选过程中，存在多种分选机械，它们可以根据不同的分类依据进行细致划分。按照对象识别原理，分选机械主要分为四大类别：筛分式分选机械、形状分级机械、力学分选机械、光电学分选机械。

三、筛分式分选机械

（一）筛分的原理

筛选是一种分级分选方法，其核心在于根据颗粒物料粒度的差异，选用适当的筛孔形状和大小。通过使颗粒物料与筛面产生相对运动，实现按照颗粒宽度或厚度大小的分离。完成这一任务的设备被称为筛分机械与设备。

（二）筛面的种类和结构

栅筛由具有特定截面形状的棒状或条形材料构成，这些材料按照一定的间距精确排列。栅筛的结构设计使得筛面通常为平面，物料能够垂直通过筛面，从而实现高效的分离。冲孔筛的筛面由金属薄板经过冲压工艺制成，常见的筛板厚度范围为 0.5～1.5mm。其适用于处理颗粒物料而非粉料。最常用的筛孔形状包括圆孔和长孔，有时也会采用三角形孔或正多边形孔。编织筛是由金属丝按照特定方式编织而成筛面，低碳镀锌钢丝、高碳钢丝、合金弹簧钢丝、不锈钢丝以及有色金属丝等都可以用于制造编织筛。编织筛面的孔形通常为方形或矩形，这些孔形设计有助于实现高效的筛分效果。

（三）筛面组合

在生产过程中，为了将各种粒度的混合物通过筛分分成若干个粒级，或提高总的筛分效率，通常需要将若干层具有不同筛孔孔径的筛面进行组合使用。常见的筛面组合方法包括筛余物连续筛分法、筛过物连续筛分法和混合连续筛分法。

1. 筛余物连续筛分法

筛余物连续筛分法是指将前道筛面的筛余物送至后道筛面再进行筛分。这种筛面组合的特点是首先提取细粒物料，然后提取粗粒物料。

2. 筛过物连续筛分法

筛过物连续筛分法是将前道筛面的筛过物送至下道筛面再进行筛分。这种筛面组合的特点是首先提取粗粒物料，然后提取细粒物料。其优点在于减轻了筛面的负荷，有助于提高筛分效率，同时筛面的配置空间也更为紧凑。

3. 混合连续筛分法

混合连续筛分法是将首道筛面的筛余物和筛过物分别送至后道筛面进行再筛。这种方法综合了前两种方法的优点，因此流程可以更加灵活多变。

（四）筛面的运动方式

静止筛面，通常采用倾斜设计。通过调整筛面的倾角，可以控制物料下滑的速度及其在筛面上的运动时间。这种筛分装置是最基础且简单的类型。往复直线运动筛面，筛面进行往复直线运动，使物料在两个方向上沿筛面滑动。立面圆运动筛面，筛面在垂直平面内进行高频的圆形或椭圆形振动，也被称为高频振动筛。平面回转筛面，筛面在水平面内进行圆形轨迹振动，物料在筛面上也做相应的圆周运动。这种筛面能够促进物料的自动分级，物料在这种筛面上的相对运动路程最长。旋转筛面，筛面设计成圆筒形或六角筒形，围绕水平轴或倾斜轴旋转，物料在筛筒内相对于筛面运动。

（五）振动筛

振动筛，又称摆动筛。通常采用曲柄连杆机构进行传动。电动机通过皮带驱动偏心轮旋转，偏心轮再带动曲柄连杆，使机体（配备有筛架）沿特定方向进行往复运动。机体的摆动使得筛面上的物料以一定速度向筛架的倾斜端移动。摆动筛也存在一些缺点，如动力平衡较差，运行时连杆机构容易损坏，以及产生的噪声较大等。

（六）滚筒分级筛

滚筒式分级机是一种实用且高效的分级设备（图 3-15）。滚筒式分级机工作原理主要是物料通过料斗流入滚筒内部，在滚筒的旋转和移动过程中，物料会根据其大小通过相应的孔流出，从而实现分级效果。特点在于其结构简单，分级效率高，且工作平稳。

四、形状分级机械

（一）三辊式分级机

三辊式分级机是一款专为球形果蔬设计的分级设备（图 3-16），如苹果、柑橘、桃子等，其分级依据为果蔬的外形尺寸。该设备主要组成部分包括进料斗、理料滚筒、分级辊、出料输送带、升降滑道以

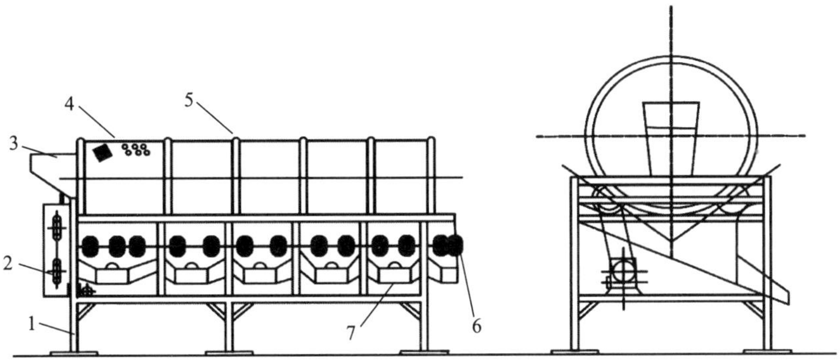

图 3-15　滚筒式分级机结构

1—机架；2—传动系统；3—进料斗；4—滚筒；5—滚圈；6—铰链；7—收集料斗

及驱动链轮等。其中，分级部分的设计尤为独特，采用竹节形辊轴通过两侧链条连接而成的链带。辊轴分为固定辊和升降辊两种形式。固定辊与链条铰接，位置固定，为链带提供稳定的支撑。而升降辊则浮动安装于链条连接板的长孔内，与两侧相邻的固定辊输送方向形成一系列分级菱形孔。这种设计使得果蔬在通过链带时，能够根据尺寸大小被分配到不同的菱形孔中，从而实现精确的分级。此外，链带两侧设有升降滑道，用于引导分级后的果蔬顺利进入出料输送带，进一步提高了分级效率。

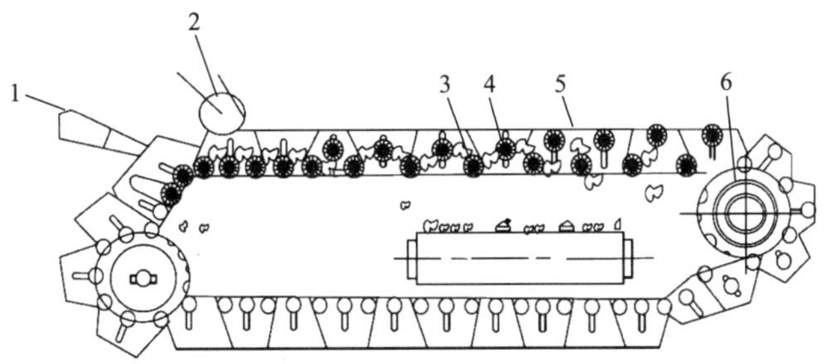

图 3-16　三辊式分级机结构

1—进料斗；2—理料滚筒；3—固定分级辊；4—分级辊；5—链条连接板；6—驱动链轮

（二）精选机

1. 碟片式精选机

碟片式精选机是一种高效的分离设备，其特点是在金属碟片的平面上设计了众多袋形凹孔。这些凹孔的大小和形状是根据特定的除杂条件来确定的。当碟片在粮堆中运动时，较短的颗粒会嵌入这些袋孔中，并被带到较高的位置后才会落下。因此，只需将收集短粒的斜槽放置在适当的位置，就能轻松地将短粒料分选出来。

2. 滚筒式精选机

滚筒式精选机是另一种常用的分离设备。袋孔开设在转筒圆管的内表面上。较长的粒子或大麦靠进料位差和利用滚筒本身的倾斜度，沿着滚筒长度方向流动，最终从另一端流出。而较短的粒子或大麦则会嵌入袋孔中，并被带到较高的位置后落入中央槽中，随后由螺旋输送机送出。

五、力学分选机械

（一）气流分选机械

气流分选法是一种根据物料颗粒的空气动力学特性进行分选的方法。这种方法受到物料的外形、尺

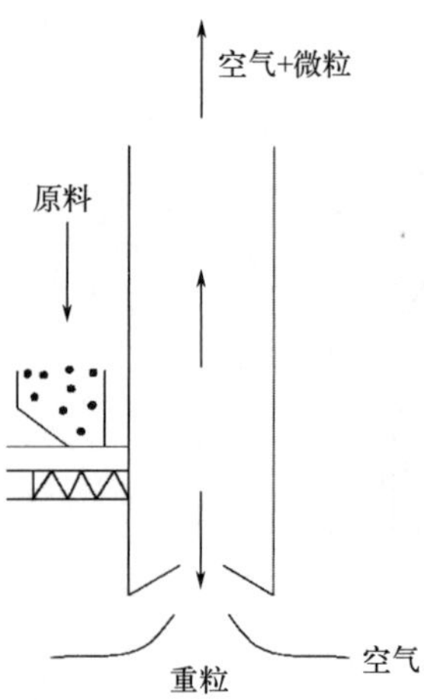

图 3-17 垂直气流分选机

寸、密度等多个因素的影响。在气流分选设备中，根据气流的运动方向，可以分为垂直气流分选机和水平气流分选机两种类型。

1. 垂直气流分选机

垂直气流分选机的工作原理如图 3-17 所示。这种设备常用于谷物中轻杂质的分离。当谷物原料从喂料口进入机器后，受到重力和空气浮力的共同作用。轻杂质随着气流上升，而饱满的谷粒则下降。这样，两种物料会在上下两个不同位置被收集起来，从而实现谷物与轻杂质的有效分离。通过调整气流速度，可以对多种谷物及豆类进行精确的除杂清理。

2. 水平气流分选机

水平气流分选机的工作原理如图 3-18 所示。该设备中的工作气流沿水平方向流动，物料颗粒在气流和自身重力的共同作用下，因着陆位置的不同而完成分选过程。当物料在水平气流的作用下降落时，较重的颗粒受到多种力的影响，最终落在较近的位置；而较轻的颗粒则被气流吹向远处；更为细小的颗粒则随气流进入布袋除尘器进一步处理。这种分选方式能够有效地将不同重量和尺寸的物料颗粒进行分离。

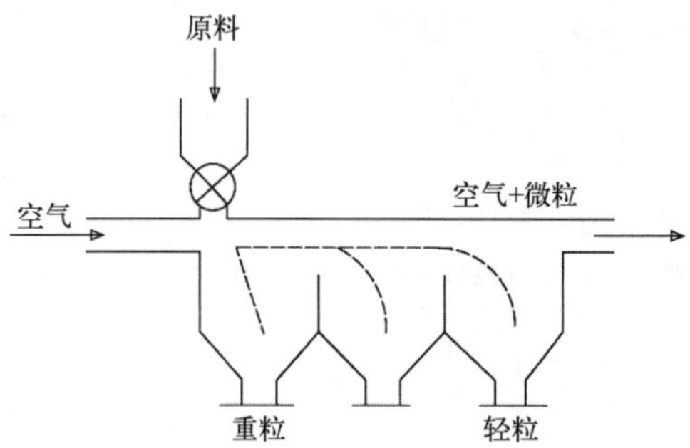

图 3-18 水平气流分选机原理图

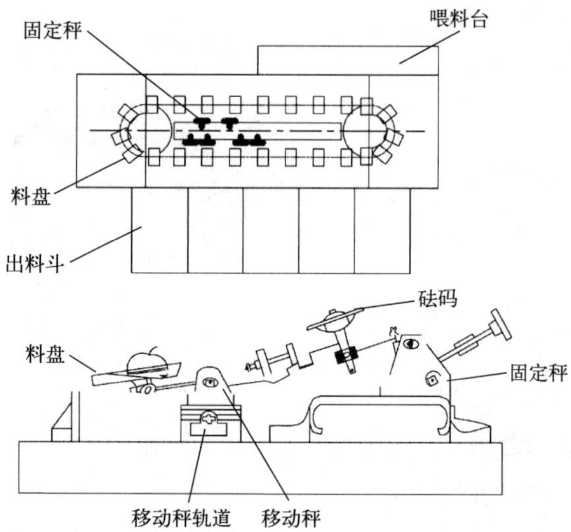

图 3-19 称重式果品分级机

（二）重量分级机

重量分级机主要有称重式和弹簧式两种类型，其中称重式在实际应用中更为常见。图 3-19 是典型的称重式果品分级机。由接料槽、料盘、固定秤、移动秤以及输送辊子链等组成。在工作过程中，当物料到达称重位置时，机器会迅速进行重量检测。如果物料的重量超过了预设的阈值，分离针便会被精准地抬起。随后，料盘在杠杆的作用下发生转动并翻转，使得物料能够顺利地被排放到接料槽中。

六、光电学分选机械

利用食品物料的光电学特性进行分选是一种先进的无损检测方法，通过测量物料对不同光谱波段

（如紫外光、可见光、红外光等）的反射、吸收、透射、漫射或激发出的其它波长光的性质，实现对食品物料内部和外部品质的有效评估。

（一）光电尺寸分级

在食品工业中，基于光学原理的物料分选分级机械系统主要分为两类：光电测距型和比色分选型。光电测距法特别适用于体积较大且尺寸差异明显的物料，如水果和蔬菜。

光束遮断式果蔬分级机：其分选原理如图 3-20(a) 所示。该系统由两对光电单元组成，每对包括一个发光器 L 和一个接收器 R，它们平行安装在输送带上方。这两对光电单元之间的距离 d 由所需的分级尺寸决定，并且沿着输送带的行进方向逐渐缩小。当果实的尺寸大于 d 时，它会同时遮挡住两条光束，此时推动装置会接收到相应的光电信号，并将果实从输送带上推出，从而得到尺寸大于 d 的果实。这种设备的分级规格数量由光电单元的数量决定。脉冲计数式果蔬分级机：其分选原理如图 3-20(b) 所示。在这个系统中，发光器 L 和接收器 R 分别位于果实输送托盘的上方和下方，并且对准托盘的中间开口处。每当托盘移动一个固定距离 a 时，发光器会发出一个脉冲光束。果实在行进过程中会遮挡这些脉冲光束，遮挡次数被记录为 n。果实的直径 D 可以通过公式 $D=na$ 来计算。计算机将计算得到的 D 值与预设值进行比较，从而将果实分成不同的尺寸规格。水平屏障式果蔬分级机：其分选原理如图 3-20(c) 所示。这个系统由多个发光器和接收器组成，它们排列成一行，形成一道光束屏障。当果实经过这道屏障时，根据被遮挡的光束数量可以计算出果实的高度。再结合各光束被遮挡的时间，通过积分运算可以求出果实平行于输送方向的尺寸。垂直屏障式果蔬分级机：其分选原理见图 3-20(d)。

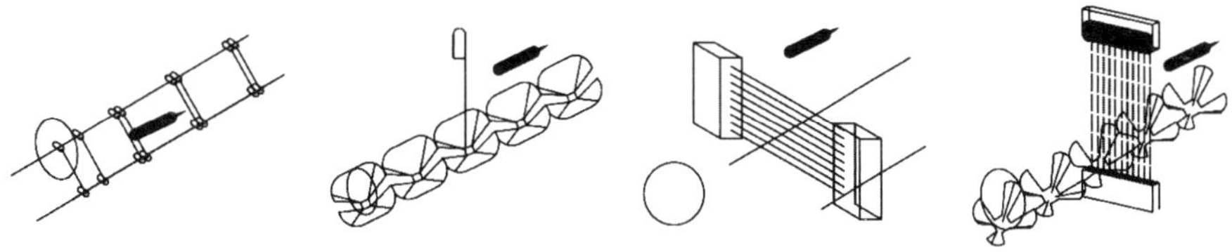

(a) 光束遮断式　(b) 脉冲计数式　(c) 水平屏障式　(d) 垂直屏障式

图 3-20 光电尺寸分级原理

（二）色选机

色选机是一种利用食品物料外表色泽差异进行分选的先进设备。理论上，只要物料之间存在颜色上的区别，都可以通过比色原理进行有效的分选。色选机主要由供料系统、检测系统、信号处理与控制电路以及剔除系统这四大核心部分组成（如图 3-21 所示）。光电色选机的工作原理如下：贮料斗中的物料通过振动喂料器被送入通道，并按单行排列。随后，这些物料依次落入光电检测室，从电子视镜与比色板之间通过。在这个过程中，被选颗粒对光的反射与比色板的反射在电子视镜中进行比较。由于颜色的差异，电子视镜内部的电压会发生变化。如果这种颜色差异导致的信号差别超过了预设的自动控制水平，即存贮延时，系统会立即驱动气阀，通过高速喷射气流将物料吹送入旁路通道。而对于合格的物料，当它们流经光电检测室时，由于检测信号与标准信号之间的差别微小，系统会判断为正常，因此气流喷嘴不会启动，物料将继续前进并进入合格品通道。

（三）内部品质检测

随着光谱检测技术及计算机数据处理技术的飞速发展，现代光电分选设备不仅能够对果实大小进行精确分选，还能深入评估果实的内在品质。

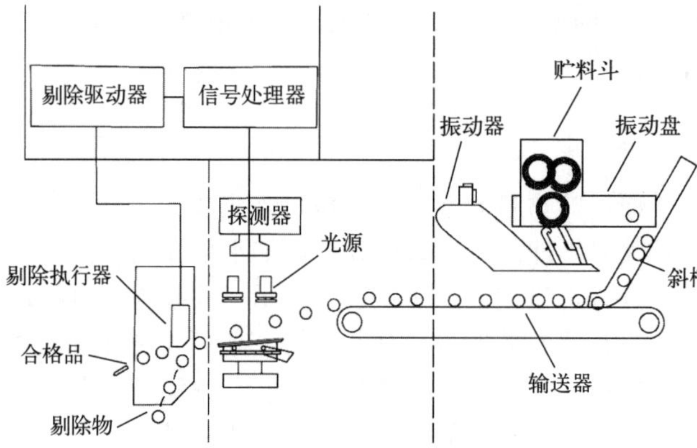

图 3-21 光电色选系统原理图

1. 成分检测

利用近红外分析技术，可以有效地检测水果的糖度和酸度。近红外光子的能量低于可见光，因此不会对人体造成伤害。然而，近红外分析技术是一个从复杂、重叠、变动的光谱中提取微弱信息的过程，需要借助化学计量学的方法建立相应的数学模型。一个稳定且高精度模型的建立是近红外光谱分析技术应用的关键。

2. 损伤检测

紫外线分析技术（波长在 100～380nm 范围）能够有效激发并检测水果的损伤情况。其基本原理是：损伤部位渗出的成分，当受到紫外光源照射时，分子由基态被激发到激发态，当分子从激发态回到基态时，损伤部位将通过发出荧光的形式放出辐射能。与之相反，正常部位理论上无荧光，这样在正常部位与损伤部位之间形成了大的差异，这种差异可以通过摄像、计算机图像处理后进行检测，从而达到损伤检测的目的。

3. 皱皮的检测

皱皮果因其水分含量低、口感差而被视为等外品，在分级过程中必须精确分选出来。利用 X 射线，可以有效地检测柑橘的皱皮、土豆和西瓜内部的空洞等内部缺损现象。

总结

○ **清洗原理及分类**

清洗过程的本质是利用清洗介质将污染物与清洗对象分离的过程。根据原理不同，清洗可以分成机械方法和化学方法。

○ **常见清洗机械与设备的结构和原理**

鼓风清洗机、刷洗机、滚筒清洗机、桨叶清洗机、洗罐机、洗瓶机等。

○ **就地清洗系统（CIP）**

设备（罐体、管道、泵等）及整个生产线在无需人工拆开或打开的前提下，在闭合的回路中进行清洗，而清洗过程是在增加了湍动性和流速的条件下，对设备表面的喷淋或在管路中的循环，此项技术称为就地清洗（cleaning in place，CIP）。

○ **分选设备原理及分类**

筛分式分选机械、形状分级机械、力学分选机械、光电学分选机械。

思考练习

（一）简述清洗的基本原理。
（二）鼓风式清洗机的主要结构是什么?
（三）旋转圆盘清洗机的主要结构和优缺点是什么?
（四）请针对牛奶加工生产线，设计一套 CIP 清洗系统。
（五）请简述分级设备在谷物加工生产线中的作用。

第四章　分离机械与设备

知识导图

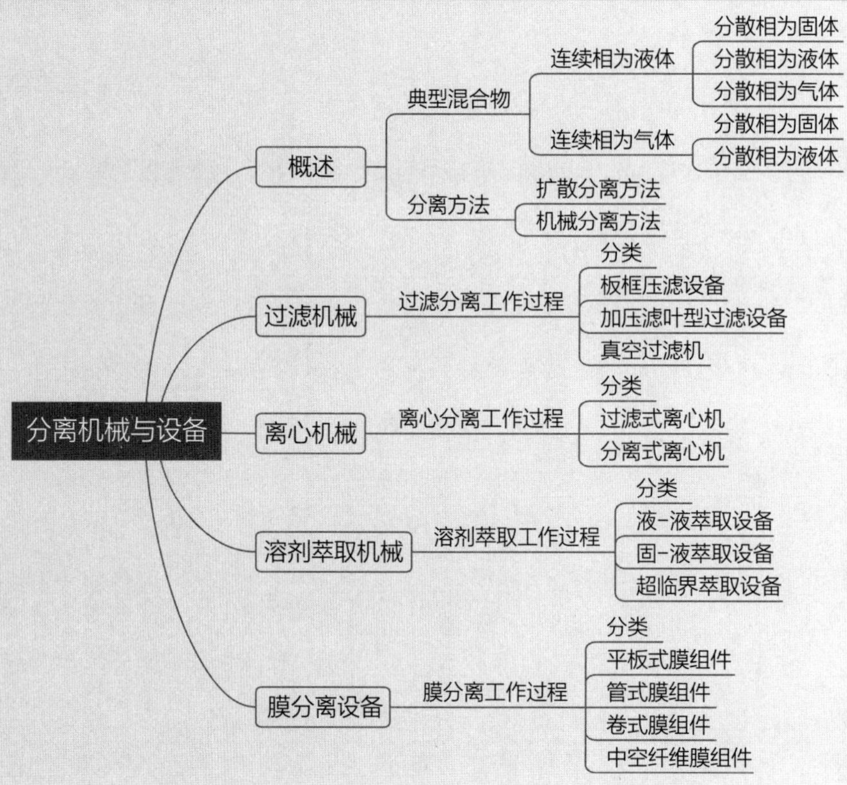

学习目标

- 理解食品生产中典型混合体系的分离方法。能够理解分离操作是用于处理不同类型混合体系的操作过程，包括扩散分离方法和机械分离方法两大类。
- 熟悉分离机械与设备的种类。能够识别不同类型的分离设备，了解它们的工作原理和应用领域。
- 学会根据不同的分离体系，选择适当的分离策略。能够根据原料的特性和处理要求，选择合适的分离策略，以达到预期的结果。
- 了解环保和可持续性。了解分离过程中的环保和可持续性考虑因素，以促进可持续资源管理。

第一节 分离的概述

一、分离概述

在食品加工过程中，很多环节会涉及分离操作。食品工业生产中的分离操作是指将不同物理化学性质（如沸点、溶解性、密度、形貌等）的原料进行分离的操作。离心、过滤、萃取等是传统的分离操作，随着加工工艺的发展，食品工业对分离技术的要求越来越高，新型分离技术不断出现，例如膜分离技术、超临界流体萃取技术等。

二、典型分离体系

在食品加工过程中，需要分离的混合物主要分成两大类，分别是连续相为液体的体系和连续相为气体的体系。

（一）连续相为液体

1. 分散相为固体

分散相为固体的混合物也称为悬浮液（固-液系统），在食品工业中常见的悬浮液有果汁、淀粉乳等。

2. 分散相为液体

分散相为液体的混合物也称为乳浊液（液-液系统），在食品工业中常见的乳浊液包括全脂牛奶、乳液等。

3. 分散相为气体

分散相为气体的混合物，即气-液系统，在食品工业中常见的气-液体系为泡沫。

（二）连续相为气体

1. 分散相为固体

分散相为固体的混合物是固-气系统，在食品工业中常见的是烟尘等。

2. 分散相为液体

分散相为液体的混合物是液-气系统，在食品工业中常见的是雾等。

三、典型分离方法

（一）扩散分离方法

① 根据混合物的热力学性质不同达到分离目的，如蒸发、蒸馏和干燥等。

② 根据溶解度的不同进行分离的操作，如结晶、萃取、吸收等。

③ 根据选择透过性的不同进行分离的操作，如膜分离等。

（二）机械分离方法

① 根据混合物的流体力学特性不同达到分离目的，如过滤、沉降等。

② 根据混合物的密度不同进行分离的操作，如离心等。

第二节 过滤机械与设备

一、过滤概述

过滤是一种固液分离方法，在液态食品生产中发挥着至关重要的作用。它利用多孔介质作为过滤介质，通过不同的推动力（如重力、压力、离心力、真空等）实现固形物微粒的有效去除，从而提高液态食品的澄清度和外观稳定性。

（一）过滤过程

在过滤的操作过程中，一般将被过滤处理的悬浮液称为滤浆，滤浆中被截留下来的固体微粒称为滤渣，而积聚在过滤介质上的滤渣层被称为滤饼，透过滤饼和过滤介质的液体称为滤液（图 4-1）。

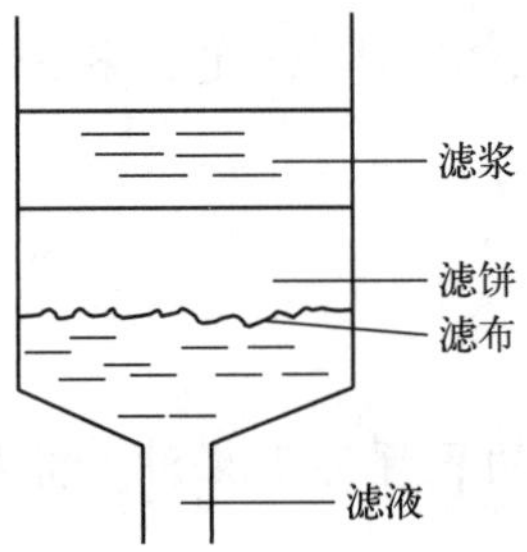

图 4-1 过滤过程示意图

过滤操作过程一般包括过滤、洗涤、干燥、卸料四个阶段。在过滤阶段，悬浮液在推动力作用下，克服过滤介质的阻力进行固液分离；固体颗粒被截留，逐渐形成滤饼，且不断增厚，因此过滤阻力也随之不断增加，致使过滤速度逐渐降低。当过滤速度降低到一定程度后，必须停止过滤。洗涤在过滤操作过程的第二阶段，洗涤的目的就是去除残留滤液，进一步提高产品的纯度和质量。在洗涤完成后，滤饼中仍含有一定的水分。干燥的目的就是去除这些残留液体，使滤饼达到所需的干燥程度。卸料是过滤操作过程的最后一个阶段。

（二）过滤机类型

按照不同的分类标准，过滤设备可以分成不同的类型。例如，按过滤推动力的不同，过滤设备可分为重力过滤机、加压过滤机和真空过滤机；按过滤介质的不同，过滤设备可分为粒状过滤机、滤布过滤机、多孔陶瓷过滤机和半透膜过滤机等；按操作方法不同，过滤设备可分为间歇式过滤机和连续式过滤机等。

二、加压过滤机

（一）板框压滤设备

1. 结构

板框压滤机结构如图 4-2 所示，它是间歇式过滤机中应用最广泛的一种，由滤板、液压系统、滤框、滤板传输系统和电气系统等五大部分组成。多块滤板和滤框交替排列，板和框用支耳架固定在一对横梁上，通过螺旋推进或液压装置压紧或拉开。滤板和滤框数目一般为 10～60 个，可根据生产能力和悬浮液的情况而定。

滤框和滤板如图 4-3 所示，形状多为正方形，角端开小孔，组装时，因为框和板用过滤布隔开且交替排列，构成了可供滤浆和洗涤水流通的孔道，空框和滤布围成了容纳滤浆及滤饼的空间。滤板的作用是支撑滤布且提供滤液流出的通道，其板面上有各种凹凸纹路。滤板分为过滤板和洗涤板两种，常在板和框的外侧铸有标志以示区别。

2. 工作流程

板框压滤机在工作时，滤浆通过滤框上方的孔道进入滤框内，其中固体颗粒被滤布捕获，逐渐堆积形

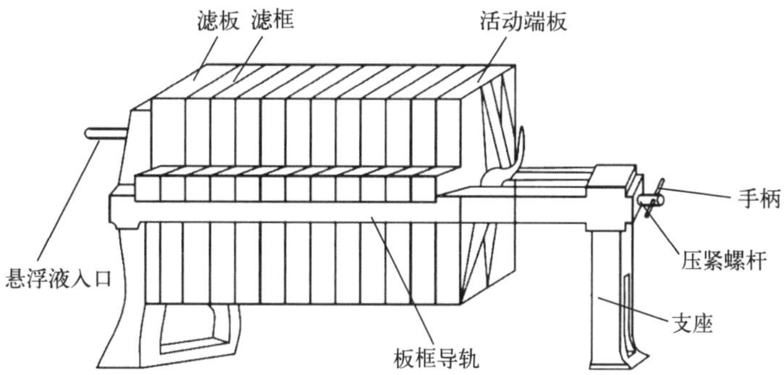

图 4-2　板框压滤机

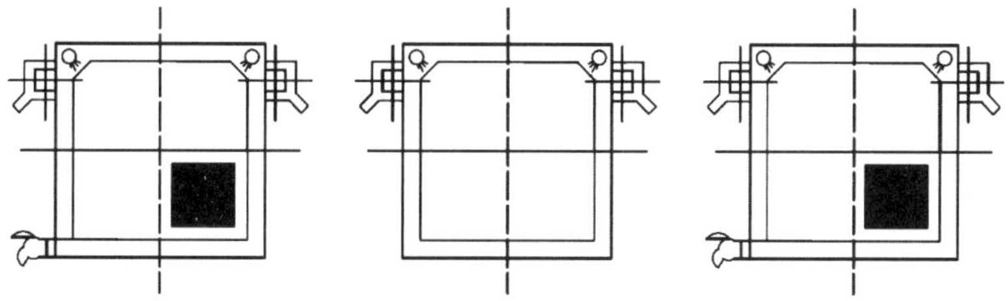

(a) 过滤板　(b) 滤框　(c) 洗涤板

图 4-3　滤板和滤框示意图

成滤饼。同时，滤液则经过滤饼和滤布的过滤作用，流向两侧的滤板，并沿着滤板上的沟槽向下流动，最终从滤板下方的孔道排出。洗涤水通过洗涤板上的孔道流入。完成洗涤后，需要清除滤饼并进行设备清理，然后重新组装以进行下一轮循环操作。通常，洗涤速率约为过滤结束时过滤速率的 1/4（图 4-4）。

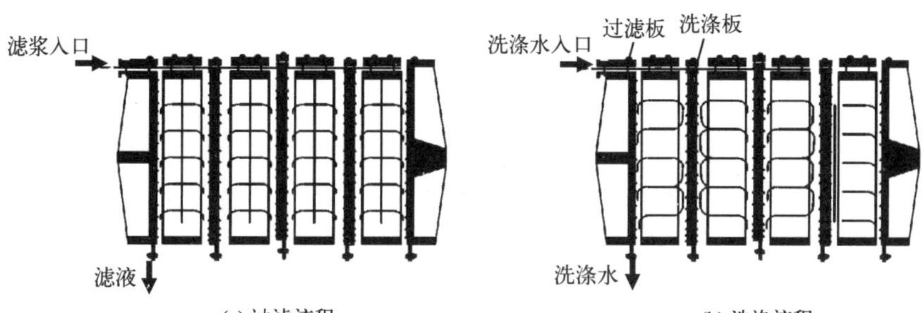

(a) 过滤流程　(b) 洗涤流程

图 4-4　明流式板框压滤机工作流程

3. 板框压滤机特点

板框压滤机的特点是构造简单、制造方便、造价低、过滤推动力大、过滤面积大、对物料适用确应性好、密闭性好、对浆料适应性强；但装拆劳动强度大、间歇操作、滤布消耗量大。特别适用于低浓度悬浮液、胶体悬浮液和黏度较大的悬浮液。

（二）叶滤机

与板框压滤机类似，叶滤机也是一种间歇加压过滤设备。其核心构造是一组并联的滤叶，这些滤叶被安装在密闭且耐压的机壳内部，当输料泵向机壳内压入悬浮液后，滤渣截留在滤叶表面，滤液透过滤叶，经收集管道排出。滤叶在罐内的安装有水平和垂直两种方向。当滤叶垂直于地面安装时，其两面都能够与悬浮液中的固体颗粒充分接触。在过滤过程中，悬浮液从滤叶的两侧流过，固体颗粒在重力和流体动力的作用下，会被均匀地沉积在滤叶的两面，从而形成滤饼。这种安装方式增加了过滤面积，提高了过滤效率。当滤叶水平安装时，在水平方向上，悬浮液中的固体颗粒主要受重力的作用而向下沉积。因此，只有在滤叶的上表面，颗粒能够沉积并形成滤饼。而在滤叶的下表面，由于颗粒沉积的机会较少，通常不会形成明显的滤饼。因此，在相同条件下，水平滤叶的过滤面积大约是垂直滤叶的一半。此外，水平滤叶形成的滤饼相对不易脱落，这是因为重力方向与滤饼附着力的方向一致，有助于保持滤饼的稳定性。水平滤叶在过滤结束后，可能需要额外的操作（如反冲洗或机械振动）来帮助滤饼脱落（图 4-5）。

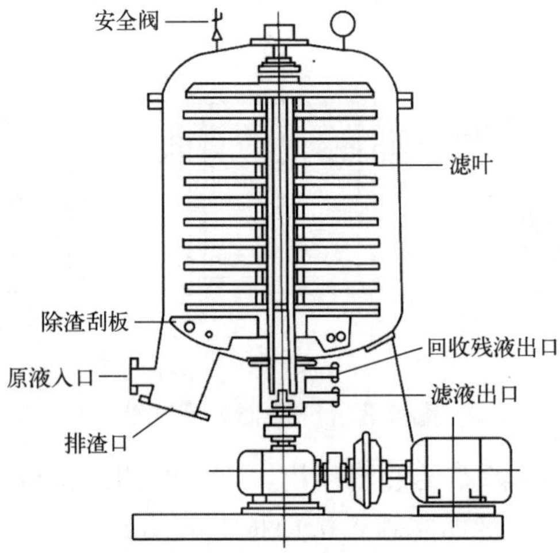

图 4-5 水平滤叶型叶滤机

三、真空过滤机

（一）真空叶滤机

真空叶滤机（图 4-6）每个叶片的上方都与真空管线相连，这是真空叶滤机的一个重要特点。在过滤过程中，通过真空管线抽真空，使叶片内部形成负压。这种负压作用使得滤液能够更快速地通过过滤介质和小孔进入叶片内部，从而加快过滤速度。同时，负压还有助于保持滤饼的稳定性，防止其脱落或堵塞小孔。

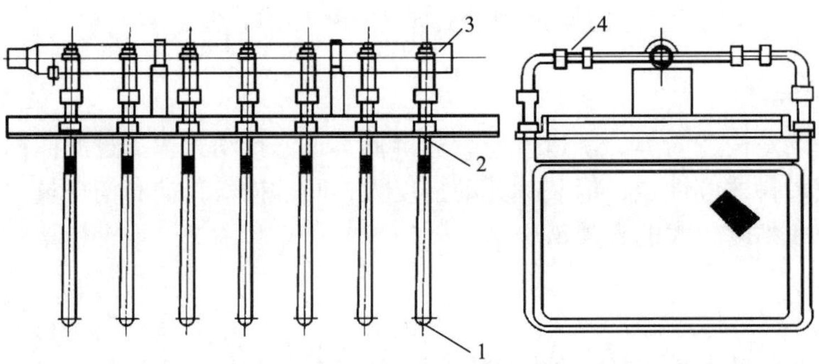

图 4-6 真空叶滤机

1—滤叶；2—框架；3—真空管；4—视镜

（二）转筒式真空过滤机

转筒式真空过滤机（图 4-7）是一种连续式过滤设备。转筒式真空过滤机的核心部件是一个称为转鼓的圆筒形结构，转鼓的外表面覆盖有一层滤布，滤布具有微小的孔隙，允许液体通过，同时拦截固体颗粒。当含有固体颗粒的悬浮液与滤布接触时，固体颗粒被拦截在滤布上，形成滤饼，而液体则通过滤布进入转鼓内部。

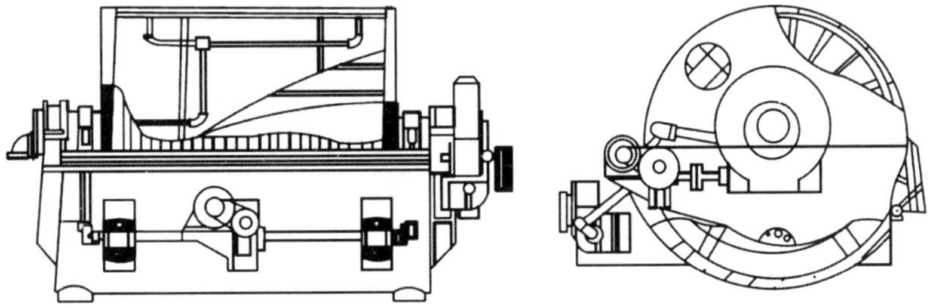

图 4-7 转筒式真空过滤机结构示意图

为了更有效地收集和排出过滤后的液体，转鼓内部被分隔成若干个扇形格室（表 4-1）。每个格室都与一根吸管相连，这些吸管又与空心轴内的孔道相通。空心轴是一个中空的轴，其内部有若干条沿轴向延伸的孔道。这些孔道将各个格室与位于轴端的转动盘连接起来。转动盘是一个随轴旋转的圆盘，它与一个固定的圆盘（称为固定盘）紧密配合，构成一个特殊的旋转阀，称为分配头（图 4-8）。分配头的作用是控制液体和气体的流动方向，确保过滤过程的顺利进行。固定盘上分成若干个弧形空隙，这些空隙分别与不同的管道相连。其中一些空隙与减压管相连，用于在过滤过程中产生真空，将液体从滤布上吸走；另一些空隙与洗液贮槽相连，用于向滤布上喷洒洗涤液，清洗滤饼；还有一些空隙与压缩空气管路相连，用于在需要时向滤布上吹送压缩空气，帮助卸除滤饼（图 4-9）。

表 4-1 转筒式真空过滤机不同区域的真空状态及相关操作

区域	区域名	扇形格压力	对应操作
Ⅰ	过滤区	负压	滤液经过滤布进入格室内，然后经过分配头的固定盘弧形槽以及与之相连的接管排入滤液槽
Ⅱ	吸干工区	负压	扇形格刚离开液面，去除了滤饼中的残留滤液，排入滤液槽
Ⅲ	洗涤区	负压	洗涤水喷洒到滤饼上，在负压作用下，洗涤水被吸入洗液槽
Ⅳ	洗后干吸区	负压	滤饼中残留的洗涤水在负压作用下被吸干，洗涤水被排入洗液槽
Ⅴ	吹松卸料区	正压	吸干后的滤饼吹松后被刮刀刮下
Ⅵ	滤布再生区	正压	压缩空气吹走残留的滤饼

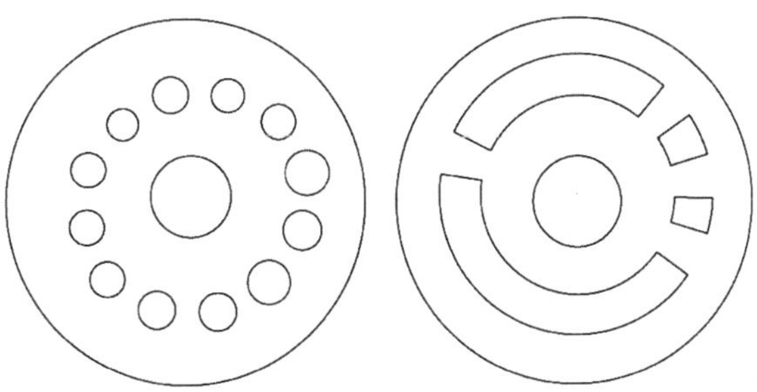

(a) 转动盘　　(b) 固定盘

图 4-8 转筒式真空过滤机分配头示意图

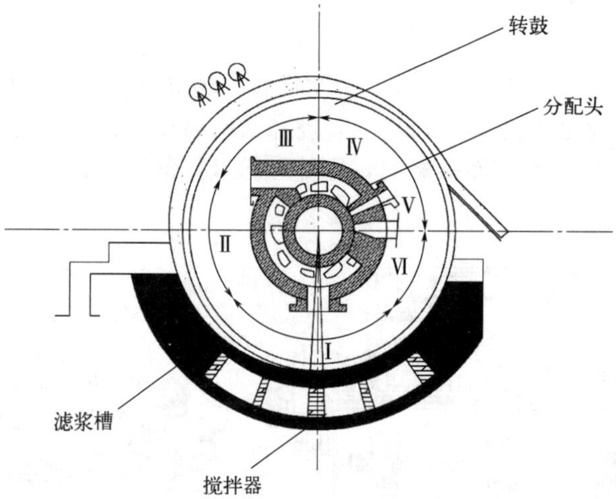

图 4-9　转筒式真空过滤机操作原理

第三节　离心分离机械与设备

一、离心分离概述

（一）离心分离原理

离心机核心部件为一个可迅速旋转的转鼓，该转鼓安装于竖直或水平轴上。转鼓的鼓壁设计有带孔和不带孔两种。当料浆被送入转鼓内部并随之旋转时，由于离心力惯性的作用，料浆中的不同成分得以有效分离。

离心机的分离性能主要通过分离因数来衡量。分离因数定义为物料在离心机中所受的离心力与其所受重力的比值，它也可以表示为离心加速度与重力加速度之间的比值。这一指标直观地反映了离心机对不同物料进行有效分离的能力。

（二）离心分离设备的分类

1. 按离心分离因数大小分类

① 常速离心机，$K_c<3000$，主要用于分离颗粒不大的悬浮液和物料的脱水。

② 高速离心机，$50000>K_c>3000$，主要用于分离乳状和细粒悬浮液。

③ 超高速离心机，$K_c>50000$，主要用于分离极不易分离的超微细粒的悬浮系统和高分子的胶体悬浮液。

2. 按操作原理分类

(1) 过滤式离心机。过滤式离心机的鼓壁上有孔，它是借离心力作用实现过滤分离，其转速一般在1000～1500r/min范围，分离因数不大，适用于易过滤的晶体悬浮液和较大颗粒悬浮液的分离及物料脱水。

(2) 沉降式离心机。沉降式离心机鼓壁上无孔，借离心力作用来实现沉降分离。

(3) 分离式离心机。分离式离心机鼓壁上也无孔，但转速极大。

3. 按操作方式分类

按操作方式分为间歇式和连续式两种。间歇式离心机在卸料时，必须停机，然后采用人工或机械方法卸出物料。连续式离心机是操作在连续化状态下进行的，其物料的输入和不同相物质的分离与输出均为连续完成。可用于固-液悬浮液和液-液乳浊液的分离。

4. 按卸料方式分类

按卸料方式分为人工卸料离心机、重力卸料离心机、刮刀卸料离心机、活塞卸料离心机、螺旋卸料离心机、离心卸料离心机、振动卸料离心机。

5. 按转鼓主轴位置分类

按转鼓主轴位置可以分为卧式离心机和立式离心机。

二、过滤式离心机

（一）三足过滤式离心机

三足过滤式离心机的主要组成部分包括机壳、转鼓和三足架（图 4-10）。机壳和转鼓通过三足架支持，这种结构有助于减弱离心机转鼓转动时产生的振动。转鼓鼓壁上开有滤孔，使得固体颗粒可以在离心力的作用下被分离出来，而液体则通过滤孔排出。优点在于其对物料的适应性强，固体颗粒在分离过程中几乎不受损坏；运转平稳、结构简单、造价低廉。缺点是间歇操作、生产能力相对较低、劳动强度大。

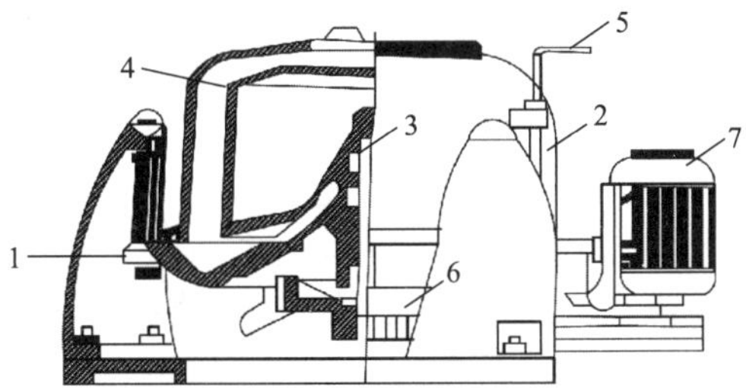

图 4-10　三足过滤式离心机结构简图

1—机座；2—机壳；3—主轴；4—转鼓；5—制动器；6—联轴器；7—电动机

（二）上悬过滤式离心机

与三足过滤式离心机相似，其结构如图 4-11 所示。上悬过滤式离心机的设计采用了上部驱动和下部卸料的方式，使得操作更为便捷。转鼓由上置的电动机驱动，确保了旋转的稳定性和高效性。

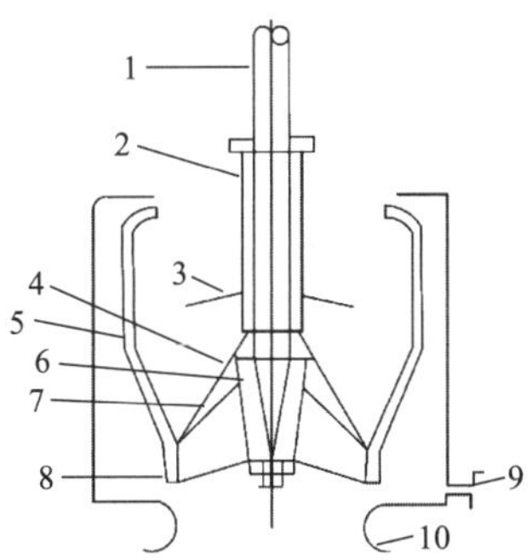

图 4-11　上悬过滤式离心机结构简图

1—转轴；2—轴套筒；3—分散盘；4—联轴器；5—转鼓；6—轮毂；7—轮辐；8—轮匝；9—滤液出口；10—滤渣出口

（三）卧式刮刀卸料离心机

卧式刮刀卸料离心机是一种连续操作的过滤式离心机，其结构如图 4-12 所示，刮刀伸入转鼓内，在液压装置控制下刮卸滤饼。该离心机的优点是可在全速下完成各工序，提高了工作效率。缺点是易导致固体颗粒破碎。在卸料过程中，刮刀的刮削作用可能会对固体颗粒产生一定程度的破碎，这可能会影响产品的质量和后续处理的效果。另外，振动较大，这不仅会影响设备的稳定性和使用寿命，还可能导致刮刀的快速磨损。

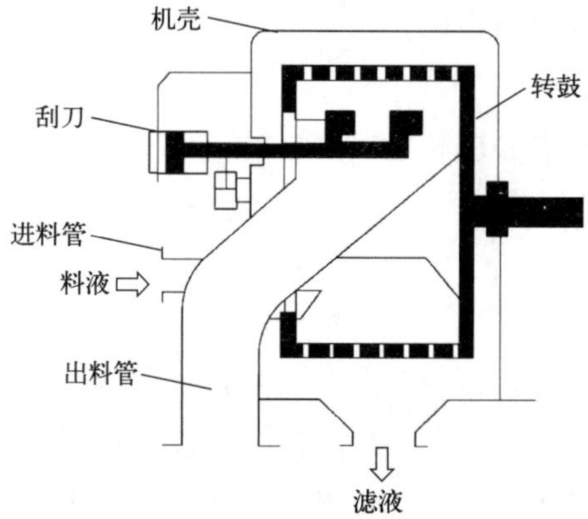

图 4-12 卧式刮刀卸料离心机结构示意图

三、分离式离心机

（一）碟式离心机

碟式离心机主要由转鼓、变速机构、电动机、机壳、进料管、出料管等构成。碟式离心机是一种高效的分离设备，它配备了一个密闭的转鼓，内部装有数十个至上百个形状和尺寸完全相同的锥形碟片（图 4-13）。这些碟片的设计锥角范围在 60°～120°之间，确保物料在分离过程中能够获得最佳的分离效果。碟片之间的间隙是可以调节的，通常设置在 0.5～2.5mm 的范围内，以适应不同物料的分离需求。当碟式离心机开机运转时，这些碟片能够以极高的转速旋转，通常能达到 4000～8000r/min。如此高的转速产生了强大的离心力，使得物料在碟片间受到高效的分离作用。

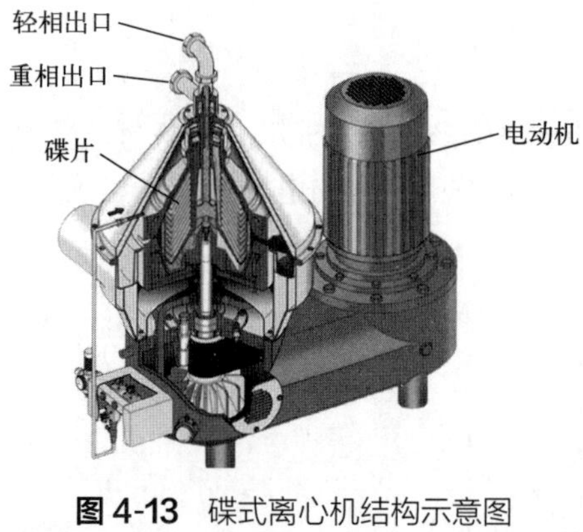

图 4-13 碟式离心机结构示意图

混合液自进料管进入碟式离心机，在碟片间隙内又因离心力而被分离，重液向外周流动，轻液向中心流动。由此，在间隙中产生两股流动方向相反的液体，轻液沿下碟片的外表面向着转轴方向流动，重液沿上碟片的内表面向周边方向流动。在流动中，分散相不断从一流层转入另一流层，两液层的浓度和厚度随流动均发生变化。在中心套管附近，轻液在分离碟片下从间隙穿出，而后沿中心套管与分离碟片之间所形成的通道中流出。在碟片间流动的重液被抛向鼓壁，而后向上升并进入分离碟片与锥形盖之间的空隙而被排出（图 4-14）。

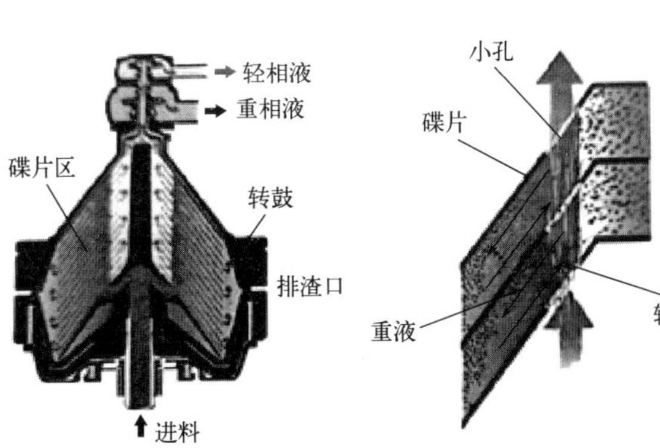

图 4-14　碟式离心机分离原理示意图

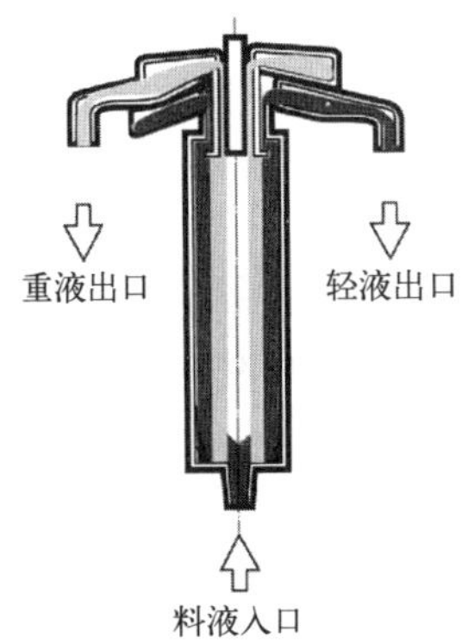

图 4-15　管式离心机结构示意图

（二）管式离心机

管式离心机（图 4-15）的转鼓形状如其名，呈管状，直径相对较小，但长度与直径的比值（长径比）较大。这种设计有助于增加物料在转鼓内的停留时间，从而提高分离效果。由于其转速高，管式离心机能够产生较大的分离因数。对于粒度小、固液相密度差小的物料，管式离心机表现出良好的分离或澄清效果。该设备特别适用于高分散、难分离的悬浮液的澄清，以及乳浊液和液-液-固三相混合物的分离。

四、沉降式离心机

沉降式离心机是一种专门用于悬浮液分离的设备。沉降式离心机的转鼓壁是无孔结构，适用于悬浮液的分离需求。工作时，悬浮液中的颗粒因密度差异而受到不同的离心力作用。密度较大的颗粒受到较大的离心力，因此被推向转鼓壁并沉积于此；密度较小的流体则受到较小的离心力，从而集中于转鼓的中央部分。

第四节　萃取机械与设备

一、萃取分离概述

萃取是一种分离技术，通过溶剂与物料充分接触，从而使物料中的特定组分溶解并分离出来的过程。依据物料状态不同，萃取操作可细分为多种类型。当物料为固体时，该过程被称为固-液萃取。若物料本身即为液体，且需用另一种与之不互溶的液体溶剂进行组分提取，则称为液-液萃取。超临界流体萃取采用超临界流体作为萃取溶剂，利用其在临界点附近独特的物理性质，如高溶解能力和低黏度，来实现对物料中组分的高效分离，具有操作温度低、选择性高、环境友好等优点。

二、液-液萃取设备

液-液萃取设备根据两相接触方式的不同，可以分为逐级接触式和微分接触式两类。在逐级接触式设备中，每一级都会进行两相的混合与分离。在每一级结束时，两液相的组成都会发生明显的变化，形成阶跃式变化。这种设备通常适用于需要精确控制每一级萃取效果的场景。而在微分接触式设备中，两相以逆流的方式连续接触传质。两相在连续流动的过程中进行质量传递，使得两液相的组成发生连续变化，而非阶跃式变化。这种连续变化的特点使得微分接触式设备在某些情况下能够实现更高效的萃取，尤其是对于组分浓度变化范围较大的物料。

（一）混合澄清器

混合澄清器（图 4-16）是由混合器和澄清器两大核心组件构成。在混合器中，原料液与萃取剂通过搅拌装置的作用，实现两相之间的充分混合。混合澄清器具有处理量大和传质效率高的特点。其高效的搅拌装置能够促进原料液与萃取剂之间的充分混合，从而增大相际接触面积，提高传质速率。混合澄清器的设备结构简单，易于放大和操作。混合澄清器还易于实现多级连续操作，通过多级串联可以进一步提高萃取效率和产品纯度。混合澄清器的缺点：水平排列的设备占地面积较大，溶剂储量也相对较多。

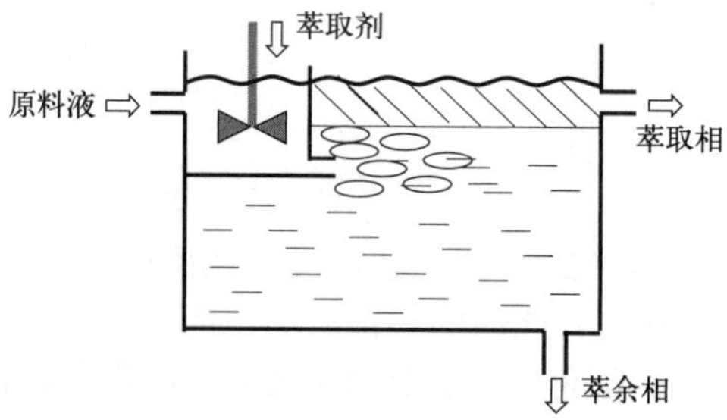

图 4-16 混合澄清器

（二）筛板塔

筛板塔作为常用的液-液传质设备之一，其结构类型多样，不同类型筛板塔的结构如图 4-17 所示。

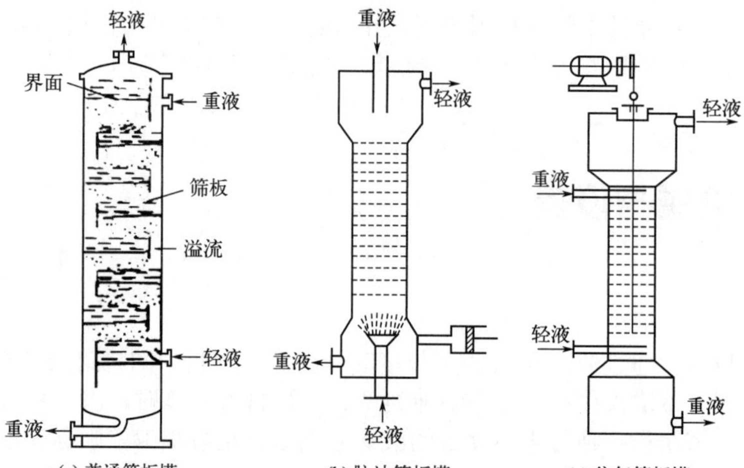

图 4-17 不同类型筛板塔的结构

普通筛板塔充分利用了液体间的密度差和塔板上的筛孔来实现两相之间的接触传质。这种设备主要用于液-液萃取、分离等过程。筛板塔内的筛板是其核心部件。在筛板塔工作时，两液相分别作为分散相和连续相进入塔内。当轻液作为分散相时，它首先与第一块筛板接触，并在密度差的作用下通过筛孔分散成细滴。这些细滴在塔内上升，与作为连续相的重液相遇，实现了两相之间的接触传质。经过多次分散和凝结的过程，两相之间的传质效果逐渐增强，最终达到分离的目的。当重液作为分散相时，筛板塔的结构需要进行相应调整。这时，降液管会被改为升液管，并安装在筛板的上方。这样设计的目的是适应重液上升的特性，确保两相之间的正常接触和传质。

脉冲筛板塔的基本结构与普通筛板塔有许多相似之处，关键在于其独特的脉冲功能。脉冲作用通过增加流体间的湍动程度，从而显著提高传质效率。往复筛板塔与脉冲筛板塔在原理上有相似之处，都是通过增加两相之间的接触面积和湍动程度来提高传质效率。然而，两者在实现方式上有所不同。往复筛板塔筛板被固定在中心轴上，并由塔顶的传动机构带动进行上下往复运动。这种运动使得筛板上的液体在筛板上下运动时，能够形成喷射状，从而极大地增加了两相之间的接触面积和湍动程度。

（三）离心萃取器

离心萃取器是一种高效且多功能的萃取装置，它利用离心力的作用实现两相的快速混合与分离。在逐级接触式萃取器中，离心萃取器的两相作用过程与混合澄清器相似，都能实现有效的物质分离。而在微分接触式萃取器中，其两相接触方式则更接近于连续逆流萃取塔，这种接触方式有助于增强萃取效果。离心萃取器的优点在于其结构紧凑，生产强度高，物料停留时间短，分离效果好。这使得它在处理两相密度差小、易乳化、难分相，以及要求接触时间短、处理量小的场合时表现出色。此外，离心萃取器还能有效处理化学稳定性差、产品保留时间短或分离困难等体系的萃取问题。然而，离心萃取器也存在一些缺点，如结构复杂、制造困难以及操作费用较高等。这些缺点在一定程度上限制了其应用范围。

三、固-液萃取设备

（一）单级间歇式浸出器

单级间歇式浸出器（图 4-18）主体为一个圆筒形容器，这种设计有利于物料在容器内的均匀分布和充分混合。底部安装的假底，不仅起到支撑被浸提固体物料的作用，还能确保浸取过程中物料床层的稳定性，防止物料堵塞或流动不畅。在萃取过程中，溶剂均匀地喷淋于固体物料床层上，这是实现高效浸取的关键步骤。喷淋的方式能够确保溶剂与物料充分接触，从而提高浸取效率。此外，从底部排出的浸取液可用泵抽至上部的喷淋管进行循环浸取，这一设计能够充分利用浸取液中的有效成分，进一步提高浸取效果。下部装有的可开启封盖，使得浸取结束后能够方便地排出物料，便于设备的清洗和下一轮浸取操作。

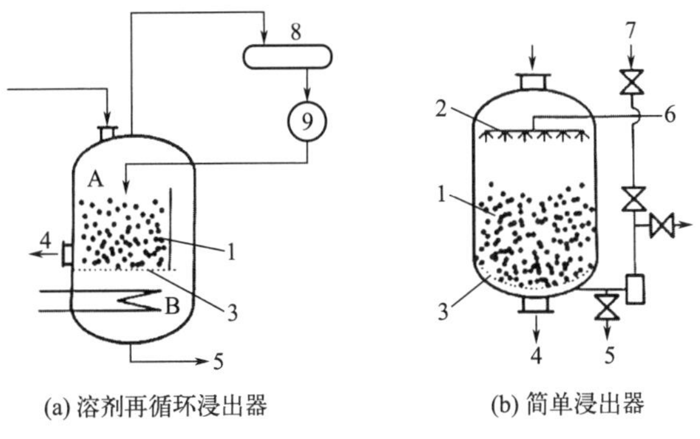

图 4-18 单级间歇式浸出设备

1—原料；2—溶剂分配器；3—滤板（底）；4—滤渣出口；5—浸出物；6—新鲜溶剂入口；7—洗液入口；8—冷凝器；9—溶剂槽

（二）多级逆流式浸出器

多级逆流固定床浸提系统（图 4-19）是一种高效的固-液萃取设备，该系统由数个浸提罐依序排列组成，共同完成浸提过程。首先，新溶剂从第一级浸提罐的顶部注入，开始浸提过程。随着溶剂与固体物料的接触，其中的有效成分被逐渐溶解出来，形成浸提液。接着，第一级浸提罐中的浸提液被泵入第二级浸提罐。在第二级浸提罐中，浸提液与新的固体物料再次进行接触和萃取。由于此时浸提液中已经含有一定的有效成分，因此它可以更好地从固体物料中萃取出剩余的有效成分。这种逆流操作的方式，使得每一级浸提罐都能充分利用前一级的浸提液，从而提高整体浸提效果。这一过程在各级浸提罐中依次重复进行，每一级都能进一步提取出固体物料中的有效成分。最终，经过多级逆流浸提后，得到的浸提液中的有效成分含量大大提高，达到预期的萃取效果。

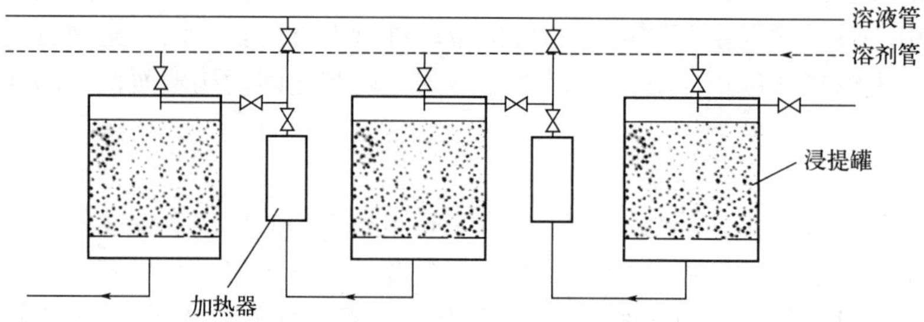

图 4-19 多级逆流固定床浸提系统

（三）连续浸出器

连续浸出操作有三种形式：浸泡式、渗滤式以及浸泡和渗滤相结合的方式。

浸泡式连续浸出器适用于需要连续且高效进行浸出操作的场合。其工作原理基于将原料完全浸没于溶剂中，利用溶剂与原料的充分接触来提取目标物质。L形管式（螺旋式）连续浸出器（图 4-20）是一种典型的浸泡式连续浸出器。原料进入设备后，在螺旋送料器的作用下，沿着螺旋路径向出口方向运动。螺旋片的设计带有滤孔，这有助于溶剂与原料之间的充分接触，同时允许浸出液通过滤孔流出。溶剂的流向与原料的运动方向相反，这种逆流操作方式有助于增加溶剂与原料的接触时间和面积，从而提高浸出效率。浸出液在排出前会经过一个特殊设计的过滤器进行过滤，以去除其中的固体颗粒和杂质，确保浸出液的纯净度和质量。这种浸泡式连续浸出器的优点在于其连续性和高效性。由于原料和溶剂在设备中持续接触并进行浸出操作，因此可以实现大规模、连续化生产。同时，由于溶剂与原料充分接触和逆流操作，浸出效率较高，能够有效地提取目标物质。然而，这种浸出器也存在一些缺点，如对于某些黏性较大或易于堵塞的原料，螺旋送料器和滤孔可能会发生堵塞现象，需要定期进行清理和维护。此外，设备的投资成本和维护成本可能相对较高，需要综合考虑生产成本和经济效益。

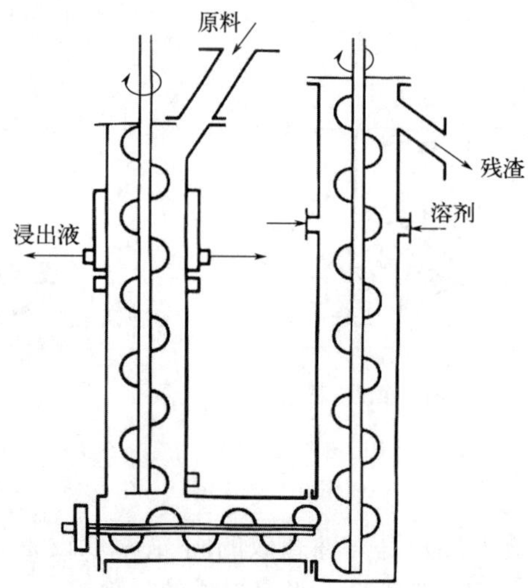

图 4-20 L形管式连续浸出器

渗滤式连续浸出器是一种高效且实用的固-液萃取设备，它通过喷淋溶剂于原料层上，使溶剂在通过原料层向下流动的同时完成浸出过程。这种浸出方式特别适用于大规模、连续化的生产场景，能够有效地提取原料中的目标物质。垂直移动篮式浸出器（图 4-21）是渗滤式连续浸出器的一种重要类型。

它的工作原理类似于斗式提升机，通过料斗的旋转和移动来实现原料的连续浸出。料斗被钻孔以允许溶液穿流而过，这样溶剂就能够与原料充分接触并进行浸出。在垂直移动篮式浸出器中，物料首先由回收循环的稀溶液进行初步浸出。随着料斗从右侧转到左侧，新鲜溶剂自上而下喷淋于原料层上，作进一步的浸出。这种操作方式不仅提高了浸出效率，还实现了溶剂的有效利用。残渣由输送机送出，便于后续处理；而浓缩液则从右侧渗滤而下，收集后进行后续处理或利用。这种设计使得整个浸出过程连续且高效，提高了生产效率。

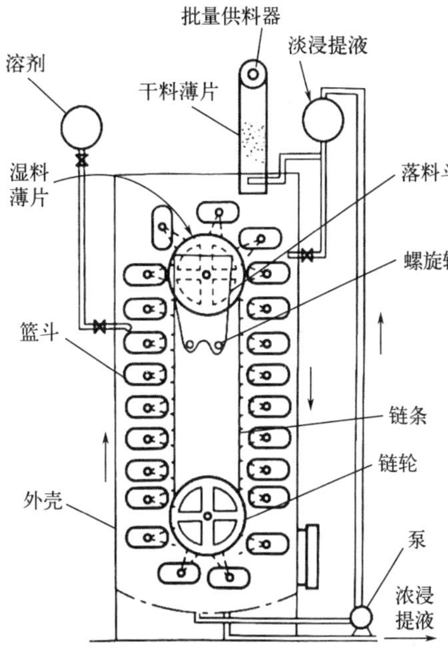

图 4-21 垂直移动篮式浸出器

四、超临界流体萃取

超临界流体萃取（图 4-22）是一种利用超临界状态的流体作为溶剂，对物料中的特定组分进行高效提取与分离的技术。所谓超临界流体，是指物质在高于其临界温度和临界压力时呈现的一种特殊物态。它既非纯粹的液体，也非单纯的气体，而是兼具了液体的高密度与气体的低黏度，同时拥有介于气液态之间的扩散系数特性。

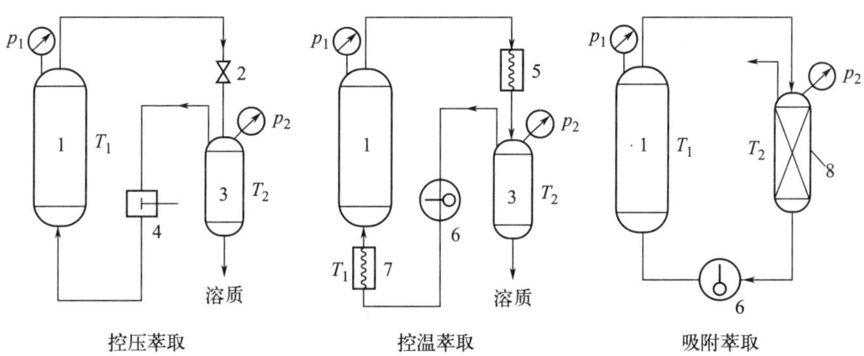

图 4-22 超临界流体萃取流程示意图

1—萃取釜；2—节流阀；3—分离釜；4—压缩机；5—加热器；6—循环泵；7—冷却器；8—吸附器

目前，用于超临界流体萃取的溶剂种类繁多，包括乙烷、乙烯、丙烷、丙烯、甲醇、乙醇、水以及二氧化碳等。其中，二氧化碳尤为引人瞩目。它的临界条件相对容易实现（$t_c=31.1℃$，$p_c=7.38MPa$），且具备无毒、无味、不燃、价格亲民以及易于精制等诸多优点。对于热敏性物质和易氧化的物质而言，这些特性确保了超临界流体萃取技术的安全性与有效性，因此，二氧化碳成为首选的萃取剂。

常见的超临界流体萃取流程主要有三种，首先是控压萃取。在这一流程中，富含溶质的萃取液经过减压阀降压处理，溶质在分离器中得以分离并收集。而溶剂则经过再压缩后，可循环使用或直接排放。其次是控温萃取。在超临界状态下，萃取操作在产品溶质溶解度达到最大时的温度下进行。随后，萃取液通过热交换器冷却，使温度调节至溶质在超临界相中的溶解度最小。这样，溶质在分离器中得以有效收集，而溶剂则经再压缩后重新进入萃取器循环使用。这种方法通过精确控制温度，优化了萃取效率，特别适用于对温度敏感的物料。最后是吸附萃取。在定压绝热条件下，溶剂在萃取器中萃取溶质。随后，借助合适的吸附材料，如活性炭等，吸收萃取溶液中的溶剂，从而实现溶质的分离。这种方法结合了吸附和萃取的原理，能够有效地去除溶剂，提高萃取纯度，适用于对纯度要求较高的场合。

五、微波、超声波辅助萃取

1. 微波辅助萃取

微波辅助萃取（microwave-assisted extraction）是一种新型高效的提取分离技术。在微波场下，极性分子以及极化分子以每秒数十亿次高频旋转产生热效应，与此同时，高速运动的分子其溶解、扩散迁移运动也相应加速，上述在传统提取中依靠加热来推动的过程，在微波推动下得以迅速完成，从而达到加速提取的目的。

2. 超声波辅助萃取

超声波是指频率在 20 kHz～50 MHz 之间的机械波，超声波能产生机械效应、空化效应及热效应。超声波传播在负压和正压区交替作用，产生微小气泡并随即爆破，形成对物料表面细微的局部撞击，使物料迅速被击碎、分解。这种空化效应连续不断地作用于溶质，增大固液两相的传质面积，产生聚能效应，达到提高有效成分的提出率的目的。

第五节　膜分离机械与设备

一、膜分离概述

膜分离技术，是指运用天然或人工合成的具有选择透过性的薄膜材料，借助外界能量或化学位差作为推动力，对溶质和溶剂进行分离、分级、提纯和浓缩的一种高效方法。膜分离技术的主要形式包括微滤、渗透、反渗透、超滤、电渗析、液膜技术、气体渗透和渗透蒸发等。微滤（MF）、超滤（UF）和反渗透（RO）都是利用压力作为推动力进行物质分离的技术。

二、膜材料、膜组件及膜系统

膜分离系统是一个复杂的系统，它主要由膜组件、料液传输系统、压力和流量控制系统等关键部分构成。常见的膜组件类型包括中空纤维膜、卷式膜和平板膜。膜材料需要具备良好的选择性、透过性、稳定性和耐用性等特点。根据分离物质的不同，膜材料可以是聚合物的，也可以是陶瓷的或其它无机材料。除了膜组件，料液传输系统也是膜分离系统中的重要部分。它负责将待分离的料液输送到膜组件中，并保持稳定的流动状态，以确保分离过程的连续性和高效性。另外，压力和流量控制系统也是不可或缺的。它通过对系统的压力和流量进行精确控制，确保膜组件在最佳的工作条件下运行。这对于保持分离效果、防止膜污染和延长膜组件使用寿命都非常重要。

（一）膜材料

膜材料的选择对于膜分离系统的性能和效果具有决定性的影响。首先，在选择膜材料时，需要避免那些可能与物料发生化学反应的材料。其次，膜的机械强度也是一个重要的考虑因素。膜必须能够承受较高的跨膜压差（TMP），以确保在高通量运行下的稳定性。此外，膜的截留性能和抗污性能也是选择膜材料时需要考虑的关键因素。在微滤（MF）和超滤（UF）中，制膜材料的选择非常广泛，常见的包括醋酸纤维（CA）、聚偏氟乙烯（PVDF）、聚丙烯腈（PAN）、聚丙烯（PP）、聚砜（PS）、聚醚砜（PES）等聚合物。对于纳滤（NF）和反渗透（RO），主要的制膜材料是醋酸纤维类或聚酰胺类材料，以及它们的衍生物。这些材料具有较高的分离效率和良好的化学稳定性，适用于处理高浓度的溶液或具有特殊性质的物料。

（二）膜组件

膜组件是将膜、固定膜的支撑材料和间隔物或管式外壳等通过一定方式联合或组装所构成的一个单元体。膜组件是膜分离技术的核心部件。板框式膜组件结构简单，易于制造和组装，适用于小规模或实验性质的膜分离操作。管式膜组件则具有较高的机械强度和耐压能力，适用于处理高浓度的料液或需要较高操作压力的场合。卷式膜组件和中空纤维膜组件具有较高的装填密度和渗透通量，适用于大规模、高效率的膜分离过程。中空纤维膜组件单位体积具有极高的膜面积。但是中空纤维膜组件流动阻力极大，透过水侧的压强损失大。由于纤维之间的间隙较小，且纤维本身较为细长，使得膜面上的污垢难以被有效清除，这增加了维护的难度和成本，并可能影响膜组件的长期使用效果。中空纤维膜组件只能采用化学清洗。

（三）膜系统

膜系统是一个复杂的操作单元，它通过不同的膜组件配置方式，结合其它附属设备，来满足各种分离需求。以澄清果汁生产的膜系统为例，其设计和组成充分展示了膜技术在工业生产中的实际应用。循环泵的作用至关重要，它确保果汁以一定的速度进入系统，这是实现高效分离的前提。膜组件作为系统的核心部分，通常采用管式膜组件，数量根据过滤面积的需要进行配置。每个膜段由一定数量的膜组件串联而成，多个膜段的设置则进一步提高了系统的分离效率和处理能力。冷却器安装在每个膜段中，用于控制循环果汁的温度。这是因为温度对膜的性能和果汁的分离效果都有显著影响，因此需要通过冷却器来保持果汁温度的稳定。温度和压力控制是膜系统中另外两个重要的环节。温度控制主要通过冷却器实现，而压力控制则确保果汁在膜组件中以适当的压力流动，从而实现最佳的分离效果。清汁泵负责将透过膜组件的果汁（即清汁）抽出，进入清汁罐。循环罐则用于收集浓汁，这部分果汁可以继续在系统中循环处理，以提高果汁的利用率。浊度计是一个在线检测设备，用于实时监测清汁的浊度。通过浊度计的数据反馈，可以及时调整系统的运行参数，确保清汁的质量稳定。最后，控制柜作为整个膜系统的控制中心，负责监控和调节系统的各项参数，确保系统的稳定运行和高效分离。综上所述，膜系统通过膜组件配置和附属设备的组合，实现了果汁的高效分离和清汁的优质生产。同时，系统的各个部分相互协作，确保了在满足分离要求的同时，延长膜元件的使用寿命，提高整个系统的运行效率。

总结

○ **食品加工过程涉及各种分离操作**

食品工业生产中的分离操作是指将不同物理化学性质（如沸点、溶解性、密度、形貌等）的原料进行分开的操作。离心、过滤、萃取等是传统的分离操作，随着加工工艺的发展，新型分离技术不断出现，例如膜分离技术、超临界流体萃取技术等。

○ **过滤机械与设备**

过滤分离的过程一般包括过滤、洗涤、干燥、卸料四个阶段。过滤机械的推动力主要来自重力、外力加压和真空三种形式，在食品工业中，应用最多的是加压式和真空式。按照操作方式可分为间歇式和连续式。

○ **离心分离机械与设备**

离心分离机械按照分离原理可以分为过滤式、沉降式和分离式三大类。离心分离机械又可根据分离因数、操作方式等进行分类。

○ **萃取分离机械与设备**

萃取是利用各组分在溶剂中溶解度的差异将各组分分离的操作。萃取设备可以分为液-液萃取、固-液萃取和超临界流体萃取三类。

○ **膜分离机械与设备**

膜分离是利用具有选择透过性能的薄膜，在外力的推动下，对混合物进行分离、提纯、浓缩的一种方法。

思考练习

（一）在乳品工业中碟式离心机是如何工作的？

（二）为什么 CO_2 是超临界流体萃取中最适宜的萃取剂？

（三）简述各种膜分离方法的原理及膜系统的组成。

第五章　研磨和粉碎机械与设备

知识导图

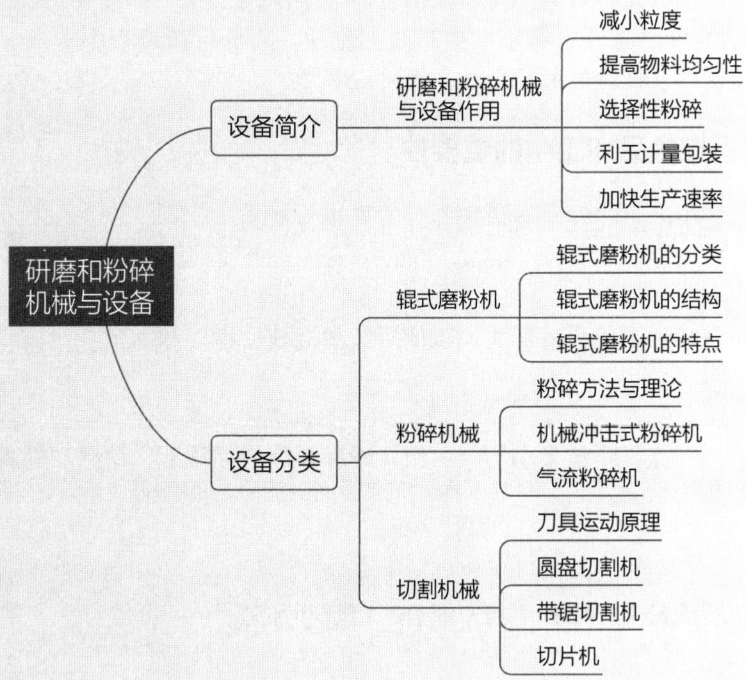

学习目标

- 熟悉辊式磨粉机的基本工作原理。了解该类型设备的结构，能够描述不同辊式磨粉机的结构特点及应用范围。
- 了解剪切机械刀具运动的原理。能够概述圆盘切割机、带锯切割机、切片机等切割机械的工作原理及其特点。
- 学习食品加工典型工艺。对一些常见的食品加工工艺，如面粉生产、香料制备、坚果加工等有一定了解，能够正确选择典型工艺中需要的研磨粉碎设备。
- 学习粉碎设备的最新研究进展。了解绿色粉碎技术，思考节能、自动化、智能化的研磨和粉碎设备的发展前景。

第一节 研磨和粉碎机械与设备简介

一、研磨和粉碎机械与设备作用

研磨和粉碎机械与设备将食品原料加工成粉末或颗粒状的形式，具有以下作用：

① 改善原料性能，便于后续加工。经过研磨和粉碎设备处理的原料具有颗粒微小、大小均匀的特点，便于后续加工处理。如在调制时加快原料的溶解速度，易于与其它原料混合、提高混合物均匀度，或是重新赋形以改进食品的口感。

② 提高物料粒度均匀性。混合操作时，研磨和粉碎操作能够防止混合时出现离析（自动分级）现象。

③ 提高可溶性。通过研磨和粉碎可将大块原料转化为小颗粒，促进原料溶解。

④ 利于计量包装。研磨粉碎后的原料颗粒更均匀细小，一方面在单位包装内可以包更多的食品，节约包装成本。另一方面，可以使计量每包装单位所需的食品量更准确。

⑤ 提高生产效率。粉碎后的食品原料更易于在生产线上流动，降低生产过程中卡塞、堵塞等情况的发生，提高整个生产线的流畅性、连续性和稳定性。

二、研磨和粉碎机械与设备在食品加工中的重要性

研磨和粉碎机械在食品加工中的重要性主要体现在以下几个方面：

（一）原料处理

研磨和粉碎机械可以将原材料加工成合适形式，以便后续的混合、搅拌和加工。

（二）颗粒大小控制

研磨和粉碎机械能够精确控制原料颗粒大小均匀一致，确保最终产品质地、口感和外观等不受原料形状影响。

（三）粉末制备

研磨机械通过将原材料研磨成粉末，使其更易于混合、溶解和加工。

（四）提高萃取效率

在咖啡、茶和香料的生产中，通过合适的研磨机械可以提高原材料萃取效率，保证产品风味，提高原料利用率，减少浪费。

（五）加工效率提升

经过粉碎研磨工序的原料在流水线上传输时更加流畅且便于后续食品的调味等操作，能够加速原材料的处理过程，减少生产时间，提高生产能力。

三、研磨和粉碎机械与设备的分类及其特点

（一）辊式磨粉机

辊式磨粉机是一种常见的粉碎设备，通常用于将物料研磨成粉末或细小颗粒。工作原理是通过一对

平行旋转的辊来对原料进行挤压和研磨。具有高效、控制物料粒度大小、节能环保、适用性强以及维护简便的优点，能够满足对不同粒度和规格的粉状物料的需求。

（二）粉碎机械

粉碎机械通常指用于将物体或物质碾碎、粉碎或细化的设备或机械。在食品加工过程中，常用的粉碎机械有两种，即机械冲击式粉碎机和气流粉碎机。

1. 机械冲击式粉碎机

机械冲击式粉碎机是一种常见的粉碎设备，它通过冲击、撞击或切割食品原料，具有高度的破碎效率的优点，能够将原始物料迅速破碎成所需的颗粒大小。适用于多种硬度和脆度的原材料。大多数机械冲击式粉碎机结构简单，易于制造和维护，同时具有足够的坚固性以处理各种原材料。但是粉碎机的噪声和振动较大。

2. 气流粉碎机

气流粉碎机是通过高速气流带动物料相互碰撞实现粉碎的机械。通过调整气流速度、进料量和其它工艺参数，灵活控制气流粉碎机的出料颗粒大小。由于气流粉碎过程中没有摩擦和机械碰撞，因此适用于处理热敏感物料，避免过多的热量产生，有利于保持产品质量。气流粉碎机不需要使用金属刀片或锤头，可以避免金属碎屑污染的问题。气流粉碎机结构简单、零部件较少、易于清理和维护。

（三）切割机械

切割机械是一类用于将物料切割、裁剪或分离的设备，主要特点如下：

1. 切割方式多样

切割机械可以采用多种方式进行切割，包括机械切割、激光切割、等离子切割、水切割等，使其适用于处理不同类型和厚度的材料。

2. 高精度

现代切割机械通常具有高精度的切割能力，能够实现对物料进行精确的尺寸控制，可以适用于对精度要求较高的工业领域，如航空航天和汽车制造。

3. 高效率

切割机械能够以较高的速度进行切割，提高生产效率，尤其在批量生产和大规模生产环境中表现出色。

4. 自动化程度高

部分切割机械具有较高的自动化程度，可以通过计算机数控系统进行精确控制，减少人为干预，提高生产效率和一致性。

5. 适应性强

切割机械适用于多种材料，包括金属、塑料、木材、复合材料等。

6. 切割质量好

切割机械能够实现平滑、清晰切割边缘，保证切割质量，降低后续工序要求。

7. 节约材料

由于高精度的切割能力，切割机械可以最大程度地减少废料，节约材料成本。

第二节 辊式磨粉机

一、辊式磨粉机的分类

辊式磨粉机是常用的粉碎设备之一，主要有辊式磨粉机、辊式破碎机、齿辊破碎机、胶辊砻谷机、碾米机等。

（一）按成对磨辊的数量分类

单式磨粉机仅有一对磨辊，小型辊式磨粉机常采用这种形式；复式磨粉机具有 2 对磨辊，属于两个独立的单元，大、中型辊式磨粉机常采用这种形式；八辊磨粉机具有 4 对磨辊，先两对并联，再串联，属于两个独立的单元，特大型辊式磨粉机常采用这种形式。

（二）按磨辊松合闸的自动化程度分类

手动磨粉机：松合闸由人工操作，多用于小型的辊式磨粉机。半自动磨粉机：由人工手动合闸，自动松闸。全自动磨粉机：根据物料情况，实现自动控制松合闸，用液压系统控制松合闸的称为液压全自动磨粉机，用气动系统控制松合闸的称为气压全自动磨粉机。

（三）根据两辊轴线的相对位置分类

水平配置磨粉机：两磨辊轴线处于同一水平面内。物料经喂料机构直接进入粉碎区，便于操作人员观察和调整，已粉碎的物料对下磨门无喷粉现象。但操作不够安全，宽度方向尺寸较大，机架受力状况较差。倾斜配置磨粉机：两磨辊轴线处于同一倾斜面内，操作较安全，宽度尺寸较小，占地面积较小，机架受力状况好。但物料经喂料机构后不易直接进入粉碎区，喂料情况较差，同时已粉碎物料对下磨门有喷粉现象。

二、辊式磨粉机的结构

辊式磨粉机主要由磨辊、传动及定速机构、喂料机构、轧距调节机构、松合闸机构、辊面清理装置、吸风装置和机架等部分组成。它的主要工作部件是一对以不同转速相向旋转的圆柱形磨辊，它们的轴线相互平行，磨辊线速度较高，因而两辊所形成的研磨粉碎区很短。辊式磨粉机的结构复杂，种类繁多，本书主要以 MDDK 型磨粉机说明其结构。

MDDK 型磨粉机属于封闭型、复式、气压控制全自动磨粉机。如图 5-1 所示，磨辊呈水平配置，物料经喂料机构直接进入两辊轧区，喂料效果好。

1. 磨膛吸风系统

当磨辊转速很高，尤其是使用光辊时，带进来的空气堵在磨辊研磨区之前，这就阻碍了物料正常进入轧区。增加磨膛吸风系统，可以消除空气的影响。空气从有机玻璃门 13 上方的进风口进入，经喂料通道，进入物料研磨区上方，带着堵在磨辊轧区前的空气，一部分绕过慢辊 11 与弧形板遮盖 10 的通道，经慢辊吸风道 5，进入吸风管道 3；另一部分绕过快辊 9 与弧形板遮盖 10 的通道，经快辊吸风道 8 进入吸风管道 3。这样可提高光辊的转速和喂料效果，从而提高产量。

2. 轧距调节机构

MDDK 型磨粉机取消传统磨粉机的总调机构，采用左、右两只手轮调节轧距，手轮每转 1 周，快慢辊轧距的变化量为 0.02mm。左右手轮上均有转数显示器，以取代总调装置，保持两辊轧距均匀。

3. 磨辊

(1) 磨辊的粉碎原理

磨辊是磨粉机的主要工作构件，根据相向旋转的一对磨辊的辊面状态和速比的不同，物料粉碎的方法也不同。等速相向旋转的光辊是以挤压的方法粉碎物料或使物料挤压成片状，典型设备是轧麦片机、轧米片机等。差速相向旋转的光辊是以挤压和研磨的方法粉碎物料，典型设备是用于面粉厂心磨系统的光辊磨粉机和巧克力精磨机。差速相向旋转的齿辊是以剪切、挤压和研磨的方法粉碎物料，典型设备是用于面粉厂皮磨、渣磨及尾磨系统的齿辊磨粉机。

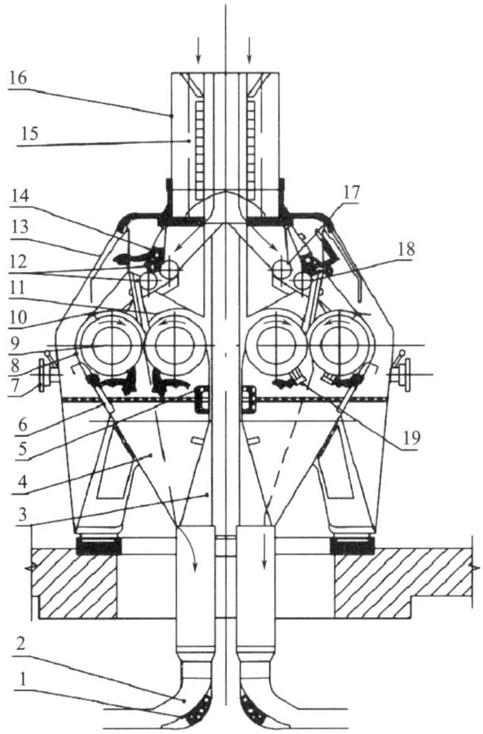

图 5-1 MDDK 型磨粉机

1—二次进风口；2—卸料管；3—吸风管道；4—集料斗；5—慢辊吸风道；6—光辊清理可调刮刀；7—轧距调节手轮；8—快辊吸风道；9—快辊；10—弧形板遮盖；11—慢辊；12,18—喂料辊；13—有机玻璃门；14—喂料门；15—脉冲发生器；16—接料筒；17—喂料螺旋输送机；19—齿面清理毛刷

(2) 物料在齿辊研磨区的运动

用一块厚度比辊间轧距大的铅板通过两辊研磨区，发现铅板与慢辊接触的一面有清楚的辊齿齿痕，铅板与快辊接触的一面没有齿痕，而是一些明显的刮削痕迹。从而说明：铅板在经过粉碎区时与慢辊处于相对静止的状态，与快辊处于相对滑动的状态。当小麦通过研磨区时，因其硬度与铅板一样小于磨辊辊齿的硬度，很容易变形，但小麦是非塑性体，不能延展，只能被剪切扯开，因此小麦在两辊轧区的运动为：小麦与慢辊相对静止，与快辊相对滑动，慢辊相当于托板，快辊相当于刮刀，把小麦刮开，接触到快辊齿的部分小麦胚乳被快辊刮走。

(3) 快慢辊辊齿的排列形式

根据磨齿的锋角和钝角及快慢辊的相对运动，辊齿的排列有以下 4 种形式，如图 5-2 所示。快慢辊与物料之间有挤压、剪切和研磨的作用，锋对锋［图 5-2(a)］时，剪切作用强，研磨作用弱，粉碎所消耗的动力较少，可以得到粒度比较整齐的磨下物料；钝对钝［图 5-2(d)］时，剪切作用较弱而研磨作用较强，粉碎所消耗的动力较大，但可以减少表皮的破碎，达到选择性粉碎的目的。4 种排列形式按从 (a)～(d) 的顺序，其剪切作用逐渐减弱，研磨作用逐渐增强，耗电量逐渐增加。

4. 喂料机构

喂料机构主要由接料筒、上喂料辊、下喂料辊、导料板、喂料门、料门控制系统和料辊传动系统等组成。作用是将待加工物料均匀地送入磨辊粉碎区。

5. 自动控制系统

图 5-3 为 FMFQ 型磨粉机控制与执行部分气路图，压缩空气经过气动三大件（油水分离器、调压阀、油雾器）后，首先进入三位四通转阀 1，通过三位四通转阀 1 和二位三通转阀 4 的调节。

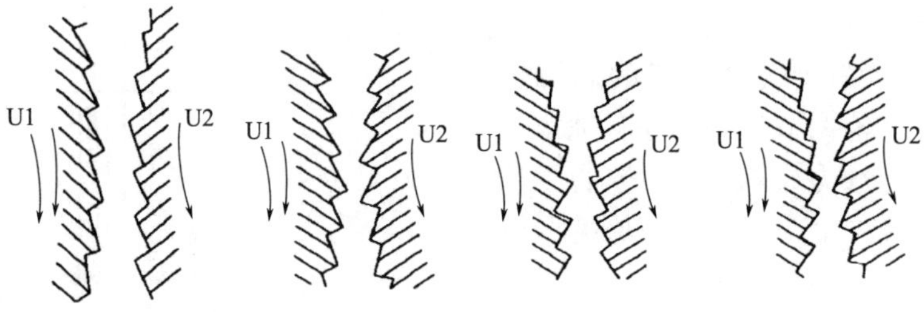

(a) 锋对锋　(b) 锋对钝　(c) 钝对锋　(d) 钝对钝

图 5-2 快慢辊辊齿的排列形式

6. 传动及定速机构

(1) 磨粉机对传动及定速机构的要求

快慢辊之间要保持准确的传动比；能适应因磨辊磨损和轧距调节而导致的传动中心距的变化；磨辊因磨损而拆装频繁，所以磨粉机轴上的传动件和轴承应易于装拆；较小的噪声和一定的使用寿命。

(2) 定速机构的形式

为了保证准确的传动比，磨粉机快慢辊之间的定速机构一般不采用带传动，而是采用齿轮传动、链传动或同步齿形带传动等几种形式。图 5-4 为我国新型辊式磨粉机上采用的同步齿形带定速传动机构，同步齿形带传递动力与带传动不同，不是依靠摩擦力，而是由带齿的截面承受剪切力来传递扭矩，当轧距调节或磨辊磨损时，传动轮中心距变化导致张紧力的变化，因变化范围较小，通过弹簧 9 控制。

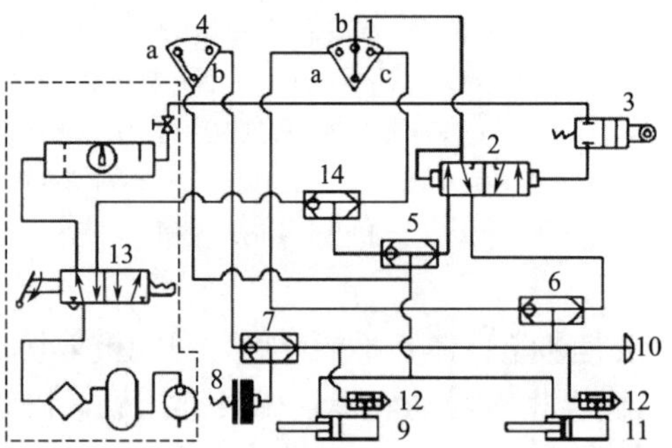

图 5-3 FMFQ 型磨粉机控制与执行部分气路图

1—三位四通转阀（a 为手动合，b 为自动，c 为手动离）；2—二位五通气控滑阀；3—机控行程阀；4—二位三通转阀（a 为自动，b 为离合器合）；5,6,7,14—梭阀；8—气动离合器；9—主磨辊汽缸（左）；10—气动显示器；11—主磨辊汽缸（右）；12—快速排气阀；13—二位五通旋钮阀

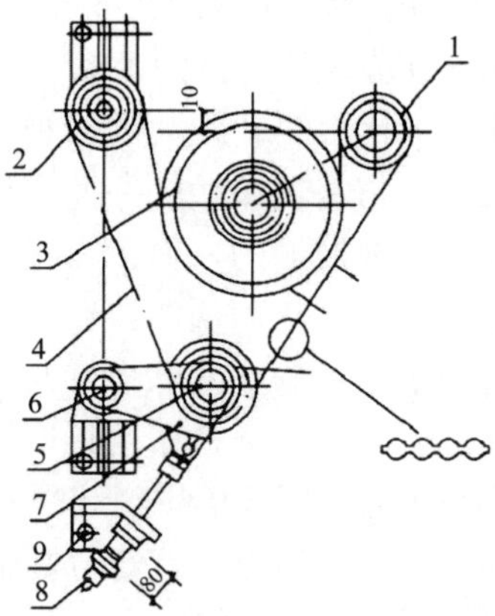

图 5-4 同步齿形带定速传动机构

1—快辊齿形带带轮；2—换向齿形带带轮；3—慢辊齿形带带轮；4—双面同步齿形带；5—张紧齿形带带轮；6—张紧轮架铰支点；7—张紧轮架；8—张紧螺栓；9—弹簧

第三节　粉碎机械

粉碎的目的是将大颗粒物料粉碎成为小颗粒，根据原料粒度和成品粒度，粉碎可分为粗粉碎、中粉碎、细粉碎和超细粉碎。食品行业主要是细粉碎和超细粉碎。成品粒径小于 100μm 的粉碎操作称为细粉碎，成品粒径小于 30μm 的粉碎操作称为超细粉碎。

一、粉碎方法与理论

（一）粉碎方法

粉碎是将物料从较大的尺寸或块状形态转变为较小颗粒的过程。有许多种不同的粉碎方法，选择适当的方法通常取决于原料的性质和所需的最终颗粒大小。以下是一些常见的粉碎方法：

1. 机械粉碎方法

锤式破碎机：利用高速旋转的锤头撞击物料，将其打破为较小颗粒。颚式破碎机：利用两个钳形板之间的压力将物料压碎为较小尺寸。

2. 切割粉碎方法

刀片破碎机：利用旋转的刀片切割物料，适用于纤维状或弹性物料的粉碎。剪切破碎机：利用剪切力将物料切割为所需的颗粒。

3. 冲击粉碎方法

对冲式气流粉碎机：利用高速气流和颗粒之间的撞击实现粉碎。冲击破碎机：利用物料与高速冲击体之间的碰撞将物料打碎。

（二）粉碎理论

粉碎作业耗能很大，从粉碎方法可以看出，粉碎中，能量消耗在表面积增大、颗粒变形、摩擦、组织结构的变化等方面。这些能耗和物料的物理机械性质、形状、粒度大小、粉碎比及所采用的粉碎方法、粉碎机械等有关。

二、机械冲击式粉碎机

机械冲击式粉碎机利用高速旋转的工作构件对物料施以强烈的冲击、剪切作用，将物料粉碎。该类粉碎机的结构简单、操作容易、单位能耗的粉碎能力大。但由于转速高，零件的磨损问题突出，粉碎过程中的温度升高。

（一）销棒（齿爪）粉碎机

1. 结构

图 5-5 为销棒（齿爪）粉碎机结构简图。主要由进料斗、动齿盘、定齿盘、筛网等组成。定齿盘上有两圈定齿，齿的断面呈扁矩形。动齿盘上有三圈齿，其横截面是圆形或扁矩形。为了提高粉碎效果，通常定齿盘和动齿盘上的齿要求交错排列。

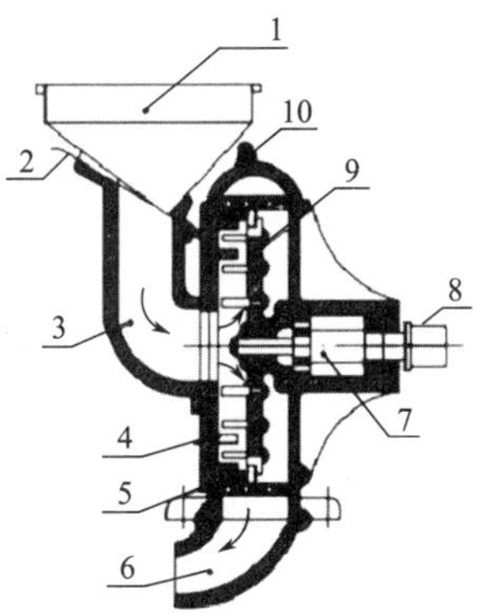

图 5-5　销棒（齿爪）粉碎机结构简图

1—进料斗；2—流量调节板；3—入料口；4—定齿盘；5—筛网；6—出粉管；7—主轴；8—带轮；9—动齿盘；10—起吊环

2. 工作原理

工作时，动齿盘高速旋转，产生强大的离心力场，在粉碎腔中心形成很强的负压区，物料从定齿盘中心吸入，在离心力的作用下，物料由中心向外扩散，物料首先受到内圈转齿及定齿撞击、剪切、摩擦等作用而被初步粉碎；物料在向外圈的运动过程中，线速度逐步增高，受到越来越强烈的冲击、剪切、摩擦、碰撞等作用而被粉碎得越来越细；最后，物料在外圈齿与撞击环的冲击与反冲击作用下得到进一步粉碎而达到超细化。

销棒（齿爪）粉碎机具有结构简单、生产能力高、能耗低、成本低等特点。适合于谷物的粉碎，但作业噪声大，物料温升较高，产品中含铁量较大。磨齿与磨盘刚性连接，过载能力低，使用时应避免金属异物进入粉碎机，以免造成设备的损坏。

（二）锤式粉碎机

锤式粉碎机在食品加工中应用十分广泛，该机具有结构简单、适用范围广、生产率高和产品粒度便于控制等特点。目前主要应用于谷物籽粒、咖啡、可可、糖、盐、红薯、果蔬等物料的粉碎加工。锤式粉碎机按主轴的布置形式分为卧式和立式。卧式锤式粉碎机按进料方式不同可分为切向进料、径向进料和轴向进料三种形式。卧式径向进料锤式粉碎机如图 5-6 所示，立式锤式粉碎机如图 5-7 所示。

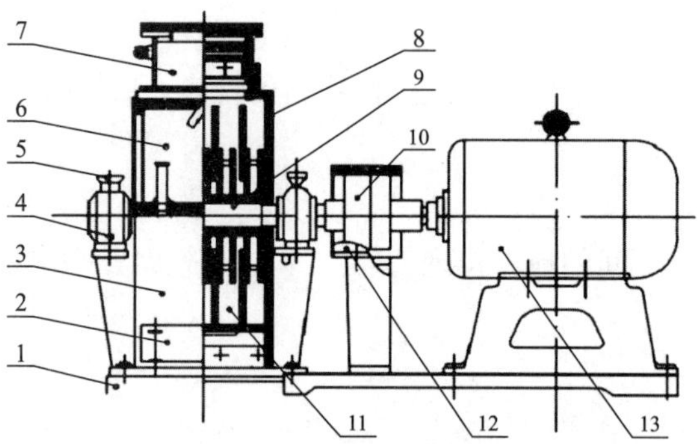

图 5-6 卧式径向进料锤式粉碎机结构简图

1—机座；2—进风板；3—下机体；4—轴承座；5—油杯；6—门；7—料斗；8—齿板；9—转子；10—联轴器；11—筛片；12—护罩；13—电动机

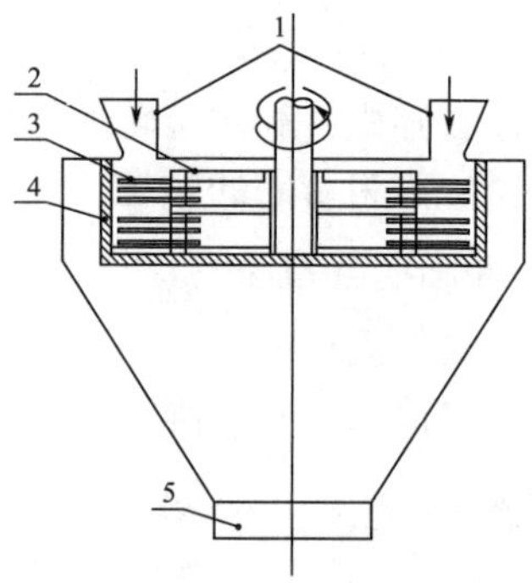

图 5-7 立式锤式粉碎机结构简图

1—进料口；2—转子辐板；3—锤片；4—筛片；5—出料口

1. 锤片

锤片是锤式粉碎机中最重要的零件，也是易损件。锤片形式如图 5-8 所示。

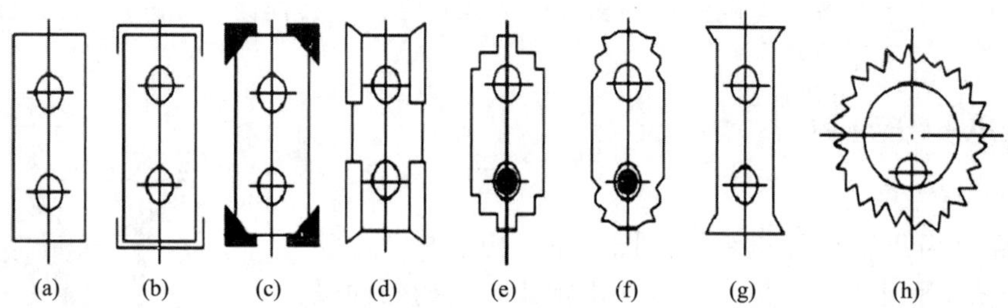

图 5-8 锤片的种类和形状

2. 筛片

筛片属于易损件，其结构对粉碎机的工作性能有重大影响。锤式粉碎机上所用的筛片有冲孔筛、圆锥孔筛和鱼鳞筛等多种。圆柱形冲孔筛结构简单，制造方便，应用最广。

3. 齿板

齿板的作用是阻碍物料环流层的运动，降低物料在粉碎室内的运动速度，增强对物料的碰撞、搓撕和摩擦作用。

三、气流粉碎机

气流粉碎机亦称气流磨，它是在高速气流（300～500m/s）作用下，物料通过本身颗粒之间的撞击、气流对物料的冲击剪切作用以及物料与其它构件的撞击、摩擦、剪切等作用使其粉碎。

（一）立式环形喷射气流粉碎机

如图 5-9 所示，立式环形喷射气流粉碎机由立式环形粉碎室、分级器和文丘里给料装置等组成。下部粉碎区设有多个喷嘴，喷嘴与粉碎室轴线相切，上部分级区设有百叶窗式惯性分级器。

（二）对冲式气流粉碎机

图 5-10 为对冲式气流粉碎机的结构简图。工作时，两喷嘴相向同时向冲击室喷射高压气流，加料喷嘴喷出的高压气流将加料斗中的物料吸入，在喷管里物料被加速进入粉碎室，受到粉碎喷嘴喷射出的高速气流阻止，物料冲击在粉碎板上而粉碎。粉粒随气流进入分级室，在离心力场的作用下分级。粗粒的离心力较大，沿分级室外壁运行至下导管入口处被粉碎喷嘴喷出的气流送至粉碎室继续粉碎；细粒的离心力较小，处于内壁，随气流吸入出口。粉碎成品粒度在 0.5～10μm 之间。

第五章

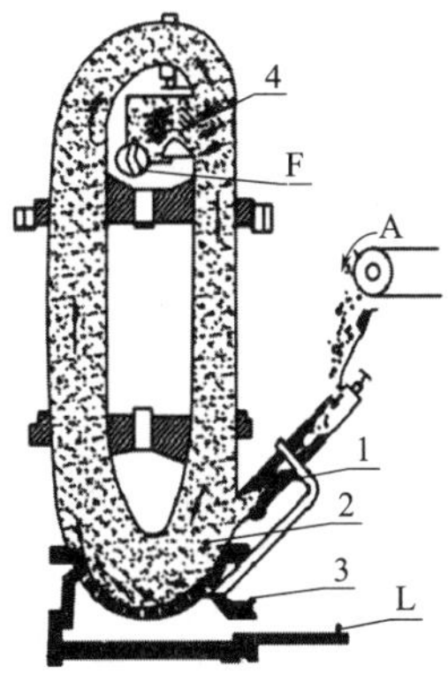

图 5-9　立式环形喷射气流粉碎机工作原理图

1—文丘里喷嘴；2—气流喷嘴；3—粉碎室；4—分级器；L—压缩空气；F—细粉；A—粗粉

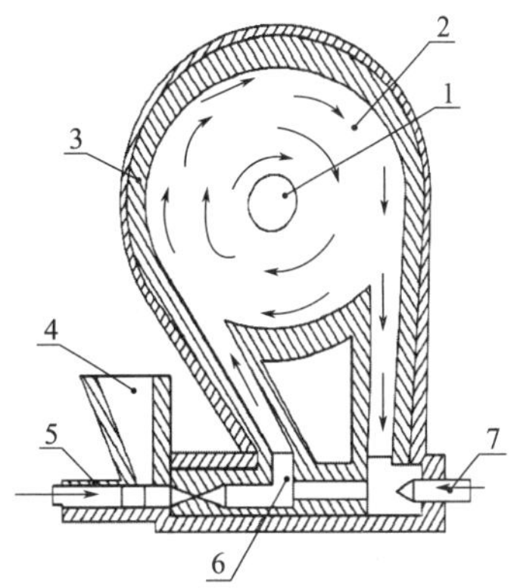

图 5-10　对冲式气流粉碎机结构简图

1—产品出口；2—分级室；3—衬里；4—料斗；5—加料喷嘴；6—粉碎室；7—粉碎喷嘴

第四节　刀具运动原理与切割机械

一、刀具运动原理

刀具的刃形和运动方式是影响切削阻力的两个重要因素。这两个因素直接影响切削过程中刀具与原料之间的相互作用，从而影响切削的效率、表面质量和刀具寿命。刃形可以分为直线刃形和曲线刃形，运动方式可以分为直线往复运动、摆动和旋转运动。

直线刀刃的往复运动是一种常见的切割运动原理，特别适用于一些需要沿直线方向进行切割的应用。这种往复运动通常沿一个直线轴进行，刀刃会在这个轴上来回移动，执行切割操作。直线刀刃的往复运动中，刀具切削刃垂直于合成切削方向的切削方式，称为正切削或直角切削；如切削刃不垂直于切削方向，则称为斜切削或斜角切削。图 5-11 中两个刀刃均做往复直线运动，其中（a）为直角切削，（b）为斜角切削。

（一）直线刃形往复运动

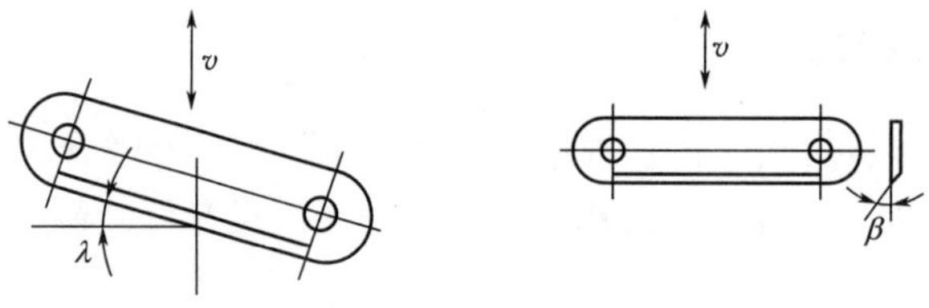

图 5-11 直线刃形往复运动原理图

（二）直线刃形摆动运动方式

直线刃形摆动运动方式如图 5-12 所示。在该运动方式中，刀具做水平摆动或振动，而物料做垂直运动。这种切割方式具有切割比大、高效稳定、适应性强及操作简便的优点。

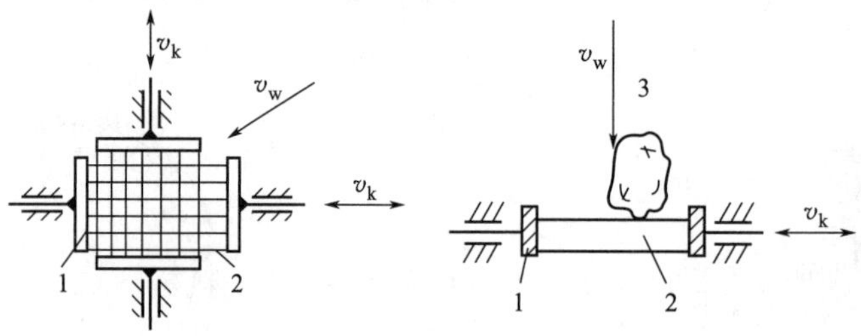

图 5-12 直线刃形刀具的运动合成

1—刀座；2—刀片；3—待切物料

（三）直线刃形旋转运动

直线刃形旋转运动如图 5-13 所示，图（a）中刀刃通过旋转中心，刀刃上各点的切削速度方向均与刀刃垂直，故为直角切削。图（b）中刀刃不通过旋转中心，刀刃上各点的切削速度方向与切削刃均不垂直，并且各点的割切比均不相同，从刀刃根部至尖部割切比 K 逐渐减小，切割阻力逐渐增大。因此刀刃各点的磨损将会不均匀，降低了刀具的耐用度。

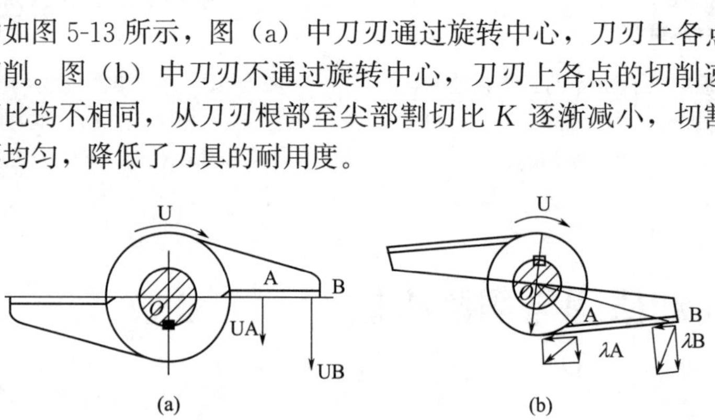

图 5-13 直线刃形旋转运动

二、切割机械

切割机械是一类用于加工高水分含量食品原料的机械，它们大多利用刀刃切割所产生的局部冲击力和剪切力对物料进行切割或碎解。根据不同的切割方式和应用领域，切割机械可以分为圆盘切割机、带锯切割机、切片机等类型。

（一）圆盘切割机

圆盘切割机是一种常见的切割设备，该设备的基本工作原理是将原料通过传送带或其它输送系统引导到旋转的切割圆盘上，随后切割圆盘上的刀具通过旋转运动与原料相互作用，将其切割成所需形状或尺寸。

（二）切片机

切片机是将物料切割成厚度均匀一致片状产品的机械。切片机有不同形式，有些对原料的适应性较强，如离心式切片机；有些则专用于某种物料，如蘑菇定向切片机。

1. 离心式切片机

离心式切片机的外形及结构如图 5-14（a）和（b）所示。圆筒机壳固定在机架上，切割刀片装入刀架后固定在机壳侧壁的刀座上。回转叶轮上固定有数个叶片。

(a) 外形主体

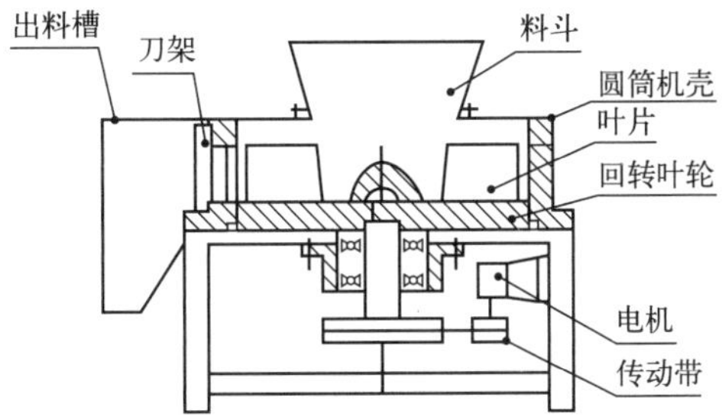

(b) 结构

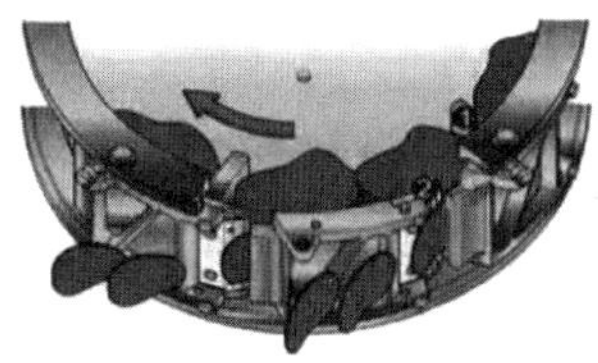

(c) 工作原理

图 5-14 离心式切片机

工作原理如图 5-14(c) 所示：以一定速度（约 260r/min）回转的叶轮带动料块做圆周运动，使得料块在离心力作用下被抛向机壳内壁，此离心力可达到其自身重量的 7 倍，使物料紧压在机壳内壁并与固定刀片做相对运动，此相对运动将料块切成厚度均匀的薄片，切下的薄片从排料槽卸出。

这种切片机的结构简单，生产能力较大，具有良好的通用性。由于切割时的滑切作用不明显，切割阻力大，物料受到较大的挤压作用，所以适用于很多有一定刚度、能够保持稳定形状的块状物料。

2. 蘑菇定向切片机

蘑菇定向切片机一般用于片装蘑菇罐头的蘑菇切片。它可以满足厚薄均匀、切向一致，并且满足将边片分开的要求。蘑菇定向切片机的结构如图 5-15 所示，主要由定向供料装置、切割装置和卸料装置等构成。定向供料装置包括曲柄连杆机构、料斗、滑槽、供水管等。滑槽的横截面为弧形，其曲率半径

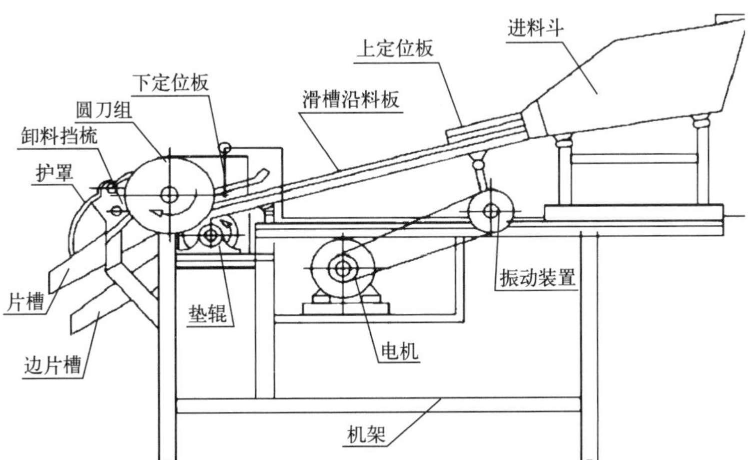

图 5-15 蘑菇定向切片机

略大于菇盖的半径，整体呈下倾布置。供水管提供的水流用于减少蘑菇在滑槽内滑动的阻力。切割装置包括一组按一定间距组装的圆刀、挡梳和垫辊，三者之间的装配关系如图 5-16 所示。

工作过程为：蘑菇被提升机送入进料斗，进料斗下方的上定位板控制蘑菇定量地进入滑槽，形成单层单列队式，因曲柄连杆机构的作用，滑槽做轻微振动。供水管连续向滑槽供水。由于蘑菇的重心靠近菇盖一端，在滑槽振动、滑槽形状和水流等的共同作用下，使得蘑菇呈菇盖朝下的稳定状态向下滑动，从而进入圆刀组被定向切割成数片（如图 5-17 所示）。刀片间切成的菇片最后由卸料装置推出，并将正片和边片分开后，分别落入相应的料斗。

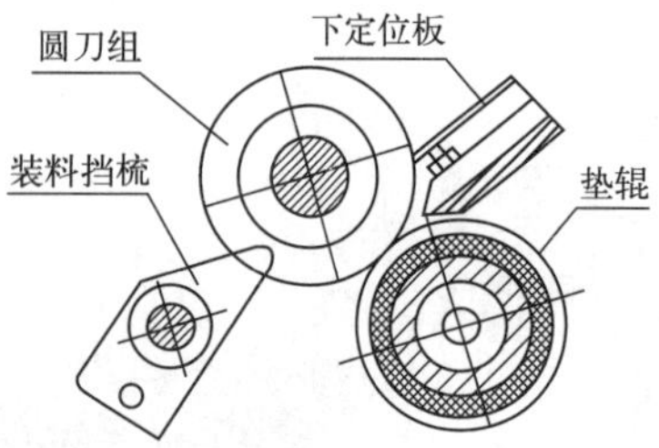

图 5-16 圆刀、挡梳和垫辊之间的装配关系

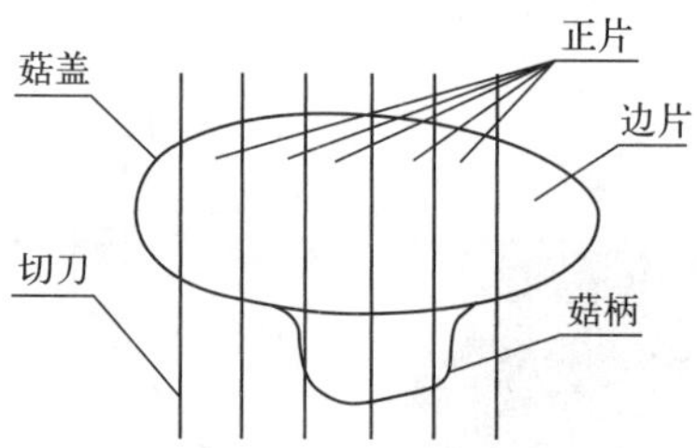

图 5-17 蘑菇切割示意图

第五节 食品典型加工工艺中研磨和粉碎设备的应用

一、典型工艺介绍

（一）面粉生产工艺

1. 清洗

谷物经过清洗过程，以去除杂质、灰尘、沙土和其他可能存在的污染物。

2. 筛选

清洗后的谷物被送入筛网系统，目的是去除其中的大颗粒物。

3. 研磨

清洗和筛选后的谷物送入磨粉机或研磨机，打破谷物的结构，释放淀粉和其它组分，形成最终的面粉。

4. 包装

包装通常会考虑到产品的不同规格和包装要求。常见形式包括袋装、散装或其它定制的包装方式。

5. 储存

储存条件要控制温度和湿度，以防止面粉受潮或发霉。

（二）香料制备工艺

在香料（胡椒、丁香、肉桂、花椒等）制备工艺中，需要将香料原料粉碎为较细的颗粒，以增强香料的香气。

1. 清洗和处理

去除不需要的杂质和确保卫生标准。

2. 研磨

通过将香料原料研磨成较细的颗粒或粉末，可以释放出更多的香气和味道。

3. 精磨

针对一些需要更细致颗粒的香料，进行精磨步骤。可以通过调整研磨设备的设置来实现，以达到所需的颗粒大小。

4. 混合和包装

研磨完成后，不同的香料可以根据配方混合在一起，形成最终的调味料。混合的过程通常需要一定的技术和经验，以确保每种香料的比例准确。最后，香料产品被包装，通常以粉末或颗粒的形式出售。

（三）坚果加工工艺

1. 去壳和去皮

去壳和去皮是坚果加工的第一步，可以通过机械方式实现。

2. 清洗

去壳后的坚果清洗是一个重要的步骤，以确保最终产品的卫生和质量。

3. 研磨

研磨是坚果加工中的关键步骤，旨在将坚果研磨成所需的形式，如坚果粉、坚果酱。不同的坚果和不同的最终产品需要不同类型的研磨设备。常见的研磨设备包括：

粉碎机：用于将坚果研磨成粉末状，适用于制作坚果粉。

高速搅拌机或食品加工机：适用于制作坚果酱，这些设备可以在高速旋转时将坚果搅拌成均匀的浆状物。

4. 调味或加工

根据产品的要求，坚果研磨后可能需要进行调味或其它加工步骤，以增添风味或达到特定的质地。

5. 包装

加工完成后，坚果产品需要进行包装。包装不仅有助于保持产品的新鲜度，还有利于产品的销售。

二、研磨和粉碎设备的使用

（一）设备选择

1. 物料性质

根据处理的物料的硬度、湿度等特性选择设备。

2. 产量要求

根据产量确定设备选型。

3. 粒度控制

根据生产工艺要求的粒径大小选择设备。

4. 能耗

考虑设备的经济性，在同等条件下选择能耗低的设备。

5. 维护和清洁

设备的清洁维护容易。

6. 安全性

确保设备符合相关的安全标准。

7. 成本

综合考虑设备的购买成本、运行成本和维护成本。

（二）设备操作

1. 清洁和维护

确保设备清洁，摆放在稳定平坦的工作台或地面上。定期清理设备的内部和外部，避免积聚灰尘和残留物。

2. 设备调整

根据原料的特性和加工要求，设定适当的速度、压力和时间等参数。根据需要进行设备的校准和调整。

3. 原料投料和排料

按照设备的指导，逐步投放原料，避免过量负荷。清理设备以确保顺畅的原料流和排料过程。

（三）安全注意事项

在操作研磨和粉碎设备时，应注意以下安全事项：

1. 穿戴适当的个人防护装备

包括但不限于安全眼镜、面罩、手套和耳塞。这可以保护工作人员免受颗粒、尘埃、噪声和其它潜在的危险因素的影响。

2. 设备检查

在每次使用前，仔细检查设备的状态。确保所有零部件都安装正确，没有损坏或磨损。定期进行例行性的维护和检查，以确保设备的正常运行。

3. 遵循制造商的指南

详细阅读和理解设备制造商提供的使用手册和安全指南。这些文档通常包含了关于设备正确使用和维护的重要信息。

4. 安全开关和急停按钮

确保设备上的安全开关和急停按钮处于良好工作状态，并且操作人员知道其位置。在紧急情况下，能够迅速切断电源是至关重要的。

5. 远离运动部件

在设备运行时，确保工作人员远离运动部件，以防止意外伤害。避免用手或其它物体接触旋转的刀具或其它运动部件。

第六节　粉碎设备最新研究进展

一、绿色粉碎技术

绿色粉碎技术是指在食品加工过程中，利用环保、节能、高效的技术手段对食品进行粉碎处理，以最大程度地减少对环境的污染和资源的浪费。以下是一些常见的绿色粉碎技术：

（一）超声波粉碎

利用超声波的高频振动作用，将食品物料分解成微小颗粒。超声波粉碎具有无污染、高效率和节能的特点，适用于对易破碎的食品进行粉碎，如蔬菜、水果等。

（二）液氮冷冻粉碎

将食品物料置于低温液氮中，使其迅速冷却至极低温，然后利用冷冻物料的脆性进行粉碎。这种方法不需要加入额外的溶剂，无污染、无热损失，适用于对热敏感的食品进行粉碎。最常见的是利用冷冻粉碎技术生产冷冻蔬菜粉，其加工工艺为：选料→清洗→切片→护色→漂烫→冷淋→沥水→速冻→粉碎→包装→冷藏。

（三）微波粉碎

利用微波的热效应，将食品物料加热至其内部产生蒸汽，从而破坏食品的细胞结构实现粉碎。微波粉碎具有加热均匀、操作简单的特点，适用于一些含水量较高的食品，如蔬菜、肉类等。

（四）水力分散粉碎

利用高压水流对食品进行分散和粉碎。水力分散粉碎具有无污染、高效率的特点，适用于对坚硬的食品进行粉碎，如骨头、贝壳等。该技术目前应用的不如前几项技术广泛。

（五）生物酶法粉碎

利用特定的生物酶对食品的结构进行酶解，从而实现食品的粉碎。生物酶法粉碎具有无污染、高效率的特点，适用于对一些有机物料进行粉碎，如果蔬渣、食品废弃物等。

二、智能化和自动化

食品粉碎技术正在朝着智能化和自动化的方向发展，随着科技的进步和自动化技术的应用，越来越多的智能化和自动化设备被应用于食品粉碎过程中，以提高生产效率和产品质量。通过使用传感器、数据分析和自适应控制系统，设备可以更好地适应不同的物料和工艺条件，提高稳定性和效率。

（一）智能化方面

通过引入传感器、控制系统和人工智能技术，可以实现对食品粉碎过程的实时监测和控制。例如，通过安装在粉碎机设备上的传感器，可以实时监测粉碎机的运行状态和食品物料的粒度，以便进行智能化的控制和调节。同时，通过分析和处理大量的数据，可以优化粉碎参数和工艺，提高生产效率和产品质量。

（二）自动化方面

通过引入自动化设备和机器人技术，可以实现食品粉碎过程的全自动操作。例如，自动喂料系统可以根据设定的参数自动将食品物料送入粉碎机，无需人工参与。自动输送系统可以将粉碎后的食品物料自动输送到下一个工序，进一步提高生产效率和降低人工成本。

智能化和自动化的食品粉碎技术在提高生产效率、产品质量和劳动力利用率方面具有重要的作用。随着技术的不断进步，可以预见食品粉碎技术将越来越智能化和自动化，为食品加工行业带来更多的便利和发展机遇。

三、节能技术

食品粉碎设备在朝着节能化的方向发展。随着对能源的节约和环境保护意识的提高，食品粉碎设备的节能性能成为一个重要的发展方向。新一代的粉碎设备采用节能技术，例如高效的电机、改进的冷却系统和热能回收技术，以降低能耗并降低生产成本。

（一）高效能源利用

食品粉碎设备通过优化设计和改进工艺，提高能源的利用效率。例如，改进粉碎机的结构和传动系统，减少能源的损耗和浪费；采用先进的节能电机和变频器，实现精确的控制和高效的能源利用。

（二）智能控制系统

引入智能控制系统，实现对食品粉碎设备运行状态的实时监测和控制。通过精确的数据分析和算法优化，可以实现设备的节能运行。例如，根据物料的特性和要求，自动调节粉碎机的工作参数和运行模式，提高能源利用效率。

（三）废热回收利用

食品粉碎设备在运行过程中会产生一定的热量，可以通过设计和改进废热回收系统，将废热利用起来，提供给其它工艺环节或加热设备使用，减少能源的浪费。

（四）新型技术应用

引入新型技术，改进食品粉碎设备的结构和性能，以提高设备的能源利用效率。例如利用高效的过滤系统，降低设备的能耗和粉尘排放；为解决现有高压射流粉碎设备产能低，无法满足工业生产线使用需求的问题，对高压射流粉碎设备的关键零部件（交互容腔）进行研究，提出一种复合式大流量交互容腔组件。

总结

- **研磨和粉碎机械设备的作用**

  改善原料性能，提高物料粒度均匀性，进行选择性粉碎，增加固体表面积，提高可溶性，利于计量包装，提高生产效率，利于研发新产品。

  研磨和粉碎机械设备的分类：辊式磨粉机、粉碎机械、切割机械。
- **研磨与粉碎设备的主要类型**

  辊式磨粉机： MDDK 型磨粉机。

  粉碎机械：齿爪粉碎机、锤式粉碎机、立式环形喷射气流粉碎机、对冲式气流粉碎机。

  切割机械：圆盘切割机、带锯切割机、切片机。
- **理解和掌握不同研磨与粉碎设备的基本结构、工作原理和应用场景。**
- **结合典型食品加工工艺流程，深刻理解不同研磨与粉碎设备在相关食品加工中的关键作用。**

思考练习

（一）粉碎操作在食品加工中占有重要地位，主要表现在哪几个方面？

（二）简述 MDDK 型磨粉机的结构组成。
（三）气流粉碎机的原理是什么？请举出两种气流粉碎机的名称。
（四）切割机械刀具的运动方式分为哪几类？
（五）简述辊式磨粉机的特点。
（六）请举例一种以研磨粉碎机械设备为关键的典型食品加工工艺。
（七）简述研磨和粉碎机械设备选型的依据。

第六章　脱壳与脱皮机械与设备

知识导图

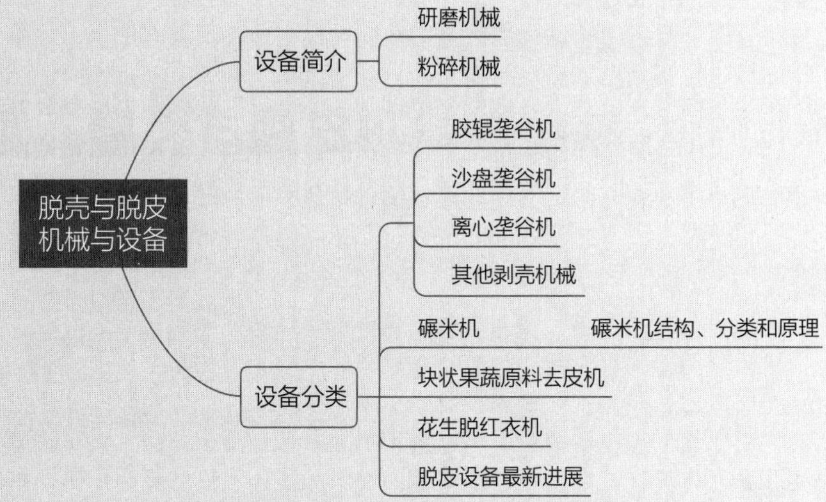

学习目标

- ○ 了解脱壳与脱皮机械设备的分类原理以及在食品加工中应用的重要性。掌握砻谷机的类型以及每种机械的结构以及工作原理。
- ○ 掌握碾米机的工作原理，能够描述其工作流程。
- ○ 掌握块状果蔬去皮机以及花生脱红衣机的工作流程，能够描述出具体的操作要点。
- ○ 了解脱壳与脱皮设备的最新进展。

第一节　脱壳与脱皮机械与设备简介

一、脱壳与脱皮机械与设备作用

在食品加工中，脱壳与脱皮设备用于去除食材中的果壳、外皮等不可食用部分。其作用主要体现在以下几个方面：①提高效率。脱壳与脱皮设备能够快速、自动化地去除外壳或外皮，提高生产效率。②保持原料完整性。在去除外壳或外皮的同时，尽可能保持食材的完整性和质量。③增加产品的卫生与安全。有效去除潜在的污染源，提高产品的卫生与安全性。④拓展产品应用范围。通过去除不需要的果壳、外皮等部分，脱壳与脱皮设备为加工食材提供了更多的可能性和灵活性。

二、脱壳与脱皮机械与设备概述

（一）脱壳与脱皮设备的基本结构

1. 主体结构

脱壳与脱皮设备的主要结构包括机架、传动系统、电控系统等。

2. 外壳和保护装置

提供设备外部的保护和安全功能。

3. 输送系统

用于输送待处理物料，并确保物料在设备内按顺序进行处理。

4. 处理单元

根据不同的设备类型，可以是胶辊、钢丝刷、喷射装置等。

（二）脱壳与脱皮设备的工作原理

1. 脱壳原理

剥壳的要求是剥壳率要高，籽仁的破碎率要低，同时碎壳的形态应便于后续的壳仁分离。为保证剥壳效果，在剥壳之前原料必须按大小进行分级，采用分级剥壳或回收重剥工艺。在压榨法取油工艺中，对诸如花生、棉籽、葵花籽等高油分油料进行压榨时，物料中含有一定量的皮、壳，有利于疏通油路。目前常用的剥壳方法有碾搓法、摩擦法、撞击法、剪切法、挤压法、气爆法。

（1）碾搓法

碾搓法即借助粗糙面的碾搓作用使皮壳疲劳破坏而破碎。除下的皮壳较为整齐，碎块较大。这种方法适用于皮壳较脆的物料，如用圆盘式剥壳机剥去棉籽外壳，用搓板式去皮机去掉大豆皮。

（2）摩擦法

摩擦法是利用摩擦形成的剪切力使皮壳沿其断面产生撕裂破坏。除下的皮壳整齐，便于选除。适用于韧性皮壳，如用胶辊砻谷机除掉稻壳等。

（3）撞击法

撞击法是借助打板或壁面的高速撞击作用使皮壳变形直至破裂。适用于壳脆而仁韧的物料，如用离心式剥壳机剥葵花籽壳等。

（4）剪切法

剪切法是借助锐利面的剪切作用使壳破碎，如核桃剥壳机、刀板式棉籽剥壳机等。

（5）挤压法

挤压法是借助轧辊的挤压作用使壳破碎，如用轧辊式剥壳机剥蓖麻籽壳等。

（6）气爆法

气爆法是利用果壳内外形成的压差使果壳爆裂而脱除。将物料置于密闭的容器内，然后逐渐提高容器内的压力，当达到额定值后稳定一段时间以使物料内部达到足够高的压力后，突然释放容器内压力，使得外壳在内外压差的作用下爆裂。这种方法不便于连续生产，可操作性差，且易造成果仁破碎，可用于预破壳工序。

实际上，任何剥壳机的作用往往是一种剥壳方法为主、几种剥壳方法综合作用的结果。

2. 脱皮原理

水果及块根、块茎类蔬菜在加工成食品之前，大多需要除去表皮。原料的种类不同，皮层与果肉结合的牢固程度不同，生产的产品不同，对原料的去皮要求也各异。果蔬去皮的基本要求是去皮完全、彻底，原料损耗少，制造果蔬罐头时常常对果蔬表面及形状有一定的要求。目前，果蔬加工中常用的去皮方法有机械去皮和化学去皮。

（1）机械去皮

机械去皮应用较广，既有简易的手工去皮又有特种去皮机去皮。按去皮原理不同可分为机械切削去皮、机械磨削去皮和机械摩擦去皮。机械切削去皮是采用锋利的刀片削除表面皮层。去皮速度较快，但不完全，且果肉损失较多，一般需用手工加以修整，难以实现完全机械作业，适用于果大、皮薄、肉质较硬的果蔬。目前苹果、梨、柿等常常使用机械切削去皮，常用的形式为旋皮机。

机械摩擦去皮是利用摩擦系数大、接触面积大的工作构件而产生的摩擦作用使表皮发生撕裂破坏而被去除。所得产品表面质量好、碎皮尺寸大、去皮死角少，但作用强度差，适用于果大、皮薄、皮下组织松散的果蔬，一般需要首先对果蔬进行必要的预处理来软化皮下组织。常见的机械摩擦去皮如采用橡胶板作为工作构件的干法去皮机。

（2）化学去皮

化学去皮又称碱液去皮，即将果蔬在一定温度的碱液中处理适当的时间，果皮即被腐蚀，取出后立即用清水冲洗或搓擦，外皮即脱落，并洗去碱液。此法适用于桃、李、杏、梨、苹果等的去皮及橘瓣脱囊衣。当果蔬与碱液接触时，果皮的角质、半纤维素被碱腐蚀而变薄乃至溶解，果胶被碱水解而失去胶凝性，果肉薄壁细胞膜较能抗碱。因此，用碱液处理后的果实，不仅果皮容易去除，而且果肉的损伤较少，可以提高原料的利用率。但是，化学去皮用水量较大，去皮过程产生的废水多，尤其是产生了大量含有碱液的废水。

第二节　砻谷机

一、砻谷机的用途

砻谷机是将稻谷脱去颖壳，制成糙米的粮食加工机械。它能脱去稻谷外壳，减少米粒爆腰和表皮受损，尽量保持糙米完整。主要由料斗进料装置、机头装置、谷壳分离室、齿轮变速箱、机架等组成。它主要用于除去稻谷的颖壳，也有用于大豆脱皮或花生脱红衣。

二、砻谷机的分类

根据砻谷机脱壳原理和工作构件的特点，目前主要有 3 种：胶辊砻谷机、砂盘砻谷机和离心砻谷机（图 6-1）。

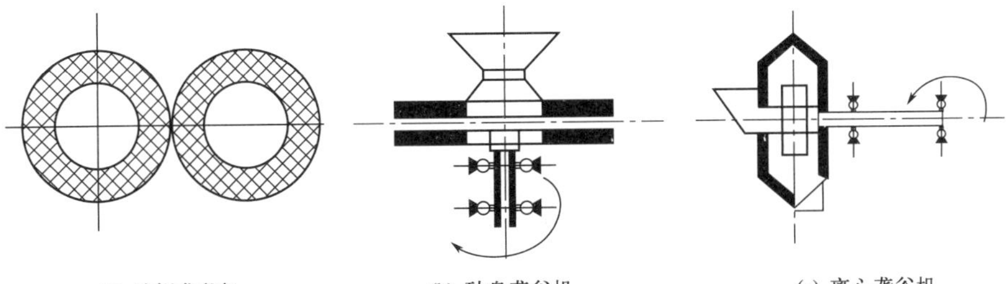

图 6-1　砻谷机种类

(一) 胶辊砻谷机

胶辊砻谷机主要工作部件是一对在铸铁圆筒上黏结或套装胶层的水平橡胶辊筒或塑料辊筒。两辊轴线位于同一水平面内或略有高度差，以不同的转速相向转动，其中一辊的位置固定，另一辊可以移动，使两辊间的轧距可调。两辊线速之差为 2～3.2m/s，线速之和不宜超过 30m/s。稻谷经淌板（或经喂料辊和淌板）在胶辊全长上均匀地喂入两辊之间，等径辊筒以不同的线速逆向回转，通过压砣的压力使通过辊间的稻谷受到挤压和搓撕。由于受到两辊的挤压和由两辊速度差产生的搓撕作用，绝大部分稻谷达到脱壳的目的，进入谷壳分离装置，再经吸风口以 4～5m/s 的风速吸除稻壳。谷糙混合物与稻壳分离后，谷糙混合物从出料淌板排出。

(二) 砂盘砻谷机

砂盘砻谷机借助上下两片圆形金刚砂盘，上盘固定，下盘转动，线速为 20～25m/s。稻谷在两砂盘中，因受到端压搓撕作用而脱壳。优点是糙米爆腰少，砂盘比胶辊耐磨，加工成本低；缺点是脱壳率较低，碎米较多。砂盘砻谷机主要工作部件是与铸铁圆盘黏结为一体的环形金刚砂盘，上、下两盘，上盘固定，下盘转动并可上下移动，根据稻谷粒度的大小调节上下砂盘的间隙（轧距）。轧距应小于稻谷的长度，而大于稻谷的宽度、厚度。稻谷从喂料斗通过上砂盘的中心区喂入下砂盘，下砂盘转动产生的离心力迫使谷粒进入两盘之间的环形脱壳区。在端压和摩擦作用下，可将 75%左右的稻谷脱去颖壳，但糙碎米较多。脱壳后的谷糙混合物经谷壳分离装置借气流除去谷壳后排出机外。砂盘外径 400～1120mm，环形脱壳区的宽度一般为外径的 1/7～1/6。

(三) 离心砻谷机

离心砻谷机的主要工作部件其内为旋转甩料盘，其外为固定的冲击圈。稻谷进入工作区被甩盘加速，借助离心惯性力飞向冲击圈，因受撞击而脱壳。此机结构简单、操作管理方便、动力消耗少、加工成本低；只是碎米较多，出米率低。

第三节　其它剥壳机械

一、圆盘剥壳机

圆盘剥壳机用于棉籽剥壳，也可用于花生、桐籽、茶籽的剥壳，还可破碎各种油料和粉碎饼块。

圆盘剥壳机的特点是结构简单、使用方便、一次剥壳效率高（棉籽剥壳效率可达 92%～98%）。圆盘剥壳机主要部件是磨片和调节器。磨片有两种：一种磨面具有细密的斜条槽纹，用于棉籽剥壳；另一种磨面具有方格槽纹，用于大豆、花生仁等的破碎。调节器的作用是根据工作要求调节磨片间距。

剥壳过程由一对磨片完成，磨片的齿纹为细密的斜条纹，因为易磨损，常用白口铁铸造而成，通常由大块扇形板拼成一个环形盘。这一对环形磨片中，一片装置附着于外壳的固定圆盘上，工作时不转动，俗称“死盘”；另一片装置在活动圆盘上，工作时随轴旋转，俗称“活盘”。活盘装在旋转轴的一端，轴的另一端有一个调节器，用以调节磨片间距。同时，当磨片中偶然进入金属或石子等硬杂质时，由于弹簧的作用也可使磨片间距增大，不致损坏设备。在附有固定圆盘外壳的另一侧面，有一个进料斗，斗上装的喂料器能均匀地喂入油料，油料即从固定圆盘的中间圆孔进入磨片之间。活动圆盘上装有四把打刀，在旋转时打刀可以把油料甩入磨片之间，进行剥壳。皮壳或破碎后的油料从剥壳机外壳的底部出料口排出。

如图 6-2 所示，工作时，物料进入喂料斗后在喂料翼 7 的转动下均匀进入机内，由调节板 6 控制喂料量。棉籽通过通道进入磨盘之间，受到高速转动的转盘 1 与固定盘 5 的搓碾作用而被剥壳或破碎。

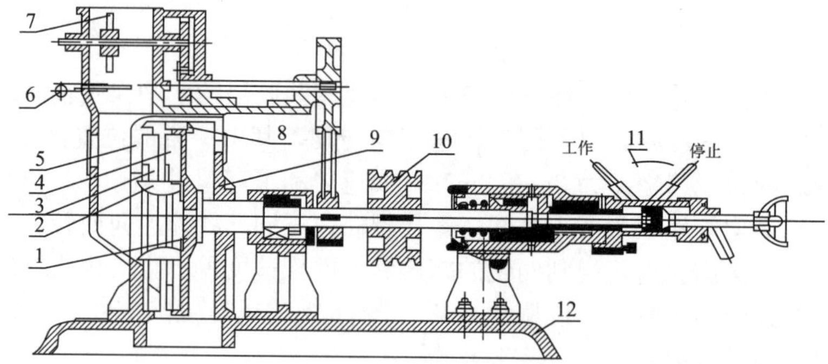

图 6-2　圆盘剥壳机

1—转盘；2—里叶打刀；3,4—磨片；5—固定盘；6—调节板；7—喂料翼；8—外叶打刀；9—机壳；10—带轮；11—轧距调节盘；12—机座

二、立式离心剥壳机

立式离心剥壳机是油料剥壳的一种常用机械设备，其主要用于对葵花籽、菜籽等油料的脱皮工作。剥壳效率 90%左右。离心剥壳机的结构主要由转盘、打板、挡板、可调节门、进料斗、卸料斗及传动机构组成。水平转盘上装有数块打板，挡板固定在圆盘周围的机壳上，通过调节手轮可使料门上下移动，以控制进料量。立式离心剥壳机的整体结构示意图如图 6-3 所示。主要部件转盘 10 共有 3 层，每层转盘装有 12 块打板 9，挡板 8 固定在转盘 10 周围的机壳内。下料门 7 可通过调节手轮 6 调节，使之上下移动以控制进料量。

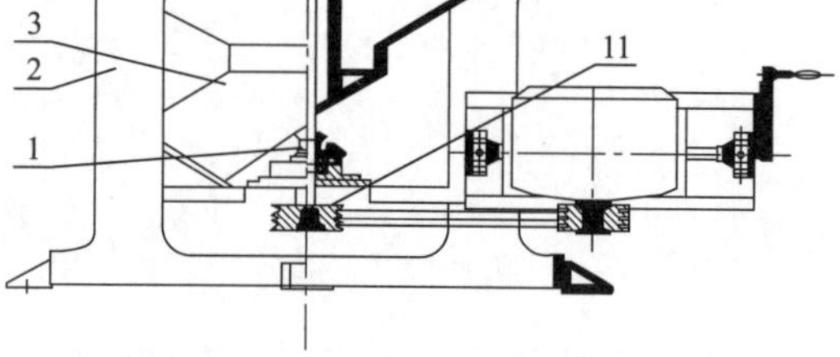

图 6-3　立式离心剥壳机

1—轴；2—机架；3—卸料斗；4—检修门；5—进料斗；6—调节手轮；7—下料门；8—挡板；9—打板；10—转盘；11—带轮

当一葵花籽以较大的离心力撞击壁面时，壁面对葵花籽产生同样大小的反作用力，使葵花籽外壳产生变形和裂纹。外壳的弹性变形使葵花籽离开壁面，而籽仁因惯性力的作用继续朝前运动，并在紧靠外壳变形处产生了弹性变形。当葵花籽离开壁面时，由于外壳与籽仁具有不同的弹性，其运动速度也不同，籽仁阻止外壳迅速回移致使外壳在裂纹处拉开，实现壳、仁分离。

影响离心剥壳机效果的因素是物料水分、撞击速度、物料撞击点、挡板角度等。根据试验，转盘外圆的适宜圆周速度为：葵花籽 30～38m/s，棕榈籽约 31m/s，油茶籽约 11m/s。关于撞击点，必须考虑被撞击物的结构。

第四节 碾米机

一、碾米机的分类

碾米机可按碾米的基本原理、碾辊材料性质和碾辊轴布置形式分类。

（一）按碾米机的基本原理分类

我国按碾米机的基本原理分成擦离型、碾削型和混合型三类。擦离型碾米机均为铁辊碾米机，碾辊线速较低，碾白压力较高。碾削型碾米机均为砂辊碾米机，碾辊线速较高，碾白压力较低。混合型碾米机为砂辊和铁辊组合的碾米机，碾白平均压力比碾削型碾米机稍大。

（二）按碾辊材料的性质分类

碾米机按碾辊材料性质的不同，可分为铁辊碾米机和砂辊碾米机。

（三）按碾辊轴的布置形式分类

碾米机按碾辊轴的布置形式，分为横（卧）式碾米机和立式碾米机。横式碾米机即碾辊轴水平放置的碾米机。立式碾米机即碾辊轴垂直布置的碾米机。

二、碾米机的结构

（一）砂辊横式碾米机

砂辊横式碾米机的结构如图 6-4 所示。主要由进料机构、碾白室、排料机构、机械传动系统、吸糠与喷风系统、机架等组成。

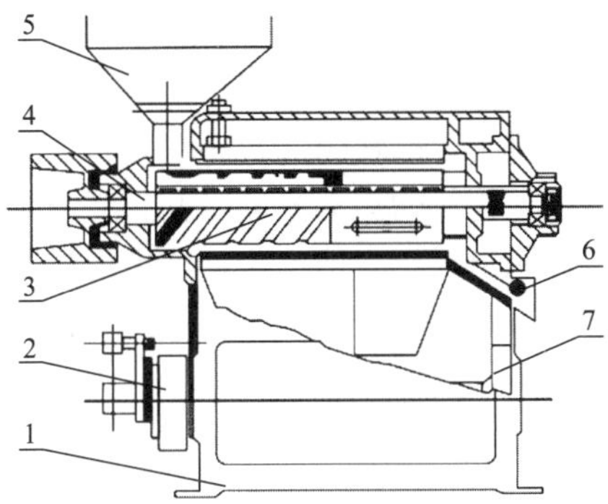

图 6-4 砂辊横式碾米机

1—机架；2—吸糠系统；3 —碾白室；4—机械传动系统；5—进料机构；6—排料机构；7—喷风系统

1. 进料机构

进料机构由料斗和流量调节机构组成。料斗为方形不对称结构，其容量为 35kg 左右。流量调节机构为全启闭插门，可快速开启或关闭，亦可微调。

2. 碾白室

碾白室由 3 头螺旋推进器、碾白砂辊、4 片圆筒形米筛、压筛条、横梁等主要零件构成。砂辊面与米筛筒内壁有一定间隙，由此形成一个环形圆柱空间，称碾白室。

螺旋推进器在碾白室的进口端，有 3 种功能：输送物料、增大碾白室进口端米粒流动的密度和产生轴向推力。螺旋推进器如图 6-5 所示，它实际上是一种单头或多头（双头、3 头或 4 头）的梯形螺纹。

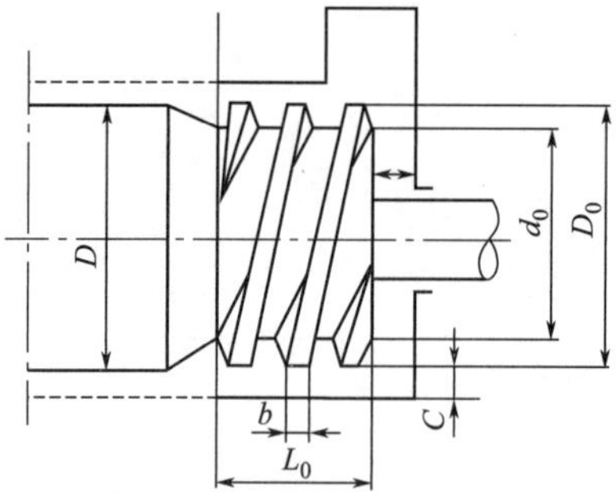

图 6-5 螺旋推进器

为了保证螺旋推进器有足够的推进力，螺纹升角不宜过大，一般不超过 20°。

砂辊由两节组成，每节长 200mm。前节砂辊采用 3 头螺旋槽，螺距为 50mm。槽深从 12mm 逐渐减小为零。后节砂辊开有 3 条直斜槽，斜度为 1/10，槽深为 8mm。槽后又开设 3 条 150mm×12mm 的喷风槽。

米筛、压筛条和筛托支承并固定在上、下横梁上。碾白室间隙通过更换不同厚度的压筛条进行调节。

3. 排料机构

排料机构由出米嘴、压力门组成。压力门主要是控制出料口的压力大小，出料口的压力对碾白室内碾白压力影响很大。

4. 机械传动系统

机械传动系统由电动机经 V 带及带轮传至碾辊轴，碾辊实现运动研削。同时，碾辊轴上的带轮再经 V 带传动至同轴的吸糠风机与喷风机。

5. 吸糠与喷风系统

吸糠系统由集糠斗、集糠管、吸糠风机和集糠器等组成。碾白室由米筛排出的糠粞，由集糠斗收集，经集糠管进入吸糠风机而排入集糠器。吸糠风机与喷风机共轴。喷风系统由喷风机、进风管道和进风套等组成。由风机鼓出的风通过风管进入风套，从碾辊轴右端的轴面进入空心轴，最后从第二节砂辊的喷风槽喷出。

6. 机架

机架为一整体铸造而成的箱体，本机各部件均安装其上。

（二）立式砂铁辊组合碾米机

1. 工作方式与原理

原粮进入可以自动控制进料量大小的进料装置，经轴向输送，至碾磨室中下端推进器的底部，在多重作用力下，经碾磨室的碾辊碾削或摩擦碾白，碾辊按照一定的转速旋转运动，带动处于不同料层厚度物料尽可能地与碾磨室内碾辊、筛片、米刀等全方位接触，物料的流动方向与其自身重力的方向相反，其轨迹是自下而上的绕着砂辊、铁辊上升的螺旋线，经过智能出料压力门装置，达到物料开糙、碾白目的。

其主要组成如图 6-6 所示，由主机、智能进料装置、喷风装置、吸糠装置、触摸屏控制装置、智能出料装置和总控制箱等组成。

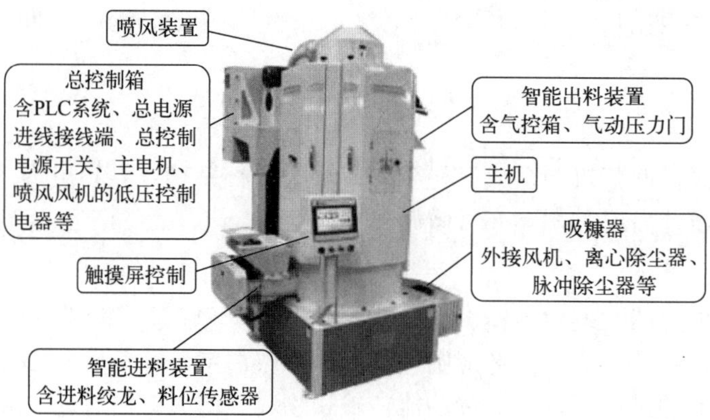

图 6-6 立式砂铁辊组合碾米机

在整个加工工艺流程中应用“多机轻碾”技术，多台设备串联加工，降低单台设备内压、温升等，有效增加单位产量碾白运动面积，同时保障降低碎米率。基本工艺流程如图 6-7 所示。

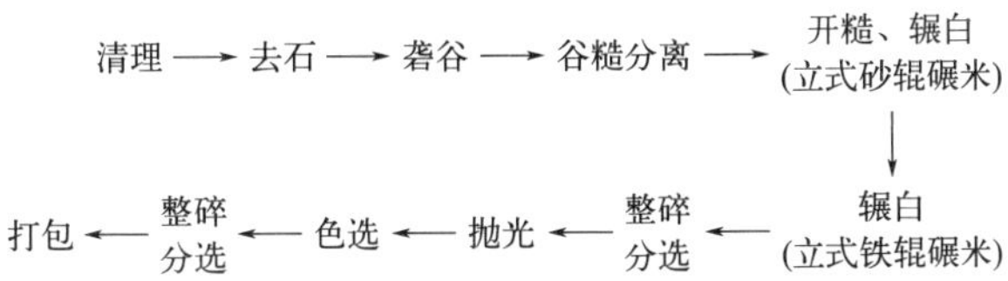

图 6-7　基本工艺流程

2. 结构特征

① 设备结构紧凑，进料口远低于出料口。

② 智能进料装置，保证物料稳定地轴向输送，供料稳定而不受风量波动的影响。

③ 喷风装置、外置风网装置配套结合，两者风力作用使得碾磨室内碰撞、翻滚、碾削、摩擦更均匀。

④ 碾磨室下端配置与碾辊同转速的回转式叶轮拨糠器，清扫效率高，极大限度降低了碾磨室内糠粉残留量，在风力的作用下，及时地排到主机外。

⑤ 智能压力门装置，能有效地控制碾磨室的外压，控制物料的加工精度。

三、碾米的基本原理

（一）米粒流

糙米在碾白室中进行碾白时，具有以下特性：米粒连续不断地从碾白室进口向其出口流动；流动的米粒充满整个碾白室，随碾白室形状而定，其体积即为碾白室的容积；流动的米粒有可压缩性；流动的米粒有黏滞性。由于流动的米粒具有流体的性质，为此把在碾白室内进行碾白而流动着的米粒群体称为米粒流体。碾米过程具有 4 个要素：

1. 碰撞

碾米过程中存在米粒与碾辊的碰撞、米粒与米粒的碰撞、米粒与米筛内壁及其它构件的碰撞，碰撞运动是米粒在碾白室内的基本运动之一。米粒与碾辊的碰撞起决定作用。

2. 碾白压力

碾白压力的建立与许多因素有关，如米粒与碾白室各构件的碰撞作用力、碾白室内的阻力、出料机构中压力门的阻力、螺旋推进器的推力等。

3. 翻滚

翻滚运动是米粒翻转和滚动。翻转是米粒长轴方向的旋转运动，滚动是米粒短轴方向的旋转运动。

4. 轴向输送

轴向输送是保证米粒碾白运动连续不断的必要条件。

（二）擦离碾白和碾削碾白

碾米机按其作用的性质，分为擦离碾白和碾削碾白。

1. 擦离碾白

碾白室内的米粒，在一定的压力下与碾辊接触，产生碰撞，获得速度；米粒和米粒相互碰撞产生相对运动；速度降低后的米粒，与碾白室米筛内壁及其它构件碰撞，亦有相对运动。以上 3 种碰撞运动中的摩擦力，使米粒皮层沿着胚乳的表面产生相对滑动，并把皮层拉断、被剥离。这种利用擦离作用使糙米碾白，称为擦离碾白。

2. 碾削碾白

碾白室内的糙米，在一定压力下与高速运动的金刚砂粒的锋刃相碰撞，获得速度；具有一定速度的米粒和米粒相互碰撞产生相对运动；速度降低后米粒与米筛内壁和其它构件碰撞，均有相对运动。上述3种碰撞运动中，米粒与砂辊的碰撞是砂粒的锋刃产生的切削力和切离力，将米粒皮层切破，使皮层与胚乳脱离。这种利用碾削作用使糙米碾白，称为碾削碾白。

（三）碾辊材料

1. 铁辊

铁辊的辊筒、凸筋和喷风槽都是冷模一次浇铸而成的，属白口铸铁材料。铸件表面要求光滑圆整，表面硬度为48～50HRC。因白口铸铁一般加工困难，辊筒与轴的配合孔、辊筒与螺旋推进器的连接口，应从严控制公差，但其表面需打磨平整。目前铁辊已有用无缝钢管制成辊筒，在辊筒面上开出钢筋安装槽，经过热处理的钢筋，表面硬度可达70HRC，用螺钉将其固紧在辊筒上。

2. 砂辊

砂辊除工作参数和表面形状外，所用的金刚砂种类、质量、粒度、配比、烧结硬度和成型密度等，对碾米工艺效果影响很大。砂辊必须经常保持较好的锋利性，要耐用，达到大米去皮均匀、表面较光洁、电耗低、使用寿命长的目的。

制作砂辊的金刚砂，一般采用黑色碳化硅，砂粒呈多角形，不用片状砂粒。在规定的粒度下，单位体积砂层内的砂刃要多，砂刃在砂辊表面和深度上也要分布均匀，这样才会碾白去皮均匀，表面光洁。

砂辊制作的方法有浇结、烘结和烧结3种，因为烧结的砂辊强度最大、最耐磨、使用寿命长、自锐性好，所以目前使用最多的是烧结砂辊。

砂辊烧结硬度必须是中硬级。砂辊超过中硬时，工艺效果差，但耐用。比中硬级稍软时，对工艺效果没有影响，但耐用性稍差。二者比较，宁可稍软。

（四）轴向截面积变化和收缩率

米粒流体从碾白室进口到出口的碾白过程中，被碾成所规定精度的白米从出料口流出，同时也有一定量的米糠从米筛孔中排出。这样在碾白室轴向的每一个横截面上，米粒流体的流量逐渐减小，如果碾白室截面积不变，则流体密度逐渐减小，碾白压力亦随之逐渐降低。然而在碾白室的不同区段需用不同的碾白压力。如开糙段，米粒流体从碾白压力较小的截面进入碾白压力较大的截面时，密度增大，增加了去皮层开糙的效果。米粒从压力较大的截面进入压力较小的截面时，密度减小，米粒翻滚运动加强，被剥刮的皮层易于与米粒流体分开。由此，碾白室在从进口到出口的轴向方向上，各横截面积应该有变化。截面积收缩率是指顺着米粒流动方向，从一个大截面到一个小截面的变化程度。

第五节　块状果蔬原料去皮机

一、去皮原理

（一）机械去皮

1. 机械切削去皮

采用锋利的刀片削除表面皮层。去皮速度快，但不完全，果肉损失较多，一般还需要手工辅助修正，难以实现完全机械加工。适用于果大、皮薄、肉质较硬的果蔬，如苹果、梨、柿子等。常采用的为旋皮机。

2. 机械磨削去皮

利用覆有磨料的工作面磨除表面皮层。速度高、易于实现机械化生产、所得碎皮细小、易于清理，去皮后的果蔬表面较粗糙，适于质地坚硬、皮薄、外形整齐的果蔬，如胡萝卜、番茄等。

3. 机械摩擦去皮

利用摩擦系数高、接触面积大的工作部件产生摩擦作用使表皮发生撕裂破坏而去除。所得产品质量好、碎皮尺寸大、去皮死角少，但作用强度差，适用于果大、皮薄、皮下组织松散的果蔬。

影响机械去皮效果的因素有很多，包括去皮时间、食材特性、温度控制和食材处理前的准备等。合理选择设备、调整参数，并根据具体情况进行适当的处理和控制，有助于取得良好的机械去皮效果，并提高食材的质量和产品的口感。

（二）化学去皮

化学去皮又称碱液去皮，即将果蔬在一定温度的碱液中处理适当的时间，利用碱液使果蔬表皮内的中胶层溶解，从而使果皮分离。果皮与果肉的薄壁组织之间主要是由果胶等物质组成的中层细胞，在碱的作用下，此层易溶解，从而使果蔬表皮剥落。常用的药剂有氢氧化钠、氢氧化钾、碳酸氢钠。表面活性剂和硅酸盐可使碱液分布均匀，强化去皮效果，常用于甘薯、苹果、梨等难去皮的果蔬上。

影响碱液去皮的因素主要有：①碱液浓度，碱液浓度是影响去皮效果的关键因素之一。②处理时间，处理时间是指食材在碱液中浸泡时间的长短。需要根据具体食材的特点和目标去皮程度，确定合适的处理时间。③温度，温度对碱液去皮的影响也非常重要。需要在温度控制上做好平衡，选择适宜的处理温度。④食材特性，不同种类的水果和蔬菜具有不同的外皮特性，在选择碱液浓度和处理时间时，需要考虑食材特性。⑤剥皮方法，除了碱液浸泡外，剥皮方法也是影响去皮效果的重要因素。选择合适的剥皮方式，可以提高去皮效率和质量。

二、去皮机

（一）离心擦皮机

如图 6-8 所示，它具有铸铁机座 1 和内表面粗糙的脱皮圆筒 5，转动轴 3 带动旋转圆盘 4 旋转，旋转圆盘表面为波纹状。在铸铁机座 1 上的电动机 10 通过大齿轮 2 及小齿轮 9 带动转动轴 3 转动。物料从进料斗 6 进入机内。当物料落到旋转圆盘波纹状表面上时，因离心力作用而被抛向四周，并与筒壁的粗糙内表面摩擦，从而达到去皮的目的。水通过喷嘴 7 送入圆筒内部，擦下的皮用水从排污口冲走。已去好皮的物料，利用本身的离心力作用，从出料口定时排出。在进料和出料时，电动机都在运转，因此，卸料前，必须停止注水，以免舱口打开后水从舱口溅出。

（二）干法去皮机

干法去皮机（图 6-9）工作过程如下，碱液处理后的果蔬从进料口 4 进入，物料因自重向下移动，在移动过程中由于旋转圆盘的搓擦作用而把皮去掉。物料把圆盘胶皮压弯，形成接触面，因圆盘转速比物料下移速度快，它们之间产生相对运动和搓擦作用，能在不损伤果肉的情况下去皮。

（三）碱液去皮机

碱液去皮机的构造如图 6-10 所示，它由回转式链带输送装置及在其上面的淋碱段、腐蚀段和冲洗段组成。传动装置安装在机架上，带动链带回转。这种淋碱机的特点是排除碱液蒸气和隔离碱液的效果较好、去皮效率高、机构紧凑、调速方便，但需用人工较多。

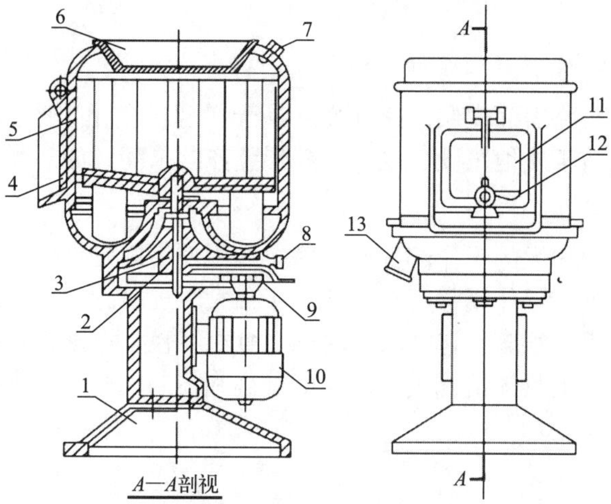

图 6-8 离心擦皮机结构图

1—铸铁机座；2—大齿轮；3—转动轴；4—旋转圆盘；5—脱皮圆筒；6—进料斗；7—喷嘴；8—润滑油孔；9—小齿轮；10—电动机；11—卸料口；12—把手；13—排污口

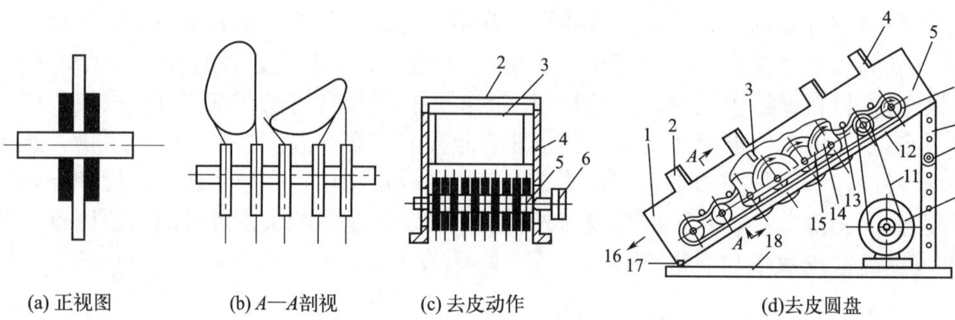

图 6-9 干法去皮机

1—去皮装置；2—桥式构件；3—挠性挡板；4—进料口；5—侧板；6—轴；7—滑轮；8—支柱；9—销轴；10—电动机；11,12—带；13—压轮；14—支板；15—橡胶圆盘；16—出料口；17—铰链；18—底座

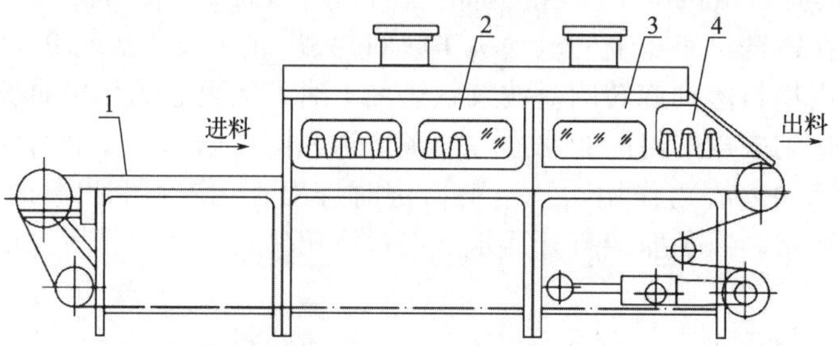

图 6-10 碱液去皮机

1—输送链带；2—淋碱段；3—腐蚀段；4—冲洗段

第六节 花生脱红衣机

一、结构

花生脱红衣机主要由进料系统、脱皮系统、清洁系统和控制系统组成。

（一）进料系统

进料系统由送料槽和送料装置组成。花生被放置在送料槽中，并通过送料装置将花生送入脱皮系统。

（二）脱皮系统

脱皮系统是花生脱红衣机核心部分，主要包括切割装置、摩擦装置和风力分离装置。

1. 切割装置

切割装置通常由多个刀片组成，用于切断花生外壳与内核之间的连接。刀片数量通常根据花生的大小和产量进行调整。

2. 摩擦装置

摩擦装置是用于摩擦花生外壳以去除红衣。通常采用高速旋转的摩擦轮或摩擦组件，使花生在与之接触的摩擦面上受到摩擦力而脱皮。

3. 风力分离装置

脱皮后花生红衣混合物通过风力分离装置进行分离，分离出脱皮后花生和红衣两部分。通常通过风机产生的吸力将红衣吹走，而花生则被收集。

（三）清洁系统

清洁系统用于去除花生残留的杂质，保证花生的质量。一般采用风力或振动清洁装置。

（四）控制系统

控制系统负责对花生脱红衣机进行整体控制和监测，确保设备的正常运行。通常包括电气控制柜、传感器和操作面板等。

组合式花生脱红衣机如图 6-11 所示。该机主要由进料与磁选装置、红衣与花生仁分离装置、花生仁与胚芽及少量碎仁分离装置、红衣收集与除尘风网系统、机械传动系统及机架等组成。红衣与花生仁分离装置由活动摩擦带、固定摩擦带、摩擦带间隙调节机构、活动摩擦带托辊装置和张紧机构等组成。活动摩擦带与固定摩擦带间形成楔形空间，两带的工作面上有许多凹槽，以增大红衣与花生仁分离的摩擦力。两摩擦带均采用白色无毒橡胶材料。

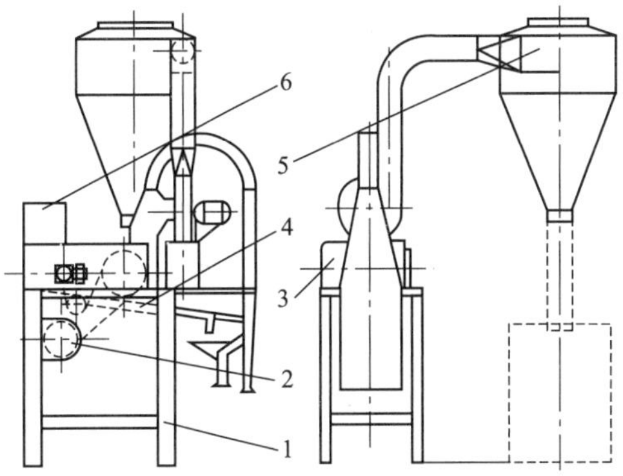

图 6-11　组合式花生脱红衣机

1—机架；2—机械传动系统；3—红衣脱离装置；4—筛选装置；5—红衣收集与除尘风网系统；6—进料与磁选装置

花生仁与胚芽及少量碎仁分离装置主要由筛体、单层圆孔筛板、筛体振动系统（曲柄连杆机构）、弹性吊杆及减振机构等组成。红衣收集与除尘风网系统主要由风机、红衣与花生仁摩擦分离装置出口侧风罩、筛面中段伞形罩、筛面出口侧风罩、筛下物出口侧风罩、旋风除尘器、胚芽及碎仁出口和料斗等组成。机械传动系统主要由电动机、减速器、链轮与链条等组成。红衣与花生仁摩擦分离装置和振动筛共用一个动力系统。花生脱红衣机是一种专门用于去除花生外壳的设备，其结构和工作原理旨在提高脱皮效率和降低劳动强度。

二、工作原理

花生脱红衣机的工作原理大致分为进料、脱皮和清洁三个过程。

（一）进料

首先将花生放入送料槽中，并通过送料装置将花生送入脱皮系统。花生依次经过切割装置、摩擦装置和风力分离装置。

（二）脱皮

在切割装置的作用下，花生外壳与内核之间的连接被切断。接下来，花生通过摩擦装置进行脱皮，高速旋转的摩擦轮或摩擦组件使花生在摩擦面上受到摩擦力而脱皮。

（三）清洁

脱皮后的花生红衣混合物经过风力分离装置，通过风机产生的吸力将红衣吹走，而花生则被收集。最后，通过清洁系统对花生进行清洗，去除残留的杂质。

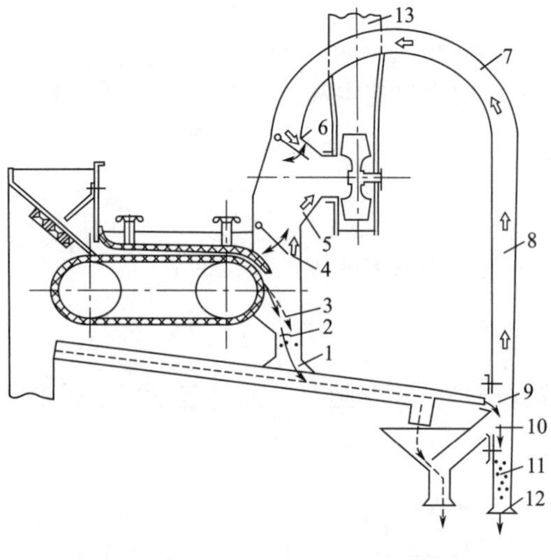

图 6-12 花生脱红衣机工作原理图

1—下左支管；2—上左支管；3—左支管汇流三通；4—左支管蝶阀；5—风机进风口汇流三通；6—右支管蝶阀；7—右支管弯管；8—右支管渐扩管；9—右支管上汇流三通；10—右支管下汇流三通；11—右支管；12—右支管进风口；13—风机出口渐扩管

整个工作过程中，花生脱红衣机的控制系统会对设备的运行状态进行监测和控制，确保设备的正常运行和脱皮效果。

花生脱红衣机的工作原理如图 6-12 所示。经烘烤后带红衣的花生籽粒进入料斗，在下料淌板上均匀地向下流动，调节料门可调节花生的流量。经过磁选的花生粒进入固定与活动摩擦带的楔形区，在活动摩擦带的带动下，花生粒受到两摩擦带的搓撕作用，在挤压力、摩擦力和剪切力的综合作用下，红衣与花生仁分离。分离后的花生仁、部分红衣和胚芽及少量碎仁从两摩擦带出口经风网吸风部左支管下段落到筛面上。在下落过程中，大部分红衣和灰尘被风网吸走。由于筛面上物料呈下行运动，因而筛上物即花生仁从振动筛出口进入右支管，最后作为成品流出。筛下物即胚芽和碎仁经筛底板流入分离斗，最后经垂直管流出而得到收集。即花生粒及破碎的花生壳在转子的旋转风压及打击下，通过一定孔径的筛网（花生第一次脱粒用大孔筛网，清选后换成小孔筛网进行第二次脱壳），这时，花生壳、粒受到旋转风扇的吹力作用，重量轻的花生壳被吹出机体外，花生粒通过振动筛的筛选达到清选的目的。

第七节 食品典型加工工艺中脱壳与脱皮设备的应用

一、典型工艺介绍

（一）花生炒制

1. 选择与准备花生

原料准备：选用新鲜的花生，进行初步的清理，去除泥土和杂质。

水洗浸泡：将花生浸泡在水中，以软化外壳。这有助于后续的去壳过程，并减少花生破损的可能性。

初步去壳：通过使用机械设备，如圆盘剥壳机，将浸泡后的花生进行初步去壳。这一步骤有助于大幅度减少外壳的数量。

再次清洗：将初步去壳后的花生进行清洗，以去除残留的外壳碎片和其它杂质。

二次去壳：使用去壳机或其它设备，对花生进行二次去壳。这一步骤通常更加精细，确保去除尽可能多的外壳。

人工检查：进行人工检查，确保花生的外壳完全去除，且没有残留的外壳碎片。

2. 预处理

去皮处理（可选）：有些人喜欢炸制时保留花生的外皮，因为外皮富含纤维，烤制后更香脆。但也有人喜欢去掉外皮，这取决于个人口味。

浸泡：有时花生在烘烤之前需要浸泡。这有助于提高花生的湿润度，使其更容易炒熟。

3. 炒制过程

预热锅：使用宽口平底锅，预热锅至中高温度。

加热花生：将花生均匀地放入锅中，开始炒制。最初的炒制阶段可能需要中小火，以确保花生均匀受热而不容易烤焦。

搅拌翻炒：每隔一段时间，用搅拌器搅拌花生，确保它们受热均匀，避免烤焦。

调整温度：随着时间的推移，可以逐渐增加温度，使花生炒至金黄色，散发出香气。

4. 防止过烤

掌握时间：炒制的时间是关键。一般来说，花生需要炒制 20～30min，但具体时间可能因花生的大小和炉具的性能而有所不同。

依靠声音和气味：通过听声音和嗅气味来辨别花生是否已经炒熟。当花生开始发出“噼噼啪啪”的声音并散发出香气时，可能已经炒制熟了。

5. 冷却与存储

冷却：关火后，让花生在锅中自然冷却。这有助于花生更好地保持脆口。

存储：炒好的花生应放在密封容器中，存放在阴凉、干燥地方，以保持其口感和新鲜度。

（二）水果罐头

1. 材料准备

选择新鲜、成熟但不过熟的水果。水果可以是桃子、梨、草莓、菠萝、蜜桃、樱桃等，根据个人口味和可用水果进行选择。将水果清洗干净，去除果皮、核或籽等不需要的部分。

2. 切割和整理

根据水果的种类，将水果切成适当的形状和大小。有些水果可能需要去除核或籽。

3. 预处理

有些水果在切割后需要浸泡在抗氧化剂溶液中，以防止氧化变色。

4. 制作糖浆或果汁

制作糖浆，通常使用砂糖和水的混合物，也可以根据需要添加柠檬汁。另一种选择是使用新鲜榨取的果汁。

5. 煮沸

将水果块放入糖浆或果汁中，然后加热至沸腾。这有助于杀灭水果中的微生物，同时使水果更容易吸收糖浆。

6. 填充罐子

将罐子和盖子用热水消毒，以确保罐头的卫生。将煮沸的水果块放入罐子中，确保留出足够的空间给糖浆或果汁。

7. 加糖浆或果汁

把预先准备好的糖浆或果汁倒入罐子中，确保水果完全被覆盖。

8. 封口与处理

确保罐口干净，然后紧密封闭罐子。将封好的罐子放入沸腾水中进行热处理，时间和温度根据水果的种类和罐头的大小而定。

9. 冷却和储存

取出热处理后的罐子，让其自然冷却。存放在阴凉、干燥、避光的地方，确保罐头保持良好的品质。

二、脱壳与脱皮设备的使用

在花生炒制过程中，使用脱壳设备可以提高生产效率和炒制质量。圆盘剥壳机是一种用于剥除花生果壳的机械设备，其工作原理如下：花生进入剥壳机后，通过进料口进入剥壳区域。在喂料翼的转动下均匀地进入转盘和磨片之间的通道，由调节板控制喂料量。转盘高速旋转，在风叶的作用下均匀地分散在锤片和筛网之间的空间，由转轴带动锤片高速旋转，与筛网之间形成一定的线速度差，使花生受到强烈的撞击作用，外壳破碎或破裂。剥壳或破碎后的物料从出料口排出，可进行进一步的分离或加工。剥开的花生果和壳会通过剥壳机的出料口排出。在剥壳过程中，剥壳机还会对花生果进行筛选，将未剥开的花生果和壳分离出来，保证剥壳的质量。在使用脱壳设备后，及时清理设备，防止残留物影响下一批花生的处理。需要注意的是，在使用圆盘剥壳机时，需要根据花生果的大小和形状进行调整，以确保剥壳的效果和质量。同时，还需要定期对剥壳机进行维护和保养，以保证其正常运行和使用寿命。

在水果罐头制作过程中，使用脱皮设备可以提高生产效率和产品质量。以下是一些常见的去皮机去除果蔬皮。

摩擦去皮：摩擦去皮是通过去皮机内部的摩擦装置，将果蔬表面的表皮摩擦下来。这种方式适用于表皮比较薄的果蔬，如苹果、梨等。

切割去皮：切割去皮是通过去皮机内部的切割装置，将果蔬的表皮切割成小块，然后通过高压水流将其冲洗掉。这种方式适用于表皮比较厚的果蔬，如马铃薯、胡萝卜等。

挤压去皮：挤压去皮是通过去皮机内部的挤压装置，将果蔬的表皮挤压下来。这种方式适用于表皮比较软的果蔬，如西红柿、橙子等。

离心擦皮机：当物料落到旋转圆盘波纹状表面上时，因离心力作用而被抛向四周，并与筒壁的粗糙内表面摩擦，从而达到去皮的目的。

干法去皮机：碱液处理后的果蔬从进料口进入，物料因自重而向下移动，在移动过程中由于旋转圆盘的搓擦作用而把皮去掉。物料把圆盘胶皮压弯，形成接触面，因圆盘转速比物料下移速度快，它们之间产生相对运动和搓擦作用，结果在不损伤果肉的情况下把皮去掉。水果经碱液处理后其表面松软，用干法去皮机去皮，以减少用水量。

碱液去皮机：碱液去皮机是一种通过碱液处理去除果蔬表皮的机械设备，其原理是利用碱液对果蔬表皮的腐蚀作用，使表皮与果肉分离。碱液去皮机的去皮效果和速度取决于碱液的浓度、温度、处理时间及果蔬的种类和大小等因素。在使用碱液去皮机时，需要注意安全，避免碱液溅到皮肤和眼睛等部位，同时还需要对碱液进行妥善处理，以避免对环境造成污染。

不同的去皮机可能会采用不同的去皮原理，具体的去皮方式和原理可能会因机型和果蔬种类而有所不同。需要注意的是，在使用脱皮设备时，要根据设备的使用说明进行操作，确保安全和效果。同时，要定期对设备进行维护和保养，以延长设备的使用寿命。

三、典型工艺中脱壳与脱皮设备选型

选择适当的脱皮与脱壳设备需要考虑多个因素，包括产量、工艺要求、原料特性和设备性能等。

（一）产量

根据预期的产量来选择设备。如果是小规模生产，可以选择手动或半自动的脱皮与脱壳设备；而对于大规模生产，需要选择自动化程度高、生产效率高的设备。

（二）工艺要求

不同的产品有不同的脱皮与脱壳要求。例如，有些产品需要保留部分果皮或果壳，有些则需要完全去除。因此，在选择设备时，需要根据产品的工艺要求来确定。

（三）原料特性

原料的特性也会影响设备的选择。例如，硬度较大的原料可能需要更强大的脱皮与脱壳设备；而对于软性原料，则需要选择轻柔的处理方式，以避免损坏原料。

（四）设备性能

在选择设备时，需要考虑设备的性能，如脱皮与脱壳的效率、精度、能耗等。同时，还需要考虑设备的可靠性、耐用性和维护成本等因素。

（五）定制化需求

如果有特殊的脱皮与脱壳需求，可以考虑定制化的设备。这样可以根据具体的要求进行设计和制造，以满足特定的生产需求。

（六）工作原理

不同种类的坚果可能需要不同类型的脱壳设备。例如，夹爪式脱壳机、滚筒式脱壳机、冲击式脱壳机等，每种设备都有特定的工作原理。

（七）适用类型

不同的脱壳设备适用于不同种类的坚果。确保选择的设备适用于处理的坚果类型，例如核桃、杏仁、花生等。脱皮设备也有不同的工作原理，例如蒸汽脱皮、热水脱皮、机械刮皮等。选择适用于具体食材的脱皮工艺。

（八）清洁和维护

设备易于清洁和维护是一个重要考虑因素，以确保生产环境卫生和设备寿命。

总之，选择适当的脱皮与脱壳设备需要综合考虑产量、工艺要求、原料特性、设备性能和定制化需求等因素。建议在选择设备前，先进行充分的市场调研和设备评估，与设备供应商进行详细的沟通和协商，设备选型应该符合食品安全标准，并且能够满足所在地区的法规要求，以确保选择到适合的设备。

第八节　脱皮设备最新研究进展

脱皮设备在自动化控制、节能减排等方面的创新有以下几个方面：

（一）自动化控制

现代脱皮设备采用先进的自动化控制系统，实现对设备运行参数的实时监测和调整。通过传感器和控制器，可以精确控制脱皮过程中的温度、压力、速度等参数，提高生产效率和产品质量，减少人工干预，降低劳动强度。

（二）节能减排

脱皮设备的节能减排创新主要体现在能源利用效率的提高和废弃物的减少。一些新型脱皮设备采用高效的加热系统和节能电机，降低能源消耗。同时，通过优化设计和工艺流程，减少废弃物的产生，降低对环境的影响。

（三）环保材料和工艺

为了减少对环境的污染，脱皮设备在材料选择和工艺设计上也进行了创新。一些设备采用环保材料制造，如可降解塑料、无毒涂料等，减少对环境的负担。此外，一些新的脱皮工艺也采用了绿色环保技术，如生物酶解法、微波加热等，降低化学物质的使用和污染物的排放。

（四）智能监控和故障预警

现代脱皮设备配备了智能监控系统和故障预警功能。通过实时监测设备的运行状态和参数，及时发现异常情况，并发出预警信号，避免设备故障和生产事故的发生。这有助于减少设备停机时间，提高生产效率，降低维修成本。

（五）新型小麦剥皮机

国内以“多元渐压旋剥”原理研制出的 FBPY 小麦剥皮机采用机械和流体力学原理，通过将小麦置于立体旋转的环境中，利用类似搓衣板的机械原理来进行剥皮。这种方法可以使皮层较完整地从麦粒上脱落，并且通过搓剥过程中逐渐增加的力，可以有效降低破碎率。同时，高速气流可以使麦粒立体旋转，达到剥皮的均匀效果。整个剥皮过程由多个独立单元的剥皮装置组成，形成一个完整的剥皮系统（图 6-13，图 6-14）。FBPY 小麦剥皮机具有动力消耗低、剥皮效率高、剥皮麦洁净、麦粒完整不变形、

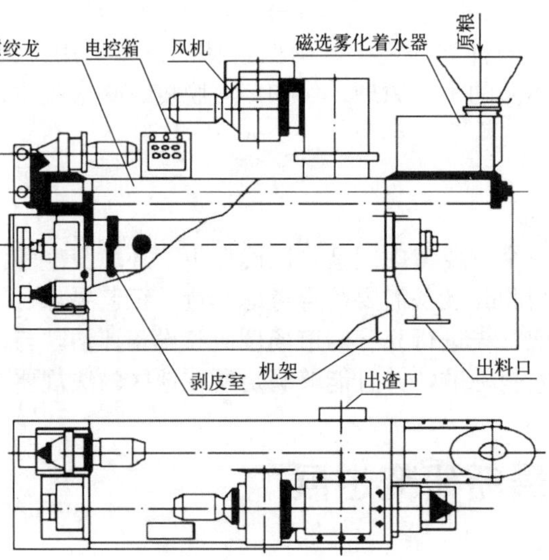

图 6-13 FBPY 剥皮机系统组成

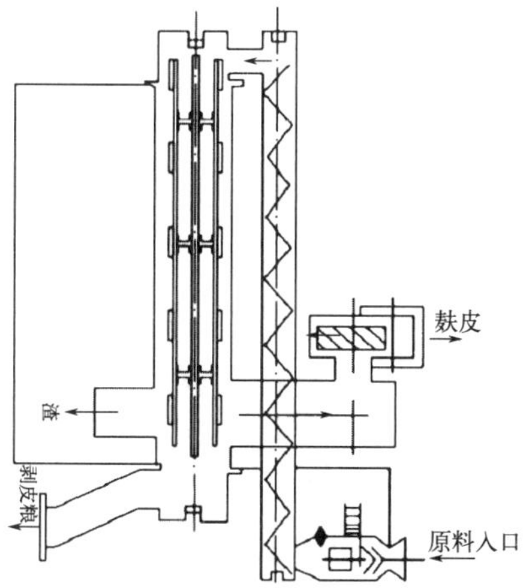

图 6-14　FBPY 剥皮机工作原理

温升低、剥出皮层较完整、能对籽粒大小不等及软硬不同的混合小麦进行剥皮等特点。

FBPY 剥皮机与洗麦机在机械方面主要区别：

① FBPY 剥皮机和洗麦机的机械原理不同：前者是利用多元旋剥原理，同时具有打麦、刷麦、磁选、风选等综合作用。洗麦机是应用小麦和杂质在水中不同的密度分级原理。

② FBPY 剥皮机与洗麦机工艺性能不同：FBPY 剥皮机是利用旋转剥皮元件与外砂筒之间的反摩擦力，把小麦外表皮剥离，使小麦灰分降低。洗麦机利用水流把小麦皮层灰分冲洗掉，小麦自身灰分没有降低。

③ FBPY 剥皮机与洗麦机在环保和节水方面的比较：洗麦机每洗 1t 小麦就需要 1.5t 水，从资金投入方面看，不能上水循环系统，所以水资源浪费比较严重，只能够做简易水处理排放，严重地影响环境。FBPY 剥皮机在处理吨麦用水量只占洗麦机用水量的 2%，节约水资源，对环境不造成污染。FBPY 剥皮机剥离小麦表皮的同时，也把附着在小麦表皮上的农药残留除去。在对麦角菌、赤霉病小麦的清理方面，FBPY 剥皮机有独特的工艺性能。

总结

○ **脱壳与脱皮机械与设备的作用**

就是通过机械力学的方法，将这些原料的外壳或外皮有效地去除。提高食品的品质，提高食品的营养，提高食品的安全性，提高食品的加工效率。

○ **脱壳与脱皮设备的特点**

结构简单、操作方便、易于实现机械化和自动化。效率高、产量大、质量好、剥壳率或去皮率高、破碎率或损失率低。功能多、适应性强，可根据不同的农产品和需求，调节工作参数和条件，实现多种脱壳或脱皮的目的。节能环保、成本低，可利用风力、水力、电力等多种动力，减少能耗和污染，提高经济效益。

思考练习

（一）脱壳与脱皮机械与设备作用有哪些？

（二）脱壳与脱皮设备主要采用的剥壳方法有哪些？
（三）圆盘剥壳机的工作原理是什么？
（四）立式离心剥壳机的工作原理是什么？
（五）碾米机的工作原理是什么？
（六）花生脱红衣机工作原理是什么？

磨粉机

第七章　搅拌、混合及均质机械与设备

知识导图

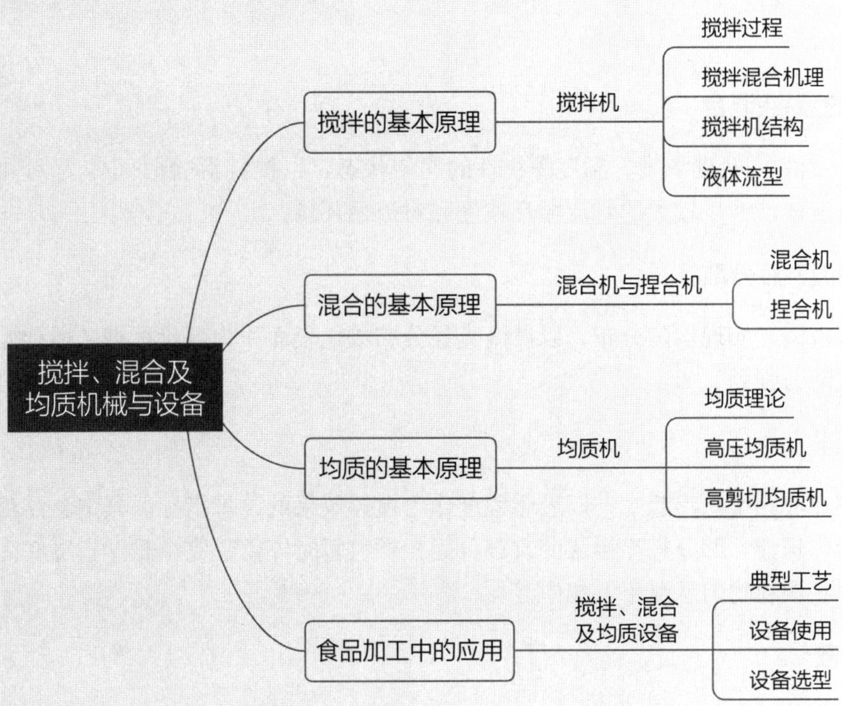

学习目标

- 熟悉搅拌、混合及均质机械与设备的类型、工作原理。
- 掌握搅拌机、混合机及均质机典型设备的主要机构组成、形式与特点。
- 熟知搅拌、混合及均质设备在食品典型加工工艺方面的应用。
- 了解均质机械设备在各个领域的最新研究进展及相关应用范围。

第一节 搅拌、混合及均质机械与设备简介

搅拌是使两种或两种以上的物料在流动中相互分散的操作，目的在于均匀混合、促进溶解和气体吸收、加强热交换等物理化学变化。搅拌主要针对流体，包括气体、液体、半固体和散粒状固体等。混合是通过搅拌等方式将多种物料从非均匀状态转变为均匀状态的步骤。它广泛应用于糖果、糕饼原料、调味料、面粉和饲料的制作。混合物料可能是最终产品或作为工艺过程中的一部分，用于促进溶解、吸附、浸出、结晶、乳化、化学反应、防止沉淀和均匀温度控制。均质是一种通过剪切力细化物料和液滴的操作，目的是提升液体食品的均匀性。

第二节 搅拌机

一、搅拌过程

（一）互溶液体间的液-液混合

在搅拌作用下，使液-液达到浓度、温度等物性的均匀状态，以搅拌混合时间作为评价搅拌效果的指标。要求搅拌罐内液体能产生较大的对流循环速度和对流循环量。

（二）不互溶液体的液-液分散

搅拌细化分散相液滴，实现均匀分布，以液滴直径分布或比表面积为评价标准。搅拌器需具备高剪切力，桨叶应高速且动力强劲。

（三）固-液相间悬浮

搅拌使固体颗粒在液相中悬浮起来，以悬浮程度作为搅拌效果的评价指标。其中悬浮程度分为部分悬浮、完全悬浮及均匀悬浮。部分悬浮指罐底有部分固相颗粒暂时停留；完全悬浮指罐底固相颗粒全部悬浮；均匀悬浮指固相颗粒均匀悬浮于液相中。

（四）气-液相间分散

搅拌使气体成为微细气泡，均匀分散在液相中，形成稳定的分散相。以液体单位体积的气泡表面积及达到该指标的搅拌时间作为评价标准。要求搅拌器有较大的速度、剪切力及动压力。

（五）不互溶气-液-固相混合

搅拌使气体成为微细气泡，均匀分散在液相中，使固体颗粒在液相中悬浮。

二、搅拌混合机理

（一）对流混合

对流混合是通过搅拌装置的运动部件或重力使不相溶组分相对运动。其混合强度依赖于运动状态，适用于粉料和液料。

（二）扩散混合

扩散混合是分子尺度上由浓度梯度驱动的自发混合过程，主要发生在互溶组分间。混合过程从对流混合过渡到扩散混合，受分散尺度影响。在粉料运动中，因粉粒带电而产生的相吸或相斥作用，也会导致扩散混合。

（三）剪切混合

剪切混合是通过剪切力使物料层变薄，导致组分占有区域尺寸减小，尤其是高黏度物料，其在捏合机和螺旋挤压机中所受剪切力尤为显著。

在各种搅拌混合设备中，以上三种混合机理并存，但是在不同的机型和物料组分中，不同阶段作用有所不同。通常将以液相为主者称为搅拌设备，以粉粒料为主者称为混合设备，以黏稠团块物料为主者称为捏合设备或调和设备。

三、搅拌机的结构

典型的搅拌设备如图 7-1 所示，主要由搅拌容器和搅拌机两大部分组成。搅拌设备结构组成如图 7-2 所示。

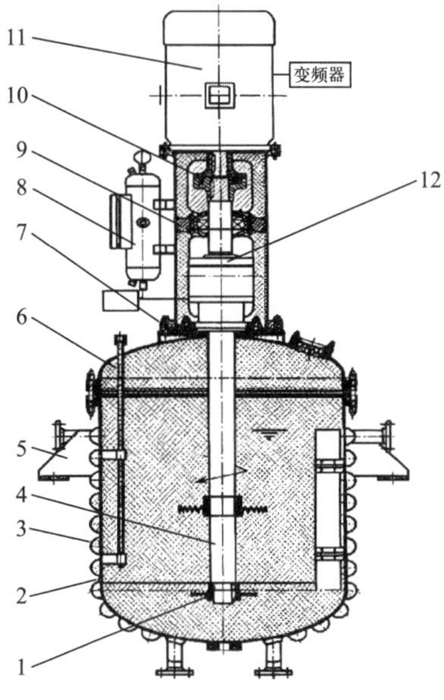

图 7-1　搅拌设备结构

1—搅拌器；2—罐体；3—夹套；4—搅拌轴；5—支座；6—温度计；7—法兰；8—冷却系统；9—机架；10—联轴器；11—电机；12—轴封

- 搅拌设备
  - 搅拌机
    - 传动装置
      - 电动机
      - 变速器
      - 机架
      - 联轴器
    - 搅拌轴
    - 搅拌器
    - 轴封
  - 搅拌容器
    - 釜体
    - 外夹套
    - 内构件
    - 接管、人孔等

图 7-2　搅拌设备结构组成

搅拌器是搅拌设备的核心，搅拌器通过桨叶运动实现物料特定流动。搅拌容器多呈立式圆筒形。为防止搅拌容器内液体打旋，需在搅拌容器中设置 2～6 块挡板。挡板数量影响搅拌功率，但超过一定数量后，功率不再增加，这时达到全挡板条件。轴封是搅拌设备中密封搅拌轴的装置，用于维持正压或真空环境，防止物料溢出或杂质渗入。传动装置包括电动机、变速器等，为搅拌装置提供动力，确保所需转速和扭矩。在满足运动功率和几何参数要求的同时，追求传动链短、部件少、电机功率小，以降低成本。

四、液体流型

液体流型是指液体流动形态或液体单元的流动轨迹，分为轴向流动和径向流动。轴向流动：液体从轴向进入叶片，从轴向流出。径向流动：液体从轴向进入叶轮，从径向流出。

（一）平直叶的流型

图 7-3 所示为平直叶圆盘涡轮产生的流型，为径向流型。

（二）推进式桨叶的流型

如图 7-4 所示，当桨叶旋转时，液体的流动既有水平周向流，也有径向流，而且还有轴向流，其中轴向流量最大。

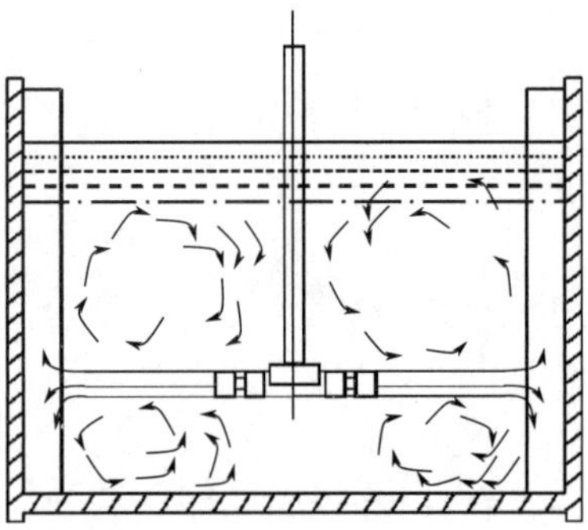

图 7-3 平直叶径向流型

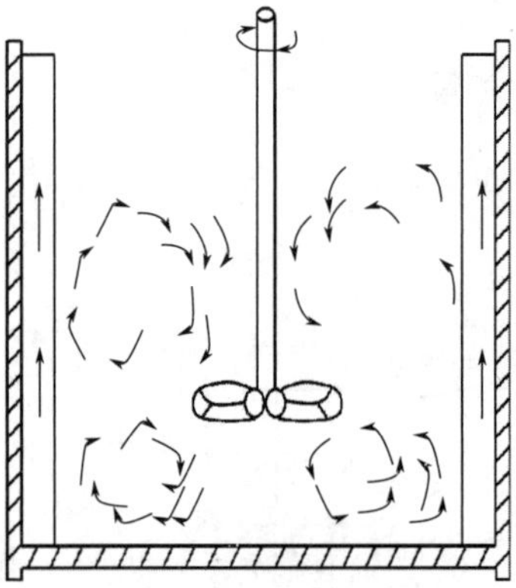

图 7-4 推进式桨叶流型

（三）螺杆式桨叶的流型

如图 7-5 所示，螺杆旋转时罐内液体同时产生周向流、径向流和轴向流。

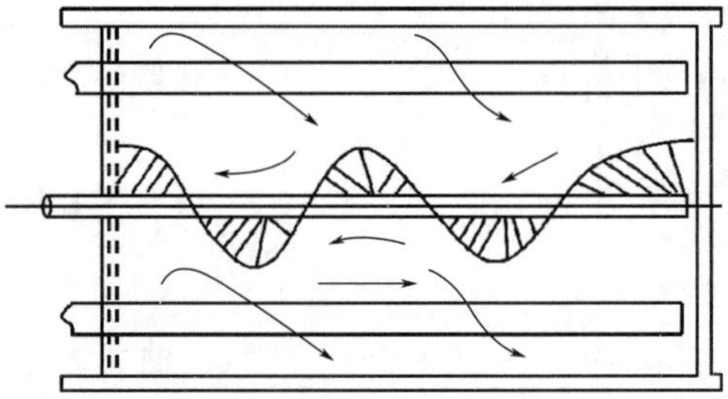

图 7-5 螺杆式桨叶流型

第三节 混合机与捏合机

一、混合机

混合机用于混合散粒固体，分为旋转容器式和固定容器式。前者通过容器转动混合，常见圆筒形、双锥形、V 形、正方形。后者适用于不同物理性质物料。

（一）旋转容器式混合机

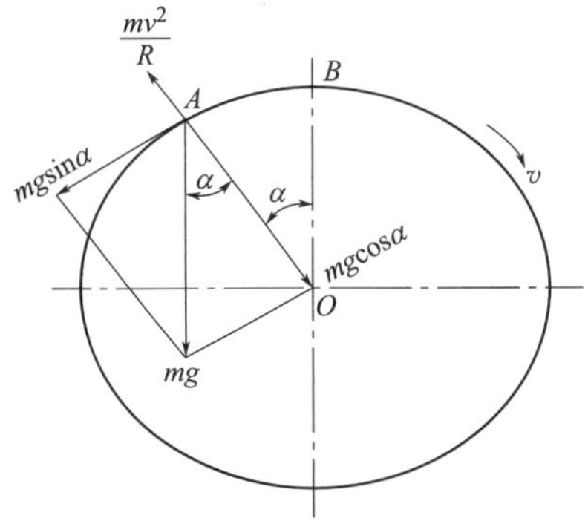

图 7-6　临界转速的计算

旋转容器式混合机是以扩散混合为主的混合机械。它的工作过程是：通过容器的旋转，使被混合物在容器内反复翻滚，不断进行扩散，达到混合的目的。如图 7-6 所示，当质量为 m 的物料随筒体回转到筒体的半径方向上时，它仅受离心力 mv^2/R 和重力分力 $mg\cos\alpha$ 的作用（α 为容器垂直半径 OB 与通过物料 A 的半径 OA 之间的夹角）。当物料上升到一定高度而脱离容器壁抛落时，必须满足下列条件：

$$\frac{mv^2}{R} \leqslant mg\cos\alpha \tag{7-1}$$

或

$$\frac{v^2}{R} \leqslant g\cos\alpha \tag{7-2}$$

式中　v——容器内壁圆周速度，m/s；

R——容器内半径，m；

α——脱离角。

而

$$v=\frac{\pi Rn}{30} \tag{7-3}$$

式中　n——容器转速，r/min。

混合机内物料分布若干层，式（7-1）对各层均适用。R 是各层分别与容器中心的距离。

若不满足上述条件，继续提高混合机的转速，使物料上升到最高极限位置 B 点，即 $\alpha=0$ 时，物料无法抛落而随容器做圆周运动，此时的转速称为临界转速。从式（7-2）可知，当 $\alpha=0$ 时，有：

$$n_1=\frac{30}{\sqrt{R}}=\frac{42.4}{\sqrt{D_i}} \tag{7-4}$$

式中　n_1——临界转速，r/min；

D_i——容器内径，m。

容器的工作转速，则从分析物料在容器内的抛射运动轨迹，并对运动方程进行微分处理可以求得。通过计算，得出最佳脱离角 $\alpha=54°40'$。将 $\alpha=54°40'$ 代入式（7-2），则得最佳工作转速为：

$$n''=\frac{32}{\sqrt{D_i}} \tag{7-5}$$

令 ϕ 为工作转速与临界转速之比。即：

$$\phi=\frac{n''}{n_1}\times 100\%=\frac{32/\sqrt{D_i}}{42.4/\sqrt{D_i}}\times 100\%\approx 76\% \tag{7-6}$$

则理论上导出的最佳工作转速应为：$n''=0.76n_1$　(7-7)

即约为临界转速的 80%。

根据被混合物料性质，旋转容器式混合机可分为以下四种类型。

1. 圆筒形混合机

该混合机分为水平型和倾斜型两种，如图 7-7 所示。水平型混合效率较低；倾斜型由于圆筒倾斜，提升了混合效果，避免了死角。

2. 双锥形混合机

该混合机由 90°和 60°锥角的两锥筒和短筒焊接构成，如图 7-8 所示，解决了水平圆筒形混合机物料翻滚不足的问题，实现快速混合。

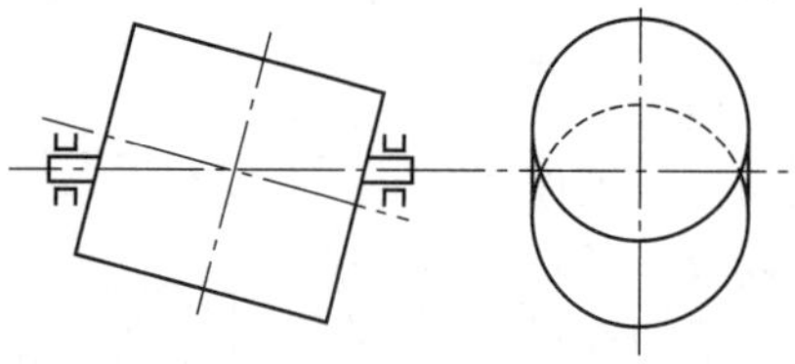

(a) 水平型

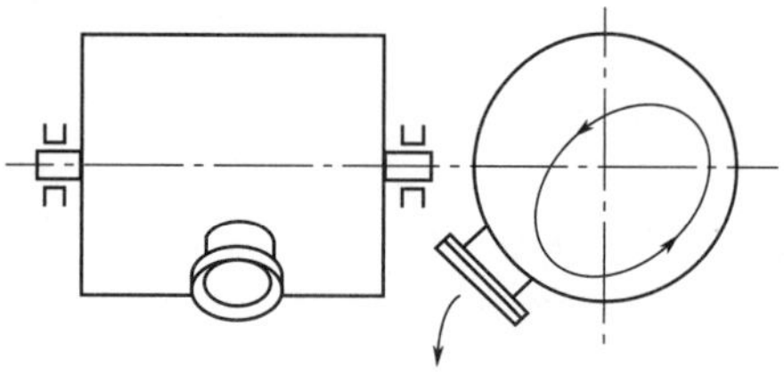

(b) 倾斜型

图 7-7　圆筒形混合机示意图

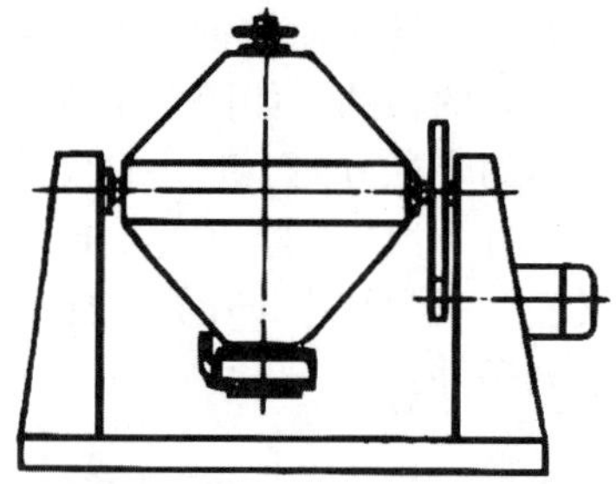

图 7-8　双锥形混合机示意图

3. V形混合机

其旋转容器由两个倾斜圆筒构成，轴线夹角 60°～90°，如图 7-9 所示。其工作原理与双锥形混合机相似，但 V 形设计使物料混合更均匀，适合干粉食品物料混合。

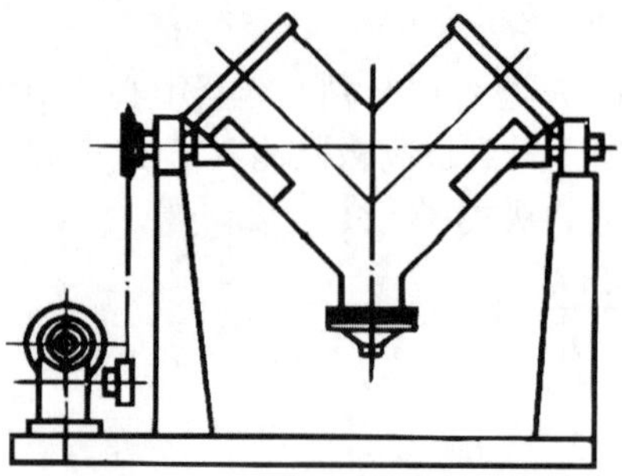

图 7-9　V形混合机示意图

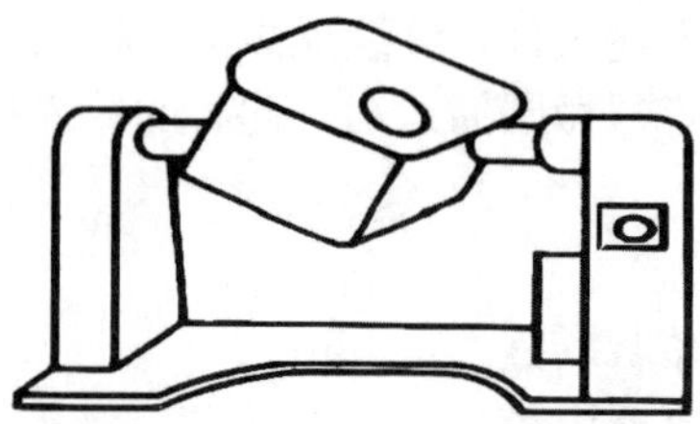

图 7-10　正方形混合机示意图

4. 正方形混合机

如图 7-10，正方形容器以对角线为轴旋转，物料无死角混合，适合咖啡等物料。

（二）固定容器式混合机

固定容器式混合机适用于混合物理性质差别大及配比差别较大的散体物料。

1. 螺带式混合机

如图 7-11(a)，卧式螺带式混合机由搅拌器、容器、传动机构、机架和电机构成。如图 7-11(b) 所示，正反向螺带促进物料翻滚、分散和集聚，实现高效混合。

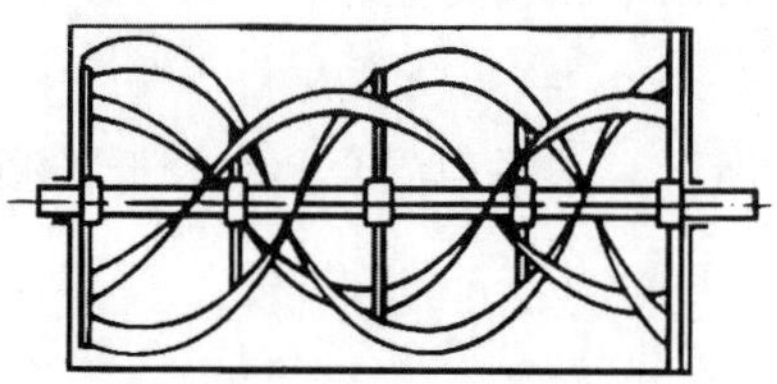

(a) 卧式螺带式混合机结构示意图

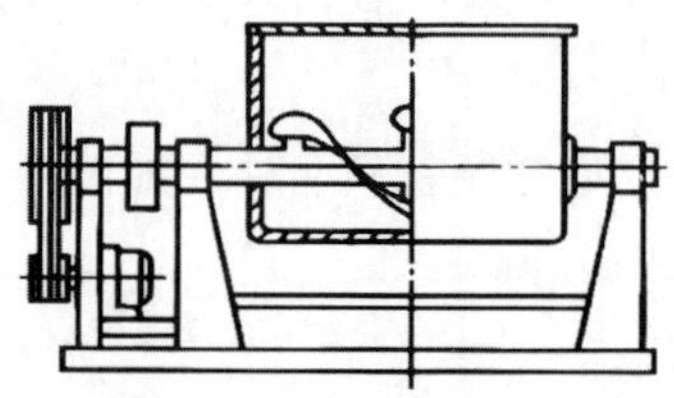

(b) 搅拌器结构简图

图 7-11　螺带式混合机

螺带式混合机的长宽比为 3∶1 至 10∶1，转速 20～60r/min，装料量占容器体积的 30%～40%。该机型能打断和磨碎物料，适合混合稀浆体和流动性差的粉体。

2. 立式螺旋混合机

螺旋搅拌器通过旋转提升物料并混合。如图 7-12(a) 所示，搅拌器平行于容器壁，顶端通过转臂与转轴相连，实现行星式运动。

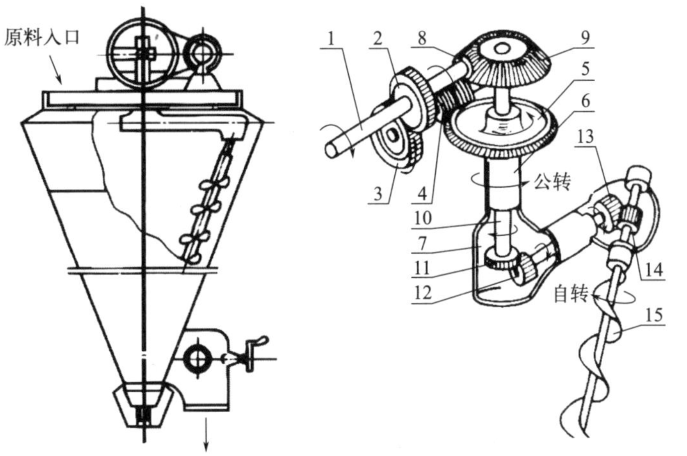

(a) 立式螺旋混合机示意图　　(b) 传动结构图

图 7-12　立式螺旋混合机

1—水平轴；2,3—一级齿轮；4—蜗杆；5—涡轮；6,7—转臂；8,9,11,12,13,14—三级锥齿轮；10—竖直轴；15—螺旋搅拌器

图 7-12(b) 为立式螺旋混合机的传动结构。动力由水平轴 1 的左侧输入，使水平轴 1 转动，由此分两路传动：一路是一级齿轮 2、3 到蜗杆 4、涡轮 5 减速，带动与涡轮联成一体的转臂 6、7 回转，转臂上的螺旋搅拌器 15 即随之沿容器内壁公转。另一路是经三级锥齿轮 8、9、11、12、13、14 转向、减速，使螺旋搅拌器 15 绕自身轴线自转，从而实现行星式运动。其传动路线为：

$$\text{水平轴1}\rightarrow\left\{\begin{array}{l}\dfrac{\text{一级齿轮2}}{\text{一级齿轮3}}\rightarrow\dfrac{\text{蜗杆4}}{\text{涡轮 5}}\rightarrow\\ \\ \dfrac{\text{三级锥齿轮8}}{\text{三级锥齿轮9}}\rightarrow\dfrac{\text{三级锥齿轮11}}{\text{三级锥齿轮12}}\rightarrow\dfrac{\text{三级锥齿轮13}}{\text{三级锥齿轮14}}\rightarrow\end{array}\right\}\text{螺旋搅拌器}\left\{\begin{array}{l}\text{公转}\\ \text{自转}\end{array}\right.$$

二、捏合机

捏合操作在食品加工中用于制作面粉、巧克力、人造奶油和混合干酪等，目的是均匀混合液体与粉料。

（一）捏合原理

捏合操作通过桨叶挤压和剪切处理高黏度非牛顿流体或塑性固体，实现物料的拉延、撕裂和折叠，形成均匀产品。

（二）捏合机分类

捏合机操作复杂，受物料性质差异及搅拌过程中性质变化影响，需根据食品加工需求调整。捏合机按整体结构特征分为：立式捏合机与卧式捏合机。按搅拌轴数量分为：单轴式捏合机与多轴式捏合机。

按操作用途分为：打蛋机、调粉机及和面机。

（三）典型捏合机

1. 打蛋机

打蛋机又名高速调和机，主要用于快速混合蛋液、蜂蜜、糖液等低黏度浆状液体及含少量液体的黏性食物。

打蛋机有立式与卧式两种。图 7-13 为立式打蛋机的典型结构，它通常由搅拌器、搅拌容器、传动装置及容器升降机构等组成。立式打蛋机的搅拌器由搅拌头 10 和搅拌桨叶 11 两部分组成。搅拌桨叶如图 7-14 所示。S 钩形桨叶［图 7-14(a)］主要用于混合高黏度物料和含有少量液体的黏性食品。笔尖形桨叶［图 7-14(b)］主要适用于工作阻力小的低黏度物料的搅拌。拍形桨叶［图 7-14(c)］为整体铸锻结构，有一定的结构强度，主要适用于中等黏度物料的调和。钩形桨叶［图 7-14(d)］多为整体锻造而成，结构强度较高，主要用于高黏度物料的调和。

立式打蛋机的搅拌容器采用圆柱形桶身和球形桶底，通常为开放式设计。

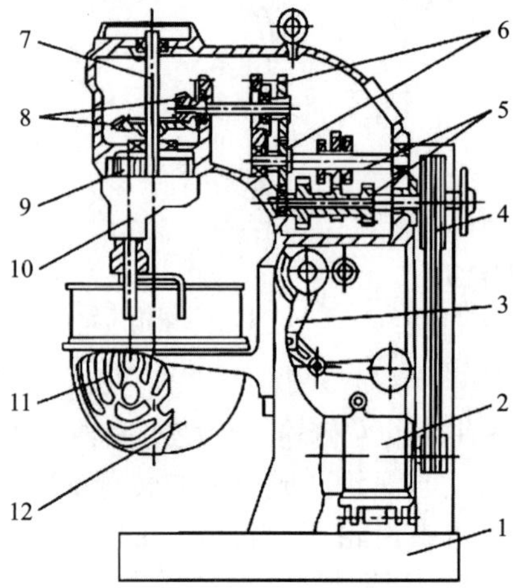

图 7-13 立式打蛋机结构简图

1—机座；2—电机；3—容器升降机构；4—带轮；5—齿轮变速机构；6—斜齿轮；7—主轴；8—锥齿轮；9—行星齿轮；10—搅拌头；11—搅拌桨叶；12—搅拌容器

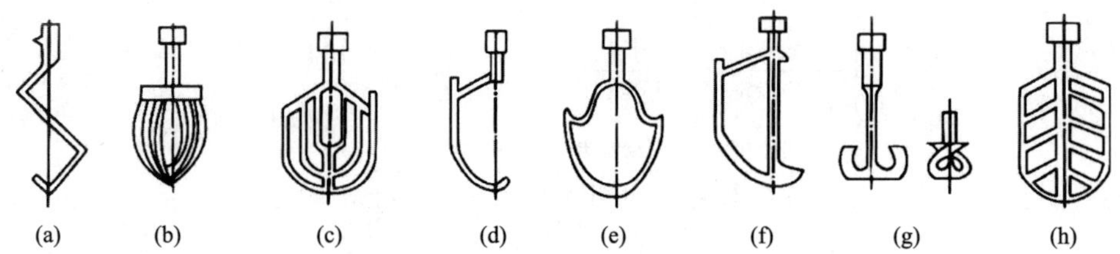

图 7-14 打蛋机搅拌桨叶的形状

（a）S 钩形；（b）笔尖形；（c）拍形；（d）钩形；（e）复合形；（f）扶手式栅形；（g）锚形；（h）鱼刺形

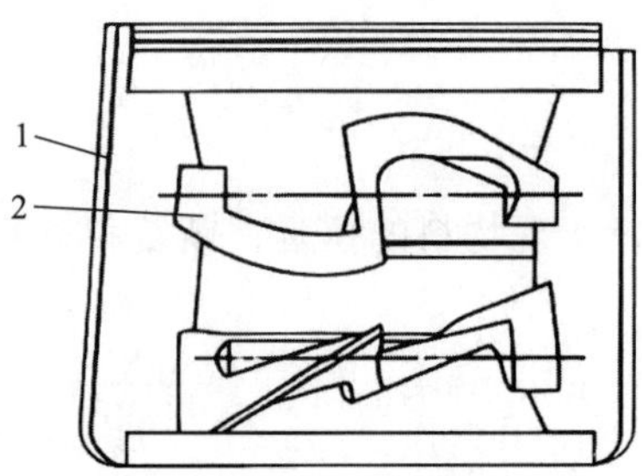

图 7-15 双转子双臂式捏合机

1—机壳；2—Z 形轴

2. 双臂式捏合机

双臂式捏合机，亦称 Z 形捏合机，通过转子的“Z”构型对物料施加剪切和挤压，实现间歇式捏合。图 7-15 为两个 Z 形转子轴并排安装在机槽内的双转子双臂式捏合机的俯瞰图。捏合机转子（图 7-16）类型根据需求分为 Z 形、单螺棱形、爪形、双棱形、X 形、三棱形和类螺带形等。大型机型的转子常为空心。捏合机转子转速通常在 15～60r/min，双转子捏合机可采用相切或相交的安装方式，这些因素共同确保捏合机适合特定的应用和工艺要求。在生产能力需求高且易于实现的场合，推荐使用连续式捏合机，该机型能够边捏合边连续排出物料。如可氏捏合机（图 7-17），其主轴配备有断开的螺旋叶片，与外壳内壁的齿形凸起共同实现物料的捏合与输送。

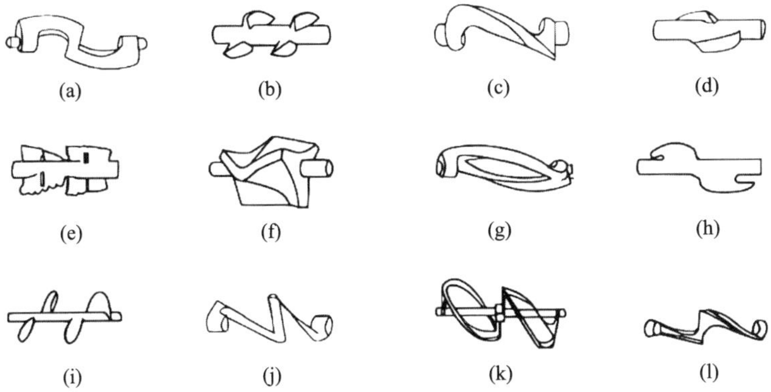

图 7-16　捏合机转子结构形式

（a）Z 形；（b）单螺棱形；（c）爪形；（d）双棱形；（e）齿形；（f）类螺带形；（g）导向双螺棱形；（h）X 形；（i）刀片形；（j）三棱形；（k）中空双棱形；（l）同向双棱形

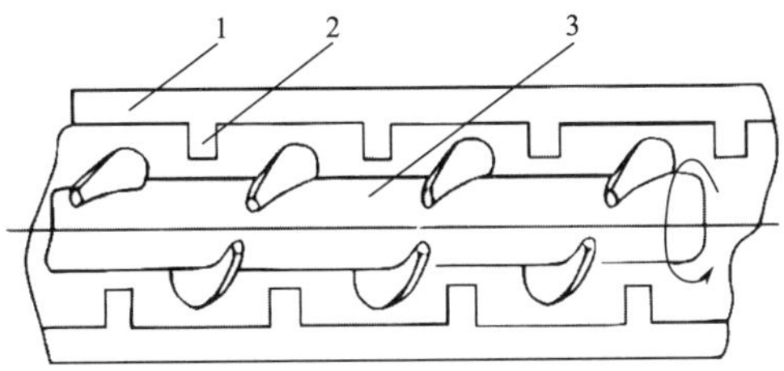

图 7-17　可氏捏合机

1—外壳；2—齿；3—蜗杆

3. 滚笼式捏合机

如图 7-18 所示，滚笼式捏合机的转子由辊轴或套管通过辐板安装于主轴，轴线与主轴平行或交叉。工作时，辊轴或套管对面团进行碾压、拉延、折叠等操作，促进面筋网络形成。该机适用于调制韧性面团。

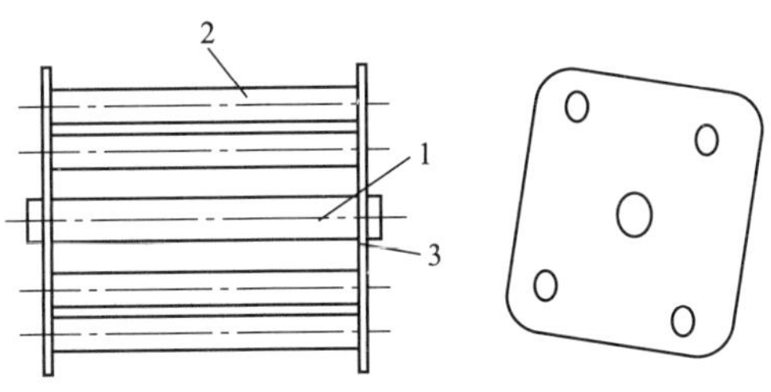

图 7-18　滚笼式捏合机转子

1—主轴；2—直辊；3—辐板

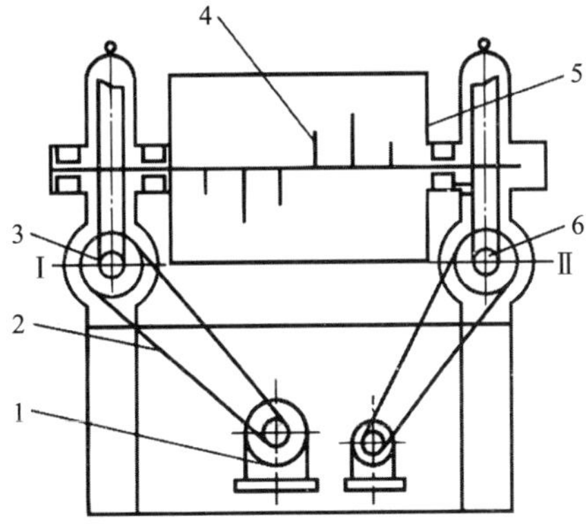

图 7-19　双作用和面机

1—电机；2—蜗杆；3—涡轮；4—轴；5—桨叶；6—筒体

4. 和面机

和面机为一种专用的捏合机，用来调制出满足工艺要求的面团。①双作用和面机：图 7-19 为其结构示意图，主要由筒体、主轴和驱动机构组成。工作时，由主轴上的旋转桨叶揉捏和切割面团，而筒体内壁的固定桨叶拉断面团。②立式和面机：主轴为铅垂方向安装，呈倒置结构。桨叶分为单桨和双桨两种，双桨式压捏和拉伸面团效果更佳，但需更大动力。桨叶固定于主轴下，由电机通过带轮、蜗杆和涡轮驱动。

第四节 均质机和胶体磨

一、均质原理

（一）均质目的与意义

均质是将两种通常不相溶的液体紧密混合，通过粉碎使一种液体或胶体颗粒变成小球滴并分散在另一种液体中，从而获得粒子细小且均匀的混合液。

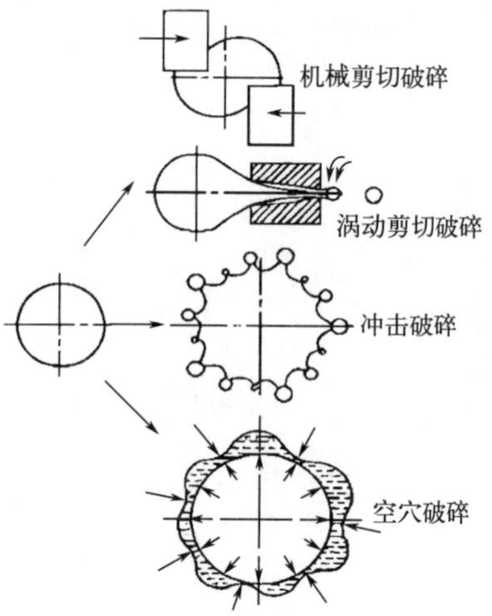

图 7-20 均质原理示意图

（二）均质原理

均质的原理有冲击、剪切、空穴等学说，如图 7-20 所示。

1. 冲击

液滴或胶体颗粒随液流高速撞向固定构件表面时，因拉应力发生碎裂，细小液滴因自身速度而向外围连续相中分散。

2. 剪切

因液流涡动或机械剪切作用使得液体和胶体颗粒内部形成巨大的速度梯度，沿剪切面滑移产生破坏，继而在液流涡动的作用下完成分散。

3. 空穴

液滴因内部的汽化膨胀使得液膜产生拉应力而破碎并分散。

二、高压均质机

高压均质机是一种利用料液在高压下通过狭窄缝隙产生冲击、剪切和空穴效应来实现物料均匀混合的设备。如图 7-21 所示为单柱塞泵。柱塞泵的往复运动由曲柄滑块机构控制，泵体结构为长方体，并配备有相应的活塞和阀门系统。在高压泵的料液出口处安装均质阀。

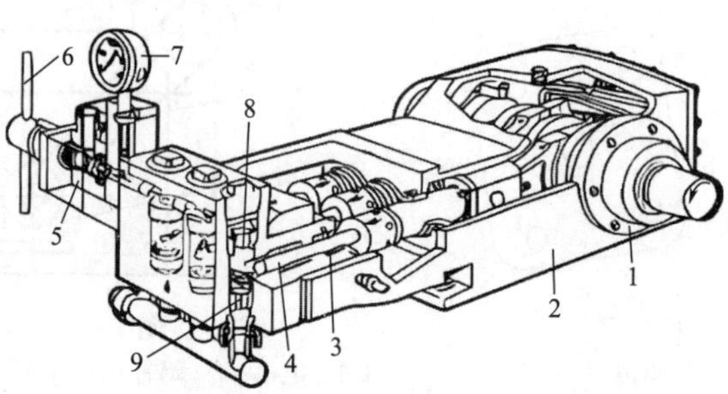

图 7-21 高压均质机单柱塞泵

1—连杆；2—机架；3—活塞环封；4—活塞；5—均质阀；6—调压杆；7—压力表；8—上阀门；9—下阀门

常用三柱塞高压均质机系统见图 7-22。均质阀主要由出料阀 3、第一级均质阀 5 和压力表 4 构成。均质机配备单级和双级均质阀（图 7-23），通过调整弹簧对阀杆的压力来改变阀杆与阀座间的接触压力，从而调节液体排出泵腔的压力。双级均质阀比较常用，例如在牛奶均质过程中，第一级压力设置在 20～25MPa 以破碎脂肪球，第二级压力约 3.5MPa，用于分散新聚结的脂肪球群并为第一级提供背压，控制其破碎程度。

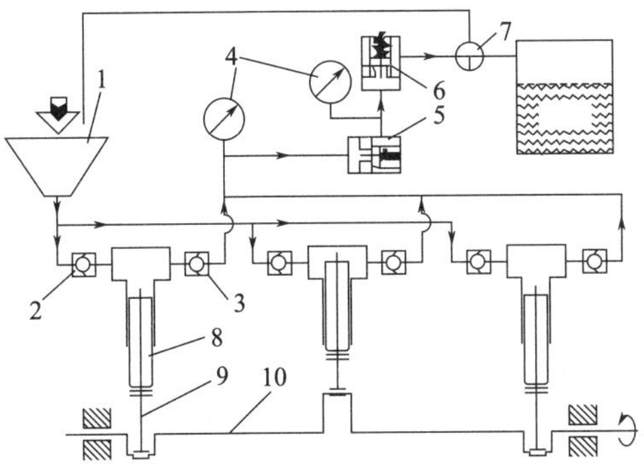

图 7-22　三柱塞高压均质机系统配置简图

1—进料斗；2—进料阀；3—出料阀；4—压力表；5—第一级均质阀；6—第二级均质阀；7—回流阀；8—滑块与柱塞；9—连杆；10—曲轴

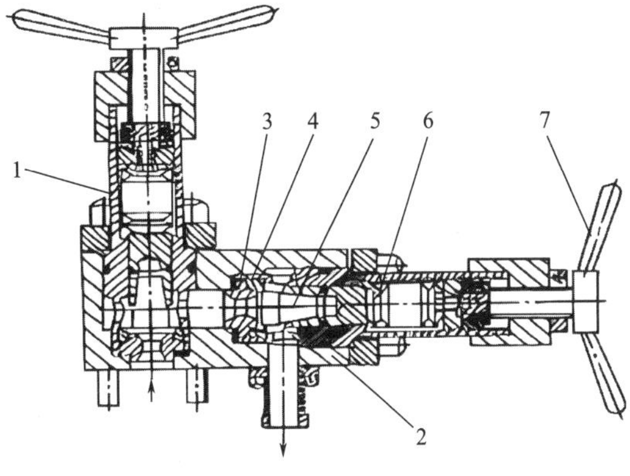

图 7-23　双级均质阀结构

1—第一级均质阀；2—第二级均质阀；3—阀座；4—冲击环；5—阀杆；6—加压弹簧；7—调压手柄

常见均质阀结构类型如图 7-24 所示。前四种为平面型均质阀，阀座和阀杆工作端面均为平面结构，使用最为普遍。图 7-24(a) 为整体阀杆，一般用于中小流量均质；图 7-24(b) 阀杆带有插入阀座孔内的导向杆，适用于大流量均质；图 7-24(c) 为组合阀杆，适用于磨蚀性强的料液；图 7-24(d) 的阀杆、阀座工作端面覆盖有多孔罩，可强化均质效果；图 7-24(e) 为非平面型均质阀，阀座及阀杆工作端面开有多个同心圆齿形沟槽，工作时互相嵌合，形成的纵断面锯齿形间隙构成多个均质区，均质效果好。

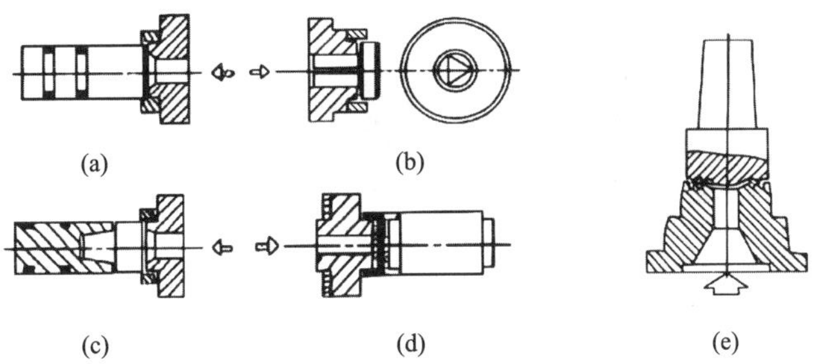

图 7-24　均质阀类型

(a) 整体阀杆；(b) 带导向杆阀杆；(c) 组合阀杆；(d) 覆料阀杆；(e) 环形槽阀杆

三、高剪切均质机

高剪切均质机通过剪切力实现物料的高效分散、乳化和破碎，物料在旋转构件的快速驱动下，在微间隙中产生液力剪切和湍流，同时受到离心、挤压和碰撞力的协同作用，达到理想的均质效果。定-转子均质机是常见的剪切均质乳化设备，由定子和与之同心的高速旋转转子构成。如图 7-25 所示，物料从均质机的内部空腔 a 处流入高剪切区 b，由于间隙小，物料受到剪切和拉伸。在高剪切区，流体经历单一型剪切，在 c 区流体继续受到剪切和拉伸，完成均质过程。

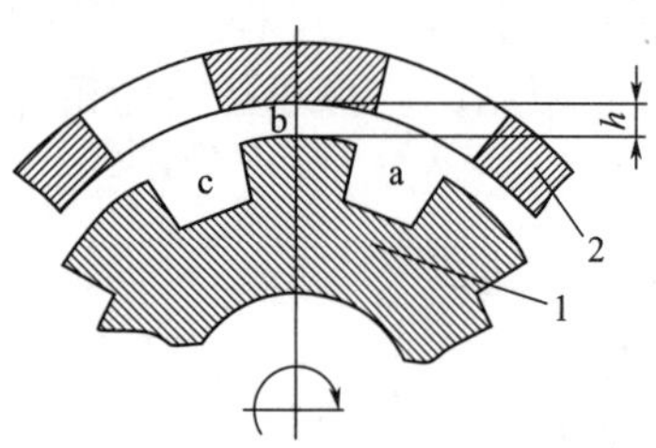

图 7-25 定-转子剪切均质机原理图

1—转子；2—定子

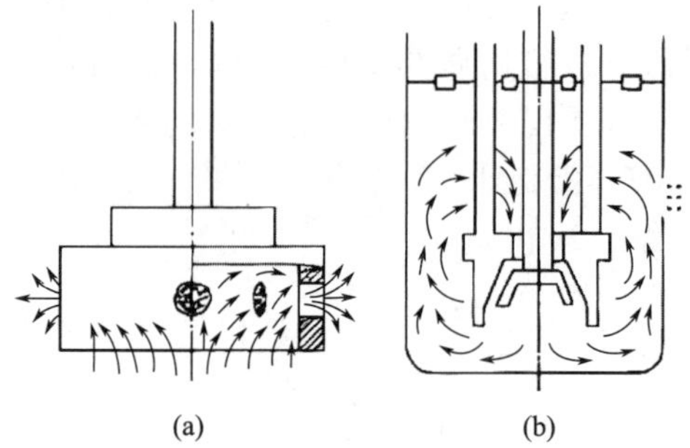

图 7-26 涡轮型乳化器的流型图

(a) 径流式；(b) 轴流式

常用的涡轮型乳化器可分为径流式和轴流式（图 7-26）。如图 7-27 为涡轮型乳化器的定子与转子组合图。

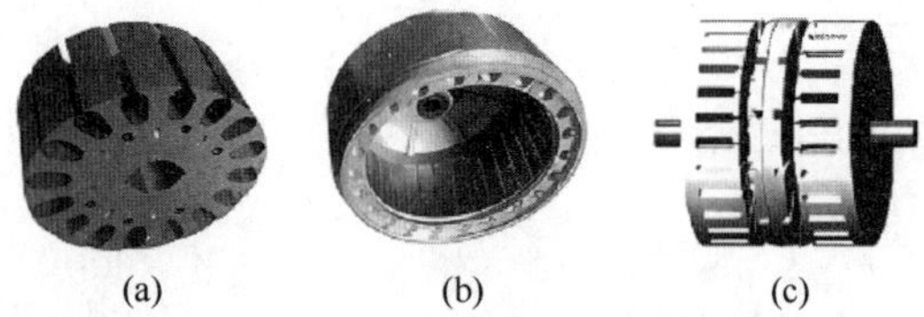

图 7-27 涡轮型乳化器的定子与转子组合图

(a) 定子；(b) 转子；(c) 两级组合

如图 7-28 为涡轮型乳化器定子结构形式。(a) 为圆孔型，适合于高黏度物料的循环分散乳化。(b) 为网孔型，适用于低黏度精细乳液的制备及微小颗粒在液体中的迅速分散。(c) 为开槽式长方孔型，适用于中高黏度物料的迅速分散、乳化。(d) 为长孔型，适用于中等或偏高黏度的物料混合分散。(e) 为倾斜长孔型，适用于含固形物料液的均质。

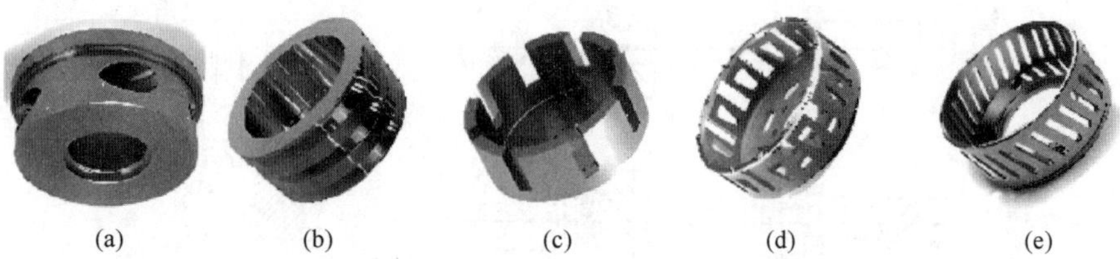

图 7-28 涡轮型乳化器的定子结构

图 7-29 为涡轮型乳化器转子结构形式。(a) 为三叶桨式，适用于各种黏度的物料，可根据不同物料选取。(b) 为梳状，适用于各种黏度的物料，可根据物料黏度的大小调节梳状条之间的距离。(c) 为涡轮式，适用于中高黏度物料高效乳化。

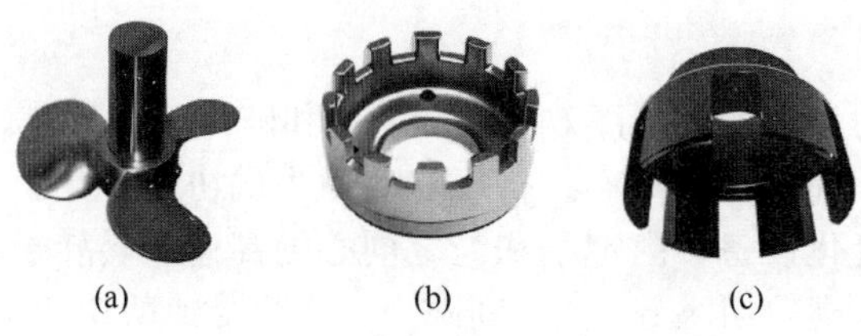

图 7-29 涡轮型乳化器的转子结构

四、胶体磨

胶体磨适用于流体和半流体物料的加工，常用于湿法粉碎，主要分为立式和卧式两种结构。典型的立式胶体磨（图 7-30）的工作主轴与地面垂直，主要由进料斗、静磨盘、动磨盘、调整机构、密封装置、冷却系统、出料口、电动机和机座等组成。动磨盘是胶体磨的关键工作件，通过固紧螺栓安装在主轴上。静磨盘内表面形状与动磨盘相对应，通过水套、顶盖、调节盖和螺钉与磨体固定为一体。通过调节手柄可调整动、静磨盘间的轴向位置关系，从而调节两者之间的工作间隙。料液通过进料斗进入胶体磨后，因速度差异产生巨大速度梯度，导致物料经历剪切、摩擦、挤压、冲击和湍流，实现破碎、分散、混合和乳化。均质后的料液在旋转叶轮的推动下从出料口排出。

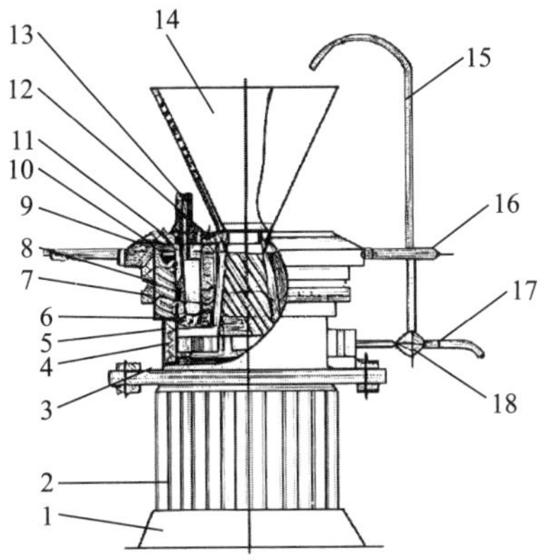

图 7-30　立式胶体磨

1—机座；2—电机；3—叶轮；4—磨体；5—动磨盘；6—静磨盘套；7—静磨盘；8—密封圈；9—限位螺钉；10—调节盖；11—盖板；12—连接螺钉；13—进出冷水管；14—进料斗；15—循环管；16—调节手柄；17—出料管；18—三通阀

第五节　食品典型加工工艺中搅拌、混合及均质设备的应用

一、典型工艺介绍

（一）面包加工工艺

面包的制作涉及微生物学、生物化学和食品科学，发酵和烘烤过程促进淀粉和蛋白质的消化。

（二）面包加工工艺流程

面包的加工工艺流程基本相同，由原辅料处理、调粉、发酵、分块、搓圆、装盘/模、醒发、烘焙、冷却、包装等工序组成。但发酵方法有很多，有一次发酵法、二次发酵法、快速发酵法、乔利伍德发酵法、液体发酵法、冷冻面团法等。将所有原辅材料一次性全部投入和面机中制成面团，然后进行发酵的方法叫做一次发酵法。二次和面、二次发酵的方法叫二次发酵法。第一次调制的面团称种子面团，第二次调制的面团称主面团。快速发酵法：发酵时间很短（20min），适宜生产高档点心面包。乔利伍德发酵法：应用高速搅拌产生能量促进面团起发的原理而研制出的一种面包加工方法。该法使面团搅拌时的耗能比常规方法多 5～8 倍，大大缩短了生产周期。液体发酵法：先将酵母置于液体介质中，经几小时的液体培养，制成发酵液，然后用发酵液与其他原辅料一起搅拌成面团。冷冻面团法：将已经搅拌、发酵、整形后的面团在冷库中迅速冻结和冷藏，然后将冷冻面团销往各个连锁店，用冰箱贮存起来，连锁店只需备有醒发箱和烤炉即可。

二、搅拌、混合及均质设备的使用

搅拌：是使两种或两种以上流动的物料在彼此之间相互分散的一种操作。

均质：是指借助于流动中产生的剪切力将物料细化、将液滴碎化的操作。

搅拌、混合及均质机械属于食品加工中的通用设备。主要有搅拌机、混合机和均质机。

（一）搅拌机

搅拌机主要用于多相液态物料的混合，常用来处理较低黏度的液体混合。

搅拌过程可分为下列 5 种情况。

① 互溶液体间的液-液混合　在搅拌作用下，使液-液达到浓度、温度等物性的均匀状态。以搅拌混合时间作为评价搅拌效果的指标。

② 不互溶液体的液-液分散　通过搅拌，将分散相的液滴直径细化，得到均匀的分散相。以分散相的比表面积或分散相的液滴直径分布作为评价标准。

③ 固-液相间悬浮　通过搅拌，使固体颗粒在液相中悬浮起来。以悬浮程度作为搅拌效果的评价指标。其中悬浮程度分部分悬浮、完全悬浮及均匀悬浮 3 种。

④ 气-液相间分散　搅拌使气体成为微细气泡，均匀分散在液相中，形成稳定的分散相。以液体单位体积的气泡表面积及达到该指标的搅拌时间作为评价标准。

⑤ 不互溶气-液-固相混合　搅拌使气体成为微细气泡，均匀分散在液相中，使固体颗粒在液相中悬浮。

（二）混合机

混合是食品加工中实现不同组分均匀分布的关键步骤，涉及固体、液体、气体之间或它们的组合的物理混合过程。固体与液体混合在特定比例下可形成黏稠的面团，而固体、液体、气体混合则在食品如充气糖果和冰淇淋的制作中至关重要，用以改善产品体积和口感。

（三）均质机

均质技术用于确保物料混合均匀。在蛋白质饮料中，均质是防止沉淀的关键步骤。在固体饮料加工中，均质有助于获得组织均匀的物料，有利于喷雾干燥和保证产品质量。常用的均质设备包括高压均质机、胶体磨和高剪切均质机等。

三、典型工艺中搅拌、混合及均质设备的选型

（一）搅拌器的选择

一般选择搅拌器时主要应从介质的黏度高低、容器的大小、转速范围、动力消耗以及结构特点等几方面因素综合考虑。

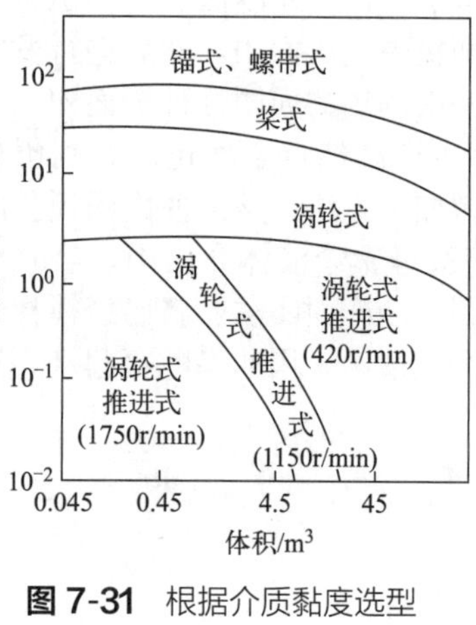

图 7-31 根据介质黏度选型

1. 根据介质黏度的高低选型

物料的黏度对搅拌状态有很大的影响，图 7-31 为根据搅拌介质黏度高低来选型的曲线图。由图 7-31 看出，随黏度增高，各种搅拌器选用的顺序为推进式、涡轮式、桨式、锚式和螺带式等；对推进式指出了大容量液体时用低转速，小容量液体时用高转速。

2. 根据搅拌过程和目的选型

对于低黏度的均相液-液混合，旋桨式最为合适；平桨式适合小容量混合。涡轮式搅拌器在分散操作中尤为适用。涡轮式搅拌器适用于固粒悬浮液操作，而桨式和旋桨式则分别适用于特定条件下的悬浮液。涡轮式适合固体物料溶解，旋桨式适用于小容量溶解，平

桨式需借助挡板提高循环能力。圆盘式涡轮适用于有气体吸收的操作。小直径快速搅拌适用于微粒结晶，而大直径慢速搅拌则适用于大晶体结晶。

（二）混合机的选择

如果最终混合均匀度要求较高，应选择以扩散混合为主的设备。对于流动性差、附着性强、易凝聚或结块的物料，应选择能强制物料流动的固定容器式混合机。根据混合工艺确定操作方式、物料特性选择混合机类型、生产量等确定混合机的产量和型号。确保混合机的选择既满足工艺要求，又具有操作的便利性和成本效益。

（三）均质机的选择

1. 均质机的选型

根据物料的特性与工艺要求选型，要选择能满足性能要求、能耗低、操作方便、安全且容易维修等性能的型号。根据生产线的生产量选型，要选择能满足生产能力的规格型号，应与其它机型的生产能力相配合，以达到均衡生产。所选机型要满足不同物料的加工要求，以适应产品更换时的加工需要。

2. 均质机安装注意事项

安装基面必须坚固平坦，以避免因振动引起设备倾斜。泵体要经常清洗消毒，要使机座基面高出地平面，便于冷却水与物料的供给和环境清理工作。带轮及其它运动件应加保护罩，以保证操作安全。为排出泵内气体、剩液、洗涤消毒水等，高压泵必须装旁通管，在进料管道中要安装管间过滤器。定期检修，检修完毕要清洗后再使用。

3. 均质机操作注意事项

均质机不许空转，启动前检查紧固件与连接件是否牢固。启动前先通冷却水，保证柱塞工作过程中的冷却。运转启动后，要逐渐调整至要求的工作压力，启动过程中排出的料液应回流到料腔，待压力达到要求的稳定值后才能排出产品。设备使用完后要进行清洗，并进行消毒杀菌处理。柱塞的填料要有适当的紧密度，保证可靠密封。

第六节　均质机械设备最新研究进展及应用

一、数字化控制技术

（一）智能化控制系统

随着智能化技术的飞速发展，均质机械设备逐渐采用先进的智能化控制系统。这些系统通过实时传感器和反馈机制，能够对生产过程进行动态调整，以提高产品质量和一致性。最新的研究聚焦于更加智能的算法和更灵敏的传感器，更为精准和高效。

（二）自动化生产流程

自动化在均质机械设备中的应用逐渐加深，以减少人为干预，提高生产效率。最新的研究关注于将先进的控制算法与自动化设备集成，实现更高程度的自动化生产流程。

（三）远程监控和操作

数字化技术的又一重要应用是实现对均质机械设备的远程监控和操作。结合云计算和物联网技术，制造商开发了能够远程访问设备的解决方案，使得操作人员可以随时随地监测设备状态、进行远程调整，提高了生产的灵活性。

二、材料创新

（一）高性能食品级材料

最新的研究侧重于引入符合食品级标准的高性能材料，以确保生产的食品符合卫生和质量标准。这包括新型食品级塑料、不锈钢合金等，以提高设备的耐用性和安全性。

（二）纳米材料

引入纳米材料，如纳米复合材料、纳米涂层等，可以改善材料的力学性能、耐磨性和抗腐蚀性，从而提高设备的性能和寿命。

三、能效和环保

（一）能效优化

在可持续发展的背景下，均质机械设备制造商致力于提高设备的能效。研究方向包括改进加热、冷却系统，优化流体动力学设计等，以降低能源消耗。

（二）废物处理和再利用

新一代设备的设计考虑了废物处理的便捷性，以及废物的再利用，实现了资源的循环利用，降低对环境的影响。

四、数据分析和人工智能应用

（一）大数据分析

借助大数据分析技术，均质机械设备制造商能够从设备产生的大量数据中获取有价值的信息。通过分析这些数据，优化生产过程，提升生产效率和产品质量。

（二）机器学习应用

通过训练模型，机器学习可以实现对均质生产过程的实时优化，提高产品一致性，并根据历史数据预测设备故障，提高整体生产效率。

五、结论与展望

均质机械设备正朝着数字化、绿色环保的方向发展。数字化控制技术的不断创新，材料科学的进步，以及数据分析与人工智能的应用，共同推动了均质机械设备的性能和效率提升。未来有望看到更多跨学科的研究，进一步推动均质机械设备技术的发展，以满足食品行业对高效、安全、可持续生产的需求。

总结

○ 搅拌、混合及均质的定义

搅拌：是使两种或两种以上流动的物料在彼此之间相互分散的一种操作。混合：使两种或两种以上不同的物料通过搅拌或其它手段从不均匀状态达到相对均匀状态的过程。均质：借助于流动中产生的剪切力将物料细化、将液滴碎化的操作。

○ **搅拌过程中物相间的混合**

包括：互溶液体间的液-液混合、不互溶液体的液-液分散、固-液相间悬浮、气-液相间分散、不互溶气-液-固相混合。

○ **搅拌混合的机理**

混合机理：对流混合、扩散混合和剪切混合。

○ **均质的原理**

原理 1：冲击作用使液滴或胶体颗粒高速撞向固定构件表面发生碎裂并分散。原理 2：剪切作用使得液体和胶体颗粒形成速度梯度完成分散。原理 3：液滴因内部汽化膨胀产生拉应力而破碎并分散。

思考练习

（一）什么是混合？混合过程存在哪三种机理？并说明其内涵。

（二）搅拌器的结构有哪几种形式？对液体流型的影响是什么？

（三）比较螺带式混合机和立式螺旋混合机结构上的异同，并说明其混合机理。

（四）阐述打蛋机主要结构与工作过程。常用的桨叶形式有哪些？

（五）分析高压均质机的工作机理、主要工作构件应用范围。

（六）分析比较高压均质机与胶体磨的主要区别。

高压均质设备

第八章　食品成型机械与设备

知识导图

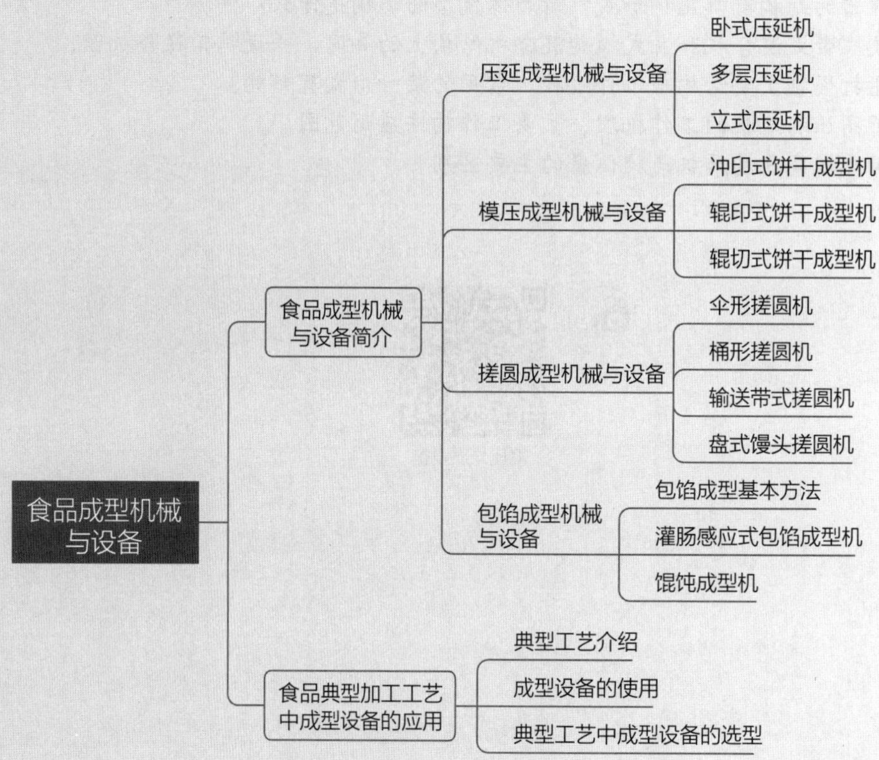

学习目标

- 了解食品成型机械与设备在食品加工中的作用，了解不同类型成型设备的特点和其应用。
- 熟悉成型机械与设备的种类，能够识别不同类型设备的优缺点，了解它们的机械结构、工作原理和应用场景。
- 学会根据食材、产品形状等因素选择适当的成型设备。能够阐述在各种典型工艺中如何使用成型设备，以实现食品加工的需求。
- 了解最新的食品成型设备技术和研究趋势，包括数字化控制、材料创新等方面的创新。

第一节　压延成型机械与设备

一、卧式压延机

卧式压延机主要由上下压辊、压辊间隙调整装置、撒粉装置、工作台、机架及传动装置等组成，如图 8-1、图 8-2 所示。工作原理是：动力由电机驱动，经皮带轮 2、3 及齿轮 4、5 减速后，传至下压辊，再经齿轮 7、8 带动上压辊回转，从而实现了上下压辊的传动压片操作。面片厚度由人工控制。手轮经一对锥齿轮 12、13 啮合传动，使升降螺杆回转，从而带动上压辊轴承座螺母做升降直线运动，以完成压辊间隙的调节操作。

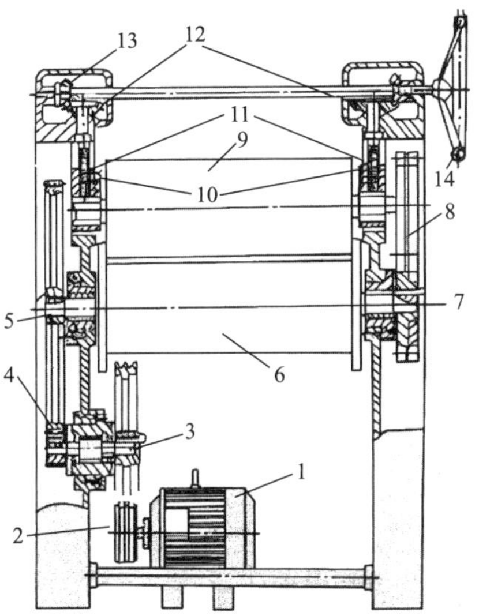

图 8-1　卧式压延机外形示意图

1—电机；2,3—皮带轮；4,5,7,8—齿轮；6—下压辊；9—上压辊；10—上压辊轴承座螺母；11—升降螺杆；12,13—锥齿轮；14—轧距调节手轮

图 8-2　卧式压延机外形图

连续卧式辊压机是新型高效能设备，用于饼干起酥生产线。在苏打饼干生产中，面团不经发酵，经连续辊压可形成超过 120 层面层，使成品酥脆、层次清晰。起酥线的工作过程主要包括夹酥与辊压两个阶段。夹酥阶段：如图 8-3，使用共挤成型法制取夹酥，面团通过输面螺杆形成空心面管，同时奶油酥通过叶片泵挤出并黏附在面管内壁，形成连续均匀的环面结构。辊压阶段：这个过程分为预压制和最终压延成型两个阶段。预压后的中间产品在连续卧式辊压机上再次压延。设备由速度递增的 3 条输送带和不断运动的上压辊组构成。中间产品进入由输送带和上压辊组形成的楔形通道中逐渐被压缩，同时输送带速度的增加减缓了中间产品与输送带之间的摩擦压力。饼坯局部不断受到压辊逆向自转的辊压作用，确保饼坯在变形过程中平稳均匀。

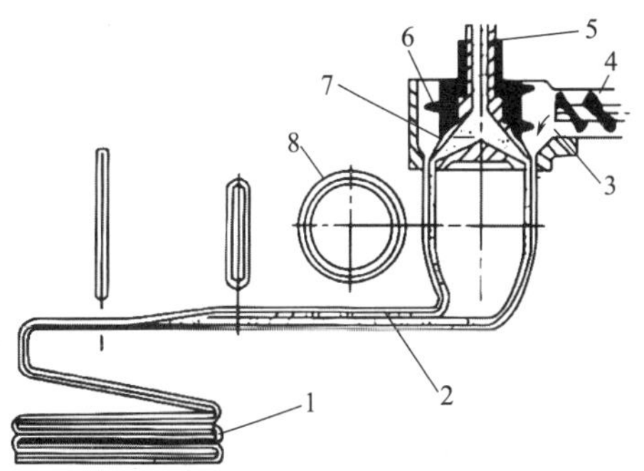

图 8-3　起酥线夹酥过程示意图

1—中间产品；2—预压中的夹酥面带；3—面团；4—水平输面螺杆；5—奶油酥；6—垂直输面螺杆；7—复合挤出嘴；8—夹酥中空面管

二、立式压延机

立式压延机的压辊呈水平配置，利用重力传送物料，占地面积小，面带层次清晰均匀，工艺范围广。图 8-4 为立式辊压机示意图。主要由料斗、压辊、计量辊、折叠器等组成。在立式辊压操作中面带依靠重力垂直供料使机器结构简化。这种机器大都设计有计量辊，一般是由 2～3 对可以调整间距的压辊组成，它的作用是控制辊压成型后的面带的厚度。生产苏打饼干时需设置油酥料斗夹入油酥。折叠器用于将面带折叠成多层结构。

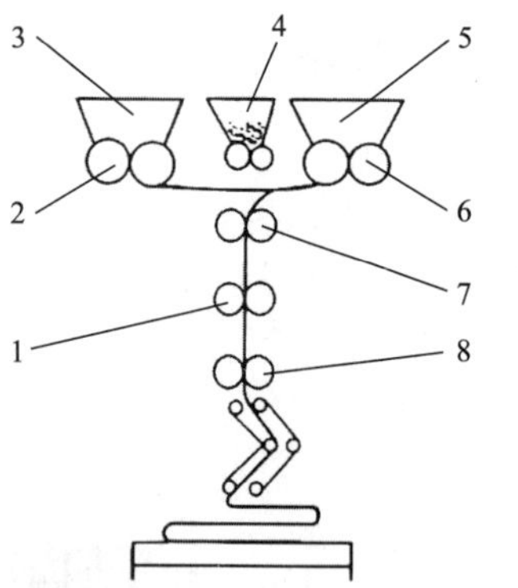

图 8-4 立式辊压机示意图

1,7,8—计量辊；2—压辊；3,5—面斗；4—油酥料斗；6—喂料辊

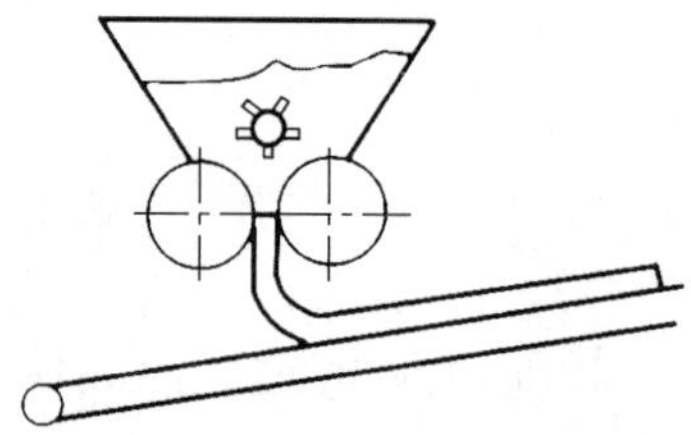

图 8-5 两辊压片机示意图

三、多层压延机

压延机是一种用于将橡胶、塑料等材料压制成特定厚度和表面形状的胶片，并能对帘布进行挂胶的设备。它根据辊筒数量分为两辊、三辊、四辊和五辊等类型，按辊筒排列方式分为“L”“T”“F”“Z”和“S”形。普通压延机包括辊筒、机架、辊距调节装置、润滑系统和控制系统等。精密压延机则增加了保证压延精度的装置，可分为两辊、三辊和四辊压片机。

（一）两辊压片机

压片机用于将物料压成特定厚度和宽度的坯料。两辊压片机（图 8-5）是一种最为简单的压片机，由可拆进料斗和两个旋转进料辊组成。有些压片机的进料斗里配置有搅拌器，防止物料在两压辊间“搭桥”现象的发生。

两辊压片机工作时，物料在重力和压辊摩擦作用下被压成厚面片，并通过传送带输送至下一工位。为匹配后续设备，常使用调速电机调节面带速度。面带厚度通过调整压辊转速和辊距来控制。

（二）三辊压片机

三辊压片机（图 8-6）装有可调节进料量的料斗，确保刮回物料落在面片底部，防止物料黏附在输送带上。1、2 形成第一对压辊，作用是将物料预压成型，而 3 外表面是光滑柱面，两端带有凸缘，可防止辊压过程中面带在宽度方向溢出，2 和 3 则形成第二道辊，即辊压成型。每只辊子均附有刮料器，2 和 3 的间隙可通过调节 2 而不是 1 的位置来改变。三辊压片机分为前后两种下料方式。图 8-6 为前下料方式，前下料方式适合加工那些需要支撑的结合力较弱的面带，而后下料方式适合加工延展性好的物料。

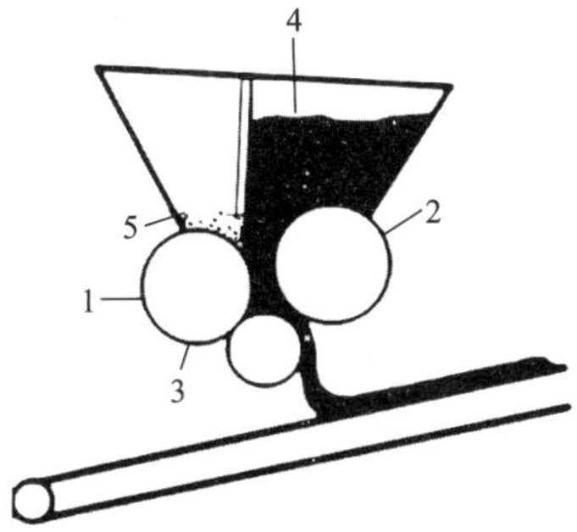

图 8-6 三辊压片机

1,2,3—压辊；4—物料；5—粉料

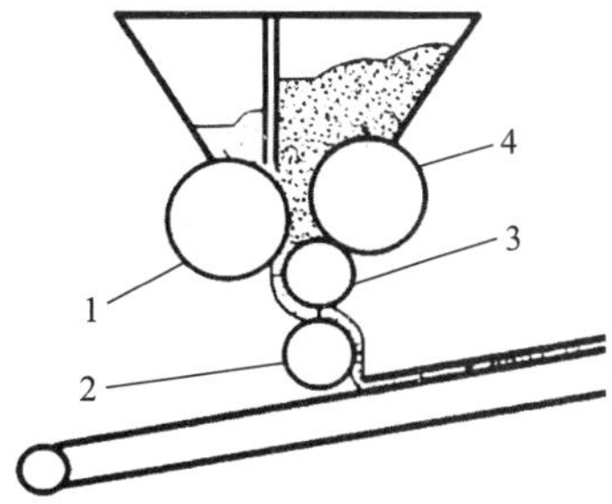

图 8-7 四辊压片机

1,4—成型辊；2,3—压辊

(三) 四辊压片机

四辊压片机能够生产更光滑、细致、高精度的面带，如图 8-7 所示。辊 1、4、3 构成三辊后下料式的压片机构，预压物料送至辊压单元，辊 2 和 3 负责将半成品面片压至预定的厚度。辊 3、4 之间的间隙一般为 5～20mm，通过调节 1 轴承位置或螺旋来控制，而辊 2、3 的间隙则通过改变辊 2 的位置来调整。进料斗需配备可调节的分度盘，压辊上配有刮料器，所有接触物料的部分均采用不锈钢或镀镍材料。

第二节 模压成型机械与设备

一、冲印式饼干成型机

冲印成型机用于饼干和桃酥等点心加工，实现面团压片、冲印、料头分离和摆盘。相对于这些工序的机构为压片机构、冲印机构、拣分机构和输送机构（图 8-8、图 8-9）。工作过程为先将面团引入饼干机的压片部分，经过三道压辊的连续辊压，使面料形成厚薄均匀致密的面带；然后由帆布输送带送入成型部分，通过模印的冲印，把面带制成有花纹形状的饼干生坯和余料；最后经过拣分部分将生坯与余料分离，生坯通过输送带送至烤盘或烤炉进行烘烤，余料则由专设的输送带送至压片部分重新使用。

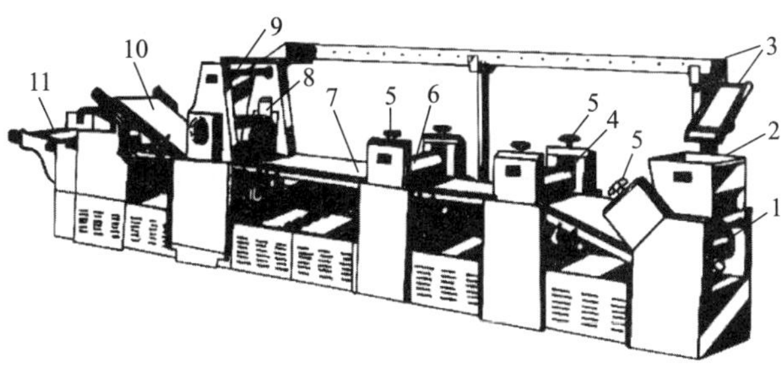

图 8-8 冲印饼干机结构简图

1—头道辊；2—面斗；3—回头机；4—二道辊；5—压辊间隙调整手轮；6—三道辊；7—面带输送带；8—冲印成型机构；9—机架；10—拣分输送带；11—饼干生坯输送带

(一) 压片机构

压片是饼干冲印成型的准备阶段。工艺上要求面带致密连续、厚度均匀、表面光滑、不得留有多余的内应力。压片机构由三对串联的压辊组成，辊直径和轧距逐级减小，转速逐级增大。为减少内应力，辊压操作需分级完成，确保压辊间隙逐级减小。各辊间需保持准确传动比，以保持面带流量均衡，防止拉长或起皱。系统配备无级变速器或调速电机，确保工序间运动同步，调节便捷。压辊上装有刮刀用于

图 8-9 冲印饼干机外形图

清除面屑。

（二）冲印机构

冲印成型机构主要由动作执行机构与印模机构等组成，是保证饼干外观质量和提高饼干机生产率的关键部件。

1. 动作执行机构

动作执行机构可以分为间歇式与连续式两种。间歇式机构利用曲柄滑块机构进行印模的直线冲印，但冲印时面坯输送带会停顿，导致冲印速度低，生产能力有限。连续式机构则使印模随面坯输送带同步运动，完成摇摆式冲印，这种机构的饼干机运动平稳、生产能力高、饼干生坯成型质量好，适合与连续式烤炉配合形成自动化生产线。

2. 印模机构

印模机构是饼干成型机的主要机构。有两种印模可供不同品种的饼干生产选用。一种是生产凹花有针孔韧性饼干的轻型印模；另一种是生产凸花无针孔酥性饼干的重型印模。单组印模结构见图 8-10。

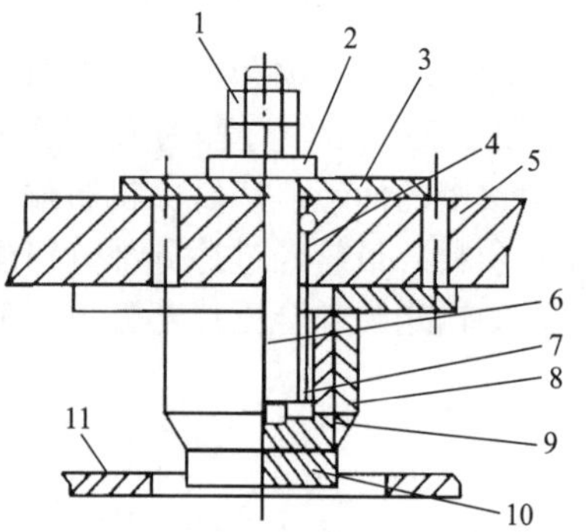

图 8-10 单组印模结构

1—螺帽；2—倍圈；3—固定垫图；4—弹簧；5—印模支架；6—冲头芯杆；7—限位套筒；8—切刀；9—连接板；10—印模；11—余料推板

图 8-11 余料分离部分示意图

（三）拣分机构

冲印成型后，需将饼坯与余料在面坯输送带尾端分离，此过程称为拣分。分离主要由倾斜设置的余料输送带完成，其倾角根据面带特性调整，韧性饼干和苏打饼干面带结合力强，倾角通常为 20°左右。余料帆布带在分离部位由扁铁刀口张紧，以确保与主输送带保持适当距离，避免损伤输送帆布。图 8-11 展示了余料分离部分的示意图。

二、辊印式饼干成型机

辊印式饼干成型机适用于高油脂酥性饼干的生产，通过更换印模辊也可加工桃酥类糕点。该机型通过转动辊筒一次性完成印花成型和脱坯，工作连续平稳，无冲击和振动噪声，结构简单紧凑，操作便捷，成本较低。

（一）辊印成型原理

辊印成型利用带有印模的转辊来制作成型产品。喂料辊与印模辊在齿轮驱动下等速相向转动，面料在重力作用下填入两辊间的凹模，并被压紧。分离刮刀刮除多余面料，橡胶脱模辊和帆布脱模带协助饼坯从凹模中脱出，转移到生坯输送带上。辊印饼干机结构包括成型脱模机构、生坯输送带、面屑接盘、传动系统和机架等（见图 8-12）。

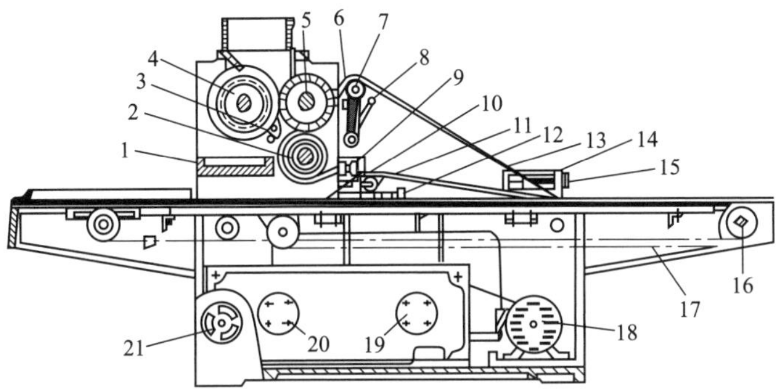

图 8-12 辊印饼干机结构简图

1—接料盘；2—脱模辊；3—分离刮刀；4—喂料辊；5—印模辊；6—间隙调节手轮；7—张紧轮；8—手柄；9—手轮；10—机架；11—刮刀；12—接料盘；13—脱模带；14—尾座；15—手柄；16—输送带托辊；17—生坯输送带；18—电动机；19—减速器；20—无级变速器；21—调速手轮

成型脱模机构是辊印饼干机的核心部分，由喂料辊、印模辊、分离刮刀、帆布脱模带和橡胶脱模辊等组成。喂料辊与印模辊通过齿轮驱动相向回转，橡胶脱模辊则通过帆布脱模带摩擦力同步运动。两辊尺寸相同，长度取决于烤炉宽度。饼干模在印模辊上交错排布，以均匀接触分离刮刀，减少磨损。橡胶脱模辊表面的橡胶应有适当的弹性。

图 8-13 为辊印成型原理图，喂料辊与印模辊在齿轮的驱动下相对运动，料斗内的酥性面料依靠自重以及辊子的楔紧力落入两辊表面的凹模之中，分离刮刀将凹模外多余的面料沿印模辊切线方向刮落到面屑接盘中，含有饼坯的凹模随着印模辊的旋转进入脱模阶段，此时脱模辊依靠自身形变将粗糙的脱模带紧压在饼坯底面上，并使其接触面间产生的压力大于凹模光滑内表面与饼坯间的接触结合力，因此，生坯便顺利地从凹模中脱出，并由帆布脱模带转送至生坯输送带上。

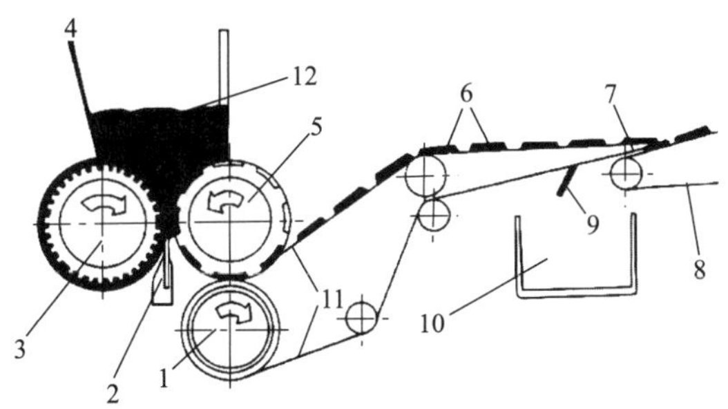

图 8-13 辊印成型原理

1—脱模辊；2—分离刮刀；3—喂料辊；4—料斗；5—印模辊；6—饼干生坯；7,11—脱模带；8—生坯输送带；9—刮刀；10—面屑斗；12—回料

（二）辊印成型影响因素

① 喂料辊与印模辊的间隙　该间隙影响面料在喂入时的流动状态。

② 分离刮刀的位置　分离刮刀具有计量功能，直接确定饼坯面高度。

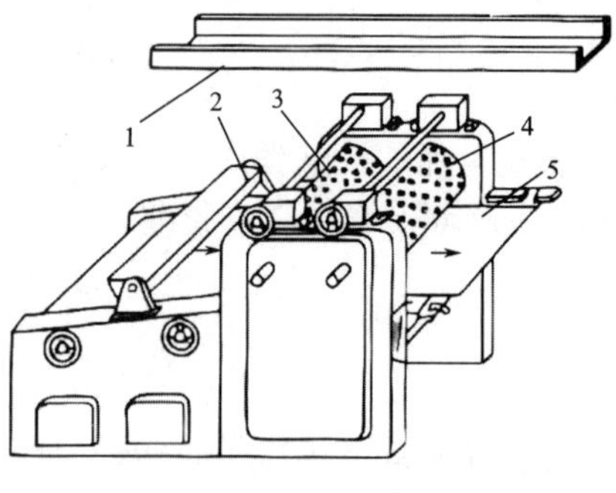

图 8-14 辊切饼干机辊切成型机构简图

1—余料回头机；2—撒粉器；3—印花辊；4—切块辊；5—帆布脱模带

③ 橡胶脱模辊的压力　橡胶脱模辊的压力影响饼坯的表面质量。

三、辊切式饼干成型机

（一）辊切成型设备介绍

辊切饼干机，适用于生产苏打、韧性和酥性饼干。主要由压片、辊切成型、余料回头机构、传动系统及机架组成。与冲印饼干机相比，辊切饼干机在末道辊与辊切成型机构（图 8-14）之间增设了一段缓冲输送带。此外，还有一种印花模和切块模嵌在一个压辊上的辊切成型机，其操作步骤与冲印饼干机相同，但通过压辊的连续回转实现成型，使工作更平稳。

（二）辊切成型原理

辊切饼干机的操作步骤与冲印饼干机相一致，仅是辊切成型操作是通过压辊回转来实现的。这种连续回转成型机构工作平稳，因此给整机操作带来许多方便。具体成型原理如图 8-15 所示。

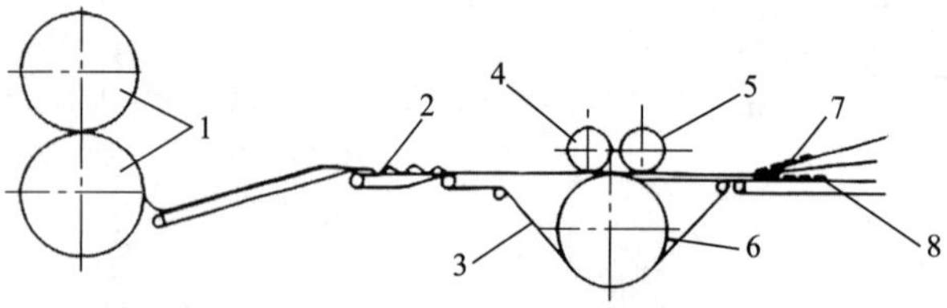

图 8-15 辊切成型原理示意图

1—定量辊；2—波纹状面带；3—帆布脱模带；4—印花辊；5—切块辊；6—脱模辊；7—余料；8—饼干生坯

面片经过压片机构压延后形成光滑、平整的面带。为了消除内应力并防止成型后饼坯的收缩变形，通常在成型机构前设置缓冲输送带。适量的过量输送有助于面带形成均匀的波纹，吸收松弛张力，这一过程称为张弛作用。张弛处理后的面带进入辊切成型机构。

辊切成型与辊印成型的区别在于，辊切成型将印花和切断分为两个工序：首先，面带通过印花辊压印出花纹；然后，再通过同步转动的切块辊切割出带有花纹的饼干生坯。在此过程中，大直径橡胶脱模辊和帆布脱模带起到弹性垫板脱模的作用。成型后的生坯由输送带送至烤炉，而余料则通过斜帆布带和回头输送带送回压片机构前端。关键在于确保印花辊与切块辊的转动相位相同、速度同步，以保证切出的饼干生坯外形与图案分布一致。

第三节　搓圆成型机械与设备

一、伞形搓圆机

（一）主要结构

伞形搓圆机是面包生产中广泛应用的搓圆设备，如图 8-16 所示。

（二）工作原理

如图 8-17 所示，面块由切块机送入螺旋导槽，受转体旋转和圆弧导板的摩擦力及离心力作用，沿导槽向上滚动形成球形，如图 8-17(a) 所示。伞形搓圆机的入口位于转体底部，出口在伞体上部。由于转体上下直径不同，面块从底部向上运动时速度逐渐减慢，如图 8-17(b) 所示，导致前后面块距离缩小，形成双生面团。为防止双生面团进入醒发机，在出口上方设有横挡，面团只能继续向前滚动，从大口出来进入回收箱，其原理如图 8-17(c) 所示。搓圆完毕的球形面包生坯由伞形转体的顶部离开机体，由输送带送至醒发工序，如图 8-17(d) 所示。

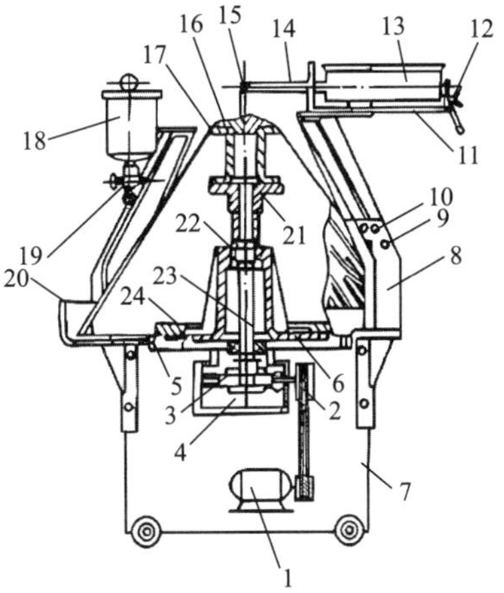

图 8-16　伞形搓圆机结构简图

1—电机；2—皮带轮；3—涡轮；4—涡轮箱；5—主轴支撑架；6—轴承座；7—机架；8—支撑架；9—调节螺杆；10—固定螺钉；11—控制板；12—开放式翼形螺栓；13—撒粉盒；14—轴；15—拉杆；16—顶盖；17—转体；18—贮液桶；19—放液嘴；20—托盘；21—法兰盘；22—轴承；23—主轴；24—连接板

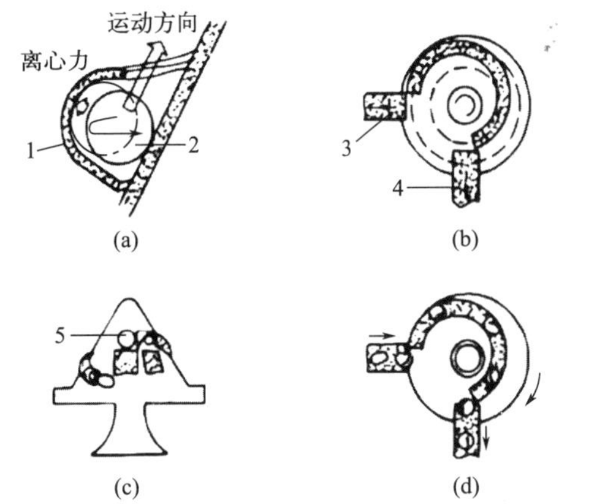

图 8-17　伞形搓圆机工作原理简图

(a) 球体的形成；(b) 不同圆周速度的形成；(c) 进口位置和出口形状；(d) 面团在搓圆机内的运动情况

1—导槽；2—面团；3—进口；4—出口；5—双生面团

二、桶形搓圆机

桶形搓圆机因形似圆桶而得名。面块自切块机进入后，沿螺旋轨道在转体匀速转动下被搓成球形。该机器既有伞形搓圆机的优点，又克服了其成型效果差的缺点，结构如图 8-18 所示。将馅料切块和面粉放入盘中，因摩擦力作用，物料随着圆盘底部向上运动，然后滚落下来，如图 8-18(b) 所示，与盘面产生搓动作用。然后由于离心力的作用，料团被甩到圆盘的边缘，黏附粉料后，又继续上升，如此反复，馅料逐渐被粉料裹成达到要求的球形面团，停机并摇动翻转机构 3，将成品倒出。

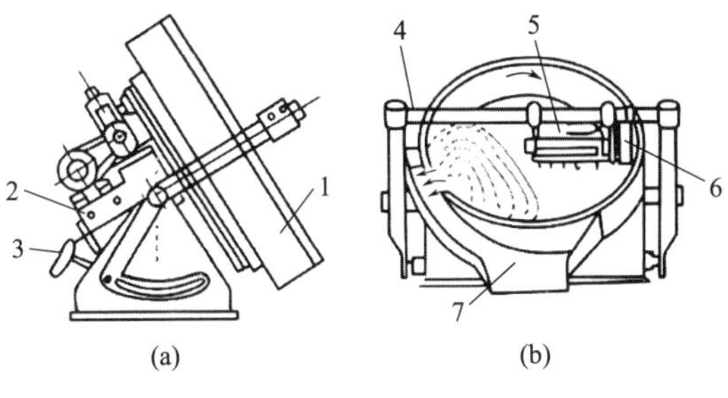

图 8-18　桶形搓圆机

1—倾斜圆盘；2—传动机构；3—翻转机构；4—支架；5—喷水管；6—刮刀；7—卸料斗

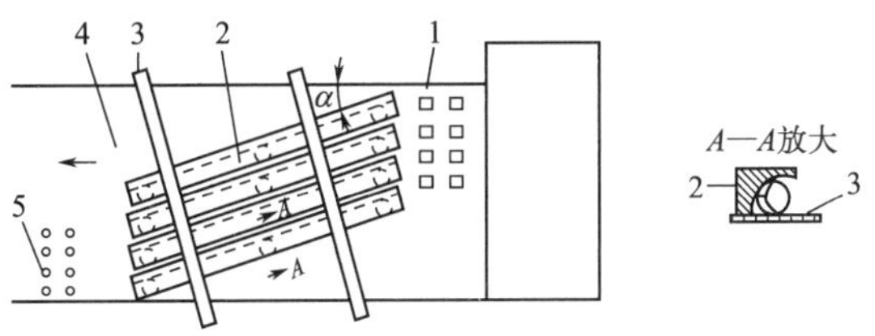

图 8-19　输送带式搓圆机

1—定量面块；2—导板；3—支架；4—输送带；5—球状生坯

三、输送带式搓圆机

输送带式搓圆机的结构如图 8-19 所示。内有导板 2，通过支架 3 固定在输送带上方，导板与输送带

的夹角 α 可调。搓圆机工作时，输送带水平移动，切块机输出的定量面块 1 落入输送带上并随之前进；遇到导板凹弧面后，在输送带摩擦力、面团重力、固定导板凹面正压力和摩擦力的作用下，面团在导板导槽内斜向滚动，搓揉成为球状生坯 5。球状生坯脱离导板后沿输送带前进。输送带式搓圆机兼具输送与搓圆功能，产能高。但因结构限制，搓圆效果和生坯表面密实度略差。

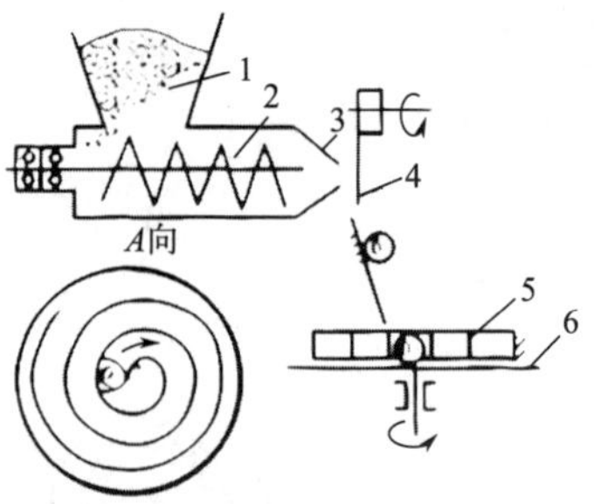

图 8-20 盘式馒头搓圆机结构原理图

1—面斗；2—螺旋挤出器；3—锥形出面嘴；4—切断刀片；5—导向轨道；6—旋转圆盘

四、盘式馒头搓圆机

图 8-20 为盘式馒头搓圆机结构原理图。由定量切块机构、旋转圆盘搓圆成型机构及传动系统等组成。导向板的导向轨道为阿基米德螺旋线，固定在机架上，面块在螺旋槽中滚动并受旋转圆盘及轨道侧壁的离心力、摩擦力、挤压力作用，逐渐揉搓成球状。

五、网格式面包成型机

网格式面包成型机的压块位于围板内，用于压制面片，切刀在压块间滑动以切割面坯。工作台由台板、锁紧架、曲柄组和软质模板构成。曲柄组包括中心的传动偏心轴和边缘的辅助偏心轴，两轴偏心距相同，确保工作台的平面运动。网格式面包成型机的工作过程如图 8-21 所示。将面团放于工作台上，围板下降并包围面团，压块和切刀一同下降，将面团压制成厚度均匀的面片，随后切刀继续下降至与模板接触，将面片均匀切割，同时压块上升，以留出因切刀切入而占用的面块空间；压块继续上升，同时切刀及围板微量抬起；摩擦离合器接合后，电机通过回转曲柄带动工作台上的模板做平面回转运动，再通过模板带动各面块在切刀、模板、压块及围板构成的空间内转动，在转动过程中各面块受四壁作用而被滚动揉搓成球形面包生坯，摩擦离合器断开，工作台停止转动，围板、压块及切刀复位。

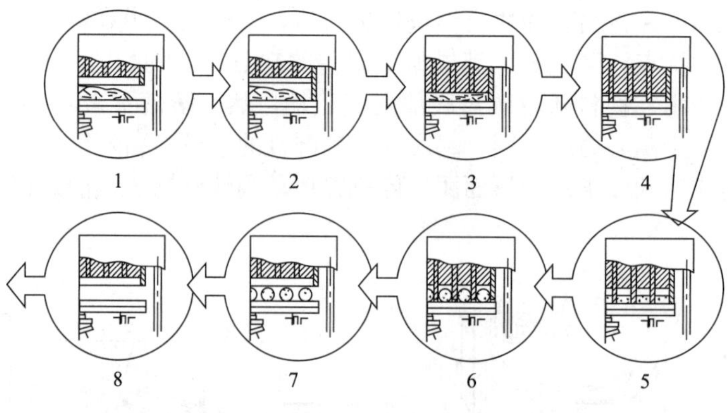

图 8-21 网格式面包成型机工艺流程示意图

1—放进横板；2—围板落下；3—压块压下；4—切刀切入；5—压块提起；6—摩擦轮接触；7—压头复位；8—取出模板

六、旋转式食品搓圆装置

旋转式食品搓圆装置工作原理见图 8-22，固定体和旋转体的接触处分别设置有至少四个朝向相对的凹槽 3、4，每对环形凹槽构成一个环形轨道，每个环形轨道上设置有一个进料口 5 和出料口 6，所有环形轨道上所对应的进料口到出料口之间的距离相等，进料口、出料口分别呈松散型多边形排列，每个出料口下方设置有一个出料溜斗 7，出料口固定在溜斗板 8 上，溜斗板 8 上设置有出料孔，与出料溜斗贯通，出料孔呈紧密排列的四边形或长条形。

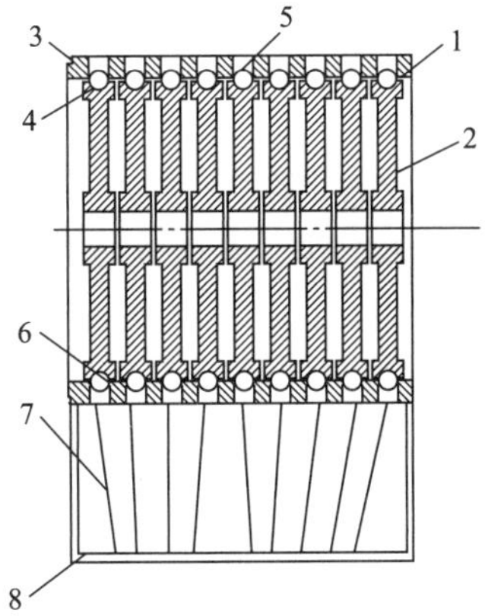

图 8-22　旋转式食品搓圆装置工作原理图

1—固定体；2—旋转体；3,4—凹槽；5—进料口；6—出料口；7—出料溜斗；8—溜斗板

第四节　包馅成型机械与设备

一、包馅成型基本方法

（一）转盘式

图 8-23(a)，面坯首先被压成凹形，将馅料放入后，由一对成型圆盘对其进行搓制，完成封口与成型。成型过程稳定柔和，可通过更换圆盘制作多种规格球形产品，适合皮料易塑、馅料硬的制品。

（二）注入式

图 8-23(b)，馅料经注入嘴挤入面坯心部，然后被封口、切断，适用于馅料流动性较好、皮料较厚的产品。

（三）共挤式

图 8-23(c)，面坯和馅料分别从双层筒中挤出，在一定长度时被切断，同时封口成型，适用于皮料及馅料塑性及流动性相近的产品。

（四）剪切式

图 8-23(d)，压延后的两条面带从两侧连续供送，进入一对辊式成型器，预制成球形的馅料被送至两面带之间的凹模对应处，随着转辊的转动，在两辊的挤压作用下顺序完成封口、成型和切断，适用于

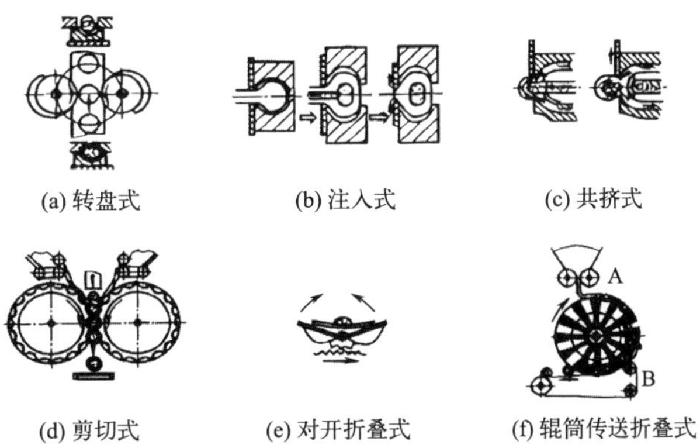

图 8-23　包馅成型方式

馅料塑性低于皮料的产品。

（五）折叠式

折叠式是模仿各种人工折叠裹包，适用于结构和形状较为复杂的产品。图 8-23(e) 为对开折叠式，通过齿轮齿条传动进行折叠包馅成型。将压延后的面坯冲切出规定形状后，放入馅料，然后经折叠完成封口及成型，适用于有封边的产品如饺子。

图 8-23(f) 为辊筒传送折叠式包馅成型机构。当压延后的面带经一对轧辊送到圆辊凹模 A 处时，面坯被吸成凹形，此时落入馅料，随着圆辊的转动，固定的刮刀将凹模周围的面坯刮起，封住开口处。当转到 B 处时，成型产品落到输送带上送出。

（六）多功能夹馅机

图 8-24 为一共挤与转盘成型联合多功能夹馅机。

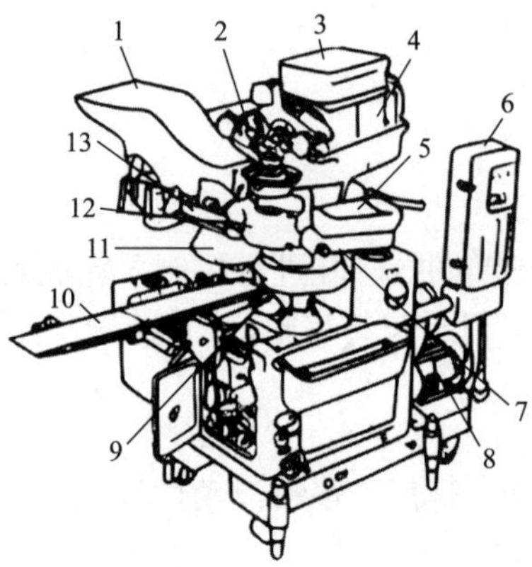

图 8-24 多功能夹馅机

1—面坯料斗；2—叶片泵；3—馅料斗；4—水平馅料供送螺旋；5—干面粉料斗；6—控制箱；7—撒粉器；8—电动机；9—托盘；10—输送带；11—成型盘；12—垂直面坯供送螺旋；13—水平面坯供送螺旋

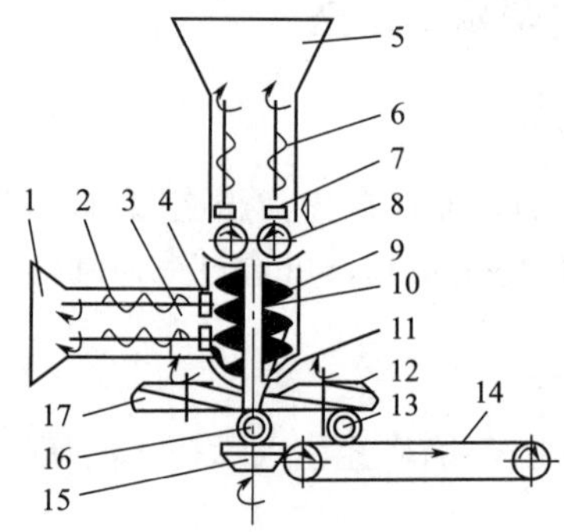

图 8-25 棒状成型夹馅机工作过程

1—面坯料斗；2—水平面坯供送螺旋；3—切刀；4—面坯压辊；5—馅料斗；6—垂直馅料供送螺旋；7—馅料压辊；8—馅料供送叶片泵；9—垂直面坯供送螺旋；10—中间输馅管；11—皮料转嘴；12—右成型盘；13—已成型产品；14—输送带；15—回转托盘；16—成型中产品；17—左成型盘

1. 主要结构

多功能夹馅机由面坯供送机构、馅料供送机构、成型机构、撒粉机构、传动系统和控制系统等组成。

2. 整机工作过程

经捏合机制得的面团放入 1 后，2 将其送出，被 3 切割成小块后，由 4 压向 9，向下推送到挤出口前端而凝集构成片状皮料。与此同时，馅料由 5，顺序通过 6、7 和 8 被压送到 9 的 10 内，9 外围的面坯在行进过程中于 11 处正好将馅料包裹在里面，形成棒状夹心，完成棒状成型。这些棒状夹心半成品继续向下行，经 17 和 12 时封口、成型，切断后掉落在 15 上，13 被 14 送出（图 8-25）。

3. 成型盘及球状成型过程

棒状夹心产品经由两个成型盘制成球形。成型盘随产品下降而向中心收缩，促进皮料中心流动，实现封口和成型后切断。夹馅机成型盘作业过程如图 8-26 所示。

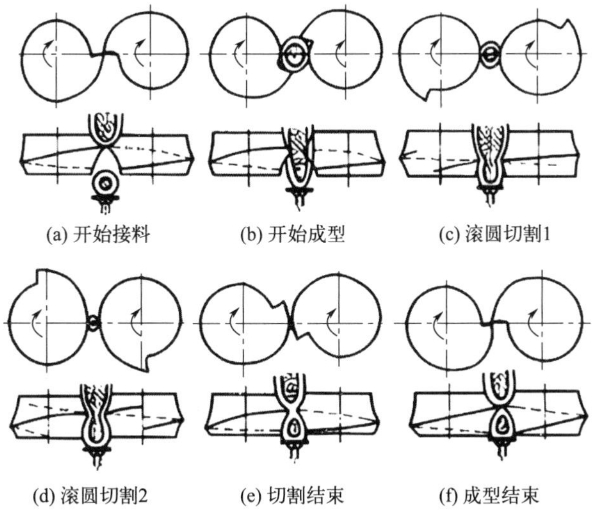

图 8-26　夹馅机成型盘作业过程

二、共挤辊切成型饺子机

饺子机成型主要有两种方法：折叠成型，先预制面皮和馅料，再通过模具对折挤压封口。共挤成型，直接制管形面皮，充馅后挤压封口并切断。图 8-27 为一共挤辊切成型饺子机，主要由馅料供送、面料供送与制皮、辊切成型和传动等机构组成。

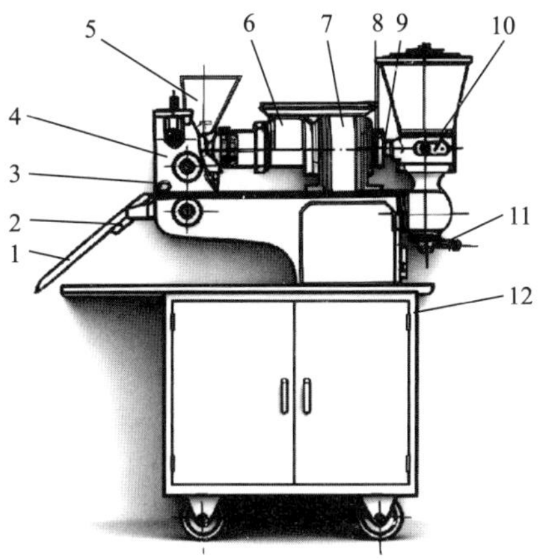

图 8-27　共挤辊切成型饺子机

1—溜板；2—振杆；3—定位销；4—成型机构；5—干面斗；6—输面机构；7—传动机构；8—调节螺母；9—馅管；10—输馅机构；11—离合手柄；12—机架

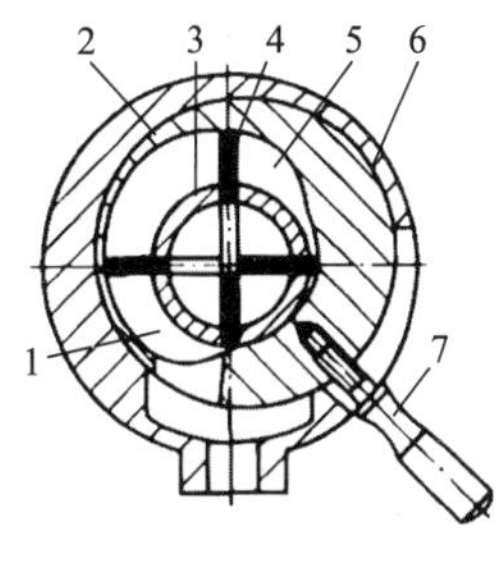

图 8-28　叶片泵的结构

1—排压腔；2—定子；3—转子；4—叶片；5—吸入腔；6—泵体；7—手柄

（一）馅料供送

馅料供送机构一般有螺旋-齿轮泵-输馅管及螺旋-叶片泵-输馅管两种组合形式。叶片泵的结构见图 8-28。

（二）面料供送与制皮

面料供送与制皮机构如图 8-29 所示。供面螺杆 5 为一个前面带有 1∶10 锥度的单头螺旋。孔板 7

位于供面螺杆输出端，有内外两圈共六个腰形孔，均分在圆周方向。这些孔在面团通过时，防止其旋转，同时使六条面棒通过孔后均匀搭接，形成厚环形面管。该面管在后续面团推动下，通过挤出嘴与内套间的狭缝，形成所需厚度的面管。通过调节螺母 8，可以改变面料输送螺旋与锥形套筒之间的间隙以调节面团的流量，还可改变挤出嘴内套 10 与挤出嘴 9 的间隙来调节成型面管的厚度。

（三）辊切成型

如图 8-30 所示，该机构主要由相向同步转动的成型辊和底辊组成。

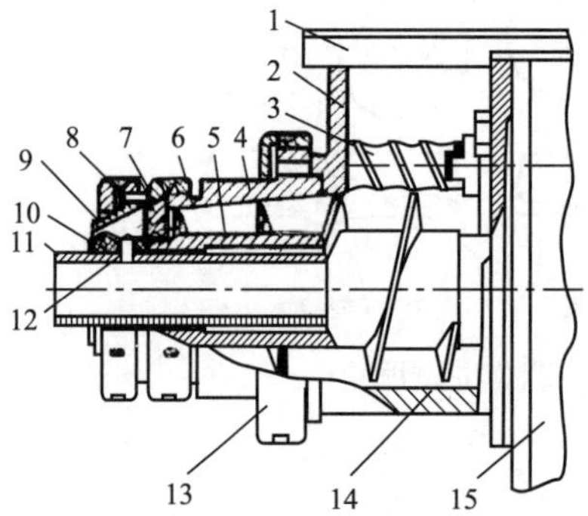

图 8-29 面料供送与制皮机构

1—面盘；2—面团料斗；3—稳定辊；4—锥形套筒；5—供面螺杆；6,13—锁定螺母；7—孔板；8—调节螺母；9—挤出嘴；10—挤出嘴内套；11—馅料填充管；12—定位销；14—面团槽；15—齿轮箱

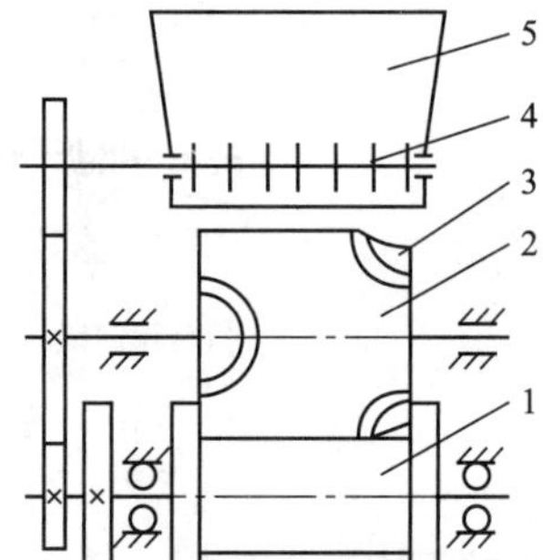

图 8-30 饺子辊切成型机构

1—底辊；2—成型辊；3—饺子凹模；4—粉刷；5—干面料斗

三、灌肠感应式包馅成型机

图 8-31 为灌肠感应式包馅成型机的结构简图。适用于制作包子和含馅糕点，由输面、输馅、成型、撒粉机构和传动系统组成。输面机构包括馅斗和螺旋输送机；输馅机构包括馅斗、螺旋输送机、压辊和叶片泵。

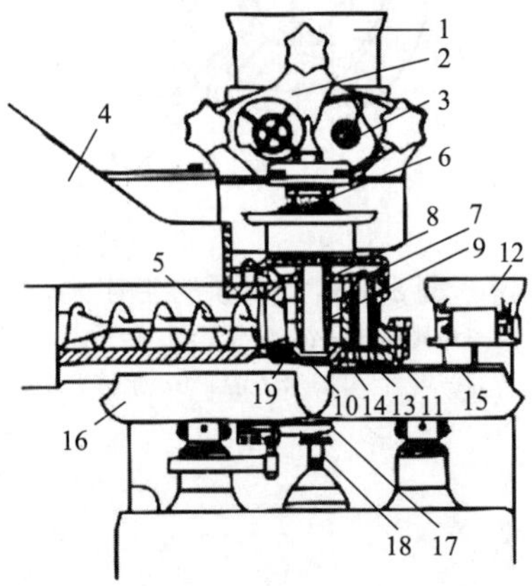

图 8-31 灌肠感应式包馅成型机结构图

1—供馅料斗；2—喂馅控制泵；3—供馅螺旋输送机；4—供面料斗；5—供面螺旋输送机；6—供馅导管；7—混合嘴驱动齿轮；8—回转支座；9—回转嘴；10—回转环；11—混合嘴；12—面粉斗；13—面粉刷；14—撒粉销钉；15—撒粉盘；16—成型盘；17—成品拨动杆；18—平衡盘；19—止推垫片

四、馄饨成型机

（一）主要结构

馄饨成型机的结构如图 8-32 所示，主要由制皮机构、供馅机构、折叠成型机构及传动系统等组成。

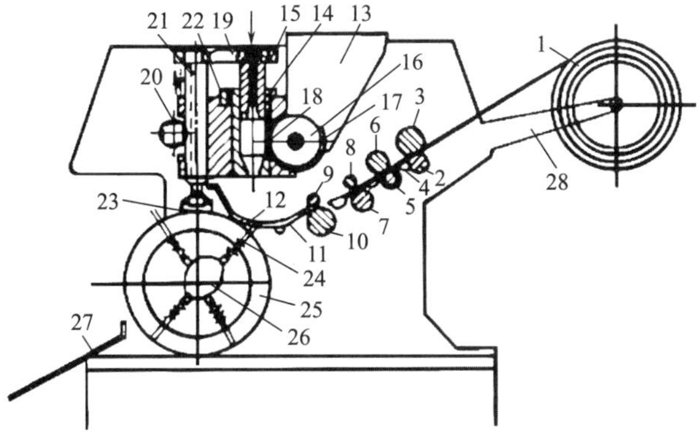

图 8-32　馄饨成型机结构

1—面带；2—下浮动平整辊；3—上浮动平整辊；4—导板；5—纵切底；6—纵切辊；7—横切底辊；8—横切辊；9—浮动压辊；10—加速辊；11—翻板；12—盲型板；13—馅斗；14—馅管；15—下馅冲杆；16—螺旋叶片；17—刮刀；18—进馅口；19—连接板；20—齿轮；21—齿条；22—调馅齿条；23—浮动导柱；24—浮动顶杆；25—盲型辊筒；26,27—凸轮；28—弹簧

（二）成型工作原理

按设计工艺动作的要求，馄饨成型机要完成制皮、冲压供馅及折叠成型等三项操作。

制皮：面带经间隙为 0.8mm 的一对平整辊（下浮动平整辊和上浮动平整辊）导入制皮机构，由纵切底和纵切辊、横切底辊和横切辊，把面带切成两块 80mm×90mm 的馄饨面皮。然后经加速辊的加速输送，面皮被快速输送到盲型板上定位待用。加速辊用于连续制皮与供馅间缓冲，调节送皮速度可调生产节奏，但需防面皮变形与定位偏差，应合理控制其直径和转速。

冲压供馅：馅斗中的馅料通过螺旋叶片推至进馅口，并由刮刀压入馅管。进馅口的开口大小通过调馅齿条调节，以控制压入馅料量。馅料进入馅管后，为克服由于馅料的黏滞性所引起的内外粘接现象，由齿轮和齿条带动下馅冲杆，将馅料定量下压至出馅口。随后，柱塞泵产生的压缩空气瞬间喷入馅管，将馅料吹落在面皮上。

折叠成型：馄饨成型机折叠成型由定位、一次对折、二次对折、U 形折弯（图 8-33）及搭角冲合五个工步完成。

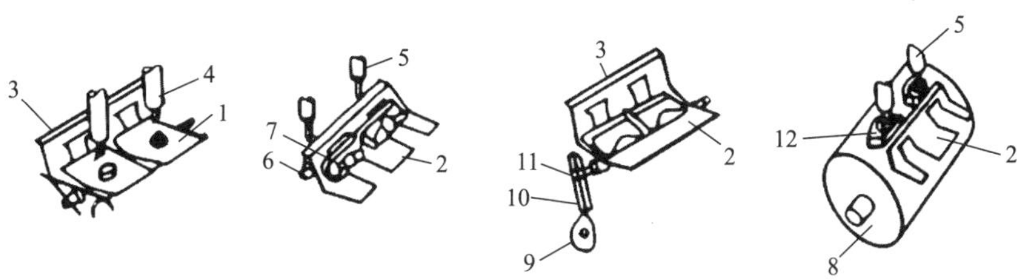

(a) 定位　(b) 一次对折　(c) 二次对折　(d) U形折弯

图 8-33　折叠成型示意图

1—面带；2—翻板；3—盲型板；4—馅管；5—齿条式搭角冲杆；6—浮动导柱；7—浮动顶杆；8—盲型辊筒；9—凸轮；10—齿条；11—齿轮；12—馄饨

第五节　食品成型机械与设备最新研究进展及应用

一、食品成型设备的最新研究趋势

（一）数字化控制和自动化

食品成型设备使用传感器、嵌入式系统和智能控制算法，可以实现更高效、更精确的食品成型过程。不仅生产效率高，还确保了产品的一致性。

（二） 3D打印食品

3D 打印技术可以创建复杂的食品结构，实现个性化定制食品制造。

（三）可持续和创新的材料

一些新型的成型技术开始采用可再生资源或生物可降解材料，以减少对环境的影响。

（四）精准调控的加工技术

进一步发展的食品成型技术允许对温度、湿度、压力等参数进行更加精准的调控。这对于一些对加工条件敏感的食品非常重要，可以提高产品质量。

（五）新型成型工艺的应用

超声波成型、电场辅助成型等新型成型工艺的应用也在逐渐增多。这些技术可能会改变传统的成型方式，带来新的产品特性。

（六）智能化监测和质量控制

利用大数据、物联网和人工智能等技术，可以实现对生产过程的实时监测和质量控制。这有助于快速发现问题并提高产品质量。

（七）个性化定制和快速响应制造

随着个性化食品需求的增加，食品成型设备也朝着实现快速响应和个性化定制方向发展，以满足不同消费者的口味和偏好。

二、 3D打印技术简介

（一）食品 3D 打印技术分类

3D 打印技术可以分为 3 种类型：生物驱动型、自下而上型和自上而下型。生物驱动型 3D 打印机可以有效解决传统畜牧业养殖、后续加工生产出现的高污染、高消耗、不可持续等问题。细胞培养肉 3D 打印平台的搭建，也将部分/全部解决传统养殖业、食品行业中面临的问题。

（二）食品 3D 打印平台设计

食品 3D 打印平台，主要分为商业化/通用型和自主开发型 3D 打印平台。它包括 X-Y-Z 三个坐标轴、分配/烧结单元和用户界面。通过一个计算机控制的送料系统，可以及时调控食品制造全过程。

（三）食品 3D 打印实施方案

挤出型、粉体凝结型和喷墨型是三种常用的食品 3D 打印技术，图 8-34 展示了它们的工作原理。挤出型食品 3D 打印通过数字化控制挤出过程，逐层打印，最终得到三维食品。粉体凝结型食品 3D 打印机，通过将粉末逐层凝结，形成一个完整的 3D 打印模型。喷墨 3D 打印配有类似普通打印机的“喷墨”装置，采用局部打印的形式，利用食品原料自身重力引起沉积实现 3D 打印。

（四）食品 3D 打印原料

现有的食品打印原料可以分为 3 种类型：天然可打印食品原料、不可打印食品原料以及选择性打印食品原料。天然可打印食品原料包括亲水胶体、蛋糕糖霜、干酪、豆泥及巧克力、意大利面团等，这些

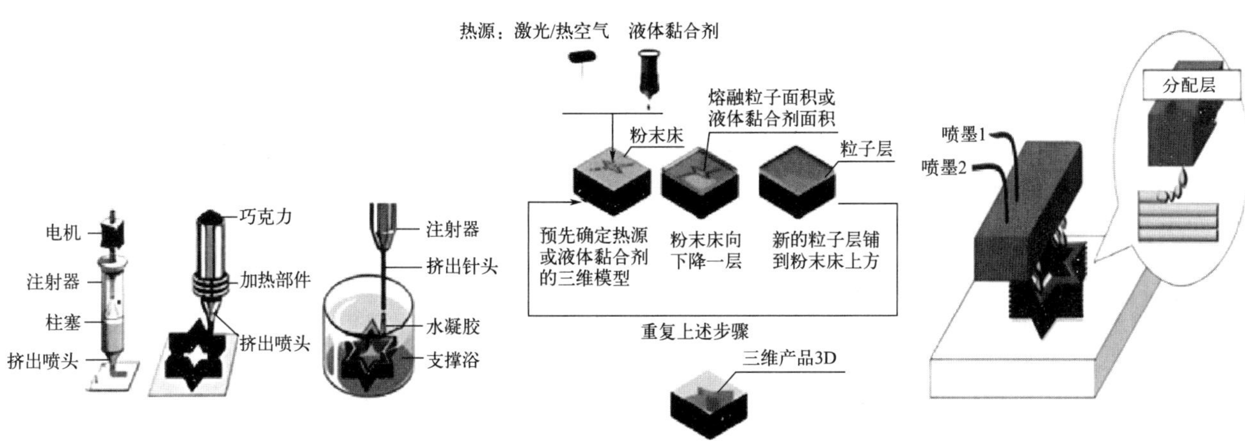

图 8-34　挤出型、粉体凝结型和喷墨型食品 3D 打印原理

食品原料能够通过打印喷射口的挤压顺利流出，这类可打印食品原料在打印食品沉积、成型后较为稳定，整体风味较好。不可打印食品原料绝大多数来自固体或半固体食品，如大米、肉、蔬菜等，这类食品本身不具备可打印原料特性，如果提升这类食品 3D 打印的挤压和质构特性，需要辅助添加亲水胶体和酶制剂。选择性打印食品原料包括藻类、真菌类、羽扇豆等，这类新食品资源能够提供丰富的蛋白质和纤维素。将这类食品原料磨成粉状，与冰、干酪等食品原料混合能够促进 3D 打印食品独特风味的形成。

三、 3D 打印技术在食品工业领域的应用

（一） 3D 打印果蔬、甜点、粉质类食品

甜点、粉质类食品的多元化开发满足消费者对于个性化饮食的消费需求。巧克力、面团、奶酪、果蔬切片、水凝胶以及代餐粉类食品原料大多属于可打印或者选择性打印食品原料。

果蔬、甜点、粉质类食品的 3D 打印研究主要集中于开发零食，满足个性化消费需求，大多经过 3D 打印后可以直接食用。如果经常食用 3D 打印甜点类食品，往往因为糖、油脂含量高引发慢病风险，未来这类 3D 打印食品的开发可以考虑逐步降低糖、油脂用量，满足多元化人群的营养和消费需求。

（二） 3D 打印畜产品、水产品和细胞培养肉

目前，关于 3D 打印畜产品、水产品，仅有少量研究以畜产品、水产品这种纤维化肉质为研究对象。肉/水产品属于不可打印食品原料。3D 打印细胞培养肉主要在细胞大规模增殖、分化阶段后期，通过打印“细胞肉墨”，达到批量生产具有组织结构肉的目的（图 8-35）。

（三） 3D 打印特殊食品

3D 打印特殊食品的开发除了能够满足正常人群的营养需要，它还能满足患有慢性或特殊疾病人群的营养需求。目前，很多 3D 打印食品在某种程度上实现了食品构型多元化，但它在营养价值方面打了折扣。因此，3D 打印食品的开发要逐步平衡其内部营养；这类 3D 打印食品会着重考虑多元化人群营养平衡需要，降低不必要食品原料比例，提高健康食材占比。

四、食品 3D 打印技术未来发展

当今，越来越多的定制化、“精准”饮食应运而生，食品 3D 打印技术受到广泛关注。从打印原始食品原料发展到 3D 打印细胞培养肉，食品 3D 打印技术不断走向成熟。如何在融合 3D 打印技术与食品工业的基础上，开发更多高品质的食品，在食品生产链中实现高效率和批量生产，食品 3D 打印技术能

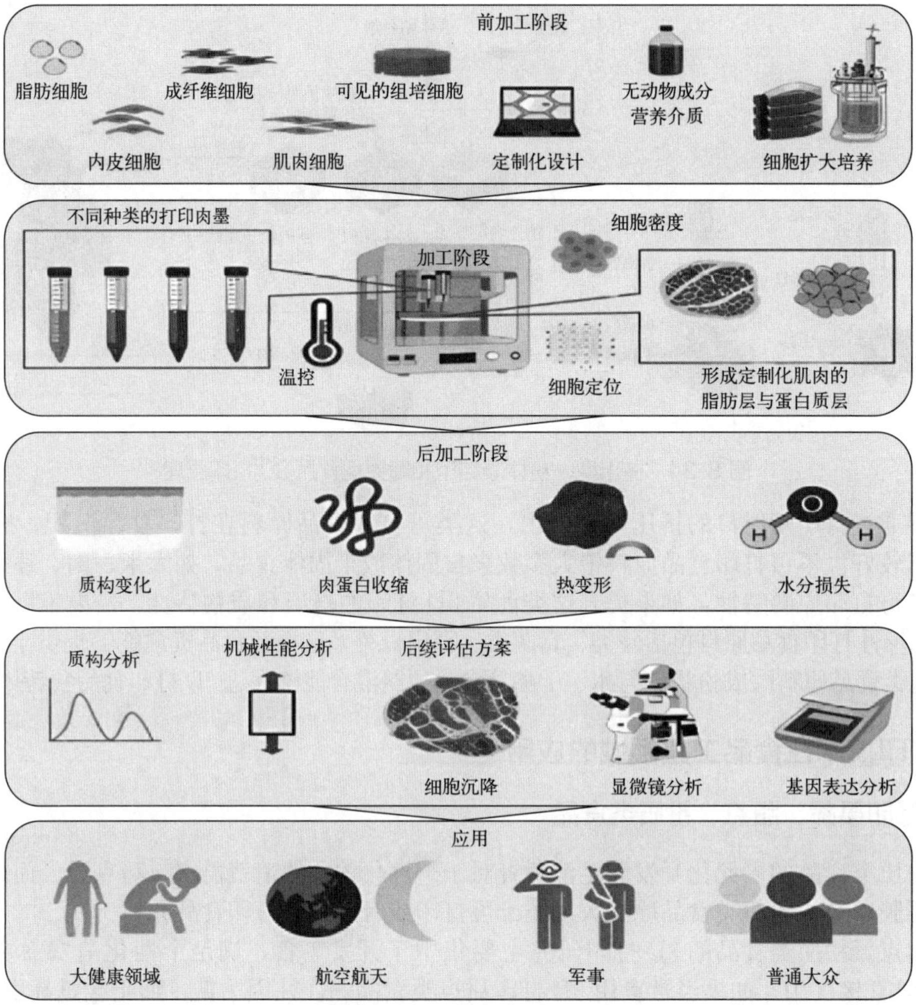

图 8-35　培养肉 3D 打印

否部分或全部取代传统食品生产技术，实现食品生产的可持续发展，能否为食品营养健康产业带来新革命，需要做更多的基础开发工作来验证。

总结

- **食品成型机械设备的分类**

  压延成型机、模压成型机、搓圆成型机、包馅成型机。

- **不同成型机械设备的主要类型**

  压延成型机械：卧式压延机、立式压延机、多层压延机。

  模压成型机械：冲印式饼干成型机、辊印式饼干成型机、辊切式饼干成型机。

  搓圆成型机械：伞形搓圆机、桶形搓圆机、输送带式搓圆机、盘式馒头搓圆机、网格式面包成型机、旋转式食品搓圆装置。

  包馅成型机械：共挤辊切成型饺子机、灌肠感应式包馅成型机、馄饨成型机。

- **不同食品成型机械设备的基本结构、工作原理和应用场景。**
- **结合典型食品加工工艺流程，深刻理解不同食品成型机械与设备在相关食品加工过程中扮演的关键作用。**

思考练习

（一）食品成型机械与设备按原理可分为哪几种？各有何特点？
（二）简述冲印成型机械的工作过程。
（三）简述辊印成型的工作原理。
（四）简述辊切成型机与辊印成型机的主要区别。
（五）影响辊印成型工作质量的主要因素有哪些？

第九章　杀菌机械与设备

知识导图

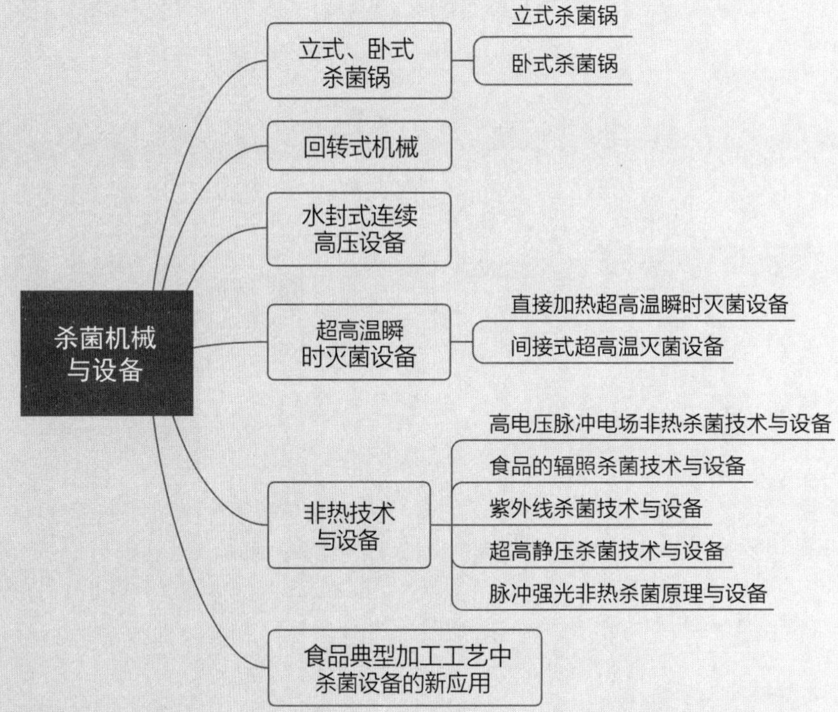

学习目标

- 掌握杀菌的基本概念，杀菌机械的基本工作原理以及设备的功能。了解间歇式杀菌、连续式杀菌、超高温瞬时杀菌等方法的优缺点。
- 熟悉杀菌机械与设备的种类。掌握它们的工作原理和应用领域。
- 学会选择不同工艺方法适用的杀菌设备，能够根据原料和工艺的特性，来进行杀菌机械与设备的合理选型，以达到预期的结果。
- 了解各种杀菌技术以及杀菌设备的异同，便于选择利用杀菌技术。

第一节　立式、卧式杀菌锅

一、立式杀菌锅

（一）锅体

锅体用钢板压制成圆筒后焊接而成，底部封头多为球形。内壁装有垂直导轨，使杀菌篮与内壁保持一定距离，以利水的循环。锅口周边铰接有与锅盖槽孔相对应的蝶形螺栓，作为夹紧锅盖和锅体的构件。锅口的边缘凹槽内嵌有密封填料，保证杀菌时密封良好。为减少热损失，最好在锅体外包上一定厚度的石棉保温层（图 9-1）。

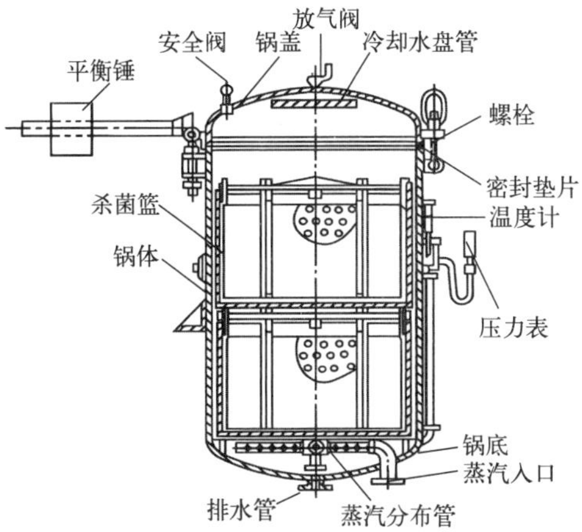

图 9-1　立式杀菌锅

（二）锅盖

锅盖为椭圆形封头，铰接于锅体后部边缘，圆周边缘均匀地分布着槽孔，数量与锅体上的蝶形螺栓对应，以紧闭锅盖和锅体。拧开蝶形螺栓，锅盖可借助平衡锤开启。另需配备起吊工具或设备、杀菌吊篮、仪器仪表、空气压缩机等附属设备。空气压缩机是在反压杀菌和反压冷却时，从压缩空气管通入压缩空气用的，目的是在杀菌、冷却时，平衡罐头内外的压力，避免跳盖、变形等事故发生。

二、卧式杀菌锅

（一）锅体

锅体为钢板制成的卧式圆柱形筒体，一端为椭圆封头，另一端铰接一锅盖。杀菌锅内下部装有小车进出轨道，此轨道与车间地面同高，方便小车推进卸出。蒸汽管装在轨道之间，较轨道低。锅体一般置于地坑内，以利水的排放（图 9-2）。

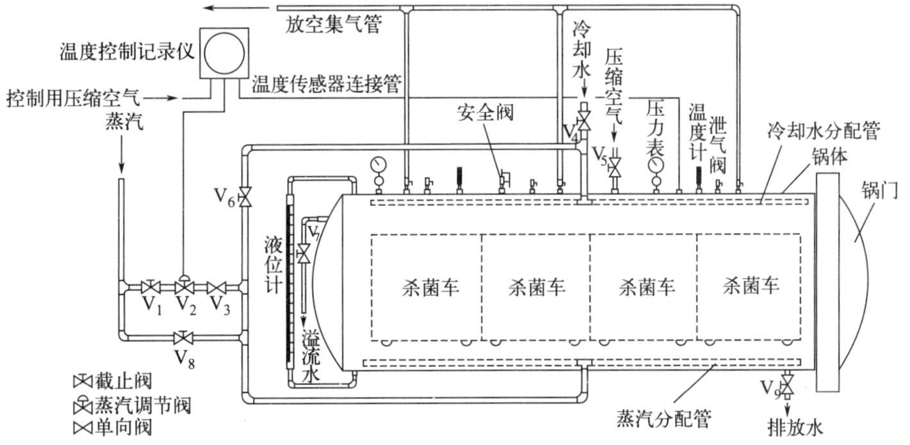

图 9-2　卧式杀菌锅

（二）锅门

锅门为椭圆形封头，铰接于锅体上，向一侧转动开闭。门外径较锅体口稍大，锅体口端面有一圆圈凹槽，槽内嵌有弹性而耐高温的橡皮圈，门和锅体的铰接采用自锁楔形块锁紧装置，即在转环及门盖边缘有若干组楔形块，转环上配有几组活动滚轮，使转环可沿锅体转动自如。

门关闭后，转动转环，楔形块就能互相咬紧而压紧橡胶圈，实现锁紧和密封。转环反向转动时，楔形块分开，门即开启。

卧式杀菌锅亦需配备进出锅设备、吊篮、仪器仪表、空气压缩机等附属设备。

第二节　回转式机械

该设备能使罐头在杀菌过程中处于回转状态，全过程由程序控制系统控制，主要参数如压力、湿度和回转速度等均可自动调节与记录，属间歇式杀菌设备。

一、结构

热水锅用于制备杀菌锅使用的过热水，为圆筒形密闭容器。自动装篮机把罐头装入杀菌篮内，每层罐头之间用带孔的软性垫板隔开。用小车将杀菌篮送入锅内带有滚轮的轨道上。锅内装满杀菌篮时，用压紧机构将罐头压紧固定，再挂上保险杆，以防杀菌完毕启锅时杀菌篮自动溜出。

回转式杀菌锅可自动控制，目前的自控系统大致分为两种形式：第一种是将各项控制参数标示在塑料冲孔卡上，操作时只要将冲孔卡插入控制装置内，即可进行整个杀菌过程的自动程序操作；第二种是由操作者将参数在控制盘上设定后，按启动电钮，整个杀菌过程也就按自动程序操作（图 9-3）。

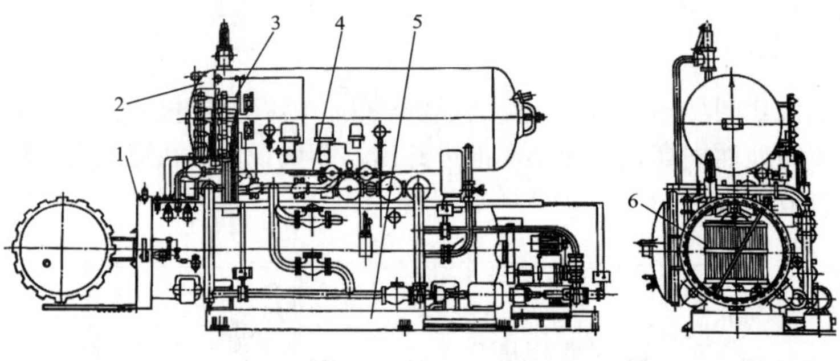

图 9-3 回转式杀菌锅

1—杀菌锅；2—热水锅；3—控制管路；4—水汽管路；5—杀菌篮；6—控制柜

二、工作过程

回转式杀菌锅一次杀菌周期通常分为 8 个操作程序，每个程序均由指示器显示。有些设备每个程序中的阀门、泵、压缩机等的工作状态，储水锅和杀菌锅的液位等参数还可以从控制流程盘上清楚地显示出来。

这 8 个程序是：制备过热水；向杀菌锅送水；加热升温；杀菌；热水回收；冷却；排水；启锅。

三、杀菌特点

（一）杀菌均匀

由于回转杀菌篮的搅拌作用，加上热水由泵强制循环，使锅内热水形成强烈的涡流，水温均匀一致，达到产品杀菌均匀的效果。

（二）杀菌时间短

杀菌篮回转，传热效率提高，对内容物为流体或半流体的罐头更显著。

（三）有利于产品质量的提高

由于罐头回转，可防止肉类罐头油脂和胶冻的析出，对高黏度、半流体和热敏性的食品，不会产生因罐壁部分过热形成黏结等现象，可以改善产品的色、香、味，减少营养成分的损失。

（四）节省蒸汽

由于过热水重复利用，节省了蒸汽。

（五）压力自动调节

杀菌与冷却压力自动调节，可防止包装容器的变形和破损。

（六）主要缺点

设备较复杂，投资较大，杀菌过程热冲击较大。

第三节　水封式连续高压设备

近年来，罐头生产线正向高速度处理产品方向发展，最快杀菌速度达每分钟 1000 罐以上。其另一个特点是高温短时杀菌。同时，以转动杀菌代替静止杀菌已成为必然的趋向。水封式的特点是设计了一种叫鼓形阀（或叫水封阀）的装置，它可使罐头不断进出杀菌室中，而又能保证杀菌室的密封，保持杀菌室内的压力与水位的稳定［图 9-4(a)］。罐头从自动供罐装置进入输送链上，然后进入鼓形阀，鼓形阀浸没水中，因此称为水封式。该设备在杀菌过程中罐头是滚动的，因而热效率较高，杀菌时间可更短些［图 9-4(b)］。

从鼓形阀进入杀菌室中的罐头，由环式输送链的传送器带动，在杀菌室内折返数次进行杀菌，因此设计了一条平板链（或导轨），罐头就放置其上，平板链运动方向与传送器相反，由于传送器与平板链之间的相对运动，所产生的摩擦力使罐头回转，回转的速度因产品不同而不同，一般为 10～30r/min。若不需回转时，则可去掉传送器下面的导轨，或使平板链运动方向与传送器一致且线速相同即可。通过改变罐头的回转数可调节罐头的加热量，因此，在调换品种时，杀菌时间可以不变，改变罐头回转数即可。

罐头经杀菌室杀菌后进入加压冷却槽，杀菌室与加压冷却槽之间用钢板隔开，并包上绝缘性能好的材料。从外表看好像是一个整体的锅，而实际上锅分两层，上层为杀菌室，下层为加压冷却槽。冷却槽要经常补充冷水，并且使其强制循环。加压冷却后的罐头从鼓形阀中出来在传送器上进行常压冷却，罐头在这里仍然保持自身的滚转，以达到快速冷却的目的。当冷却至温度 40℃左右时，罐头从自动排罐装置中排出，从而完成整个杀菌冷却的过程。

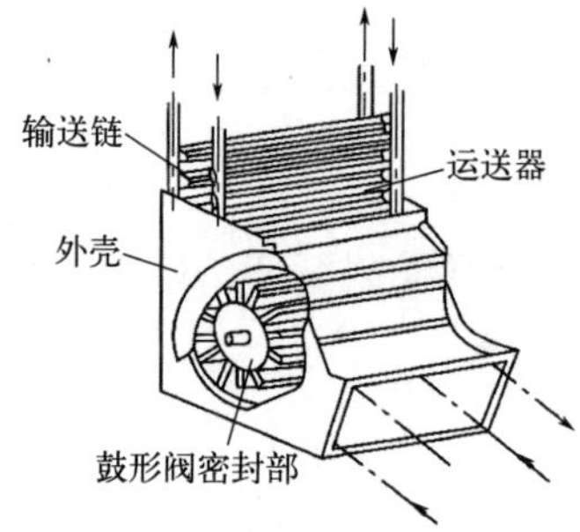

(a)

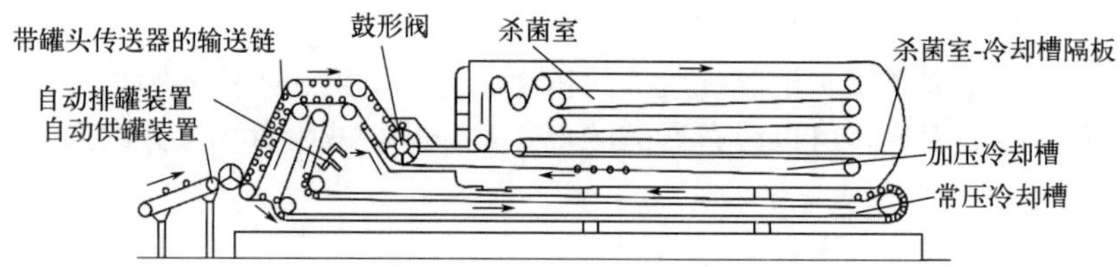

(b)

图 9-4 水封式连续杀菌设备结构示意图

第四节　超高温瞬时灭菌设备

超高温瞬时灭菌（UHT）是一种先进的食品杀菌技术，其原理是将食品在极短时间内加热至超高温，从而达到灭菌效果。相较于传统的120℃杀菌温度，UHT将温度提升至135～145℃，只需3～5s即可彻底杀灭微生物孢子。UHT的独特之处在于，随着温度的提高，微生物孢子的死亡速度远快于食品质量劣变的速度。这意味着UHT可以在完全灭菌的同时，最大限度地保留食品原有的色泽、香气和口感。对于牛奶、果蔬汁等热敏性食品而言，这一特性尤为重要。

典型的UHT设备主要由以下部分组成：预热器、杀菌器、冷却器、均质机和原位清洗（CIP）系统。在生产过程中，流体食品经泵和均质机连续输送，依次经过预热、杀菌、冷却等工序，最后送入无菌包装机。整个过程由自动控制系统精确管理。CIP系统则负责在设备启停时对全套设备进行彻底清洗，确保生产环境的无菌状态。UHT技术可分为直接加热和间接加热两种方式。直接加热法利用蒸汽或电阻加热直接作用于物料，传热效率高但控制难度大。间接加热法则通过热交换器进行加热，操作更为稳定。无论采用哪种方式，UHT设备都必须保证物料能在瞬间达到超高温并迅速冷却，以最大限度地保护食品品质。

一、直接加热超高温瞬时灭菌设备

（一）蒸汽加热式超高温瞬时灭菌设备

蒸汽加热器主要分为两种类型：喷射式和注入式。喷射式加热器将蒸汽直接喷入物料中，而注入式是将物料注入蒸汽流中进行加热。

1. 喷射式超高温瞬时灭菌设备

喷射式超高温瞬时灭菌技术有多种类型，其基本原理是利用蒸汽喷射迅速将物料加热至约140℃，随后通过真空罐快速冷却至80℃左右。具体流程如下：物料由供液泵从平衡槽中抽出，依次经过第一、第二预热器，温度升高至75～80℃。随后，物料经自动流量调节阀进入蒸汽喷射加热器，在此喷入压力为 1MPa 的蒸汽，使物料温度瞬间升至灭菌温度，物料在保温管中保持此温度约 2.4s 进入闪蒸罐；在闪蒸罐内，由于压力骤降，物料中的水分快速蒸发，吸收大量热量，物料温度降至 77℃左右。闪蒸罐通过冷凝器和真空泵维持一定的真空度，以确保喷入物料的蒸汽全部蒸发并能排除存在的异味。部分排出的蒸汽被回收用于第一预热器，预热即将进入系统的冷物料（如图 9-5）。这种灭菌方法不仅能有效杀灭微生物，还能最大限度地保持食品的营养和风味。

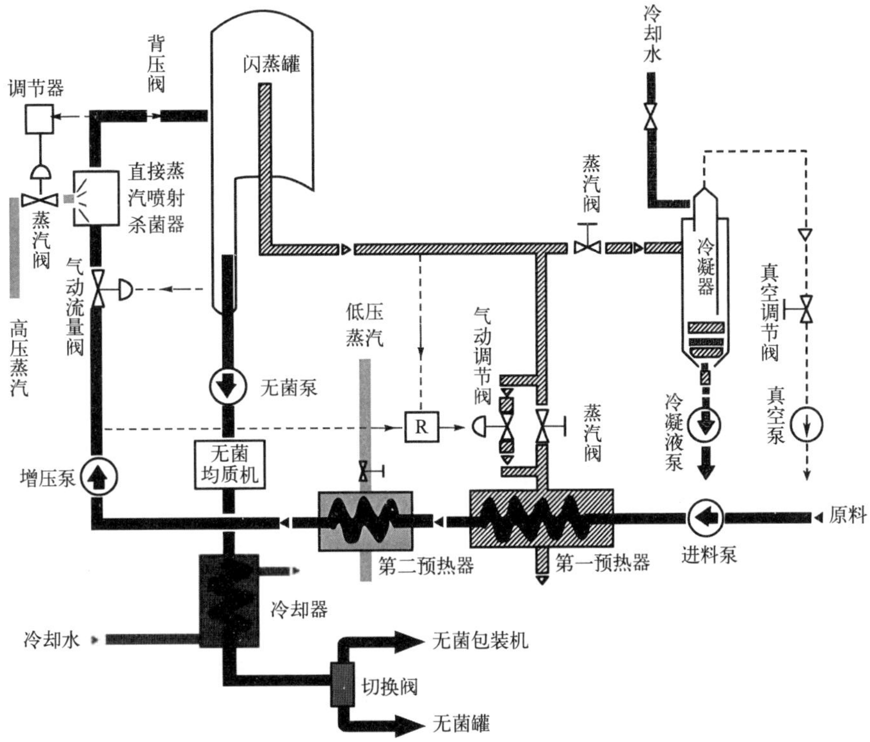

图 9-5 直接蒸汽喷射式超高温瞬时灭菌装置流程图

2. 注入式超高温瞬时灭菌设备

注入式超高温瞬时灭菌技术有多种类型，基本原理：将物料注入到过热蒸汽加热器中，利用蒸汽瞬间将物料加热至灭菌温度，从而完成灭菌过程。这一原理与蒸汽喷射式灭菌相似。

其工艺流程如下：物料由泵从平衡槽输送至第一预热器，与来自闪蒸罐的热水进行热交换；经过第一预热器后，物料进入第二预热器，由加热器排出的废蒸汽进一步加热至 75℃。预热后的物料注入加热器，加热器内充满温度约为 140℃的过热蒸汽，并通过调节器保持恒温。预热物料从喷头以细小微粒形式喷出，溅落到容器底部时瞬间被加热至灭菌温度。同时，水蒸气、空气及其它挥发性气体从顶部排出，进入第二预热器，用于预热来自第一预热器的物料。加热器底部的热物料在压力作用下强制喷入闪蒸罐，由于突然减压，物料急剧膨胀，温度迅速降至约 75℃，同时蒸发多余水分，恢复至原有含水量；大量水蒸气从闪蒸罐顶部排出，在第一预热器处冷凝，在闪蒸罐内形成部分真空。真空泵将加热器和闪蒸罐中的不凝性气体抽出，进一步降低两容器内的压力。聚集在闪蒸罐底部的无菌物料经无菌泵抽出，进入无菌冷却器，用冰水冷却至 4℃。最后，冷却后的无菌物料送入无菌包装机进行包装。这种灭菌方法可以有效地保持物料的品质，同时确保产品的安全性和稳定性。

（二）电阻加热式超高温瞬时灭菌设备

电阻加热式超高温瞬时灭菌系统的特点在于其创新性地结合了电阻加热和常规热交换技术。该系统在物料加热环节采用电阻加热方式，而在冷却阶段使用常规热交换器。根据物料的特性，可灵活选择板式、管式或刮板式热交换器，充分发挥电阻加热的优势，同时最大限度地减少对物料结构的破坏。

在投产前，系统需要进行全面的消毒灭菌处理。无菌集液罐、无菌产品罐及连接管阀等设备采用高温蒸汽消毒；而电阻加热器、保温管和冷却热交换器则使用特定浓度的硫酸钠溶液进行预消毒，该溶液的导电率应与加工物料相近。灭菌过程中，灭菌液由进料泵输送，依次通过电阻加热器、保温管、冷却热交换器，最后回流至进料泵，形成一个循环系统，对器具进行消毒灭菌。灭菌液的温度通过调节加热器的电流来控制，同时利用背压阀维持系统的背压。完成消毒灭菌后，灭菌液经热交换器冷却，随后排放或回收利用。这种设计不仅提高了灭菌效率，还确保了产品质量，是食品和医药行业的理想选择。

二、间接加热超高温瞬时灭菌设备

间接加热超高温瞬时灭菌设备根据热交换器类型不同有板式、环形套管式、刮板式和列管式几种（图 9-6）。

（一）板式超高温瞬时灭菌设备

该设备的主要组成部件包括换热片、温度调节系统、温度保持器与自动记录仪、物料泵和热水泵等。其核心部分由多层带有花纹的换热片依次叠压在框架上构成。运行时，加热（或冷却）介质与待处理液体在相邻两片间流动，通过金属片进行热交换。由于金属片面积大且流动液层薄，因此具有优异的传热效果。换热片的数量取决于物料传热系数、流量、初始温度、最终温度以及加热（或冷却）介质等因素。

（二）环形套管式超高温瞬时灭菌设备

该设备的加热器由两根不锈钢管组成双套盘管，利用内外管之间的环形空间进行热交换。工艺流程如下：物料通过供料泵进入双套盘管的外层通道，与内层通道中已灭菌的高温物料进行热交换预热。随后进入加热器，由高温桶内蒸汽间接加热至 135℃。继而在桶外单旋盘管内保温 3～6s，再进入双套盘管内层通道被进料冷却至 65℃以下。如工艺需要调整出料温度，可通过截止阀连接热源（蒸汽）或冷源（冰盐水等）进入附加的加长型双套环形盘管下端外层通道，实现物料的进一步升温或降温。可调节的背压阀不仅能维持物料在一定压力下，提高其沸点防止汽化，还可用于调节物料流量。

（三）刮板式超高温瞬时灭菌设备

该设备适用于番茄酱等黏性物料或热敏性物料的超高温瞬时灭菌和快速冷却。其特点是在轴圆周方向上布置两排聚四氟乙烯材料活动刮板，每排 3～5 块。刮板与筒壁传热面紧密接触，持续刮除与传热面接触的物料，产生强烈的传热效果。同时，物料在筒内的轴向和径向混流进一步增强了传热效果。

工作时，加热介质（蒸汽）或冷却介质（水）在夹套内流动，物料由定量泵压送并通过物料筒与搅拌轴之间的环形通道，经筒壁进行热交换。物料的流动通道约占物料筒面积的 20%～40%。通过调节轴的转速、物料流量和冷热介质压力可实现稳定的热交换。

（四）列管式超高温瞬时灭菌设备

在该设备中，物料泵将物料从暂存缸输送至灭菌器列管中，在夹套蒸汽的加热下达到灭菌温度，然后从排出管排出。三通中设有直径 7～8mm 的喷嘴，水流经喷嘴时流速增大，形成真空。这一过程会开启止逆阀，将列管加热蒸汽夹套和暂存缸夹套中的冷凝水和不凝性气体一并抽出，从而提高设备的传热系数。

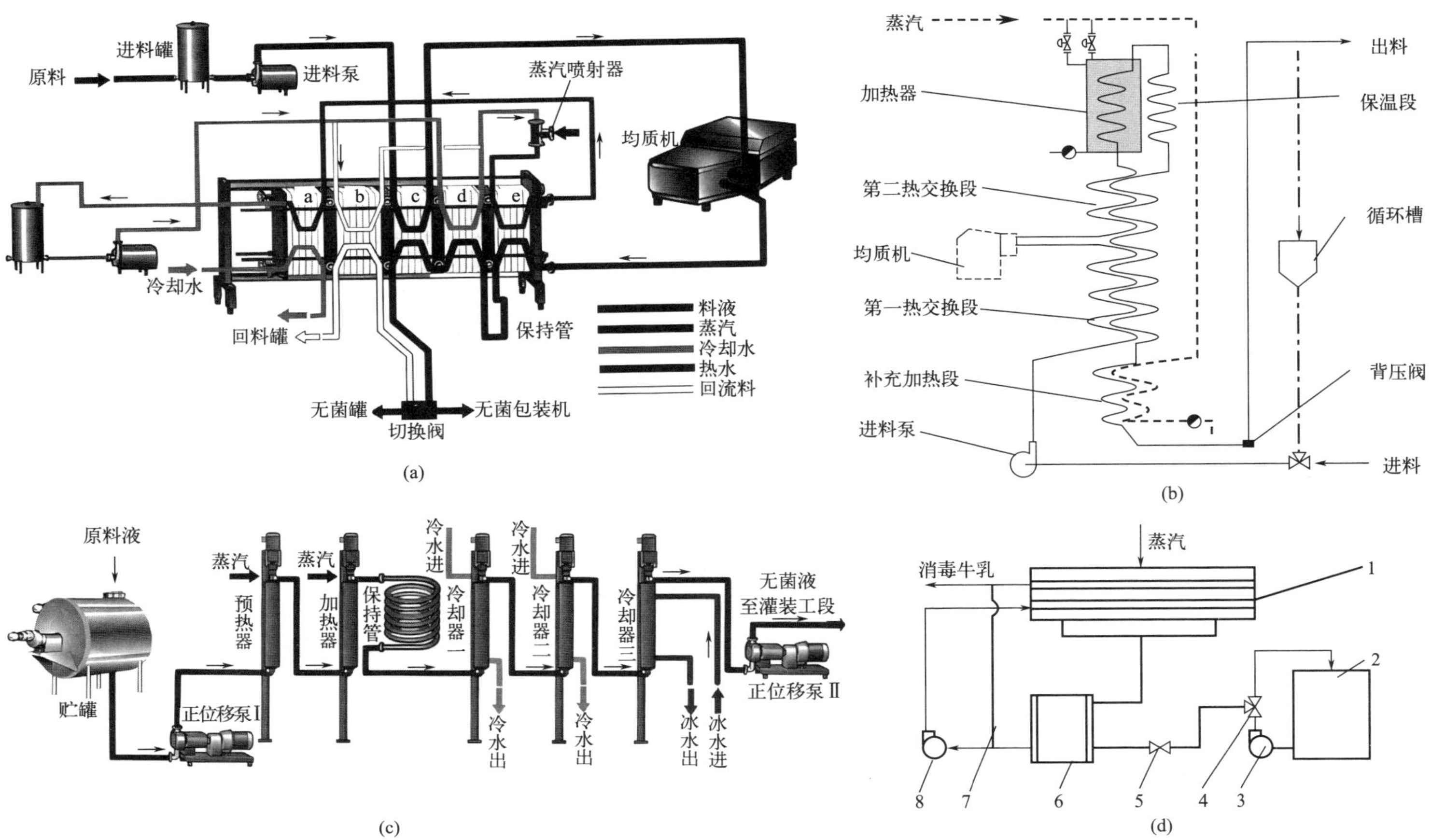

图 9-6 间接加热超高温瞬时灭菌设备

（a）板式超高温瞬时灭菌系统流程；（b）环形套管式超高温瞬时灭菌设备的工艺流程；（c）刮板式超高温瞬时灭菌设备系统流程；（d）列管式超高温瞬时灭菌设备的工艺流程

1—灭菌器列管；2—水箱；3—循环水泵；4—三通；5—止逆阀；6—暂存缸；7—回流管；8—物料泵

第九章

第五节 非热技术与设备

一、高电压脉冲电场非热杀菌技术与设备

高电压脉冲电场（high-intensity pulsed electric fields，PEF 或 HIPEF）非热杀菌技术是把液态食品作为电介质置于杀菌容器内，与容器绝缘的两个电极通以高压电，产生电脉冲进行间隙式杀菌，或者使液态食品流经脉冲电场进行连续杀菌的加工方法。PEF 技术用于液态食品杀菌是目前杀菌工艺中最为活跃的技术之一，其处理对象是液态或半固态食品，包括酒类、果蔬泥汁、饮料、蛋液、牛乳、豆乳、酱油、醋、果酱、蛋黄酱、沙拉酱等。

（一）高电压脉冲电场非热杀菌的特点

1. 能耗低

杀菌时间短，一般 μs 到 ms 级，能耗很低，杀死 99%的细菌，每毫升所需能量为数十到数百焦耳。每吨液态食品灭菌耗电约为 0.5～2.0kW·h，是高温杀菌能耗的 1/1000 或 1/100，远远低于超声、微波及其它杀菌方法。

2. 对食品的营养、物性影响小

杀菌时的温升一般小于 5℃，可有效保存食品的营养成分和天然特征。

3. 杀菌效果明显

细菌的存活率可下降 9 个对数周期［$\lg(N/N_0)=-9$，其中，N、N_0 分别为处理后及处理前的活菌数目］或更多。若条件掌握得好，杀菌率可达到商业无菌的要求。

（二）高电压脉冲电场的基本原理

1915 年就有关于用电处理牛奶被供应到利物浦的报道。高电压脉冲杀灭微生物是在 1960 年提出的。Dovenspeck 发展了高电压脉冲应用，用来击穿食品原料细胞的方法被进一步发展到使微生物失活。近几年，PEF 技术也在电穿孔、电融合和食品保藏中得到利用。

液态食品原料通常被看成电导体，它们具有很高的离子浓度，可以使电荷移动。为了在食品中产生高强度脉冲电场，就必须在非常短的时间内通过一个大电流，并且脉冲之间的时间间隔比脉冲宽度长得多，满足电容的慢速充电和快速放电的特点。常用的脉冲波形主要有指数衰减波形［图 9-7(a)］和矩形波形［图 9-7(b)］。

（三）高电压脉冲电场的杀菌处理系统

高电压脉冲电场杀菌处理系统的实验装置由 6 个主要部分组成：高电压电源、能量储存电容、处理室、输送食品使其通过处理室的泵、冷却装置以及电压、电流、温度测量装置和用于控制操作的电脑。用来作为电容充电的高电压电源是一个普通直流（DC）电源。另一种产生高电压的方法是用一个电容器充电电源，即用高频率的交流电输入，然后供应一个重复速度高于直流电源的指令充电。

储存在电容中的能量几乎以一个非常高的能量水平被瞬间（10^{-6}s 内）释放。需要使用能够在高能量和高重复速度下具有可靠操作性的高电压开关才能实现放电。如流通式高电压脉冲电场杀菌设备为不锈钢同轴心三重圆筒形状，中间和里面两圆筒之间夹层部分为杀菌容器；外面和中间两圆筒之间在需要时加冷却液，也控制夹层杀菌容器内的温度；里面圆筒接脉冲电源正极，中间和外面圆筒接地（图 9-8）。

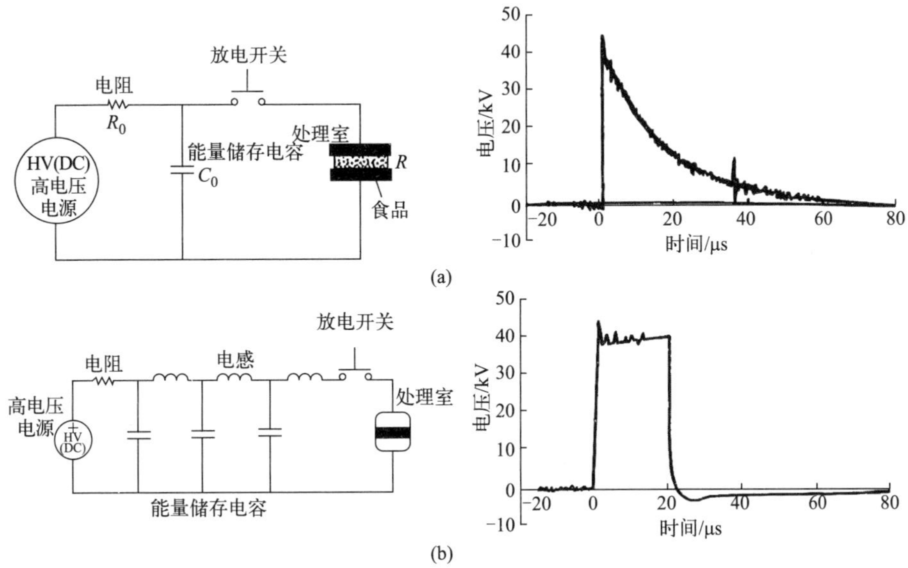

图 9-7　高电压脉冲电场波形及产生电路图

（a）指数衰减波形与产生电路；（b）矩形波形与产生电路

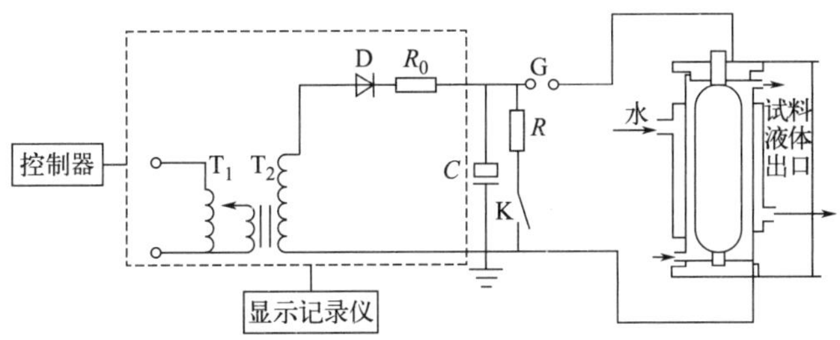

图 9-8　流通式高电压脉冲电场杀菌设备

脉冲放电冲击波杀菌设备的杀菌槽本体为直径 400mm 的球体，在 40mm 间隔的放电器 G 上施加来自脉冲电源 PS 的高压脉冲。

二、食品的辐照杀菌技术与设备

食品辐照（food irradiation）是利用电离辐射照射食品（包括原材料），以延缓新鲜食物某些生理过程（如发芽和成熟）的发展，或对食品进行杀虫、消毒、杀菌、防霉等处理，从而达到延长保藏时间和稳定、提高食品质量的目的。食品辐照杀菌是一种非热杀菌方法，可达到商业无菌的要求。近年来，世界各国食品辐照研究和应用呈现向实用化和商业化发展的总趋势。

（一）食品辐照杀菌的特点

1. 优点

①灭微生物效果显著，可根据需要调节辐射剂量；②与其它灭菌方法相比能源消耗低，仅为冷藏的 6%；③低剂量（小于 5kGy）照射不会导致食品感官上的明显变化，即使高剂量（大于 10kGy）照射，食品中总的化学变化也很小；④无非食品物质残留；⑤食品温度升高很小，可保持原有特性，冷冻状态下也可进行辐照；⑥射线穿透能均匀、瞬间即逝，可对辐照过程进行精确控制；⑦辐照处理时对包装无严格要求；⑧可改善某些食品的质量，如辐照后的牛肉更加滑、豆类更易消化等。

2. 缺点

①经杀菌剂量照射后，酶通常不能被完全灭活；②辐照处理后，食品可能会发生微小的化学变化，导致不愉快的感官变化，这些变化主要是自由基作用产生的；③辐照杀菌方法不适用于所有食品；④能够致死微生物的剂量对人体来说较高，因此必须谨慎使用。

（二）食品辐照杀菌技术原理

物质受照射所发生的变化过程包括：吸收辐射能产生化学变化、生物化学变化、细胞或个体死亡、出现遗传性变异等生物效应。当剂量较小时，辐射伤可得到恢复。

（三）食品辐照杀菌工艺与设备

1. 辐照杀菌类型

① 辐照阿氏杀菌：使食品中的微生物数量减少到零或有限个数，也称商业杀菌或辐照完全杀菌。处理后，食品可在任何条件下储藏，但需防止再次污染。主要应用于肉类制品，剂量范围为10～50kGy。

② 辐照巴氏杀菌：也称辐照针对性杀菌，只杀灭无芽孢病原细菌。适用于高水分活度的生熟易腐食品及一些干制品，剂量范围为5～10kGy。

③ 辐照耐储杀菌：可提高食品储藏性，降低腐败菌的原发菌数，并延长新鲜食品的后熟期及保藏期，剂量在5kGy以下。

2. 辐照剂量的决定因素

辐射杀灭微生物一般以杀灭90%微生物所需的剂量（Gy）来表示，即 D^{10} 值。当知道 D^{10} 值时，可按特定公式确定辐照灭菌的剂量（D 值）。如沙门氏菌是非芽孢致病菌中最耐辐照的致病菌，平均 $D^{10}=0.6$kGy，对禽肉辐照1.5～3.0kGy可杀灭99.9%～99.999%。除了肉毒芽孢杆菌外，在此剂量下，其它致病菌都可以得到杀灭。

3. 辐照杀菌装置

① γ射线辐照器：以放射性同位素 ^{60}Co、^{137}Cs 作辐射源，目前多采用 ^{60}Co。由于γ射线穿透性，几乎适用于所有食品辐射处理。但对只需表面处理的食品，效率不高，有时可能影响食品品质。

② 电子加速器辐照器：以电子加速器作辐射源，将电能转变为射线（高能电子射线、X射线）。主要有静电加速器、高频高压加速器、绝缘磁芯变压器等类型。为保证安全性，加速器能量多限制在5MeV，个别用10MeV。电子束穿透力不强，只能进行食品表面辐射杀菌处理，使用范围不如γ射线辐照器广泛。

三、紫外线杀菌技术与设备

紫外线是指波长范围在100～400nm之间的电磁波。其中波长240～280nm的紫外线具有较强杀菌作用，称为杀菌线。紫外线照射一般以每平方厘米的微瓦（$\mu W/cm^2$）表示，乘以照射时间（min）即为照射剂量（$\mu W \cdot cm^{-2} \cdot min$）。瑞士Brown Boveri公司生产的UV-C型强力紫外线杀菌灯，发射波长主要集中在245nm处，杀菌能力是普通紫外灯的40倍，已广泛应用于无菌包装设备。

（一）紫外线杀菌的特点

1. 与加热杀菌和药剂杀菌相比，紫外线杀菌的优点

① 紫外线几乎对所有细菌都有明显的杀菌效果。

② 紫外线杀菌几乎不会使被照射物发生有害于人体的变化。

③ 不会使被紫外线照射的微生物产生耐性。

④ 其使用方法简单经济。

⑤ 紫外线杀菌效果只限于照射过程中，无有害残存。

⑥ 紫外线对水和空气杀菌效率高。

⑦ 可在密闭系统中进行杀菌，若室内有人时也可采取简单预防措施进行杀菌。

2. 紫外线杀菌的缺点

① 除水和空气外，对其它物质的杀菌都只限于表面。

② 紫外线对人的眼睛和皮肤有害，因此人们在使用时要注意防护。

（二）紫外线杀菌技术的应用

紫外线杀菌只局限于照射到的表面部分，而光照不到的地方（影子部分）则不能得到杀菌，因此其用途自然有限。紫外线杀菌在食品工业中的利用，大致分为食品本身、包装材料、制造环境和充填等装置的杀菌。

1. 食品杀菌

① 食品表面杀菌：适用于表面光滑的食品，不适用于受大量霉菌污染的食品。长时间照射可导致食品产生异味或变色，含油脂食品尤其要注意油脂氧化问题。

② 水和液态食品的深层杀菌：可用于饮用水、清凉饮料用水、啤酒原料水和高浓度糖液的杀菌，不会影响食品的感官品质。

2. 食品包装材料杀菌

对包装材料进行杀菌时，杀菌效果因微生物种类的不同而有所区别。包装材料在切断、复合、制袋等环节中，容易被空气中的浮游菌、落下菌所污染。此外，机械或装置上附着的细菌转移，以及生产作业人员的接触，也会导致二次污染。其中，污染频率最高的是芽孢杆菌属、葡萄球菌属和微球菌属。从对紫外线的耐受能力来看，霉菌类较强，如要杀死 99.9%的黑曲霉孢子，需要 $22.0mW \cdot cm^{-2} \cdot s$ 的照射剂量。在对包装材料进行杀菌时，必须防止紫外线从装置中泄漏。另外，当包装机等装置出现故障时，即使是在维修时，也要采取保护措施，防止紫外线对人体造成伤害。

3. 紫外线与化学杀菌剂并用的杀菌方法

① 紫外线与过氧化氢结合使用：紫外线与 H_2O_2 结合使用将产生惊人杀菌效果。与单独使用紫外线或 H_2O_2 相比，低浓度 H_2O_2 溶液（小于 1%）加上高强度紫外线照射，即便在常温下也会立即产生强大的杀菌效力，效果比单独使用（即使在高温下使用高浓度 H_2O_2）强百倍以上。紫外线与浓度仅为 0.1%的 H_2O_2 溶液结合使用，也具有相当大的杀菌效果。在此浓度下，1L 容量纸盒包装材料只需用 0.1mL H_2O_2，该方法已被 Liqui Pak 等公司广泛应用。

② 紫外线与乙醇或柠檬酸等联合使用：70%乙醇、柠檬酸单独使用时无杀菌效果，但与紫外线联合使用均可在 3～5s 内达到杀菌要求，其中最引人注目的是紫外线与柠檬酸联合使用的杀菌效果，当枯草芽孢杆菌孢子污染程度达到 10^6 个/cm^2 时，只需 3s 即可达到无菌状态。

（三）紫外线杀菌设备

普通的紫外线杀菌装置最常用的是紫外灯，其种类较多，根据不同用途会发射出不同波长的紫外线。用于杀菌的低压汞气灯分为热阴极和冷阴极两种。热阴极紫外线灯 95%的辐射波长为 253.7nm，在防疫杀菌中使用最为广泛；冷阴极灯虽然也可以产生 253.7nm 波长，但其辐射强度较小，经常用于直接接触和近距离照射杀菌。紫外灯的杀菌能力还取决于其紫外线输出量，大多数灯管被设计在 25～40℃条件下工作。如果温度低于此范围，紫外线的输出量会下降，例如当灯管温度由 27℃降至 4℃时，输出量可能会降低65%～80%。

软饮料用水的处理多采用紫外线杀菌，常用的装置有：

1. 直流式紫外线水液消毒器

使用1支30W紫外线灯管，每小时可处理2000L水，微生物致死指数可达10^4。

2. 套管式紫外线水液消毒器

水沿外管壁形成薄层流动至底部，接受充分的紫外线照射，每小时可生产150L无菌水。对于物体表面消毒，需在灯管上方安装反光罩，使紫外线直接照射到被消毒表面。灯管与被消毒表面的距离不应超过1m，照射时间约30min，有效区域为灯管周围1.5～2.0m范围内。

四、超高静压杀菌技术与设备

超高静压（ultra high pressure，简称UHP，又称高静压HHP）杀菌技术是近年来兴起的新型杀菌技术。UHP技术最初应用于非食品领域，如生产陶瓷、钢铁和超合金，制作高速硬质合金切削刀具。在这些领域，UHP技术主要涉及使用惰性气体作为压力介质和流体静挤压两种方式。

（一）UHP杀菌技术的特点

① 不经加热处理，UHP处理的食品能保持原有的营养价值、色泽和天然风味，不产生异味或有毒物质。主要原因是施加数千个大气压时，不会发生共价键的断裂或生成新键，这是UHP优于传统加热杀菌的优势。但也存在一定缺陷，即UHP对共价键影响较小，不会像加热处理那样产生香气或美拉德反应的褐变现象。

② 压力能瞬间均匀地传递至食品内部，所受压力变化同步均匀。同时，UHP杀菌技术耗时短、循环周期短，且维持压力几乎不消耗能量或只需很少能量，适用于特定的杀菌工艺。

③ 蛋白质和淀粉类物质在UHP处理时，其物性变化与加热处理后的状态有显著差异。

（二）UHP杀菌设备

1. UHP杀菌装置的分类

① 按加压方式分为直接加压式和间接加压式两类。直接加压式中，UHP容器与加压装置分离，先由增压机产生UHP液体，再通过管道运送至UHP容器处理物料。间接加压式中，UHP容器与液压缸上下配置，液压缸活塞在上冲程时将容器内的介质压缩产生UHP，对物料进行处理。

② 按UHP容器放置方式分为立式和卧式两种。立式UHP处理设备占地面积小，但物料装卸需专门装置；卧式设备进出物料方便，但占地面积较大。

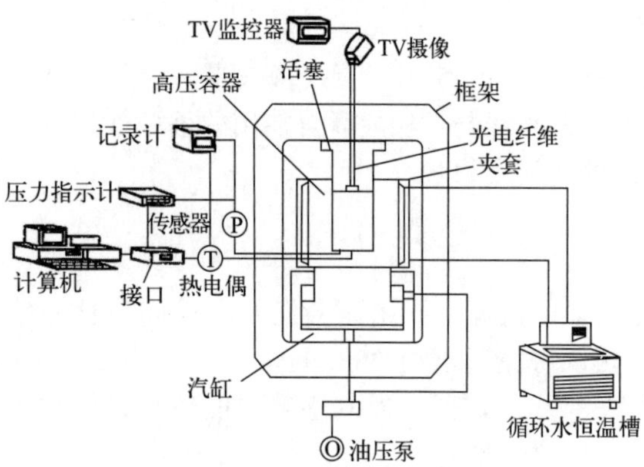

图9-9 UHP处理装置示意图

2. UHP杀菌装置的组成

主要包括UHP杀菌处理容器、加压装置及辅助装置。

① UHP杀菌处理容器（图9-9）是关键部件，需采用特殊技术制造数百兆帕级别的高压力容器，通常为加厚圆筒形不锈钢材质。近期有改进型UHP容器，在外部加装线圈强化结构，与单层容器相比，既实现了安全可靠，又实现了轻量化。

② 加压装置即UHP泵，不论采用哪种加压方式，均需油压装置产生所需UHP，直接加压还需UHP管线，间接加压则需加压液压缸。

③ 辅助装置包括：恒温装置，利用夹套结构循环水保持容器及压力介质温度；测温、压力传感器及记录仪等测量仪器，可与计算机连接实现自动控制，并可安装摄像系统观察过程；物料输入输出设备，如输送带、机械手、提升机等。

五、脉冲强光非热杀菌原理与设备

（一）脉冲强光技术及特点

① 脉冲强光是高强度、宽光谱白光，利用短周期密集脉冲进行表面杀菌或减少微生物，可延长产品货架期，是高效、经济、安全的新型杀菌技术。

② 产生少量热量，通过光化学和光热力学机制共同钝化微生物，对食品营养成分影响小，所需能量较低。

③ 适用于包装材料和透明膜包装食品灭菌，避免使用化学灭菌剂和保鲜剂。

④ 光谱波长范围从紫外线到近红外，表面能量密度 0.01～50J/cm^2，70%以上的电磁能量分布在 170～2600nm 范围。

⑤ 利用广谱白光短周期闪光钝化广泛微生物，脉冲周期 1μs～0.1s，典型频率每秒 1～20 次闪光，成本低廉。

（二）脉冲强光非热杀菌原理

① 将电能存储于高能量密度器中，以短周期高强度脉冲释放获得高峰值能量，通过冲击闪光灯等产生广谱白光脉冲，波长 200nm～1mm，包括紫外光、可见光和红外光。

② 脉冲光处理系统包括电能设备单元（产生高压脉冲）和灯具单元（释放脉冲强光）。灯具由惰性气体灯组合而成，穿过气体释放出脉冲强光。可选择不同闪光频率和多个同时或依次闪光的灯。

（三）脉冲强光非热杀菌装置

脉冲强光非热杀菌装置利用一系列辊轮支承包装材料，材料从吸收剂溶液中通过。包装材料内层膜外封层浸入吸收剂中。对于不透明或光吸收系数小的被处理物质表面，需使用吸收剂。吸收剂可喷涂到材料表面或溶解成液态再蒸发至表面。恰当的吸收剂在期望光谱波长处具有大的光吸收系数。对于食品和医疗器械加工，要求使用可食用吸收剂，如染色剂、对 pH 或氧化还原电位敏感物质、FDA 认可的颜色（如洋红、3 号红色染料等）或天然油。2～3 种具不同最大吸收值的组分混合可增加对期望光谱的吸收性。

使用吸收剂可增加脉冲强光周期。长短周期杀菌效果相似，但长周期时紫外光成分略少，可延长灯寿命。辊轮除去材料表面多余吸收剂。最后封口装置将薄膜封为管状包装。闪光灯装置包括外部支承管和分布于其上的闪光灯组，确保管状包装内表面全部处于脉冲强光下。闪光灯可按几种方式排列，使包装内部全部处于脉冲光下。处理过程中向包装中填入经商业杀菌的食品，再用合理次数脉冲光杀菌食品区域。无菌空气用于冷却灯具并带走光化学物质。

装置也适用于成型容器。先在容器上喷涂吸收剂，再用脉冲光杀菌。杀菌过程中容器穿过几个工作区，将经商业灭菌的食品放入已杀菌容器内，加上灭菌盖子。整机内有一层已灭菌空气防止污染。对于可泵输送食品（如水、果汁），可使用带反射特性的圆柱状封闭处理室。食品从环绕脉冲光源的处理室内通过，流速由泵根据脉冲重复率控制，使食品处于选定脉冲量下。处理室内外壁设有反射器组合，将光反射回来再次通过食品。对于透光性好的流体（如水），光强度衰减小；对于强吸收流体，光强度大幅衰减，因此必须保持整个区域至少达到所需最小光强密度，需要混合物料使所有流体都处于恰当的光强密度下。

第六节 食品典型加工工艺中杀菌设备的新应用

一、典型工艺介绍

（一）罐头制作中的杀菌工艺

罐头杀菌主要分为低温杀菌和高温杀菌两种。低温杀菌，又称常压杀菌，温度范围为 80～100℃，持续时间 10～30min，适用于高酸性（pH 值<4.6）的水果罐头和部分蔬菜罐头。高温杀菌，又称高压杀菌，温度范围为 105～121℃，持续时间 40～90min，适用于低酸性（pH 值>4.6）和非酸性的肉类、水产品及大部分蔬菜罐头。杀菌过程中常用水和蒸汽作为热传导介质，其中蒸汽应用最为广泛。对于鱼类罐头，若采用蒸汽高温杀菌 30min 以上，即可有效杀死肉毒杆菌毒素及其芽孢。

（二）果汁生产中的杀菌工艺

受微生物影响，果汁的保鲜期较短。果汁中微生物的代谢活动极为活跃，选择适当的杀菌技术以预防果汁饮料变质尤为关键。果汁饮料杀菌的主要目标是：杀死果汁中的致病菌和腐败菌，控制菌落总数符合国家标准，同时破坏果汁中的酶，使果汁在特定环境下具有一定的保存期；在杀菌过程中尽可能保护果汁中的营养成分和风味。果汁热杀菌方法主要包括巴氏杀菌（低温长时杀菌法）、高温短时杀菌法和超高温瞬时杀菌法。热杀菌方法杀菌效果较好，但高温可能对果汁品质产生不利影响，如变色、变味、营养损失等。

（三）奶制品生产中的杀菌工艺

温度对细菌繁殖有显著影响。在一定温度范围内，温度越低，细菌繁殖越慢；温度越高，繁殖越快。但温度过高会导致细菌死亡。不同细菌有不同的最适生长温度和耐热、耐冷能力。巴氏消毒利用病原体耐热能力较弱的特点，通过适当的温度和保温时间处理，将其全部杀灭。经巴氏杀菌后，仍保留了少量无害或有益、较耐热的细菌或细菌芽孢。因此，巴氏杀菌牛奶需在 4℃左右的温度下保存，保质期为 3～16 天。

二、杀菌设备的使用

（一）罐头食品蒸汽杀菌步骤

开始杀菌：打开所有排气阀和泄气阀后通入蒸汽。整个杀菌过程中，所有泄气阀应保持打开状态。

排气：通入蒸汽后，充分打开排气阀，直至达到规定的时间和温度，确保杀菌锅内所有空气均被排出。排气不彻底可能导致杀菌不足。

升温时间：从通入蒸汽到达到杀菌温度并维持到杀菌开始计时的阶段，包括排气时间。使用蒸汽旁通装置时，达到杀菌温度后应逐渐关闭旁通阀，防止温度突然下降。

杀菌计时：只有在杀菌锅充分排气，达到并稳定在杀菌温度后，才能开始计算杀菌时间。杀菌温度应以水银温度计为准，而非压力表。应使用准确的钟或计时器计时，而非手表或其它记录仪图表。

杀菌结束：关闭蒸汽前应核对以下项目，用钟表或准确的计时器核对是否达到规定的杀菌时间；核对记录仪图表，确认是否记录了规定的杀菌时间，检查是否有温度波动低于规定的杀菌温度；核对水银温度计，确认是否指示在规定的杀菌温度。

冷却和贮存：罐头冷却时，水冷阶段应持续足够长的时间，使罐头内容物的平均温度降至约 38℃，但不应过度冷却以免导致罐头表面生锈。在潮湿环境中，如果水冷至 38℃左右可能引起罐头表面生锈，此时应对罐头进行机械干燥，或在罐头内容物温度达 49℃左右时停止水冷，然后在入库前用充足的空气冷却。

如果罐头内容物温度高于 38℃时就密集堆放或装箱，可能因冷却缓慢导致嗜热菌引起罐头腐败，以及热量对产品质量的损害。

（二）牛奶中巴氏杀菌类型

低温长时间巴氏杀菌（LTLT）：牛奶在 63℃下保持 30min。目前液态奶生产较少使用。

高温短时间巴氏杀菌（HTST）：将奶加热到 72～75℃或 82～85℃，保持 15～20s 后冷却。这是目前乳品企业普遍采用的较好的鲜奶杀菌方法，既能保全鲜奶中的营养成分，又能杀死有害菌，保证产品鲜美纯正。

超高温瞬时灭菌（UHT）：将原料奶在连续流动状态下快速加热到 135～140℃，保持 3～4s 以达到商业无菌。由于加热时间短，产品风味、性状和营养价值基本未受明显破坏，与巴氏杀菌奶差异不大。

二次灭菌：先采用 72～75℃，保持 15～20s 的巴氏杀菌，然后灌装封口后，再经过 121℃、30min 的高温灭菌。与巴氏杀菌奶相比，产品色泽、风味、性状和营养价值受到一定程度影响。

三、典型工艺中杀菌设备的选型

（一）罐头食品杀菌设备选用原则

设备选型必须符合产品杀菌工艺要求：酸性或高酸产品（如番茄酱、水果、饮料等）常压杀菌（≤100℃）可选用立式杀菌锅或常压连续杀菌机。低酸产品（如蘑菇等）高压蒸汽杀菌，根据生产量选用高压立式或卧式系列杀菌锅。水杀菌产品（如软包装、瓶装产品）可选淋水式或全水式杀菌设备。大批量连续生产的产品可选用静水压连续杀菌机或无篮杀菌机等机型。设备必须适应产品包装材料的杀菌要求：包装容器允许临界压力差较小的材料（如蒸煮袋、玻璃瓶罐等），应选用杀菌温度和压力分别控制的杀菌设备，如淋水式、全水式或蒸汽/水/空气混合型杀菌锅。产品包装体积或净重较大、传热速度较慢的软包装产品，应选全水式杀菌锅。产品热敏性较高、黏稠度较高或杀菌要求较高，应选用回转式杀菌锅。

（二）牛奶杀菌设备选型

可根据液体食品特性采用不同加热方式，如水浴式、喷淋式、盘管式、板式等，实现均匀快速加热。可根据液体食品要求设定合适的杀菌温度（一般 60～100℃）和保温时间（几秒到几分钟），以达到最佳杀菌效果。利用热回收系统进行热交换，提高能源利用率，降低能源消耗。采用全自动控制系统，实时监测和调节杀菌过程中的温度、压力、流量等参数，保证杀菌质量和稳定性。广泛应用于各种液体食品（如牛奶、果汁等）的加工，延长保质期，提高安全性。

总结

- **杀菌方法的分类**
  热杀菌、辐照杀菌法、紫外线杀菌法及脉冲强光杀菌法。
- **超高温瞬时灭菌设备的分类**
  直接加热超高温瞬时灭菌设备分蒸汽加热式和电阻加热式两种。
  间接加热超高温瞬时灭菌设备分板式、环形套管式、刮板式和列管式四种。
- **立式及卧式杀菌锅设备结构及特点。**
- **回转式杀菌机械的主要结构及特点。**

○ 非热杀菌技术与设备的优点。
○ 直接加热和间接加热超高温瞬时灭菌设备的结构特点。
○ 食品典型加工工艺中杀菌设备的应用。
○ 超高静压杀菌装置的组成和杀菌特点。

思考练习

（一）比较杀菌与灭菌。
（二）比较立式及卧式杀菌锅设备特点异同。
（三）回转式杀菌机械的主要结构及特点是什么？
（四）分析比较直接加热和间接加热超高温瞬时灭菌设备。
（五）简述非热杀菌技术与设备的优点。
（六）简述食品典型加工工艺中杀菌设备的应用。

第十章　食品冷冻机械与设备

知识导图

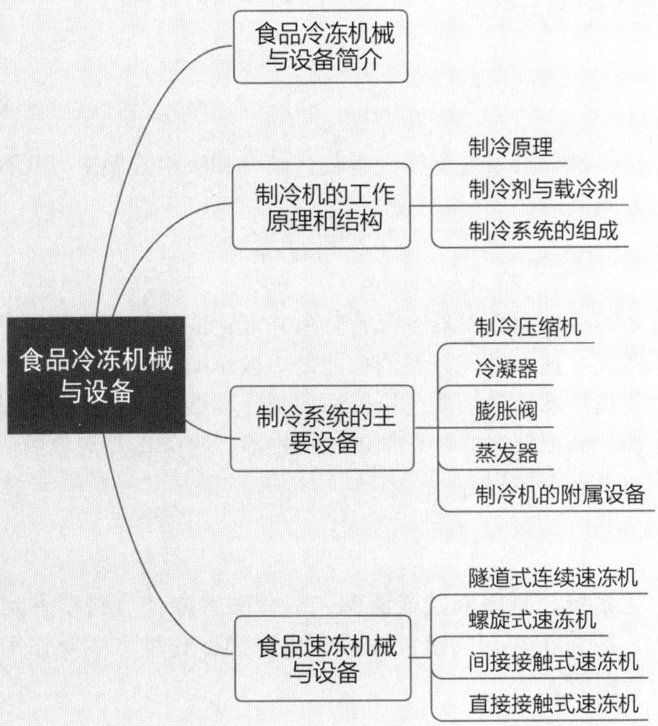

学习目标

- ○ 理解制冷和压缩机的基本概念。能够理解食品速冻机械类型、各自的特点和适用的范围。
- ○ 熟悉食品的制冷机械的类型与原理，压缩制冷的原理、结构与运行机制。掌握制冷系统的四大机械部件以及各自的作用。
- ○ 理解环保和可持续性。熟悉制冷剂的环保性的要求，熟悉目前可供选择的环保型制冷剂有哪些。

第一节 食品冷冻机械与设备简介

食品冷冻机械与设备是食品加工行业中不可或缺的关键组成部分，通过低温处理，有效延长食品保质期，保持其新鲜度，同时满足市场对冷冻食品的需求。这些设备在不同的食品加工环节中起到关键作用，包括生鲜食品、熟食、面点等的冷冻处理。食品工业的机械制冷系统可分为两大部分，即制冷机和冷冻机。制冷机主要用于生成冷源，而冷冻机则利用这一冷源，通过热交换过程对食品物料进行冷冻。因此，冷冻机的核心组件实际上是制冷系统中的蒸发器。为了满足对多种食品物料冷冻或速冻的需求，冷冻机存在多种形式。制冷机通过对冷剂（制冷剂），如氨或氟利昂等，进行压缩，接着经过冷凝、膨胀和节流等过程，形成能够吸收热量的冷源，以此来冷却食品物料。冷冻机的主要功能则是快速降温食品物料，使其迅速达到低温冻结的状态。

第二节 制冷机的工作原理和结构

一、制冷原理

常用的制冷方法有蒸气压缩式制冷、液体蒸发式制冷、吸收式制冷和吸附式制冷等几种。食品冷冻和冷藏常用的是蒸气压缩式和液体蒸发式制冷。

（一）蒸气压缩式制冷

蒸气压缩式制冷系统的工作原理是制冷剂在蒸发器中吸收热量并汽化成蒸气。压缩机不断从蒸发器中抽出这些蒸气，并将其压缩成高压蒸气，这一过程需要消耗能量。被压缩的高温高压蒸气在冷凝器中与常温的冷却介质（水或空气）接触，被冷却后凝结成高压低温的制冷剂液体。然后，通过节流装置将高压液体降压，变成低压低温的制冷剂。低压低温的制冷剂进入蒸发器，吸收冷却对象的热量后再次汽化，从而完成整个制冷循环，并不断重复这个过程。

（二）液体蒸发式制冷

液体蒸发式制冷属于开式液体汽化系统，是将液氮或液态二氧化碳等液体直接喷淋到被冷却物表面，液体吸收被冷却物的热量后汽化，或将被冷却物沉浸在液氨内降温。这种方式操作简单，初投资低，但制冷剂不能循环再利用，运行费用较大。

（三）吸收式制冷

吸收式制冷利用某些物质对制冷剂蒸气的强吸收能力来实现降温。例如，水能吸收氨蒸气，而浓溴化锂溶液能吸收水蒸气。将一个装有氨溶液的容器和一个装有水的容器放置在一个真空的球形罐内，分别测量它们的温度变化。结果发现，装有氨溶液的容器温度不断降低，而装有水的容器温度不断升高。这是因为水吸收了氨蒸气，导致氨溶液不断汽化，在汽化过程中从剩余的氨溶液中吸收了汽化潜热。同时，水吸收氨蒸气的过程是放热的，因此装有水的容器温度升高。在这个系统中，氨是制冷剂，水是吸收剂。基于这一原理工作的制冷设备被称为吸收式制冷机。

（四）吸附式制冷

吸附式制冷利用低温热源作为驱动能源，这些热源可以是工业废热、太阳能或化学反应热。在吸附式制冷机中，制冷剂液体通过汽化吸收潜热来实现制冷。汽化后的制冷剂蒸气被具有强吸附能力的材料吸附，其工作原理与吸收式制冷相似。常用的吸附材料包括沸石、分子筛和活性炭，常用的制冷剂有水、氨和甲醇等。

二、制冷剂与载冷剂

（一）制冷剂

制冷剂是制冷机中的工作流体，它在制冷系统中循环流动，通过自身热力状态的循环变化与外界发生能量交换，达到制冷的目的。习惯上称制冷剂为制冷工质。常用的制冷剂有水、氨、氟利昂，以及某些碳氢化合物。

1. 氨

氨的正常沸点为－33.4℃，凝固温度为－77.7℃，临界温度为133.3℃，临界压力为11417kPa。氨具备优良的热力学和物理性质，压力适中、单位容积制冷量大、黏性小、流动阻力低、传热性能好，且价格低廉、易于获得。氨是应用最早且目前仍广泛使用的制冷剂之一，国内外大中型冷库多采用氨作为制冷剂。

2. 氟利昂

氟利昂是一类曾广泛用于制冷和空调系统的制冷剂，包括氯氟烃（CFCs）和氢氯氟烃（HCFCs）等。由于其优异的热力学性能、化学稳定性和安全性，氟利昂在许多制冷应用中长期占据重要地位。其适中的工作压力、良好的传热性能和较大的制冷能力，使得氟利昂成为高效的制冷剂。同时，氟利昂无毒、不燃、操作简便，广泛用于家庭、商业和工业制冷系统中。

（二）载冷剂

在间接式制冷系统中，被冷却物体中的热量不直接传递给制冷剂，而是通过一个中间介质传递。这个中间介质在制冷工程中被称为载冷剂。载冷剂充当了热量传递的媒介，它接收来自被冷却物体的热量，然后通过制冷系统传递给制冷剂。在食品工业中，常用的载冷剂有水、盐水溶液、乙二醇水溶液、有机物溶液。水只能用0℃以上的；一般盐水和有机物溶液可用于－20～50℃的制冷；若要达到更低的温度，则要使用特殊的有机物溶液，如聚二甲基硅醚和右旋柠檬碱。

三、制冷系统的组成

实现人工制冷的方式多种多样，包括：利用压缩机进行的压缩式制冷；利用热能作为动力，通过溶液的某些特性进行工作循环的吸收式制冷；利用具有一定压力的蒸汽喷射实现对工质做功补偿的蒸汽喷射制冷；利用直流电流通过半导体产生热电效应补偿的热电式制冷等。在食品工业中，目前最广泛应用的是蒸气压缩式制冷系统。图10-1展示了蒸气压缩式制冷的循环原理图。

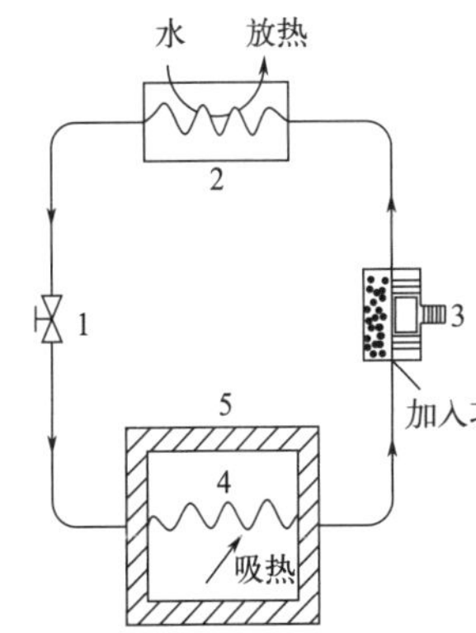

图10-1　蒸气压缩式制冷的循环原理图

1—膨胀阀；2—冷凝器；3—压缩机；4—蒸发器；5—冷藏库

（一）单级压缩制冷循环

单级压缩制冷循环是指制冷剂经过蒸发、压缩、冷凝、节流四个基本过程完成一个制冷循环。在该制冷系统中，液态制冷剂在蒸发器中吸收被冷却物料的热量后，汽化成低压低温的蒸气。随后，蒸气被压缩机吸入，压缩成高温高压的蒸气后排入冷凝器。在冷凝器中，制冷剂向水或空气冷却介质放热，冷凝成高压液体。接着，通过膨胀阀节流为低温低压的制冷剂，再次进入蒸发器，吸热汽化，达到循环制冷的目的。

（二）双级压缩制冷循环

双级压缩制冷循环是在单级压缩制冷循环基础上发展而来的，其目标是实现相对较低的蒸发温度，并同时将压缩机的压缩比控制在适当范围内。双级压缩制冷循环的压缩过程分为两个阶段。首先，来自蒸发器的制冷剂蒸气在低压组汽缸中被压缩到中间压力。然后，通过中间冷却后，进入高压组汽缸，再次被压缩到冷凝压力，最终排入冷凝器。这两个阶段的压缩比都保持在 10 以内。

双级压缩一级节流中间不完全冷却循环系统原理见图 10-2。

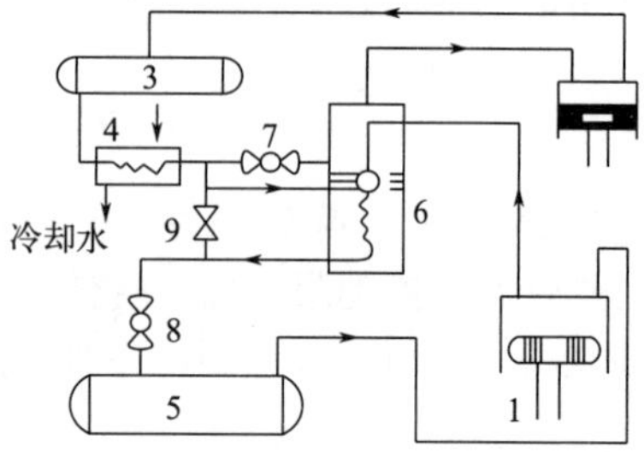

图 10-2 双级压缩一级节流中间不完全冷却循环系统原理图

1—低压组压缩机；2—高压组压缩机；3—冷凝器；4—过冷器；5—蒸发器；6—中间冷却器；7,8—节流阀；9—旁通阀

（三）复叠式制冷循环

现代食品加工往往需要将温度控制在－70～－120℃的范围内。传统的单级或双级压缩制冷系统，由于其使用的制冷剂的蒸发压力或冰点限制，难以满足这类严苛的温度要求。复叠式制冷系统由两个主要部分组成：高温系统和低温系统。高温系统采用适于中温环境的制冷剂，而低温系统则使用适于极低温环境的制冷剂。每个系统均配备有独立的制冷循环过程。在这种配置中，高温系统中的制冷剂通过蒸发过程吸热，这一过程用于促进低温系统中制冷剂的冷凝，而后者在其蒸发过程中吸收热量以达到制冷效果。两个系统通过一个兼具蒸发器和冷凝器双重功能的蒸发冷凝器相连。这意味着低温系统吸收的热量可以通过蒸发冷凝器传递给高温系统的制冷剂。随后，高温系统通过将热量释放到水或空气等外部介质，完成整个制冷循环。

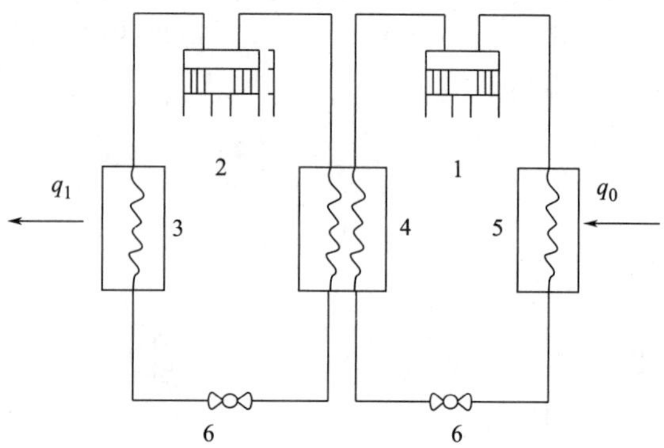

图 10-3 复叠式制冷循环系统的布局图

1,2—低、高温部分压缩机；3—冷凝器；4—蒸发冷凝器；5—蒸发器；6—节流阀

图 10-3 展示了复叠式制冷循环系统的布局图。在高压环节中，制冷剂被压缩成高压蒸气，并在冷凝器中冷却下来，随后通过膨胀阀进入蒸发冷凝器，在那里它蒸发并吸收热量。对于低压环节，通过压缩机的压缩、冷却及蒸发过程，实现了系统的低温冷却功能。系统中还配备有一个回热器，其在系统停止运行后，有助于平衡压缩机的排气压力，避免低温部分的制冷剂压力过高。复叠式制冷循环系统的优势明显：在保持相同蒸发温度的条件下，其所需的制冷压缩机体积相较于双级压缩制冷系统更小；由于系统内部维持正压状态，可以有效防止空气的渗入，从而确保系统运行的稳定性；此外，系统的高压和低压部分能够采用不同的制冷剂，提供了更高的灵活性和适应性。

第三节 制冷系统的主要设备

在制冷系统中，压缩机、冷凝器、膨胀阀和蒸发器是该系统的主要部件，称为制冷系统四大机械部件。

一、制冷压缩机

制冷压缩机在制冷系统中扮演着核心角色，它的任务是吸入蒸发器内的低温低压制冷剂蒸气，并将其压缩为高温高压的过热蒸气，通过这一过程推动制冷剂在整个系统中循环，以实现制冷效果。

（一）立式压缩机

在立式压缩机工作过程中，当活塞向下移动，位于活塞顶部的吸气阀便会打开，允许汽缸吸入空气。活塞达到最低点后开始向上移动，汽缸内部的制冷剂气体开始被压缩。随着活塞继续上升，汽缸内的空间逐渐减小，导致气体压力逐步增高。吸气阀在这个过程中受到压力作用而自动关闭。当活塞进一步上移，制冷剂被压缩到超过冷凝器所需压力，此时位于汽缸头部（通常称为安全板）的排气阀会打开，压缩后的制冷剂便从汽缸中排出，流入高压管路中，完成一个压缩周期。这个过程不断重复，确保压缩机能够持续稳定运行。

（二）卧式压缩机

图 10-4 呈现了卧式压缩机的工作原理。卧式压缩机由机架、汽缸、吸排气阀、活塞、活塞环、曲轴连杆机构及润滑系统等核心部件构成，其基本功能与立式压缩机大致相同。通常情况下，卧式压缩机采用双作用设计，活塞的左右移动实现气体的压缩与输送。当活塞向左移动，左侧的制冷剂气体被压缩并随着排气阀的开启而排出，同时右侧开始吸入新的气体。反向移动时，情况亦然，实现了连续的吸排气循环。

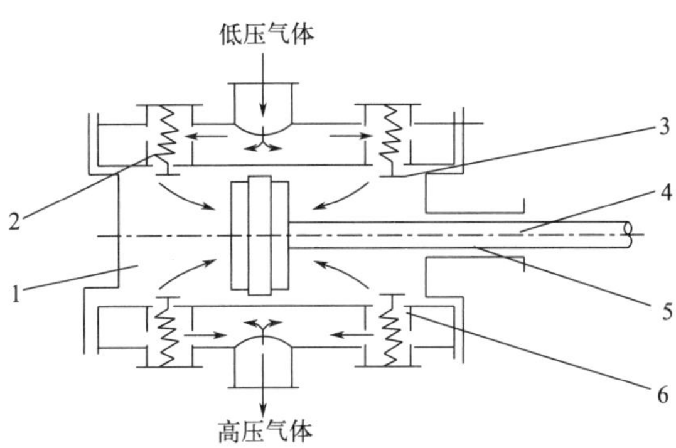

图 10-4　卧式压缩机工作原理图

1—汽缸；2—弹簧；3—吸气阀；4—活塞杆；5—填料；6—排气阀

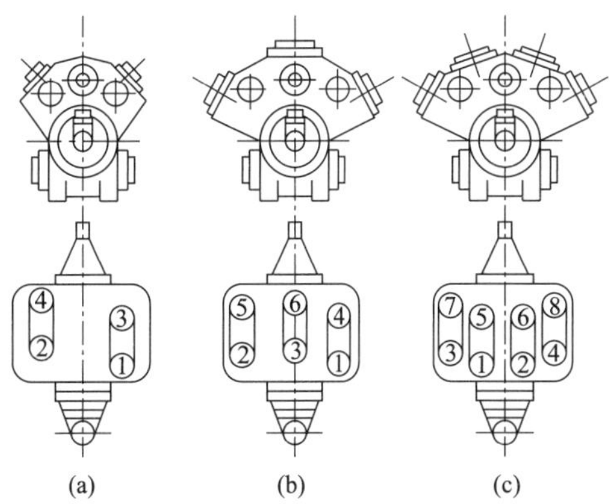

图 10-5　汽缸的不同布置形式

（a）双列 V 式；（b）双列 W 式；（c）双列 S 式

（三）多缸压缩机

多缸压缩机有多个汽缸（图 10-5），目前主要采用 2、4、6、8 等几种汽缸配置。多缸压缩机设计合理、布局紧凑，实现了优异的动态平衡性能。通过采用不同数量的汽缸，能够组装出不同制冷能力的压缩机，从而大幅提升压缩机的标准化、系列化和通用化水平，便于生产、使用及维护。

（四）螺杆式制冷压缩机

螺杆式制冷压缩机是一种容积式回转压缩机。工作过程可分为吸气、压缩和排气三个阶段。吸气阶段：气体通过吸气孔进入阴阳螺杆之间的“V”形容积中。随着螺杆的回转，容积不断扩大，直至吸气孔口被封闭，吸气过程完成。压缩阶段：在螺杆的连续旋转下，阴阳螺杆齿间形成一个“V”形的容积对，随着容积对的形成，气体在其中被压缩。这一过程中，阴阳螺杆的齿相互侵入，导致容积逐渐减小，直到与排气口相连通，压缩过程结束。排气阶段：当容积对与排气口连通后，随着螺杆的继续旋转，容积不断缩小，将压缩后的气体送至排气管，完成排气过程，直到容积达到最小值。螺杆式制冷压缩机采用回转机械，无往复惯性力，且无需进、排气阀，结构简单，具有高效率和较低的机械冲击，结构紧凑。无需进、排气阀，吸排气的阻力损失小，无余隙问题，能够在大压力比下保持高效率，容积效率高。螺杆式制冷压缩机无往复运动部件、无易损零件、使用可靠、寿命长、安全可靠；在压缩过程中向压缩腔喷入润滑油冷却，排气温度比往复式压缩机低；采用滑阀调节，能够在10%～100%的范围内无级调节能量。

二、冷凝器

冷凝器作用是将压缩机排出的高温制冷剂蒸气冷凝成冷凝压力的饱和液体。在冷凝器中，制冷剂蒸气释放热量给周围介质。制冷剂在冷凝器中放出的热量主要包括三个部分：首先是蒸发器中的液体制冷剂在沸腾时吸收的热量；其次是制冷剂蒸气在压缩机内被压缩而转化为机械功消耗的能量；最后是制冷剂蒸气在从蒸发器到压缩机的低压管路（回汽管）中流动时，从周围介质吸收的热量。

（一）立式冷凝器

立式冷凝器为壳管式冷凝器（图 10-6）。冷凝器由一个圆柱形壳体组成，圆柱体的上下两端各焊接一块多孔的管板，两块管板之间焊接或胀接有数十根无缝钢管。在工作时，冷却水自上而下流入管内，沿管壁形成薄的流层，而并非充满管道的全部断面。压缩机出来的制冷剂蒸气从冷凝器壳体的2/3高度处进入管间空隙（壳程）中，两种流体间接接触，使管内的冷却水与管外的高温制冷剂蒸气充分热交换。随着水温升高，冷却水排入下部的水池，而制冷剂蒸气释放的热量则被冷凝成液体，逐渐沉积在冷凝器底部，再经液管流入贮液器中。具有占地面积小、运行状态下易于清除管道内的水垢、对水质要求不高、不易发生堵塞等优点。缺点是耗水量大、水泵的功率消耗增加、冷凝器易被室外环境腐蚀等。

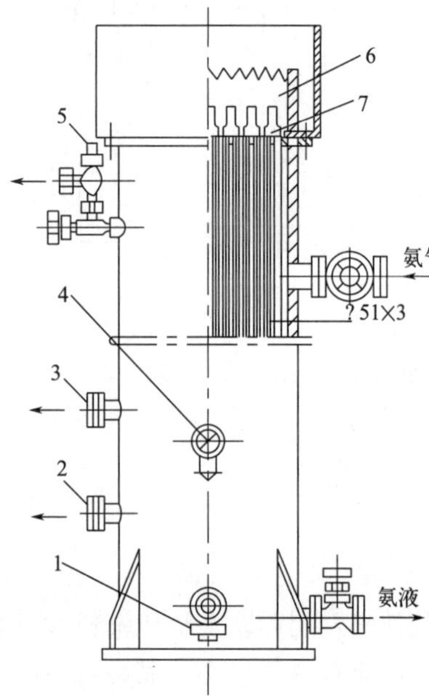

图 10-6 立式壳管式冷凝器

1—放油；2—混合气；3—均压管；4—压力表；5—安全阀；6—配水箱；7—分水器

（二）卧式冷凝器

卧式冷凝器与立式冷凝器在结构上的不同点在于：其安装形式为水平放置，两端管板的外部用端盖封闭，端盖上铸有分隔板将管束分成几个水程。冷却水从一端端盖进入后，按顺序依次通过每个水程，进行多次转折进出，最终从同一端盖上部流出。这种设计使得冷却水在管中的流速提高，使冷却水与制冷剂蒸气之间的热交换更充分，提高了冷却水的利用率。

（三）淋水式冷凝器

淋水式冷凝器主要由2～6组无缝钢管的排管组合而成。其工作过程为：冷却水自顶部进入配水箱中，经配水槽沿排管处表面成膜层流下，部分水在热交换中蒸发，其余流落到水池中，冷却后再重复使用；制冷剂蒸气从排管的底部进入，上升时遇冷而凝结，冷却后的液态氨制冷剂在中部被引出，流入贮氨器中。由于氨制冷剂蒸气自底部进入冷凝器，与冷却水的走向基本上是对流的，因而，随制冷剂进入的润滑油几乎均沉积在底部的排管上，油膜会妨碍传热，因此，在中部及时地排出冷凝器中的液氨，对于提高冷凝器的传热效果是有利的。

三、膨胀阀

膨胀阀，又称节流阀，主要用于将来自冷凝器的高压制冷剂液体进行节流降压和流量调节，以将制冷剂液体的压力降至所需的蒸发压力。在此过程中，制冷剂液体通过节流阀后，由于蒸发而吸收热量，使其温度下降到所需的低温，然后以所需的流量送入蒸发器中。

膨胀阀的类型多种多样，但其基本原理是通过一个适应系统流量的小孔，迫使高压液态制冷剂产生压力降，使部分液体汽化为蒸气，并吸取汽化潜热而膨胀，从而形成低压低温的混合流体状态。

（一）手动膨胀阀

手动膨胀阀的阀杆通常采用细牙螺纹，因此可以进行较小幅度的调节。然而，由于阀芯的流通面积较小，当高压液态制冷剂通过时，会在局部造成较大的压力，导致大量能量消耗并使压力降低。

（二）热力膨胀阀

热力膨胀阀是一种能够自动调节制冷剂液体流量的节流阀。其原理是根据蒸发器出口处蒸气的过热度来自动调节制冷剂的流量。该阀的结构包括感温包、毛细管、密封盖、波纹膜片、阀体和阀座等组件。在制冷机正常运转时，热力膨胀阀可能处于三种状态。首先是平衡状态，即当感温包、毛细管、密封盖、波纹膜片构成的密封系统内的压力等于膜片下气体压力与弹簧压力之和时，膨胀阀处于平衡状态，不会产生动作。其次，当制冷剂供应不足时，蒸发器出口处回气，导致蒸发过热度增大，从而使感温包密封系统内的温度升高。这时，波纹膜片会下移，阀门的开度增大，直到制冷剂的供液量与蒸发量相当时，密封系统再次达到平衡并停止动作。最后，当制冷剂供应过量时，蒸发器出口处蒸发过热度减少，导致密封系统内的温度过低。在这种情况下，波纹膜片会上移，阀门的开度减小，直到密封系统再次达到平衡为止。

四、蒸发器

蒸发器的主要功能是将被冷却介质的热量传递给制冷剂。根据被冷却介质的不同种类，制冷用的蒸发器可分为以下几类：

（一）立管式蒸发器

蒸发器由水箱和多组蒸发管组成。为了维持箱内温度，蒸发器的水箱周边和底部都安装了绝热层。水箱内装有搅拌器，以确保盐水以适当的流速运动。此外，箱体内还设有溢流口和排空阀等附属装置。

（二）螺旋管式蒸发器

螺旋管式蒸发器是在立管式蒸发器的基础上进行改进的。它的整体结构与立管式蒸发器相似，区别在于上下总管之间焊接的是两排螺旋管，取代了立管的结构。这种改进使得在相同的集管距离下，传热面积增加，同时尺寸减小，减少了所需的钢材消耗。由于传热指标接近于立管式蒸发器，因此螺旋管式蒸发器在传热性能上也具有相似的优势。

（三）卧式蒸发器

卧式蒸发器的设计结构简单，主体为一个外部包裹绝热材料的钢制圆柱形壳体（图 10-7），两端各焊有管板，两管板之间焊接或胀接了数十根水平传热管，这些管的长度和数量不同，形成了各种传热面积，从而构成一个封闭的系统。蒸发器的两端各配有盖子，以确保系统的密封性。为了保证运行的顺利，卧式蒸发器还安装有压力表、安全阀、均压管、浮球阀、液面指示器等装置。在工作时，节流降压后的制冷剂从筒体下半部进入，然后在筒内吸收管外或管内的盐水或水等载冷剂的热量而蒸发。随着蒸发的形成，产生的蒸气进入筒体的上部，而汽液则回流至蒸发器内，干蒸气则被压缩机吸走。

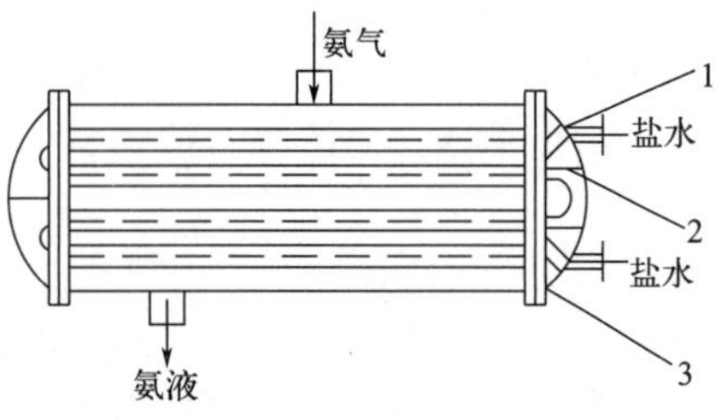

图 10-7 卧式壳管式蒸发器示意图
1—水盖；2—挡板；3—管板

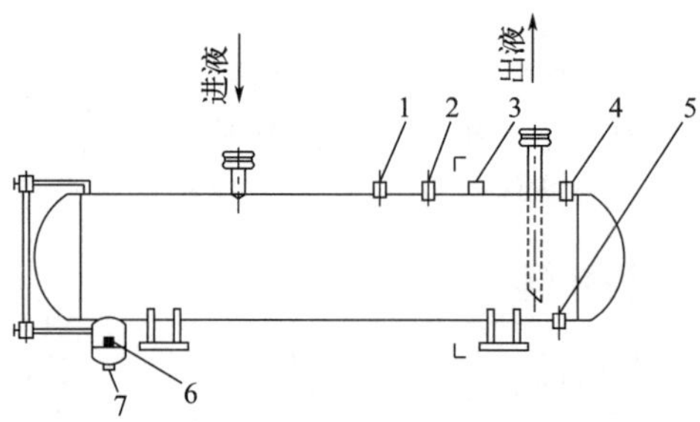

图 10-8 贮氨器（氨用高压贮液器）
1—均压管；2—压力表；3—安全阀；4—放空阀；5—备用阀；6—放油阀；7—排污阀

五、制冷机的附属设备

在制冷循环系统中，制冷剂在气态和液态之间不断循环，并经历压力、速度、密度和温度等物理参数的变化。因此，系统可能会出现一些问题，例如压缩机排出的制冷剂气体中可能带有一些润滑油，或者系统中可能会渗入一些空气。为了优化制冷系统的工作条件，通常需要添加一些附属设备来解决这些问题。附属设备的种类会根据制冷系统的要求而有所不同，例如自动化程度高的制冷系统通常需要更多的附属设备。一般而言，必需的附属设备分为以下几类。

（一）贮液器

贮液器的结构相对简单，主体是由钢板卷焊而成的圆柱体，两端装有封头（图 10-8）。在贮液器上设置了制冷剂的进出口、均压管、安全阀、放空阀、放油阀和液位指示器等关键部件。为了避免温度变化引起的热膨胀对贮液器安全性的影响，贮液器的最大贮液量不能超过其容积的 70%（对于氨）或 80%（对于氟利昂），同时其最高的工作压力为 2MPa。

（二）氨液分离器

氨液分离器在制冷机供液系统中的作用是分离自蒸发器进入压缩机氨气中的氨液，以防止压缩机出现湿行程，同时能够有效地将从贮液器进入的高压氨液经过节流阀产生的闪发气体分离出来，避免闪发气体进入蒸发器中，以充分发挥蒸发器的换热作用，并向蒸发器均匀供液。

氨液分离器有两种主要类型，分立式和卧式。应用最广泛的是立式氨液分离器。其基本结构是一个钢板卷焊而成的圆筒，两端为封头，其中部有与蒸发器的回气管相连的进气管，上部有与压缩机吸气相连的出气管。氨液分离器还配备了压力表、金属液面指示器、安全阀等设备，以确保设备的安全运行。

为了充分利用氨液所产生的压力，氨液分离器通常安装在较高的位置，一般高出最高的冷排管 1～2m。氨液分离器的工作过程可描述为：蒸发器中氨液沸腾产生大量气体，这些气体在压缩机吸气的作用下，以 8～12m/s 的高速在蒸发管内运动，带出一些末蒸发的氨液微滴。氨蒸气进入氨液分离器后，截面突然扩大，根据流体力学原理，氨蒸气的流速与扩大的倍数相应降低，流向改变，从而使密度较大的氨液微滴从氨蒸气中分离出来，并沉降到氨液分离器的底部，被氨压缩机吸回，而分离后的氨蒸气则被送到蒸发器蒸发。

（三）空气分离器

在制冷系统中，由于运行和操作，系统中常常会混入一些空气或不凝性气体，这可能是由于系统操作不当、氨液的分解、润滑油的进入或压缩机排气过高等原因引起的。特别是在以氨为制冷剂的制冷系统中，这些不凝性气体可能对系统的正常运行产生负面影响，因此需要设置空气分离器来排除这些不凝性气体，以保证制冷系统的稳定运行。

（四）中间冷却器

中间冷却器是一种常见的用于双级或多级压缩制冷系统的关键设备，其主要作用是在系统中的氨液洗涤和冷却低压级排气，以确保制冷系统的稳定运行和高效性能。氨的绝热指数较大，因此低压级排气温度较高，需要通过中间冷却器来降温。

通常由立式带盘管的钢制壳体构成，上下端由封头焊接而成，并外包绝热层。冷却器内部通过设置一直管，使低压级排气能够充分洗涤冷却。进气口下端周围有底板，用以避免进入气体直接冲击冷却器底部。冷却器的上部设置了多孔伞形挡板，用以分离氨蒸气中的液滴。冷却器的下部设有盘管，以使氨液获得过冷。此外，冷却器还配备了液面指示器、压力表和安全阀等观察和安全设施。

中间冷却器的工作过程为：氨气通过直管进入液面以下，在氨液的洗涤作用下迅速被冷却，然后被送入高压级。在氨气上升的过程中，带有液滴的氨气通过冷却器上部的多孔伞形挡板时，蒸气中的液滴被分离，同时氨液吸收了低压级排气的热量而蒸发。

（五）水冷却装置

在制冷设备中，循环冷却水系统扮演着至关重要的角色，其作用是通过循环水来降低制冷系统的温度，确保制冷系统的冷凝温度在压缩机的允许工作条件范围内，从而维持系统的稳定性和效率。常见的冷却装置包括自然通风冷却塔、玻璃钢冷却塔和机械通风冷却塔等。

自然通风冷却塔：利用自然通风原理，通过塔体结构的设计和空气对流来散热。通常采用塔形结构，内部设置填料或喷淋系统，当热水流经填料或喷淋时，与周围空气发生热量交换，从而降低水温。自然通风冷却塔具有简单、成本低、维护方便等优点，适用于一些小型制冷系统。

玻璃钢冷却塔：玻璃钢材质的冷却塔，具有耐腐蚀、耐高温、结构轻便等优点。通常采用填料式设计，内部通过填料和水的接触面积增大来加强冷却效果。玻璃钢冷却塔适用于一些对耐腐蚀性能要求较高的环境，例如化工厂或海边工程。

机械通风冷却塔：机械通风冷却塔采用风机强制通风，通过机械方式增强对流，提高散热效率。通常配备有风机和水泵等设备，能够根据实际需要调节冷却效果。机械通风冷却塔适用于大型制冷系统或对冷却效果要求较高的场景，例如工业生产中的大型制冷设备。

第四节 食品速冻机械与设备

速冻设备通常用于将食品物料快速冷冻至－30～－40℃，适用于冷冻粒状、片状、块状等各类食品原料。根据其结构特点和热交换方式的不同，速冻机械与设备通常可分为以下几种类型：隧道式连续速冻机、螺旋式速冻机、接触式速冻装置等。

一、隧道式连续速冻机

隧道式连续速冻机是一种利用冷空气在隧道中循环，通过连续的速冻过程将食品迅速冷冻的机械设备。根据食品通过的方式，隧道式连续速冻机通常分为吊篮式连续速冻机和推盘式连续速冻机两种类型。

（一）吊篮式连续速冻机

该速冻机主要用于快速冻结家禽等食品原料。其工艺流程是：家禽经宰杀晾干后，用塑料袋包装，再装入吊篮中，每只吊篮分成若干格，每格放置若干只家禽，然后将吊篮装上输送链，由冻结间进料口上的输送链输送到冻结间内进行冻结。冻结过程采用喷淋乙醇溶液和吹风相结合的降温方法进行。

乙醇溶液喷淋装置的蒸发器采用镀锌翅片管制作，乙醇溶液通过离心泵送至喷嘴进行喷淋，溶液洒到塑料袋包装的冻品表面，使冻品迅速降温。冷风由落地式冷风机供给，冷风机的蒸发器采用干式翅片排管，配备若干台轴流风机，采用热氨和淋水相结合的融霜方法。输送链的速度由冻品的冻结时间和生产能力确定，一般为0.4～1.2m/min。为了确保各种设备的安全运行，装置内装有一些保护和控制仪表，如远距离测温、制冷剂和溶液的液位控制、传动系统的过载保护、融霜水池中的自动电加热器等。

吊篮式连续速冻机的主要特点是采用机械化传送和连续冻结，减轻了操作人员的劳动强度，提高了生产效率。此外，冻品各部位降温速度均匀，使得冻体冰结晶细小，色泽好，商品质量高。然而，由于该装置为冷风循环式，风机的动力消耗较高，经济指标相对较差。

（二）推盘式连续速冻机

推盘式连续速冻机如图10-9所示，主要用于冻结蔬菜、水果、虾、肉类副产品和小包装食品等。

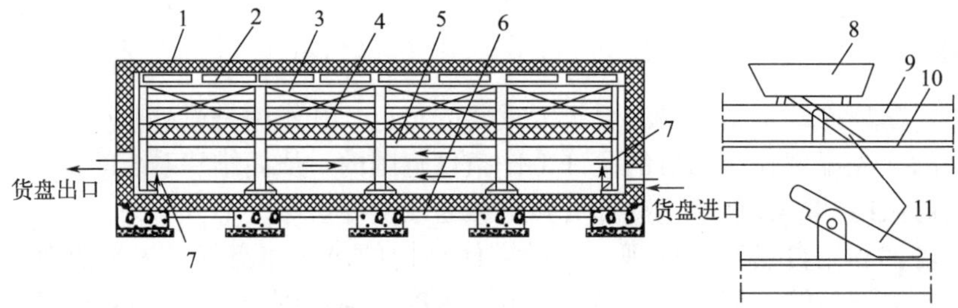

图10-9 推盘式连续速冻机

1—绝热层；2—冲霜淋水管；3—翅片蒸发排管；4—鼓风机；5—集水箱；6—防冻通风道；7—货盘提升装置；8—货盘；9—滑轨；10—推动轨；11—推杆

该机对食品物料冻结的工艺流程如下：食品装入货盘后，在隧道入口由液压推盘机构推入隧道。推盘机构是由液压驱动的往复机构，每个货盘的底部焊有两条扁钢，承放在滑轨上。在液压的作用下，推头顶住货盘底部的扁钢，将货盘向前推进。当推头后退复位时，货盘后端的扁钢将推头压下，滑过后端的扁钢，推头复位，恢复推进状态。推盘机构每次推入两只货盘，货盘到达第一轨道的末端后，被提升装置提升到第二层，如此反复经过三层。在平面移动和垂直提升的过程中，被冷风机强烈吹风冷却，使食品在间歇式传送过程中被冻结，最后在隧道口被推出。传送速度由时间继电器控制液压系统的电磁阀进行调整。这种冻结装置也可以根据具体情况设计成多层或多排输送装置，冷风机放在旁侧吹风，效果也较好。

推盘式连续速冻机冻结时间根据食品物料实际需要进行调节，一般可调节范围为40～60min。例如，冻结40mm厚蔬菜，经过50～60min即可达到－8℃。这种冻结装置的特点是构造简单、造价低廉、可以充分利用隧道空间、冻结速度较快等。缺点是占地面积较大。

二、螺旋式速冻机

螺旋式速冻机是一种改进型的隧道式连续速冻机，旨在解决隧道式连续速冻机占地面积大的问题。其主体部分为一螺旋塔，输送带绕塔而上，输送带上的待冻食品可以直接均匀分布在输送带上，也可以放置在盘中然后放在输送带上。食品物料输送带由下往上旋转，而冷风则由上而下，与食品逆向对流换热，从而提高了冷冻速度。相比于冷空气横向流动，螺旋式速冻机可以缩短冻结时间约30%。在螺旋式速冻机中，冷冻后的食品物料通过出料口送出，输送带重新回到进料口进行下一轮的操作。这种布局使得整个过程连续化，生产效率得到了极大提升。该机适用于冻结单体不大的食品，如饺子、烧麦、对虾等。其优点是结构紧凑、冻结速度快、占地面积小等。与隧道式连续速冻机相比，螺旋式速冻机的优势在于其更高的效率和更小的占地面积。

螺旋式速冻机由输送带、转筒、蒸发器、风机及附属装置组成。其中，输送带具有一定的挠性，绕在转筒上，缠绕的圈数由冻结时间和产量确定。输送带的螺旋升角约为2°，由于螺旋塔的直径较大，输送带几乎处于水平位置。转筒主要通过摩擦力带动输送带运动，由于输送带上的张力很小，所以驱动的动力要求并不大。

这种设计使得输送带能够顺畅地沿着螺旋塔上升，将待冻食品从进料口输送到出料口。由于输送带的螺旋升角设计合理，食品在输送过程中可以被均匀地覆盖和冷却，从而确保冻结效果的均匀性和高效性。

螺旋式速冻机的形式有多种，主要区别在输送带的结构和冷气流的运动方式上。在送风方式中，冷气流被分成两股，一股从输送带下面向上吹，一股从转筒中心到达上部后，由上向下吹。最后，两股气流在转筒的中间汇合并回到风机。这种方式的设计使得最冷的气流分别在转筒的上下两端与最热和最冷的物料直接接触，从而使刚进入冷冻的物料能够尽快达到表面冻结，减少了干耗，也减少了装置的结霜量。两股冷气流同时吹到食品物料上，使得物料的冻结速度大大提高，比常规气流冻结快15%～30%。这种方法已取得专利，为提高速冻效率和冻结质量做出了重要贡献。

三、间接接触式速冻机

间接接触式速冻机的特点是：待冻的食品与冻结装置中蒸发器（或冷却器）的壁面直接接触，主要以传导的方式进行热交换，设备紧凑，消耗的金属材料少，占地面积小，安装方便，投产快；但这类设备一般都耗冷量大，限制了其应用。

（一）平板式速冻机

平板式速冻机是间接接触式速冻机的一种典型形式，其主要构件是一组作为蒸发器的空心平板。这些平板与制冷剂管道相连，待冻的食品被放置在两相邻的平板之间，由于食品与平板的接触面积大且紧密，传热系数相对较高。在操作中，要求食品与平板之间的接触压力在730kPa之间，这样可使传热系数达到93～120W/(m^2·K)。

由于冻结平板的两面均与食品（或物料盛盘）接触，因此要求两表面均要平直。冻结平板的内腔为制冷剂的通道，一般采用以下几种形式：

异管拼装平板：这种平板由若干根异形管凹凸拼装而成，异形管的内腔为矩形，外侧一边为燕尾形凹槽，另一边为燕尾形凸样。

焊接平板：首先将钢管在一块钢板上定位、焊接，然后在另一块钢板上沿钢管中心线钻孔，钻孔钢板覆盖槽钢上并找正、定位，最后根据钻孔填焊。焊接后的平板根据规范进行水压和气压试验。

矩形无缝焊接平板：这种平板由矩形无缝钢管拼焊而成，结构工艺简单、方便。平板焊接后校平、试压，然后进行镀锌处理。

矩形管可采用钢制无缝钢管或铝管。铝管拼接平板相比于钢管焊接平板，具有质量轻、传热效果好等优点，但易于变形、材料来源不便；而钢制平板则具有良好的刚性和易于获取的优势。

1. 卧式平板式速冻机

卧式平板式速冻机的制冷剂采用满液式供液系统。气液分离器安装在设备顶部，上部接回气系统管，下部与蒸发平板组的供液集管和回气集管相连。集管与各平板之间通过软管连接，软管内衬有耐低温的丁基橡胶，添加了尼龙或涤纶编织物作芯，并包覆金属丝以保护。软管或连接管在集管和平板之间装有阀门以便检修和更换。设计上还考虑了融霜和防冻问题，确保软管或连接管不被冰壳包裹。

卧式平板式速冻机有间歇和连续两种形式。在间歇式卧式平板式速冻机中，冻结平板水平安装，通常有 6～16 块平板。平板之间的间距通过液压装置调节。待冻食品放置于两相邻平板之间后，启动液压油缸，使待冻食品与冻结平板紧密接触进行冻结。为了防止压坏食品，每对相邻平板间都装有限位块。

连续式卧式平板式速冻机由物料盛盘、冻前预压紧装置、升降机、推杆、液压系统、翻转机构、盛盘输送带和盘盖输送带组成。其冻结过程为：食品物料装入盛盘后，盖上盘盖，在输送带的推动下向前运动。冻前预压紧装置对物料进行预压紧，当物料运行到输送带末端时，被升降机提升，进入最上层两块平板之间。以此类推，直至所有平板装满，液压系统压紧平板进行冻结。冻结完毕后，液压系统松开平板，最上层的物料继续推入，而最下一层的冻品被推上输送带，在卸盖机构的作用下，盘盖从盘上被卸下并送回原位。物料盛盘经翻转机构翻转后，食品物料从盛盘中被分离出来，翻转机构再次将盛盘复位，以进行下一轮操作。

2. 立式平板式速冻机

立式平板式速冻机在食品工业中具有广泛的应用，其结构原理和操作流程简单，使其成为冻结小杂鱼、肉类产品以及其它小型食品的理想选择。除了操作方便外，立式平板式速冻机还具有以下特点和优势：

高效节能：立式平板式速冻机采用液压系统驱动和控制，能够实现平板的快速移动、冻块的迅速升降和推出，从而提高了冻结效率，节约了能源消耗。

冻结效果优良：由于食品直接接触冻结平板，在垂直排列的平板间进行冻结，使得食品与冻结表面的接触更加紧密，热交换更加充分，从而保证了冻结效果的均匀性和质量。

适用范围广泛：立式平板式速冻机不仅适用于冻结小杂鱼和肉类产品，还可以用于冻结其它小型食品，如冰冻水果、速冻蔬菜等，具有较强的通用性和灵活性。

生产效率高：液压系统的自动控制使得平板的移动、冻块的升降和推出等动作自动化进行，提高了生产效率，降低了劳动强度，有利于批量生产和大规模生产。

设备紧凑：相比于其它速冻设备，立式平板式速冻机结构紧凑，占地面积相对较小，适合于空间有限的工厂或车间使用。

操作简便：立式平板式速冻机的操作流程简单清晰，无需复杂的操作技能，操作人员能够迅速上手，提高了生产线的稳定性和可靠性。

3. 平板式速冻机的特点

平板式速冻机适用于冻结肉类、水产品及耐压的小包装食品，其特点是：对厚度小于 50mm 的食品，冻结快、干耗小，冻品质量高；在相同的冻结温度下，它的蒸发温度比冷风机式冻结装置的蒸发温度提高 5～8℃，而且不用配风机，电耗可减少 30%～50%；占地面积少，投产快。其缺点是不能冻结大块食品，不能加压，冻结食品品种的应用范围有一定的限制。

（二）回转式速冻机

回转式速冻机是一种创新的连续接触式冻结装置。与平板式速冻机类似，该装置也利用金属表面直接接触的原理来冻结产品。其主要组成部分是一个由不锈钢制成的回转筒，回转筒的外表面是冷表面，载冷剂通过空心轴输入，从另一端输出，待冻食品通过分散装置投入回转筒的冷表面上。由于回转筒外表面的温度非常低，食品物料投入后会黏附在上面，同时，进料输送带施加一定压力，使物料紧贴回转筒进行传热。随后，回转筒旋转一周，完成物料的冻结，然后由刮刀刮下至输送带上，最终输送到预定位置。

转筒的转速根据冻品所需的冻结时间进行调节，通常几分钟旋转一次。回转式速冻机的载冷剂可以选择盐水、乙二醇、R11 等，最低温度可达−45～−35℃。据相关资料介绍，使用该设备冻结产品所引起的重量损失仅为 0.2%，冷量消耗指标为 100kJ/kg，适用于冻结鱼片、肉块、虾、菜泥以及流态食品。这种装置的优点在于连续性、高效且节约能源，在食品加工行业中具有广泛的应用前景。

（三）钢带式速冻机

钢带式速冻机以钢带连续输送机为主体部件。其制冷方式包括在钢带下方喷洒盐水，或使钢带经过固定的蒸发器，以降低食品物料的温度并实现冻结。为了增加制冷效果，装置的上方还配置有风机，吹风的方向可根据需要调整为垂直、平行、顺向或逆向。在这些技术支持下，食品上部的温度约为−40～−35℃，而钢带下部的温度约为−40℃，因此可以实现快速冻结，大约需要 30min 来冻结厚度为 20～25mm 的产品。

与平板式和回转式速冻机相比，钢带式速冻机具有以下主要优点：结构简单、操作方便；通过调整带长和带速，可以大幅度地调节产量。该装置适用于冻结鱼片、调味汁、酱料以及某些糖果产品等。其灵活性和高效性使其在食品加工行业中具有广泛的应用前景，为生产商提供了快速、可靠的冻结解决方案。

（四）流态化速冻机

流态化速冻机因其冷冻速度快、产品质量好和易于实现机械化连续生产等优点，近年来在食品冷冻加工行业得到广泛应用。流态化冻结的最大特点是在一定流速的冷空气作用下，食品物料在流态化的操作条件下得到快速冻结，从而减少了食品物料在冷冻过程中的黏结，提高了冻结效率。通过流态化方法冻结食品，由于食品物料被高速冷气流所包围，增加了传热的换热强度，有效地扩大了传热面积。相比于常规的冷冻方式，流态化速冻机可以使传热有效面积提高 3.5～12 倍，从而加强了食品的冻结效果，缩短了冻结时间。这种技术特别适用于颗粒状、片状、球状、块状等形状的食品物料的冻结，尤其对果蔬类单体食品的冻结效果显著。根据机械传动方式的不同，流态化速冻机可以分为以下几种形式：

1. 斜槽式流态化速冻机

斜槽式流态化速冻机的冻结装置主体为一块多孔板（称为槽或盘），槽的出口稍高于进口，低温空气自下而上强制通过孔板和料层。当空气流达到一定流速时，散粒状的冻品由于气流的推动，密实的料层逐渐变为悬浮状，即物料的静止角减小到零。这样，物料分散被冷空气所包围，彼此不再接触，每一物料单体都被高速冷气流所包围，从而强化了其冷却、冻结过程。冻结后的食品物料借助风力由滑槽连续排出，实现了连续生产的效果。

该装置的蒸发温度通常控制在 40℃以下，垂直向上的风速为 68m/s，而被冻物料之间的风速约为 1.55m/s。在这样的条件下，冻结时间一般为 5～10min，能够实现快速高效的冻结过程。斜槽式流态化速冻机的特点是结构简单、冻结速度快、降温均匀、产品质量好。其简单的结构设计和高效的冻结过程使其成为食品加工行业广泛采用的设备之一。

2. 一段带式流态化速冻机

一段带式流态化速冻机的待冻结物料在冷冻机外，首先经过脱水振动器的振动，以除去表面的水分，然后通过输送带进入冷冻机的流化区（松散区）。在这个区域，食品物料在高速冷气流的作用下，被悬浮在冷气流中，进行热交换。一旦物料表面被冻结，冻结过程就会开始，一面进行最低程度的流化，同时用均料棒搅拌物料，以确保物料进一步降温和冻结。最终，冻结后的物料从出料口排出，完成整个冻结过程。一段带式流态化速冻机的特点之一是其适用于广泛的冷冻物料品种。在流态化状态下冻结，使得产品之间的摩擦强度较小，这有利于易碎物料的冻结，保证了产品的完整性和质量。然而，与之对应的是，该设备的占地面积相对较大，一定程度上限制了其在工业生产中的应用范围。

3. 两段带式流态化速冻机

该机与一段带式流态化速冻机的区别在于将一段带式流态化速冻机的输送带分成两段。在这种两段带式流态化速冻机中，第一段采取较高的气流速度，这样可以使食品物料在这一段中表面很快形成硬壳。这个硬壳形成的目的是防止物料间的黏结。随后，物料在第二段的输送带中完成冻结过程。

在两段带式流态化速冻机的冻结装置中，第一段和第二段输送带之间存在一定高度差。当待冻结的食品物料从第一段翻落到第二段时，会出现互相冲撞的情况，这有助于避免彼此粘连，进一步确保了食品物料在整个冻结过程中的品质和完整性。通过这种两段带式流态化速冻机的设计，可以更好地控制冻结过程，提高冻结效率，并确保冻结后的产品质量。这种技术的应用为食品加工行业提供了更多选择，并且在处理易粘连物料时尤为重要。

4. 振动流态化速冻机

振动流态化速冻机设计是将振动和流态化相结合，旨在提高流化效率。振动流态化是在两段带式流态化速冻装置的基础上发展而来的。在该装置中，第二冻结段的输送装置加设振动电机驱动，使输送带产生振动。这种振动不仅有助于料层的悬浮，还能防止物料层中出现流沟，保证气流分配均匀，确保料层处于稳定的流态化状态。振动使食品物料层流化，从而减少了物料层对气流的阻力，降低了风机的总阻力和功率消耗。此外，振动还有效防止了食品颗粒因表皮水分的冻结而相互粘连，相比其它防粘连措施更为有效。

国产往复式振动流态化速冻机设备采用带孔的不锈钢板作为振动床，通过连杆机构的带动实现水平往复振动。物料的流态化则是通过脉动旁通机构实现的。当待冻物料进入流化床后，受到来自钢板振动和脉冲气流的双重作用，呈现出时起时伏、波浪式的运动，达到了完全流态化的状态。这种设计使冷源与物料接触面积增大，混合充分，从而实现了快速冻结。该机械的脉动旁通机构采用旋转风门，可以根据不同物料的工艺需求进行气流脉冲量的调节，以实现最佳的流态化效果。这种振动流态化速冻机具有高效、节能、操作简便等优点，适用于各种冻结食品的生产。

四、直接接触式速冻机

直接接触式冻结装置相较于一般的冻结装置，其冻结温度通常更低，因此常被称为低温冻结装置或深冷冻结装置。这类装置的共同特点是没有制冷循环系统，而是通过冻结剂直接接触待冻食品物料来实现冻结。低温冻结剂主要包括液态氮和液态二氧化碳等。这些冻结剂在接触待冻物料时能够迅速吸收热量并迅速蒸发，使得物料温度迅速下降到冻结点以下。由于其高效的冷冻性能，低温冻结装置被广泛应用于食品加工行业中高品质冷冻食品的生产。

（一）液氮速冻机

液氮速冻机可分为浸渍式、喷淋式和冷气循环式三种类型。喷淋式液氮速冻机是一种常见的类型。它由隔热隧道式箱体、喷淋装置、不锈钢丝网格输送带、传动装置、搅拌风机和电器控制柜等组成。为了减少温度应力对设备的影响，隧道式箱体由多段组成，各段之间使用硅橡胶密封条和黏结剂密封。箱体外壳采用隔热材料，如 15cm 厚的聚氨酯泡沫塑料，并加有不锈钢薄板保护层。每个箱体段都设有检修门，输送带下方还设有长方形浅槽，用于收集喷淋后残留的液氮。

待冻食品通过输送带进入液氮速冻机，在预冷区首先遇到温度－10～－5℃的氮气，搅拌风机将氮气与待冻食品进行充分换热，预冷处理。随后，食品进入冻结区，在此区域，食品受到雾化管喷出的雾化液氮的冷却而迅速冻结。冻结温度和时间可根据食品种类、形状和工艺要求进行调节，通常通过改变液氮喷射量和输送带速度来实现。由于液氮的极快冻结速度，食品表面与中心温差很大，为确保冻结质量，冻品需在均温区停留一定时间，使温度趋于均匀。

液氮的汽化潜热高达 199J/kg，可快速吸收热量并迅速蒸发，实现快速冻结。对于 50mm 厚的食品，通常只需 10～30min 即可完成冻结，其表面温度约为－30℃，中心温度可达－20℃。冻结过程中，每千克食品的液氮耗用量约为 0.7～1.1kg。

液氮速冻机的特点如下：

冻品质量高：由于液氮与食品直接接触，实现高效热交换，冻结速度极快，冰结晶细微均匀，解冻后易恢复到原始状态，同时食品在惰性气体环境中冻结，防止氧化变色，保持香味，微生物数量较少。

干耗小：液氮冻结的食品干耗率较低，适用于含水分较高的食品。

液氮冻结成本高，不适用于冻结价廉的食品，因此应用受到一定的限制。

（二）液态二氧化碳速冻机

液态二氧化碳速冻机是一种常见的速冻设备（图 10-10），其主要组成包括液态冻结剂的喷淋装置和食品的输送装置。液态二氧化碳在大气压下的沸点约为－78.9℃。其汽化潜热高达 575kJ/kg，而继续吸热后温度上升至－20℃，以比热容为 0.837kJ/(kg・K) 计算，相应地可吸收 49.3kJ/kg 的显热，两部分热量合计为 624.3kJ/kg。

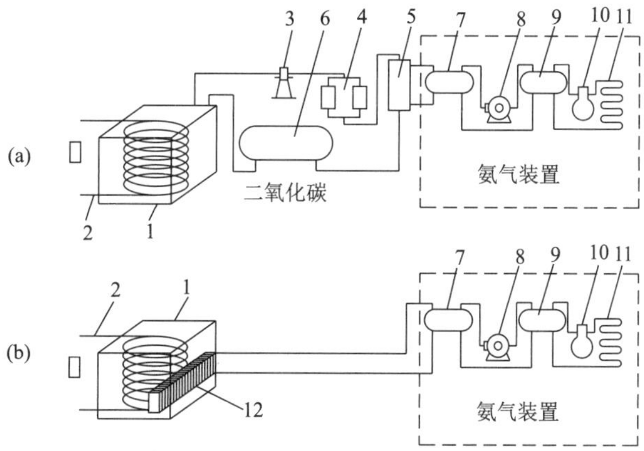

图 10-10 液态二氧化碳速冻机

(a) 液体二氧化碳冻结系统；(b) 结合吹风系统

1—冻结器围护结构；2—螺旋带；3—二氧化碳压缩机；4—成对的二氧化碳干燥器；5—二氧化碳冷凝器；6—液体二氧化碳贮液器；7，9—低压或中压贮存器；8，10—低压级与高压级氨压缩机；11—氨冷凝器；12—空气冷却器

液态二氧化碳通常在隔热的耐压罐内运输和贮存，其压力约为 0.8～2.5MPa，温度在－45～－12℃之间。在冻结装置中，液态二氧化碳蒸发后，蒸气经压缩机排出，并通过冷凝器冷凝为液体后送往贮液器。

液态二氧化碳速冻机的工作原理是利用液态二氧化碳的低温和高速汽化特性实现食品的快速冻结。喷淋装置将液态二氧化碳喷洒在待冻食品上，液态二氧化碳迅速蒸发，吸收食品表面的热量，使食品迅速冷却并冻结。这种冻结方式不仅速度快，而且能够有效保留食品的质量和营养成分。与液氮相比，液态二氧化碳的冻结成本较低，而且液态二氧化碳速冻机的工作压力和温度范围相对较低，使得设备更加安全和易于操作。此外，液态二氧化碳速冻机的冻结效果也非常理想，能够保持食品的原始口感和营养，因此在食品工业中得到了广泛应用。

总结

○ **食品冷冻机械的作用与组成**

食品冷冻机械在食品加工行业中具有不可或缺的重要性，通过低温处理有效延长食品的保质期，保持其新鲜度。冷冻机的核心组件是制冷系统中的蒸发器，主要功能是通过热交换过程迅速降温食品物料，使其达到冻结状态。制冷系统包括制冷机和冷冻机，制冷机生成冷源，而冷冻机利用该冷源对食品进行冷冻处理。

○ **制冷技术的工作原理**

制冷技术基于热力学原理，主要通过蒸气压缩式制冷、液体蒸发式制冷、吸收式制冷和吸附式制冷等方法实现。蒸气压缩式制冷是食品冷冻和冷藏中常用的方式，其工作原理是通过压缩机、蒸发器、冷凝器和节流装置的循环操作，实现制冷剂的循环，达到冷却食品的目的。

○ **制冷剂与载冷剂的选择**

制冷剂是制冷机中的工作流体，通过循环流动和热力状态的变化与外界发生能量交换，实现制冷效果。常用制冷剂包括氨、氟利昂等。载冷剂在间接式制冷系统中作为热量传递的媒介，常用的载冷剂有水、盐水溶液、乙二醇水溶液等，用于在食品工业中有效传递冷量。

○ **制冷系统的类型与应用**

单级压缩制冷循环适用于中温环境，而双级压缩制冷循环可实现较低蒸发温度，适用于需要较大压缩比的情况。复叠式制冷系统适用于极低温度环境，能够通过高温系统和低温系统的联合作用，实现极端条件下的制冷需求。这些系统广泛应用于现代食品加工中的不同冷冻需求。

思考练习

（一）制冷系统的四大机械部件是哪些设备？它们的作用是什么？

（二）单级压缩制冷和双级压缩制冷有什么区别？

（三）活塞式制冷压缩机与螺杆式制冷压缩机有什么区别？简述它们的工作原理。

制冷设备

第十一章　浓缩设备

知识导图

- 浓缩设备
  - 浓缩的基本原理及设备分类
    - 真空蒸发浓缩
      - 单效浓缩设备
        - 单效升膜式浓缩设备
        - 单效降膜式浓缩设备
        - 中央循环管式浓缩器
        - 盘管式浓缩设备
        - 带搅拌的夹套式真空浓缩锅
        - 活动刮板式薄膜蒸发器
      - 多效浓缩设备
        - 多效蒸发的效数
        - 多效蒸发的工作原理
        - 多效真空浓缩的流程
        - 双效降膜式浓缩设备
        - 三效降膜式浓缩设备
    - 冷冻浓缩
      - 冷冻浓缩的原理与特点
      - 冷冻浓缩装置系统

学习目标

○ 理解浓缩的基本原理及设备分类。

○ 熟悉单效浓缩设备、多效浓缩设备和冷冻浓缩设备的结构组成、工作原理、优缺点以及适用性。

○ 学会食品典型加工工艺中浓缩设备的应用，能够根据原料的特性和处理要求选择合适的浓缩设备，并对浓缩设备最新研究进展及在食品研发中的应用有一定的了解。

第一节 浓缩的基本原理及设备分类

浓缩是从溶液中除去部分溶剂，使溶质和溶剂部分分离的过程，是食品加工过程中重要的单元操作之一，如一些液态原料或半成品，如鲜乳、果蔬压榨原汁、植物性提取液（如咖啡、茶、中草药等的提取液）、生物处理液（如蛋白质或多糖的酶解液、微生物发酵液）等，为了便于贮藏、运输、后续加工等，往往需要进行浓缩处理。浓缩可以减少食品质量和体积，从而减少食品包装、贮存和运输费用。浓缩可以提高食品浓度，增大渗透压，降低水分活度，抑制微生物生长，延长保质期。浓缩可以作为干燥、结晶等加工的预处理操作，可降低后续加工的能耗，利于后续操作。浓缩可改善食品品质，增加食品中营养成分，去除不良风味，改善质构特征等。

一、浓缩设备的原理与特点

根据浓缩原理不同，浓缩主要分为蒸发浓缩、冷冻浓缩和反渗透浓缩三大类。蒸发浓缩的原理是通过加热物料，使溶剂部分在沸点温度时由液态转变为气态，并将汽化时产生的二次蒸汽排除，从而使物料溶质浓度提高；冷冻浓缩是利用冰与水溶液之间的固-液相平衡原理，当溶质浓度低于低共熔点浓度时，溶剂呈晶体（冰体）析出，将晶体与母液分离后，即得到增浓的溶液；反渗透浓缩，即膜分离浓缩，是一种以半透膜为分离介质，膜两侧压力差或电位差作为推动力，利用膜的截留作用，在渗透压差的作用下，将原料液体中的保留液（浓缩液）与透过液（溶剂）分开，从而达到浓缩的目的。但是，由于冷冻浓缩和反渗透浓缩的浓缩倍数有限，甚至会引起浓缩物的损失，因此，蒸发浓缩在食品工业中应用最为广泛，工程实践技术最为成熟、可靠。

二、浓缩设备的分类

（一）按蒸发面上的压力分类

1. 常压浓缩

蒸发面压力为常压状态，溶剂汽化后直接排入大气，设备结构简单、投资少、维修方便，但蒸发效率低。

2. 真空浓缩

蒸发面压力为真空状态，溶剂汽化后由真空系统抽出。与常压浓缩相比，蒸发温度低、效率高、料液营养损失少，但需要采用真空装置，设备较为复杂、投资费用高。

（二）按料液蒸发时的流动状态分类

1. 非膜式

料液在蒸发浓缩设备内聚集在一起，通过自然或强制对流完成均匀加热和蒸汽逸出。非膜式蒸发浓缩设备有中央循环管式浓缩器、盘管式浓缩设备和带搅拌的夹套式真空浓缩锅等。

2. 薄膜式

料液在加热表面呈薄膜状受热蒸发，根据液膜流动方向，分为升膜式和降膜式。薄膜式蒸发浓缩设备有单效升膜式浓缩设备、单效降膜式浓缩设备和活动刮板式薄膜蒸发器等。

（三）按料液的浓缩流程分类

1. 循环式

（1）自然循环式

利用料液在浓缩设备内各部位的密度差或液位差，使料液在浓缩设备内全部或部分多次重复加热循环，达到目标浓度后，全部排出或部分地连续排出浓缩设备外。由于设备结构不同，又分为内循环和外循环两种形式，内循环如中央循环管式浓缩器、盘管式浓缩设备等，外循环如单效升膜式浓缩设备等。

（2）强制循环式

料液在浓缩设备内依靠机械力（搅拌桨、输料泵等）促使料液重复加热循环，以提高传热系数，加快浓缩过程。如带搅拌的夹套式真空浓缩锅和活动刮板式薄膜蒸发器等。

2. 单程式

料液连续进入浓缩设备，经加热面一次加热浓缩处理后，直接排出浓缩设备外，即完成浓缩加工。如单效降膜式浓缩设备等。

（四）按加热蒸汽被利用的次数分类

1. 单效浓缩

料液浓缩所产生的二次蒸汽不再加以利用，直接冷凝排放，称为单效浓缩。单效浓缩系统由一台浓缩锅、冷凝器和抽真空装置组合而成，料液进入浓缩锅后，加热蒸汽对料液进行加热浓缩，二次蒸汽进入冷凝器冷凝，不凝结气体由真空装置抽出，使整个浓缩装置处于真空状态。

2. 多效浓缩

料液浓缩所产生的二次蒸汽被导入下一浓缩设备，作为加热蒸汽利用，通常称前一浓缩设备为一效，后一浓缩设备为二效。以此类推，二效产生的二次蒸汽作为下一浓缩设备的加热蒸汽利用，即为三效。这种二次蒸汽被多次加以利用的方法，称为多效浓缩。这种多个浓缩器，配以冷凝器和抽真空装置等附属装置，称为多效真空浓缩装置。

3. 带热泵的浓缩设备

在单效或多效浓缩设备第一效或第二效的二次蒸汽出口管路上，安装一条引出额外蒸汽的支管，并于支管上配置热泵。通过压缩机的绝热作用，提高蒸汽的压力和温度，然后返回第一效或第二效加热室作为加热蒸汽使用。

第二节　单效浓缩设备

一、单效升膜式浓缩设备

单效升膜式浓缩设备结构如图 11-1 所示，由加热器、分离室、循环管等组成。加热器为一垂直加热管束，加热管直径为 25～50mm，长径比为 100～150，长管式管长一般为 6～8m，短管式管长一般为 3～4m。分离室在加热器上部，切线进口与加热器出料管连接。顶部的二次蒸汽出口设置有泡沫捕集器，用于进一步分离二次蒸汽中携带的料液。

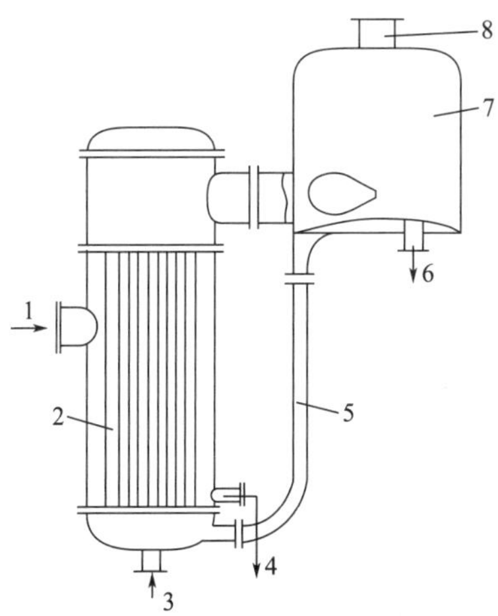

图 11-1　单效升膜式浓缩设备

1—蒸汽进口；2—加热器；3—料液进口；4—冷凝水出口；5—循环管；6—浓缩液出口；7—分离室；8—二次蒸汽出口

操作时，料液预热到接近沸点状态后，自加热器底部进入管内，自下而上流动。加热蒸汽在管束间传热，将热量传给管内料液。在加热作用和减压状态下，部分料液迅速汽化，产生二次蒸汽，并在料液内部上浮。随温度不断升高，气泡逐渐增多而聚集成大气泡，料液在重力作用下沿气泡边缘向下滑流。当气泡增大至形成柱状时，液流层被截断，液体形成分布于管壁的管形液膜。管形液膜在管内高速二次蒸汽的带动下沿管壁上升，同时不断被加热蒸发而逐渐浓缩。最后，浓缩液和二次蒸汽混合物以较高速切向进入分离室，在离心力作用下，浓缩液与二次蒸汽分离。二次蒸汽从分离室顶部经泡沫捕集器排出。浓缩液一部分通过循环管，再进入加热器底部继续浓缩；另一部分达到浓度的浓缩液，可从分离室底部排出。如为非循环型，则全部浓缩液从分离室底部直接排出。

单效升膜式浓缩设备的优点是占地面积少、传热效率高、受热时间短，料液在加热管束中停留时间约 10～20s，适用于热敏性料液；由于料液在管内速度较高，具有良好的破沫作用，故尤其适用于易起泡沫的料液，同时还能防止结垢的形成及黏性料液的沉淀。缺点是由于液膜上升需克服重力和管壁的摩擦阻力，故不适用于黏度高的料液；加热管束较长，清洗较不方便；为产生高速二次蒸汽，所需温差大，故不适用于易结垢、结晶的料液。

二、单效降膜式浓缩设备

单效降膜式浓缩设备结构如图 11-2 所示，与单效升膜式浓缩设备相似，由加热器、分离室等组成，主要区别是分离室位于加热器下部，加热器顶部有料液布膜器（又称料液分布器），主要作用是使料液均匀分布于各加热管中，并阻止二次蒸汽由加热器顶部直接窜出。

图 11-3 所示为几种常用的料液布膜器。

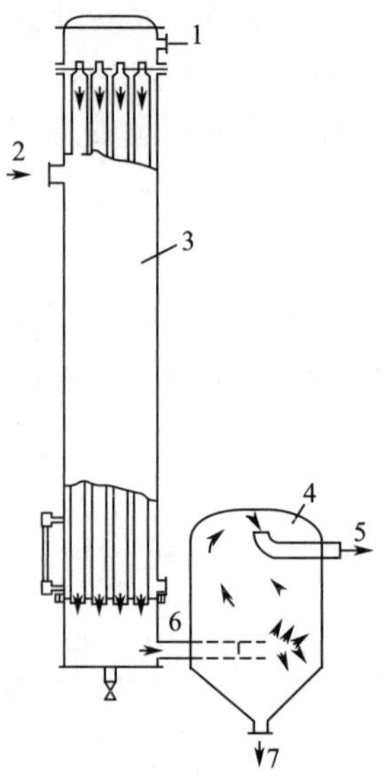

图 11-2 单效降膜式浓缩设备

1—料液入口；2—蒸汽入口；3—加热器；4—分离室；5—二次蒸汽出口；6—冷凝水出口；7—浓缩液出口

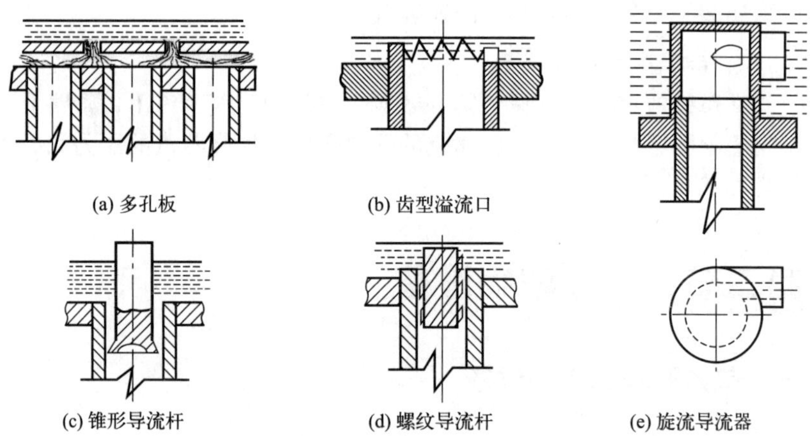

图 11-3 降膜式料液布膜器

（一）多孔板

呈多孔平板结构，孔板与加热管口高度方向留有间隙，各孔处于加热管之间的位置，料液通过孔后，沿加热管壁呈液膜状流下。形成液膜不均匀，适宜于黏度较大的料液使用。

（二）齿形溢流口

加热管口周边呈锯齿形结构，破坏了液面的表面张力，增加了料液沿加热管周边的溢流通道。当液面稍高于加热管口时，料液沿周边均匀地溢流而下，由于加热管管口高度一致，致使各加热管间和其各向溢流量较均匀。当液位稍有变化时，不致引起很大的溢流差别；但当液位变化较大时，料液分布还是不够均匀。

（三）锥形导流杆

每根加热管的上端管口插入一根圆锥体结构的导流棒，锥底内凹，防止沿锥体流下的料液再度聚集。锥底外缘与加热管壁间设有一定的均匀间隙，料液沿此均匀环形间隙流入加热管内壁，形成液膜下降。成膜稳定，但料液中的固体颗粒易造成堵塞。

（四）螺纹导流杆

每根加热管的上端管口插入表面刻有数条螺旋形沟槽的圆柱形导流杆，料液通过沟槽后沿管壁周边旋转流下，不同沟槽内的液流混合成均匀的管形薄膜下降。由于沟槽的流动阻力较大，要求通过速度较高，因此，适宜于黏度较低的料液。

（五）旋流导流器

每根加热管的上端管口插入圆筒形导流器，进液口沿其切线方向开设。料液由进液口进入后形成旋流，在离心力作用下，沿管壁旋转流下形成薄膜。

操作时，料液从加热器顶部进入，在重力作用下，经料液布膜器均匀地进入每根加热管中，然后沿管内壁呈液膜状向下流动，同时受到管外加热蒸汽加热而逐渐浓缩。最后，浓缩液和二次蒸汽混合物进入下方的分离室进行汽液分离，二次蒸汽从分离室顶部排出，浓缩液则由底部排出。

料液经降膜式浓缩设备蒸发后，流下的液体基本达到需要的浓度。因此，加热管要有足够的长度，才能保证传热效果。同时，液膜的向下流动在二次蒸汽和自身重力作用下进行，向下加速克服的流动阻力比升膜式小，沸点升高也小，加热蒸汽与料液温差大，因此，传热效果好。

单效降膜式浓缩设备的优点是加热蒸汽与料液呈并流方式，物料受热时间仅 2min 左右，故适用于热敏性物料的浓缩；料液在加热管表面形成膜状，传热系数高，并可避免泡沫的形成。缺点是加热管较长，若有结焦，清洗困难，不适用于高浓度或黏稠性料液的浓缩；不能随意中断生产，否则易结垢或结焦。

三、中央循环管式浓缩器

中央循环管式浓缩器又称为标准式蒸发器，是一种间歇型非膜式自然循环浓缩器，其结构如图 11-4 所示，主要由加热器和蒸发分离室两部分组成，蒸发分离室位于加热器上部。

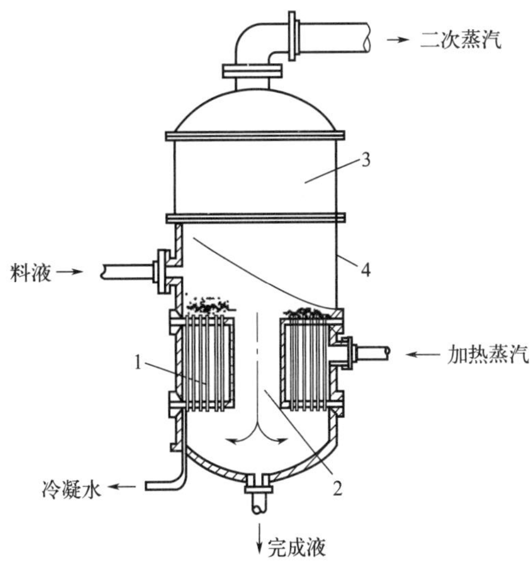

图 11-4　中央循环管式浓缩器

1—加热器；2—中央循环管；3—蒸发分离室；4—外壳

（一）加热器体

加热器体由沸腾加热管、中央循环管和上下管板组成，沸腾加热管和中央循环管固定在上下管板上，构成一组竖式加热管束。在加热器体横截面上，沸腾加热管束布置于外围，作为料液上行的蒸发通道，直径较小，多采用 ϕ25～75mm 的管子，长度一般在 0.6～2.0m，管长与管径之比在 20～40。中央循环管布置于加热器体横截面的中心位置，作为料液的下行回流通道，直径大于沸腾加热管，一般为沸腾加热管束截面积的 40%以上。沸腾加热管及中央循环管间为加热蒸汽通道，为了提高传热效果，在管间可增设若干个挡板，或抽去几排加热管，形成蒸汽通道。同时，为了配合不凝结气体排出，有利于加热蒸汽均匀分布，从而提高传热及冷凝效果，在加热器体外侧都装有不凝结气体排出管、加热蒸汽管、冷凝水排出管等。

（二）蒸发分离室

蒸发分离室是加热器上部的圆筒体，其作用是将二次蒸汽中携带的液滴分离出来。要求蒸发分离室必须具有一定的高度和空间，使得在二次蒸汽上升过程中，液滴在自重的作用下沉降回料液，实现汽液分离。蒸发分离室的高度主要根据防止料液被二次蒸汽夹带的上升速度所定，同时考虑清洗、维修沸腾加热管的需要，一般为沸腾加热管长度的 1.1～1.5 倍。在蒸发分离室顶部设有捕集器，以进一步分离二次蒸汽可能夹带的料液，减少料液损失，保证二次蒸汽的洁净，且提高传热效果。此外，在蒸发分离室外壁设有视镜、人孔、洗水入口、照明、仪表、取样等装置。

工作时，料液经竖式加热管束加热，在直径较小的沸腾加热管束内的料液因受热强度较大，迅速沸腾，部分水分汽化，使得料液膨胀、重度下降而上浮，进入加热器上部，即蒸发分离室内，在蒸发分离室内释放出二次蒸汽。由于中央循环管直径较大、加热强度较低，产生重度差，料液由中央循环管回流到加热器下方，形成自然循环。在反复循环过程中，将料液中溶剂蒸发，达到浓缩目的。

中央循环管式浓缩器优点是结构简单、操作方便、投资费用少。但整体循环速度较低（一般在 0.5m/s 以下），有效温差较小，浓缩黏度较大的料液时循环效果差。此外，设备的清洗和检修也不够方便。适用于中等黏度和轻度结垢溶液的浓缩处理。

四、盘管式浓缩设备

盘管式浓缩设备结构如图 11-5 所示，主要由盘管式加热室、蒸发室、泡沫捕集器等组成。设备整体为立式圆筒密闭结构，上部空间为蒸发室，下部空间为盘管式加热室。

盘管式加热室设有 3～5 层加热盘管，每层盘管 1～3 圈，各层盘管均有可单独操作的蒸汽进口和冷凝水出口。蒸汽进口和冷凝水出口的布置有两种方式，如图 11-6 所示。

工作时，料液通过进料口进入锅体内，在加热盘管径向受到的加热程度不同，盘管外层间料液受热相对较多，受热后体积膨胀、重度下降而上浮。盘管中部的料液受热相对较少，产生重度差，自然下降回流。从而形成了料液沿盘管外层间上升，又沿盘管中心下降回流的自然循环。当浓缩锅内的物料浓度经检测达到要求时，即可停止加热，打开锅底出料阀出料。操作过程时应注意，不得向露出液面的盘管内通入蒸汽，需待料液浸没盘管后方可从下而上将已浸没的蒸汽阀打开；当液面降低，盘管露出液面时，应立即关闭对应蒸汽阀门。

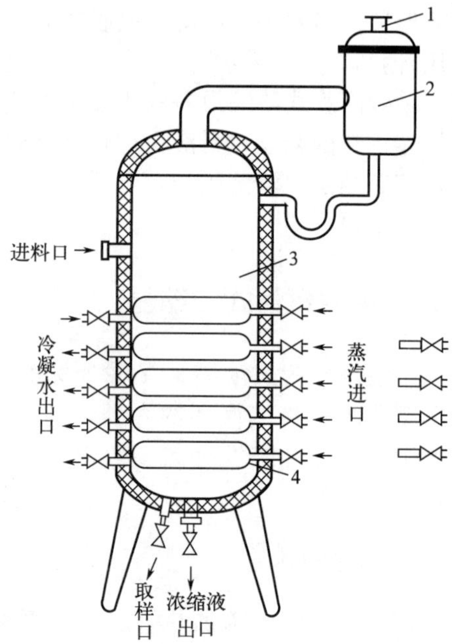

图 11-5 盘管式浓缩设备
1—二次蒸汽出口；2—泡沫捕集器；3—蒸发室；4—加热室

盘管式浓缩设备的优点是结构简单、易于控制、操作稳定；加热管较短，管壁温度均匀，蒸汽冷凝水能及时排出，传热面利用率较高；便于根据料液的液面高度独立控制各层盘管内加热蒸汽的通断及其压力，以满足生产或操作的需要；盘管为扁圆形截面，料液流动阻力小、通道大，适用于黏度较高的料液。缺点是传热面积小、料液对流循环差、易结垢；间歇出料，料液受热时间较长，在一定程度上对产品质量有影响。

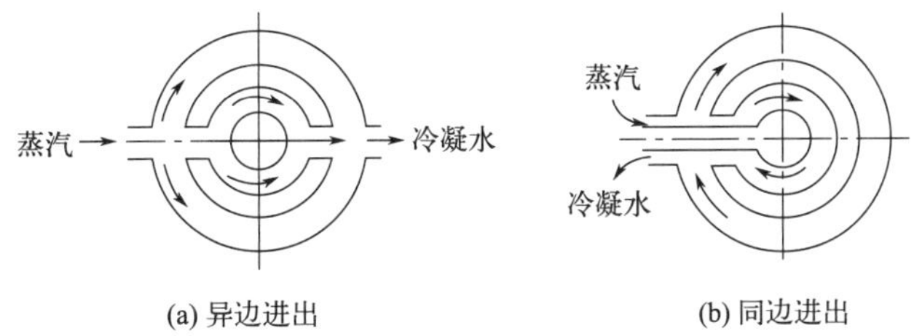

图 11-6　盘管的进出口布置

五、带搅拌的夹套式真空浓缩锅

带搅拌的夹套式真空浓缩锅结构如图 11-7 所示，由上锅体和下锅体组成。下锅体的底部为夹套，内通蒸汽，锅内装有横轴式搅拌器，转速为 10～20r/min，以强化料液循环，不断更新加热面处的料液。上锅体设有料孔、视镜、照明、仪表等装置。

工作时，先将加热蒸汽通入浓缩锅内赶出空气，然后启动抽真空系统，造成锅内真空，使料液吸入锅内，达到容量要求后，即开启蒸汽阀门使加热蒸汽进入夹套加热，同时启动搅拌器。在搅拌器作用下，锅内壁表面被加热的物料层不断更换，水分蒸发。蒸发产生的二次蒸汽由抽真空系统抽走，以保证浓缩锅内达到预定的真空度。经取样检验，达到所需浓度时，解除真空即可卸料。

带搅拌的夹套式真空浓缩锅的优点是结构简单、操作控制容易；强制搅拌可加强加热器表面料液的流动，减少加热死角，适宜于浓料液和黏度大料液的增浓处理，如果酱、牛奶等。缺点是传热面积小、受热时间较长、生产能力低、不能连续生产。

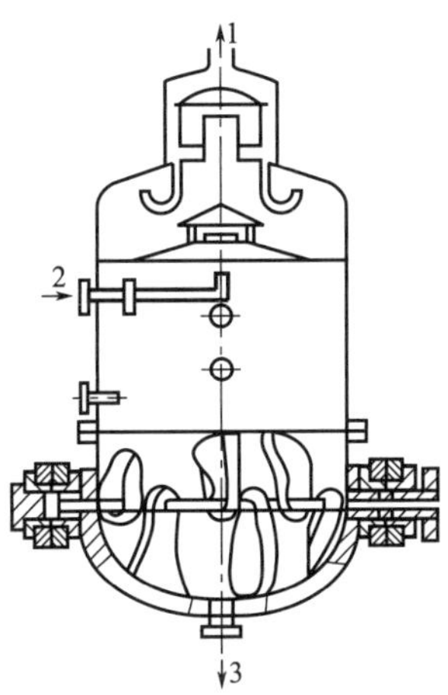

图 11-7　带搅拌的夹套式真空浓缩锅

1—二次蒸汽出口；2—料液进口；3—浓缩液出口

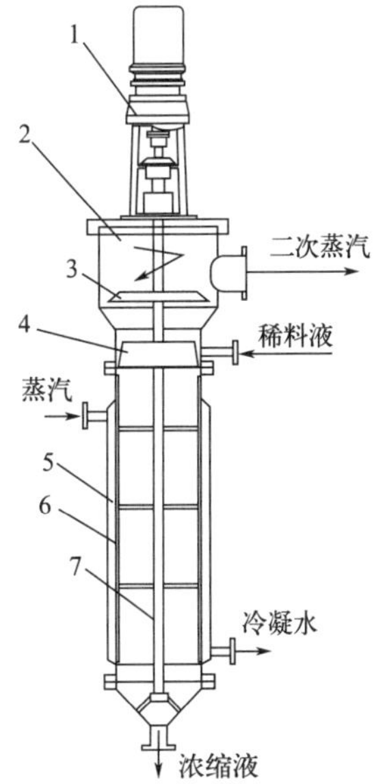

图 11-8　活动刮板式薄膜蒸发器

1—电机减速器；2—蒸发室；3—除沫盘；4—料液分配盘；5—夹套加热室；6—刮板；7—转轴

六、活动刮板式薄膜蒸发器

活动刮板式薄膜蒸发器结构如图 11-8 所示，主要由夹套加热室、转轴、料液分配盘、除沫盘、刮板和蒸发室等组成，其中料液分配盘、除沫盘和刮板固定安装于转轴上。按其安装形式有立式和卧式两种，图 11-8 所示为立式。

活动刮板是指可双向活动的刮板，它借助于转轴旋转所产生的离心力，使刮板紧贴于夹套加热室内壁，将料液刮成薄膜，加之不断搅拌使液膜表面不断更新，并使内壁保持不结晶、难结垢，因而其传热系数较高。刮板材料有聚四氟乙烯、层压板、石墨、木材等，一般分数段，因它是靠离心力紧贴于内壁，故对夹套加热室筒体的圆度及安装的垂直度等要求不严格。其末端的圆周速度降低，一般为 1.5～5m/s。图 11-9 所示为常见的几种活动刮板。

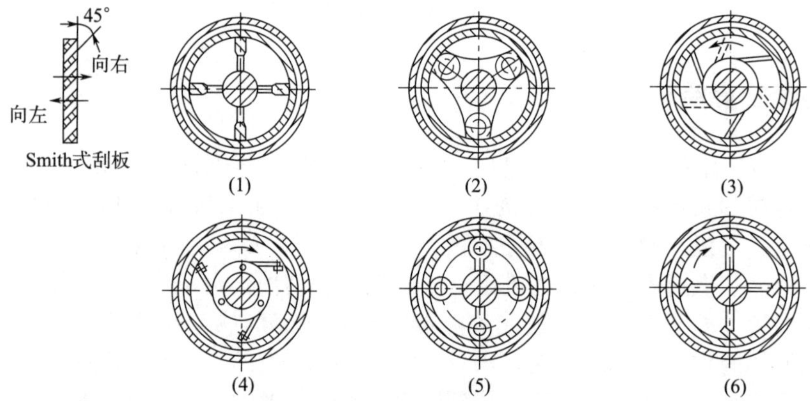

图 11-9 活动刮板

工作时，料液由进料口沿切线方向进入蒸发器内，或经由固定在转轴上的料液分配盘，在离心力作用下均布在夹套加热室内壁四周。料液在重力作用下，沿内壁向下流动，装在转轴上的刮板把料液刮成薄膜，料液受加热面的加热而蒸发浓缩，并将浓缩的料液翻动下推。由于料液不断在重力及刮板作用下被刮成液膜和更新，从而不断进行蒸发浓缩，最后流集到夹套加热室底部排出。所产生的二次蒸汽沿中心部分上升到蒸发器顶部，蒸汽中夹带的料液经旋转的除沫盘被离心分离出来，余下的蒸汽从蒸发室二次蒸汽出口排出。料液在加热区域停留时间随蒸发器的高度（长度）和刮板的导向角、转速等因素而变化，一般 2～45s。

活动刮板式薄膜蒸发器的优点是料液在刮板作用下，不断强制成膜和更新，总传热系数较高，适用于高黏度、易结晶、易结垢的高浓度料液的浓缩，如果酱、蜂蜜或含有悬浮颗粒的料液。缺点是结构复杂，动力消耗较大，且随料液黏度的增大而增加动力消耗；由于加热室直径较小，清洗不方便。

第三节 多效浓缩设备

在单效真空浓缩系统流程中，含有大量汽化潜热的二次蒸汽没有充分利用就直接排出，导致资源浪费，产品成本升高。根据低压蒸发原理，在浓缩过程中可以用二次蒸汽再加热低温度的料液，再生成二次蒸汽，以此类推，使热能得到充分利用，即为双效、三效等多效浓缩。

一、多效蒸发的效数

多效蒸发中所采用的效数是受到限制的，不是任意增加的，其原因如下：实际耗汽量大于理论值；设备费用增加，多效蒸发虽可节约蒸汽，但蒸发设备及其附属设备的费用却随着效数的增加而成倍增加，当增加至不能弥补所节约的燃料费用时，效数就达到了极限；蒸发器有效传热温差有极限，随着效数不断增加，每效分配到的有效温差逐渐减小。

实际生产中，多效蒸发主要为双效、三效和四效。对于热敏性料液，首效的蒸发温度即受限制，因此，工业中很少有超过四效的蒸发流程，双效蒸发较为常用。

二、多效蒸发的工作原理

实施多效蒸发的条件是各效蒸发器中的加热蒸汽的温度或压强要高于该效蒸发器中的二次蒸汽的温度和压力，即两者有温度差存在，才能使引入的加热蒸汽起加热作用。在多效蒸发操作中，蒸发温度和操作压力是逐效降低的，因此，对真空蒸发来说，整个系统中的压力的递减分配取决于末效真空度的保持。一般第一效加热蒸汽的压力为大气压或略高于大气压。

三、多效真空浓缩的流程

（一）顺流法

顺流法又称并流法，其流程如图 11-10 所示，该流程为工业中常用的一种多效流程，料液与加热蒸汽的流向相同，均由第一效顺序至末效，浓缩液由末效排出。顺流法流程的优点是，由于蒸发室内压力依效序递减，故料液在各效间的流动不需要用泵来输送；蒸发室内压力递减也导致料液沸点依效序递减，前效料液进入后效时，呈过热状态，产生自蒸发作用，增加了浓缩设备的蒸发量；料液浓度依效序递增，加热蒸汽温度依效序递减，高浓度料液在低温下蒸发浓缩，有利于热敏性料液的浓缩。缺点是，料液黏度依效序递增，流动性变差，传热系数减小，使末效蒸发增加了困难。

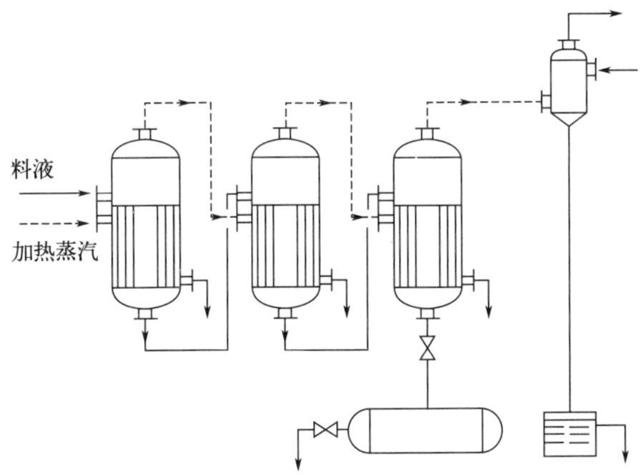

图 11-10　顺流多效真空浓缩流程图

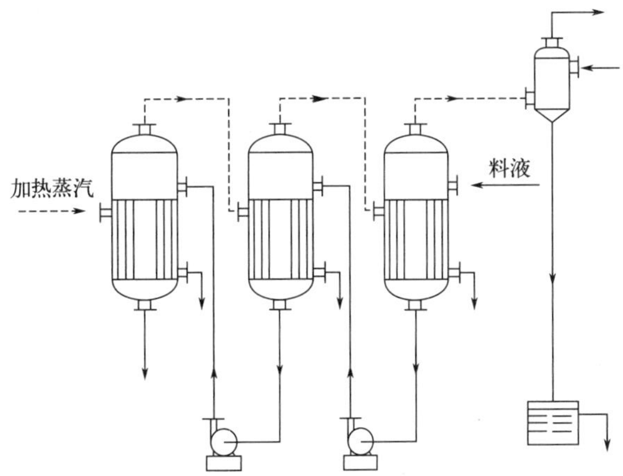

图 11-11　逆流多效真空浓缩流程图

（二）逆流法

料液与加热蒸汽的流向相反，其流程如图 11-11 所示，即料液由末效进入，依次用泵送入前效，浓缩液由第一效排出，而加热蒸汽由第一效顺序至末效。逆流法的优点是，随料液向前效流动，料液浓度越来越高，蒸发温度也越来越高，故黏度的增加没有顺流法显著，各效黏度相差不大，有利于改善循环条件，提高传热系数。缺点是，各效间料液流动需要用泵输送，与顺流法相比，水分蒸发量稍减；料液在高温操作的浓缩器内停留的时间较顺流法长，不适用于热敏性料液，但适用于黏度随浓度的增高而剧烈增加的料液。

（三）平流法

加热蒸汽仍由第一效顺序至末效，而各效均平行加入料液和排出成品，其流程如图 11-12 所示。此流程适用于浓缩过程中伴有晶体析出的料液，如食盐溶液的浓缩。该法对结晶操作较易控制，并省掉了

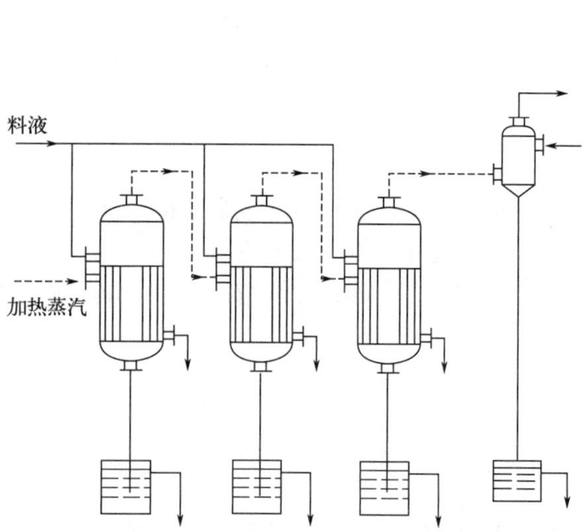

图 11-12 平流多效真空浓缩流程图

黏稠晶体悬浮液的效间泵送。

（四）混流法

效数多时，可采用顺流和逆流并用操作，有些效间用顺流，有些效间用逆流。此法兼具顺流和逆流的优缺点，适用料液黏度随浓度增加而显著增加的场合。

四、双效降膜式浓缩设备

图 11-13 所示为顺流式双效降膜式真空浓缩设备流程图，主要由一效蒸发器、二效蒸发器、料液预热器、预热杀菌器、热泵、水力喷射器等组成。一效蒸发器、二效蒸发器结构相同，内部除蒸发管束外，还设有预热盘管。

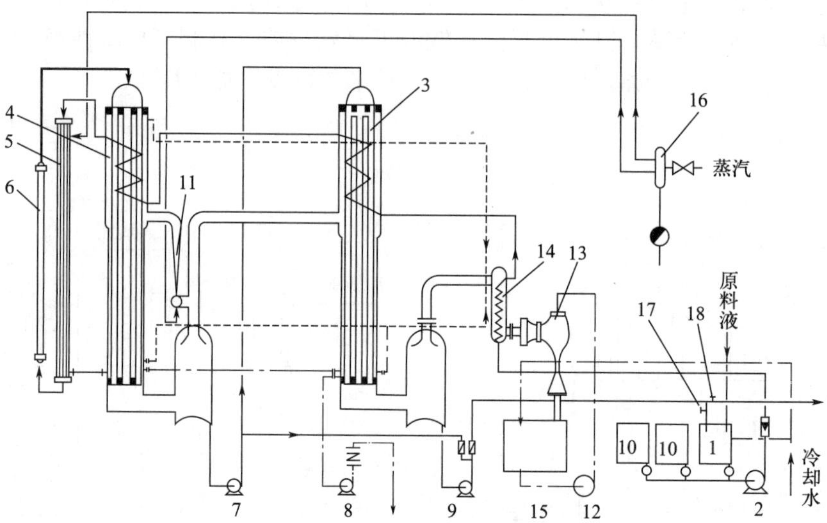

图 11-13 顺流式双效降膜式真空浓缩设备流程图

1—平衡槽；2—进料泵；3—二效蒸发器；4——效蒸发器；5—预热杀菌器；6—保温管；7—料液泵；8—冷凝水泵；9—出料泵；10—酸碱洗涤液贮槽；11—热泵；12—冷却水泵；13—水力喷射器；14—料液预热器；15—水箱；16—分汽包；17—回流阀；18—出料阀

工作时，料液由进料泵 2 从平衡槽 1 抽出，通过料液预热器 14 时，被二效蒸发器 3 产生的二次蒸汽加热，然后依次经二效、一效蒸发器内的预热盘管进一步预热。预热后料液被引入预热杀菌器 5 进行杀菌处理（86～96℃），并在保温管 6 内保持 24s；随后依次通过一效蒸发器 4（加热温度 83～90℃，蒸发温度 70～75℃）、二效蒸发器 3（加热温度 68～74℃，蒸发温度 48～52℃），最后由出料泵 9 抽出。

生蒸汽（500kPa）经分汽包 16 分别向预热杀菌器 5、一效蒸发器 4 和热泵 11 供汽。一效蒸发器 4 产生的二次蒸汽，一部分通过热泵 11 增温增压，并与生蒸汽混合，作为一效蒸发器 4 的加热蒸汽，其余部分则被导入二效蒸发器 3 作为加热蒸汽。二效蒸发器 3 产生的二次蒸汽通过料液预热器 14 对料液进行预热，并由水力喷射器 13 冷凝抽出。各处加热蒸汽的冷凝水由冷凝水泵 8 抽出。酸碱洗涤液贮槽 10 内的酸碱洗涤液用于设备的就地清洗。

该设备适用于牛奶、果汁等热敏性料液的浓缩，效果好、质量高，蒸汽与冷却水的消耗量较低，并配有就地清洗装置，使用操作方便。

五、三效降膜式浓缩设备

图 11-14 所示为混流式三效降膜式真空浓缩设备流程图，全套设备包括三个降膜式蒸发器、混合式冷凝器、料液平衡槽、热泵和双级水环式真空泵等，其中二效蒸发器为组合蒸发器。

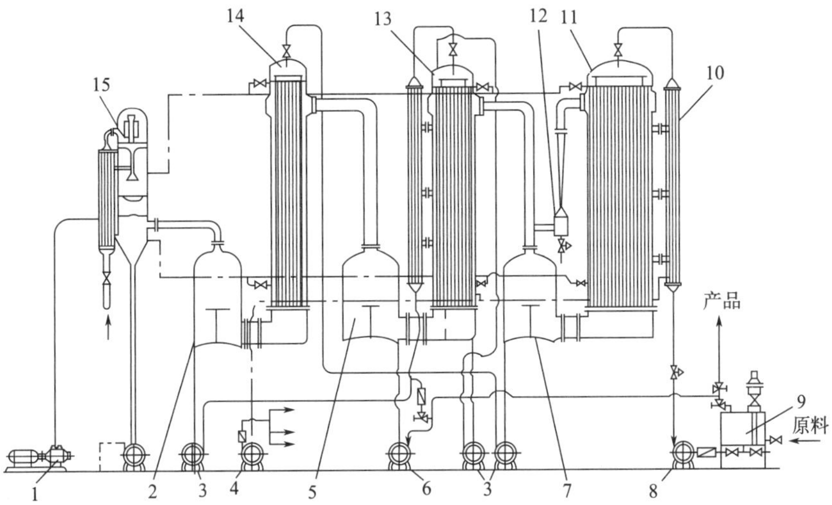

图 11-14　混流式三效降膜式真空浓缩设备流程图

1—双级水环式真空泵；2—三效分离器；3—循环料液泵；4—冷凝水泵；5—二效分离器；6—出料泵；7—一效分离器；8—进料泵；9—料液平衡槽；10—预热器；11—一效蒸发器；12—热泵；13—二效蒸发器；14—三效蒸发器；15—混合式冷凝器

工作时，料液平衡槽 9 内料液由进料泵 8 抽出，经预热器 10 预热后，进入一效蒸发器 11（蒸发温度 70℃）进行降膜受热蒸发，初步浓缩液由一效分离器 7 分离后，由循环料液泵 3 输送入三效蒸发器 14（蒸发温度 57℃）。从三效分离器 2 分离出的浓缩液由循环料液泵 3 输送入二效蒸发器 13（蒸发温度 44℃），最后二效分离器 5 分离出的最终浓缩液由出料泵 6 抽出，其中不合格产品送回平衡槽。

生蒸汽首先被引入一效蒸发器 11 和与一效蒸发器连通的预热器 10，一效蒸发器 11 产生的二次蒸汽，部分被引入二效蒸发器 13 作为其加热蒸汽，部分由热泵 12 增温增压，并与生蒸汽混合后，再作为一效蒸发器 11 和预热器 10 的加热蒸汽使用；二效分离器 5 所产生的二次蒸汽被引入三效蒸发器 14 作为加热蒸汽；三效分离器 2 产生二次蒸汽导入混合式冷凝器 15，经与冷却水混合冷凝后由冷凝水泵 4 排出。各效产生的不凝性气体均进入混合式冷凝器 15，由双级水环式真空泵 1 抽出。

第四节　冷冻浓缩设备

一、冷冻浓缩的原理与特点

冷冻浓缩是利用冰与水溶液之间的固-液相平衡原理，将水以固态方式从液相中去除的一种浓缩方法。采用冷冻浓缩方法，需要注意溶液的浓度。当溶液中溶质浓度高于低共熔浓度时，过饱和溶液冷却的结果表现为溶质转化成晶体析出，此即结晶操作的原理。当溶液中所含溶质浓度低于低共熔浓度时，则冷却结果表现为溶剂（水分）呈晶体（冰晶）析出，随着溶剂呈晶体析出的同时，余下溶液中的溶质浓度显著提高，此即冷冻浓缩原理。

冷冻浓缩由于是低温操作，特别适用于热敏性料液；溶液中溶剂的去除是依靠从溶液到晶体的相间传递，因此可避免料液中挥发性芳香物质的损失；同时水凝结成冰时的相变潜热约为蒸发时的1/7，能耗较低。缺点是，浓缩比低，料液溶质最终浓度不能超过其低共熔浓度；晶体分离技术要求高，溶液浓度越高或黏度越大，分离越困难，晶体的夹带损失也越大，浓缩过程会造成不可避免的溶质损失；微生物和酶的活性得不到抑制，成品还要再经热处理或加以冷冻保藏；生产成本高。

二、冷冻浓缩装置系统

冷冻浓缩的操作包括两个步骤：首先是部分水分从水溶液中结晶析出；然后是将晶体与浓缩液加以分离。因此，冷冻浓缩装置系统主要由冷却结晶设备和晶体悬浮液分离设备两部分组成。

（一）冷却结晶设备

冷却结晶设备有直接冷却式和间接冷却式两种。直接冷却式可利用水分部分蒸发的方法，也可利用辅助冷剂（如丁烷）蒸发的方法。间接冷却式是利用间壁将冷剂与被加工料液隔开的方法，食品工业上采用的间接冷却式设备又可分为内冷式和外冷式两种。

1. 直接冷却式真空结晶器

直接冷却式真空结晶器是在真空下同时进行溶剂绝热蒸发和溶液冷却，使溶液过饱和并结晶的一种设备。溶液在绝对压力266.6Pa、液温－3℃下沸腾，蒸发140kg水分，获得1t晶体。直接冷却法的优点是不必设置冷却面、结构简单、造价较低；缺点是部分芳香物质将随同蒸汽或惰性气体一起逸出而损失。为了减小能耗，可将低压力二次蒸汽压缩，并利用晶体作为冷却剂来冷凝压缩后的二次蒸汽。

直接冷却式真空结晶器已被广泛应用于海水的脱盐处理，在液体食品加工中，主要是芳香物质的损失问题，若与组合器组合起来，可以显著减少以上问题。

2. 内冷式结晶器

内冷式结晶器可分为两种：一种是产生固化或近于固化悬浮液的结晶器，另一种是产生可泵送浆液的结晶器。

第一种结晶器的结晶原理属于层状冻结，没有搅拌的液体与冷却壁面相接触，直至水分几乎完全固化，冻结的晶体成片状或“雪”状，然后用机械方法除去。该设备的优点是，因为部分固化，即使稀溶液也可浓缩至40%以上；洗涤简单、方便。缺点是，由于晶体非常薄，浓缩液与晶体的分离比较困难。

第二种结晶器是采用结晶操作和分离操作分开的方法。由一个大型内冷却不锈钢转鼓和一个料槽组成，转鼓在料槽内转动，固化晶层由刮刀除去。因晶体很细，故晶体和浓缩液分离很困难。此法常用于橙汁的生产。此法的另一种形式是将料液以喷雾形式喷溅到旋转缓慢的内冷却转鼓式转盘上，并作为片冰而排出。

冷冻浓缩所采用的大多数内冷式结晶器都属于第二种结晶器，即产生可以泵送的悬浮液。在比较典型的设备中，晶体悬浮液停留时间只有几分钟。由于停留时间短，故晶体粒度一般小于50μm。作为内冷式结晶器，刮板式换热器是第二种结晶器的典型运用之一。

3. 外冷式结晶器

外冷式结晶器有三种主要形式。

第一种形式是料液先经过外部冷却器作过冷处理，过冷度高达－6℃，然后过冷而无晶体的料液在结晶器中释放出“冷量”。使用这种结晶器，可以抑制结晶器内的局部过冷现象，有效减少形成的晶体中混有溶质。从结晶器出来的料液可利用泵使之在换热器和结晶器之间进行循环，晶体则借助泵吸入管路中的过滤器而被截留于结晶器内。

第二种外冷式结晶器的主要特征是全部悬浮液在结晶器和换热器之间进行不断循环。晶体在换热器内的停留时间比在结晶器中短，故晶体的成长主要是在结晶器内。

第三种外冷式结晶器是料液在外部换热器中生产亚临界晶体，部分不含晶体的料液在结晶器与换热器之间循环。换热器形式为刮板式，因热流大，故晶核形成非常剧烈。而且由于料液在换热器中的停留时间甚短，通常只有几秒钟时间，故所产生的晶体极小。当小晶体进入结晶器后，在器内的停留时间至少有 30min，与结晶器内含大晶体的悬浮液均匀混合并溶解，其溶解热来自于大晶体的生长。

（二）晶体悬浮液分离设备

晶体悬浮液分离设备有压榨机、离心机和洗涤塔等。

1．压榨机

常用的压榨机有液压活塞式压榨机和螺旋式压榨机。采用压榨机分离时，溶质的损失量取决于被压缩冰饼中夹带的溶液量。冰饼经压缩后，夹带的液体被紧紧地吸住，以致不能采用洗涤方法将它洗净，但压力高压缩时间长时，可降低溶液的吸留量。由于压榨法残留液量高，易导致较多的溶质损失，因此，压榨机只用于前期分离。

2．离心机

冷冻浓缩中使用的离心机为转鼓式离心机，离心时，所得冰床的空隙率为 0.4～0.7。球形晶体冰床的空隙率最低，而树枝状晶体冰床的空隙率较高。与压榨机不同，在离心力场中，冰饼中残液以两种形式被吸留：一种是晶体和晶体之间，因黏性力和毛细力而吸住液体；另一种只是因黏性力使液体黏附于晶体表面。

采用离心机的方法，可以用洗涤水或将冰融化后来洗涤冰饼，因此，分离效果比用压榨法好，但洗涤水将稀释浓缩液；溶质损失率取决于晶体的大小和液体的黏度，即使采用冰饼洗涤，仍可高达 10%；当料液因旋转而被甩出时，与大量空气密切接触，会导致挥发性芳香物质的损失。

3．洗涤塔

洗涤塔有较好的冰与浓缩液的分离效果，分离比较完全，而且没有稀释现象。同时，操作时完全密闭且无顶部空隙，故可完全避免芳香物质的损失。

洗涤塔的分离原理主要是利用纯冰融化的水分来排除晶体间残留的浓缩液，方法可用连续法或间歇法。间歇法只用于管内或板间生成晶体的原地洗涤。在连续式洗涤塔中，晶体相和液相做逆向移动，进行密切接触。图 11-15 所示为连续式洗涤塔的工作原理。从结晶器出来的晶体悬浮液从塔的下端进入，浓缩液从同一端经过滤器排出。因晶体密度比浓缩液小，故晶体就逐渐上浮到顶端。塔顶设有融冰器（加热器），使部分晶体融解。融化后的水分即返行下流，与上浮晶体逆流接触，洗去晶体间浓缩液。这样，沿塔高方向，晶体夹带的溶质浓度逐渐降低，晶体随浮随洗，夹带的溶质越来越少。

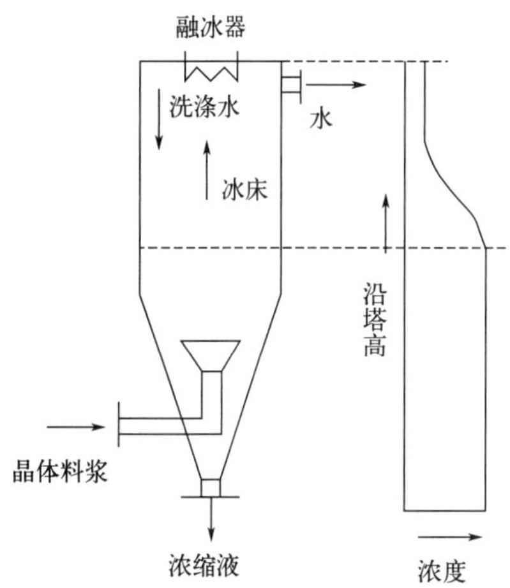

图 11-15　连续式洗涤塔工作原理图

根据晶体沿塔移动的推动力不同，洗涤塔可分为浮床式、螺旋推式和活塞式三种。

（三）冷冻浓缩装置系统

冷冻浓缩装置系统分为单级和多级两种，单级冷冻浓缩装置系统一次性使料液中的部分水分结成晶体，然后对晶体悬浮液分离，得到冷冻浓缩液。多级冷冻浓缩系统是将前一级冷冻浓缩的浓缩液作为原料液进入下一级，通过更低的温度使部分水结晶，从而再次浓缩。

第五节　食品典型加工工艺中浓缩设备的应用

一、典型工艺介绍

（一）浓缩苹果汁生产工艺

先进的浓缩苹果汁生产线中榨汁机采用带式压榨机，过滤设备采用超精过滤技术来取代传统的澄清剂、机械分离和过滤单元操作，浓缩装置采用三效降膜蒸发器和闪蒸新技术，产量大、浓缩效率高。具体生产工艺流程如下：

原料选择→配果→洗果→检果→破碎→榨汁→过滤→灭酶→一效蒸发器浓缩→酶解脱胶→过滤→清汁→二效蒸发器浓缩→三效蒸发器浓缩→灭菌→无菌灌装→浓缩汁产品

设备工艺流程图如图 11-16 所示。

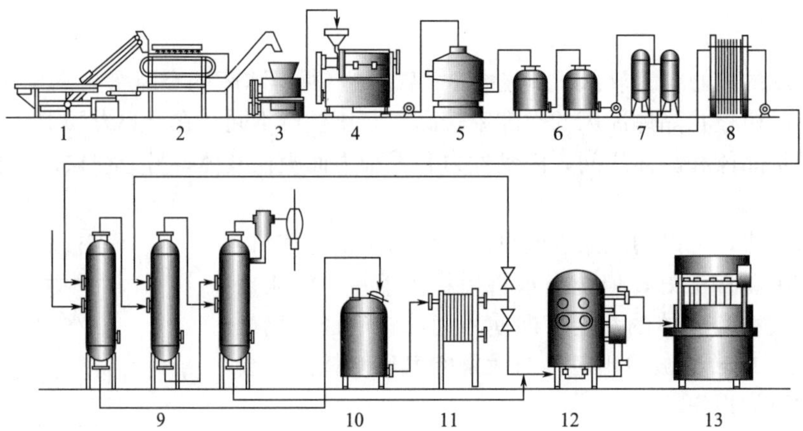

图 11-16　浓缩苹果汁设备工艺流程图

1—洗果机；2—检果机；3—破碎机；4—榨汁机；5—振动式过滤机；6—贮罐；7—双联过滤器；8—板式灭酶换热器；9—三效蒸发浓缩器；10—酶解脱胶罐；11—超滤装置；12—瞬时灭菌机；13—无菌灌装机

（二）天然资源有效成分提取生产工艺

原料→粉碎→提取→离心分离→过滤→杀菌、灭酶→冷却→超速离心→三效蒸发浓缩→喷雾干燥→粉剂成品

设备工艺流程图如图 11-17 所示。

该生产线核心设备可分为以下四个部分：

1. 提取装置

采用热水温浸动态提取工艺，提取罐采用蒸汽夹套加热，带有特殊搅拌装置。原料经粉碎后在一定温度下进行动态提取，提取率大大高于静态提取方式，节省了原料，同时缩短了提取时间，也节省了能源。

2. 固液分离装置

采用三级分离工艺，由三足离心机（现改进为平板离心机）、振动筛和管式高速离心机进行提取液和残渣及悬浮物的分离，本分离装置残渣较干，残存的提取液量少，减少了有效成分的损失，也有利于避免蒸发浓缩和喷雾干燥操作中发生结焦、粘壁、堵塞等问题。

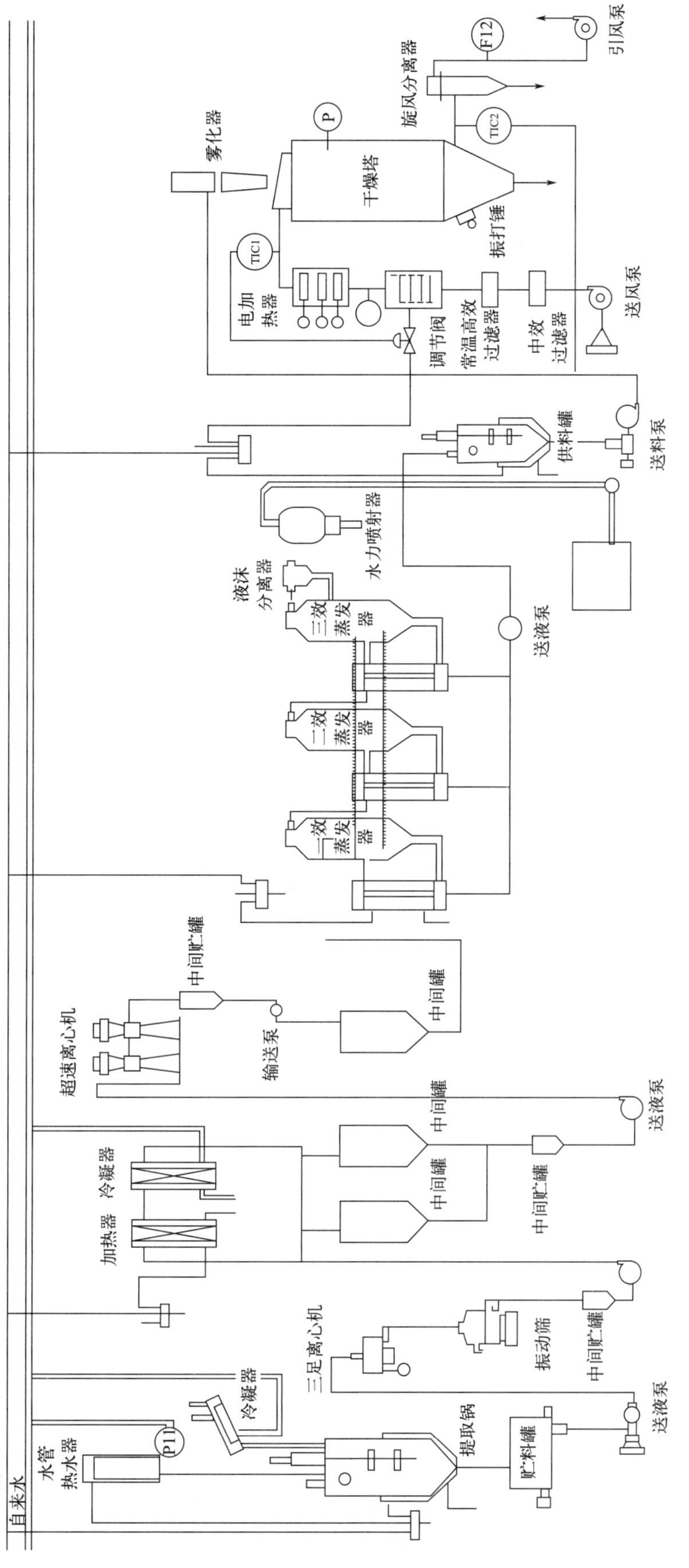

图 11-17 天然资源中水溶性有效成分的提取设备工艺流程图

3. 三效蒸发浓缩装置

提取液由一效蒸发器进料，经过二效、三效蒸发器浓缩处理，浓缩成膏。提取液连续自动循环，具有速度快、节能效益高、蒸发浓缩时间短等特点。三效与单效对比，节能率在68%以上。

4. 喷雾干燥装置

采用新型高效的高速离心喷雾干燥机，操作简单稳定，容易实现自动化控制，干燥时间短、动力消耗小、产品粒度均匀、溶解性及质量均好，为生产冲剂、口服液等减少辅料，降低剂量创造了理想的条件。

二、浓缩设备的使用

（一）果汁浓缩

离心浓缩设备用于浓缩果汁的效果很理想。如用加热温度80℃、蒸发温度30℃的工艺条件生产浓缩5倍的柑橘汁，不会有加热臭产生，质量良好。还可用于浓缩苹果汁、葡萄汁、番茄汁及甜瓜汁等产品。

（二）香料抽提液浓缩

香料含低沸点物质较多，要尽量使用低温处理。由于蒸发温度多在20～30℃，因此，冷凝器用的冷却水必须是低温水。如浓缩香料，使用蒸发温度30℃、加热温度70℃，可得到优良的品质，而蒸发温度在40℃就有苦味。浓缩巧克力香料时，浓度2%含有水和酒精的香料抽提液，使用加热温度100℃、蒸发温度50℃，一次浓缩到47%，效果良好。

（三）天然调味料抽提液浓缩

肉类和鱼类的抽提液可用离心浓缩设备浓缩。如用加热温度80℃、蒸发温度60℃的工艺条件，可把4%或15%的鲣鱼抽提液一次浓缩到24%或75%。加热温度120℃、蒸发温度60℃的条件，可一次把鸡汁从6%浓缩到51%，产品质量均良好。

（四）蛋白质分解液和肽浓缩

蛋白质分解液和肽发泡性很强，长时间加热易褐变，如果料液与传热面间温度高时，还会助长其发泡性，使用离心浓缩设备可抑制浓缩时的起泡现象（料液在离心力作用下难以形成气泡）。如浓缩小麦蛋白分解液，使用加热温度100℃、蒸发温度50℃，从浓度3%一次浓缩到55%，无褐变起泡现象。乳蛋白质分解液用蒸发温度50℃、加热温度110℃，从浓度5%一次浓缩到30%，产品质量良好。此外，离心浓缩设备还很适合用于浓缩酶类、抗生素类等生理活性物质。还可用于浓缩血浆、发酵乳等产品。

总结

○ **浓缩设备的分类**

浓缩技术主要有蒸发浓缩、冷冻浓缩和反渗透浓缩三种类型，其中，蒸发浓缩是技术最为成熟、应用最广泛的浓缩技术，特别是真空蒸发浓缩。

按料液蒸发时的流动状态分类：非膜式、薄膜式。

按料液的浓缩流程分类：循环式（自然循环式、强制循环式）、单程式。

按加热蒸汽被利用的次数分类：单效浓缩、多效浓缩、带热泵的浓缩设备。

○ **单效浓缩设备**

单效升膜式浓缩设备、单效降膜式浓缩设备、中央循环管式浓缩器、盘管式浓缩设备、带搅拌的夹套式真空浓缩锅、活动刮板式薄膜蒸发器等。

- **多效浓缩设备**

  多效浓缩设备的效数：主要有双效和三效。

  流程：顺流法、逆流法、平流法和混流法。

- **冷冻浓缩设备**

  冷冻浓缩装置系统组成：冷却结晶设备和晶体悬浮液分离设备。

  冷却结晶设备：直接冷却式、间接冷却式两种。

  冷冻浓缩的分离设备：压榨机、离心机和洗涤塔等。

  冷冻浓缩装置系统：单级冷冻浓缩装置系统、多级冷冻浓缩装置系统。

- **理解和掌握不同浓缩设备的基本结构、工作原理和用途。**
- **结合典型食品加工工艺流程，针对不同食品料液性质，深刻理解不同浓缩设备在相关食品加工过程中的选型及实际应用。**

思考练习

（一）简述真空蒸发浓缩设备的分类。

（二）简述单效升膜式浓缩设备的工作过程。

（三）简述单效降膜式浓缩设备的料液布膜器作用及分类。

（四）简述中央循环管式浓缩器组成。

（五）简述带搅拌的夹套式真空浓缩锅工作过程。

（六）简述活动刮板式薄膜蒸发器的优缺点。

（七）简述多效真空浓缩的顺流法流程。

（八）简述冷冻浓缩的原理。

（九）简述冷却结晶设备的分类。

（十）简述洗涤塔的分离原理。

降膜蒸发器

活动刮板式
薄膜蒸发器

第十二章　干燥机械与设备

知识导图

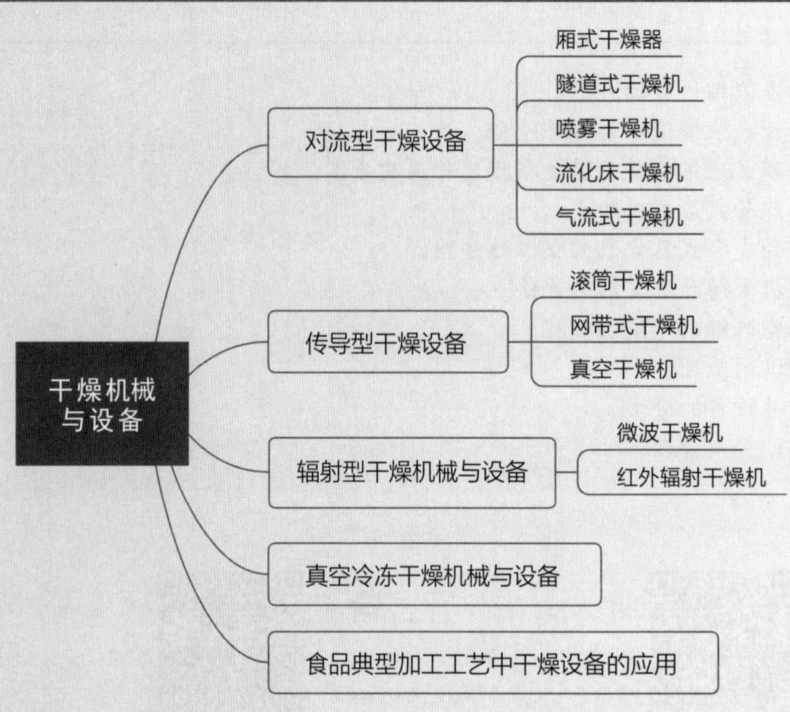

学习目标

- ○ 理解干燥机械的基本工作原理以及设备的功能，了解干燥设备的优缺点。
- ○ 熟悉干燥机械与设备种类。能够识别不同类型的干燥设备，了解它们的工作原理和应用。
- ○ 学会选择不同工艺方法适用的干燥设备，能够根据原料和工艺的特性，来进行食品干燥机械与设备的合理选型。
- ○ 掌握不同干燥方式的原理，掌握各种干燥技术和干燥设备的异同，便于选择利用不同干燥技术。

第一节　对流型干燥设备

一、厢式干燥器

厢式干燥器是一种常压间歇式干燥器，主要由一个或多个室或格组成，小型的称为烘箱，大型的称为烘房。厢式干燥器可布置成不同构型（图 12-1）。

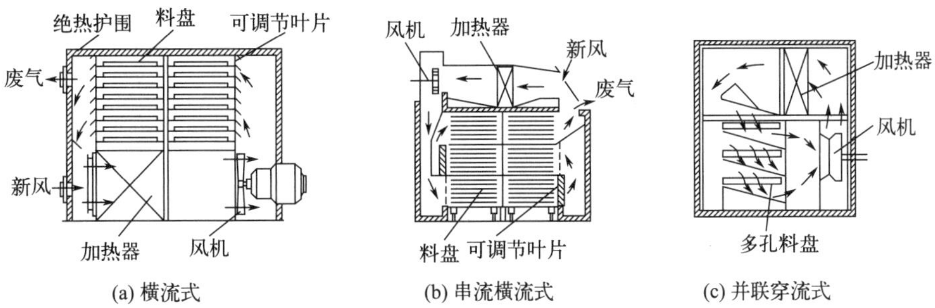

图 12-1　厢式干燥器结构图

厢式干燥器的外壁覆盖绝热材料，以减少热量损失。干燥器内部设有多层盘架，用于放置物料盘，干燥过程中，新鲜空气由风机送入，经加热器预热后均匀流过物料。物料受热后，内部水分蒸发，从而达到干燥效果。随着空气湿度增加，部分废气通过排出管排出，剩余的则与新引入的新鲜空气继续循环使用。通过调节风门，可以在加热阶段排出较多废气，而在降速加热阶段则可增加废气循环量。空气流过物料的方式主要有横流和穿流两种。

横流式干燥器：热空气在物料上方掠过，进行湿热交换。

中间加热式干燥器（串联横流式干燥器）：在干燥器中间设置加热装置，以提高干燥效率。

穿流式干燥器：热空气垂直穿过物料层，克服了横流式干燥不均匀的缺点。

厢式干燥器的主要优点包括制造和维修便捷、使用灵活性高、干燥产物易于进一步加工。缺点是干燥不均匀、占地面积大、装卸劳动强度高、热能利用效率低。

二、隧道式干燥机

隧道式干燥机具有狭长的洞道结构。干燥过程中，由风机驱动空气先经预热器加热，随后依次掠过各小车料盘之间，同时伴随轻微穿流现象。隧道式干燥机具有制造和操作简单、能耗较低的优点，缺点是干燥时间长、生产能力低、劳动强度大。根据热风与物料相对流动方向，隧道式（洞道式）干燥机可分为混合式和穿流式两种类型（如图 12-2 所示）。

（一）混合式隧道干燥机

混合式隧道干燥机根据热风和物料在纵向的流动方式分为并流和逆流两个区段。这种设计融合了并流和逆流的优势，使得在整个干燥过程中能够更灵活地调控干燥条件。在初始阶段，湿物料与高温低湿的热风顺流接触，实现高效干燥。物料随后与从隧道另一端进入的热风逆流接触，进一步降低产品最终含水量［如图 12-2(a) 所示］。

（二）穿流式隧道干燥机

穿流式隧道干燥机的热风不仅沿纵向水平掠过物料表面，还有横向水平流动。隧道上下分段安装多个加热器，实现分段温度控制［如图 12-2(b) 所示］。穿流式隧道干燥机具有干燥速度快、控制条件灵活、产品水分含量均匀等优点。缺点包括结构复杂、对密封性要求较高、需要使用特殊装置、压力损失大和高能耗等。

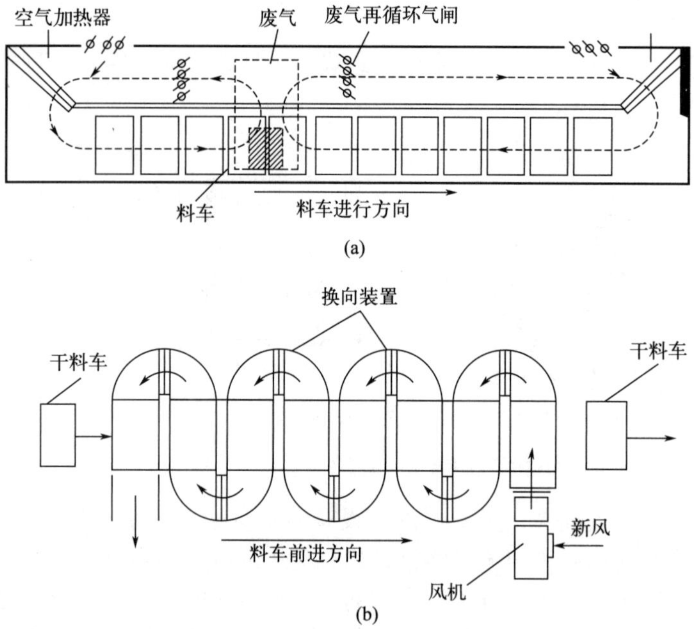

图 12-2 隧道式干燥机结构图

(a) 混合式隧道干燥机；(b) 穿流式隧道干燥机

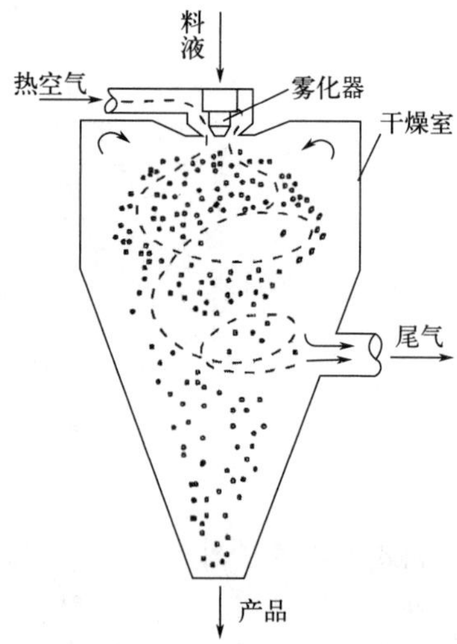

图 12-3 喷雾干燥机工作原理

三、喷雾干燥机

喷雾干燥机通过将液态物料雾化成微小液滴，实现快速干燥成粉体的过程。其核心原理是利用喷雾技术将物料分散成细小雾滴，与热气流充分接触，通过并流、逆流或混流方式进行热质交换，迅速蒸发水分，从而达到高效干燥的目的。

（一）喷雾干燥机的工作原理及特点

喷雾干燥过程首先通过雾化器将料液转化为直径 10～100μm 的微小雾滴。随后，这些雾滴在干燥塔内与经加热的空气充分接触，发生迅速的热质交换，使得水分在短时间内蒸发。这一过程分为预热、恒速干燥和降速干燥三个阶段。喷雾干燥机工作原理见图 12-3。

喷雾干燥优点：干燥速度快，物料受热时间短；产品质量优异；最大程度保留原料的色、香、味；营养损失少；产品纯度高，避免了粉尘污染；工艺简单，可直接获得粉末或微细颗粒状产品；生产效率高，易实现自动化和大规模连续生产。缺点是初始投资较大，设备体积庞大，能耗较高，废气湿度高，增加了粉尘回收负担。

（二）喷雾干燥机的基本构成

1. 雾化器

雾化器，也被称为喷雾器，有三种常见形式：压力式、离心式和气流式。在食品工业的规模化生产中，主要应用前两种形式（如图 12-4）。

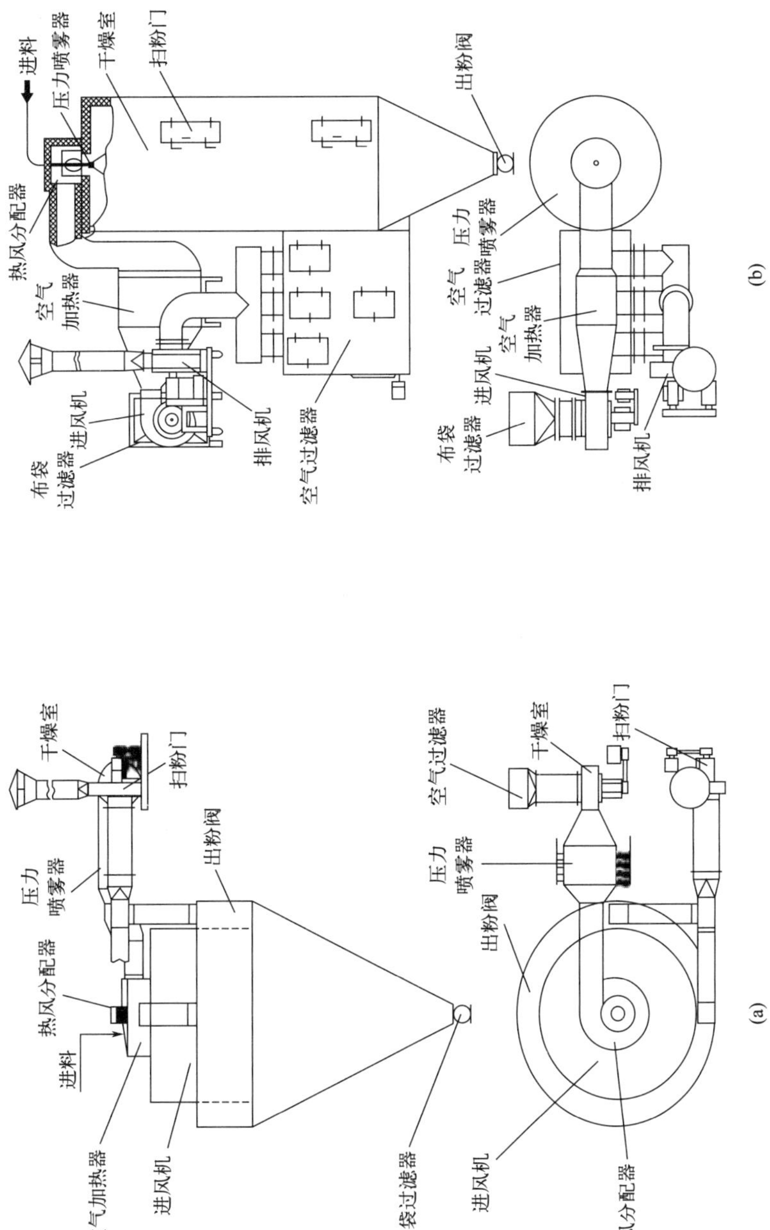

图 12-4　雾化器

(a) 离心式；(b) 压力式

(1) 压力式雾化器

压力式雾化器是一种高效喷雾装置。其工作原理是利用高压泵产生的高压能（7～20MPa），使料液以极高流速通过喷雾头（孔径约0.5～1.5mm）的喷嘴，从而实现雾化。料液的雾化效果主要取决于压力大小、喷嘴结构以及料液的物理特性（如表面张力、黏度和密度等）。

(2) 离心式雾化器

离心式雾化的原理是利用高速旋转的转盘产生离心力，将料液高速甩出成薄膜或细丝，再通过与腔体空气的摩擦和撕裂作用实现雾化。

2. 干燥室

干燥室是喷雾干燥机的核心部分，按几何外形可分为塔式和厢式两大类。目前，食品工业中应用最广泛的是塔式干燥室。在干燥室中，经雾化器处理的料液滴与热空气（由进风机送入，经加热器加热）接触，迅速受热使水分汽化，形成固体粒子。较大的颗粒会落入器底，而较小的颗粒则随湿热空气进入粉尘回收装置，在那里湿空气与粉尘被分离。分离后的湿空气通常由排风机直接排入大气，但也可以进行余热回收以提高干燥机的热效率。从干燥室底部出来的干燥产品温度较高，一般需要冷却后才能进行包装。

（三）喷雾干燥机的类型

1. 按照雾化方法分类

① 离心式喷雾干燥机。对进料状态（如压力）的变化具有较强的适应性，控制过程简便直观。

② 压力式喷雾干燥机。压力式喷雾干燥机是通过高压泵将料液加压至极高水平（1×10^7～2×10^7Pa），随后送入特制的雾化器中，实现料液的雾化。

③ 气流式喷雾干燥机。气流式喷雾干燥机利用高速气流与料液在喷嘴口处的强烈相互作用，将料液拉成丝状并分裂成细小雾滴。

2. 按照生产流程分类

① 开放式喷雾干燥机。开放式喷雾干燥机以其载热体单次使用后即排放至大气的特点而命名。这种设计适用于废气无毒无臭、不会造成环境污染的场合［图12-5(a)］。

② 封闭循环式喷雾干燥机。废气经旋风分离器分离后，进入冷凝器除湿，再经鼓风机加压送入加热器加热，形成一个封闭的循环回路［图12-5(b)］。

③ 自惰循环式喷雾干燥机。自惰循环式喷雾干燥机在封闭循环的基础上，引入了燃烧室与惰性气体回收系统。通过燃烧可燃气体去除空气中的氧气，同时增加惰性气体浓度，以创造更加稳定的干燥环境［图12-5(c)］。

3. 按照喷雾和气体流动方向分类

① 并流型喷雾干燥机。在喷雾干燥室内，液滴与热风同向流动。这种设计防止了干燥物料因过热而损失［图12-6(a)］，特别适用于干燥热敏性物料。

② 逆流型喷雾干燥机。液滴与热风反向流动。此类干燥器具有以下几个特点：a. 高温热风在进入干燥室时即刻与接近干燥完成的粒子接触，有效降低了其内部水分含量；b. 由于物料在干燥室内悬浮时间较长，非常适合于含水量较高的物料；c. 设计上需注意保持塔内气流速度低于成品粉粒的悬浮速度，以防止粉末被废气夹带出去。逆流型喷雾干燥机［图12-6(b)］常用于压力喷雾操作。

③ 混合流型喷雾干燥机。在混合流型喷雾干燥机的干燥室内，液体与热风呈现交错流动状态。混合流型喷雾干燥机［图12-6(c)］的干燥性能介于并流型和逆流型之间。

4. 按照喷雾干燥室的外形分类

① 卧式喷雾干燥机。卧式喷雾干燥机的干燥室呈水平放置，主要用于水平方向的喷雾干燥。干燥

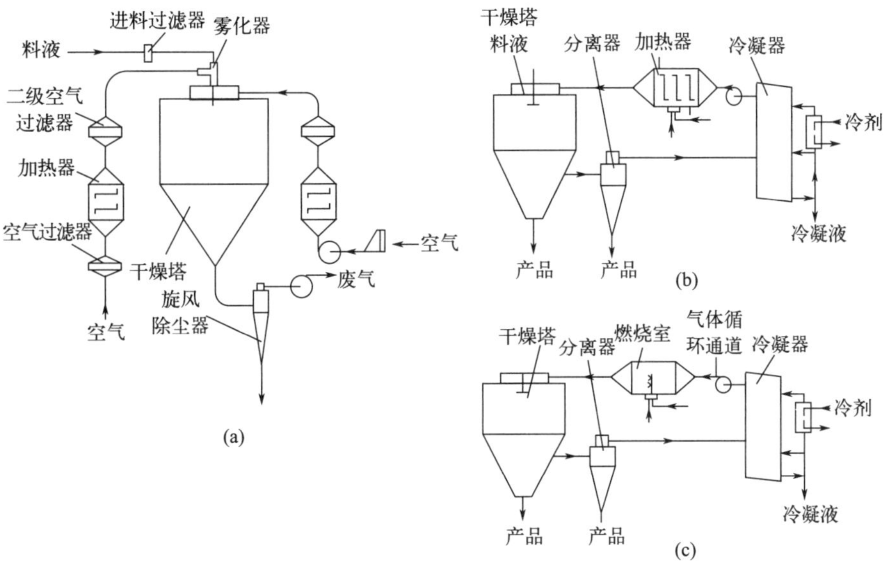

图 12-5 根据不同生产流程的喷雾干燥机分类

(a) 开放式喷雾干燥机；(b) 封闭循环式喷雾干燥机；(c) 自惰循环式喷雾干燥机

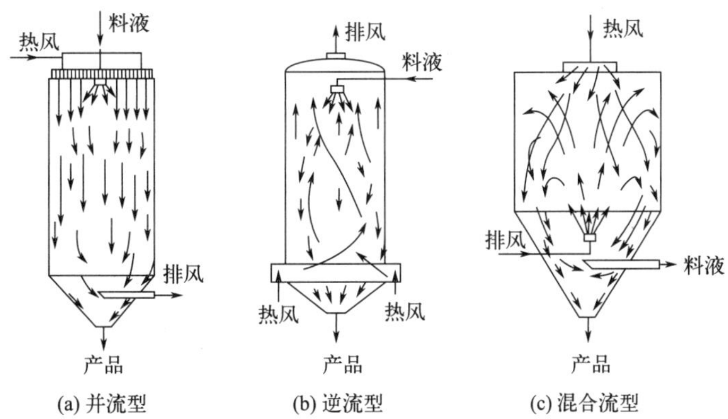

图 12-6 干燥器内喷雾和气体流动方向

室的底部应配备良好的保温层，以防干粉因积露而回潮。

② 塔式干燥室。塔式干燥室常称为干燥塔，其底部设计可为锥形底、平底或斜底，目前食品工业中多采用锥形底设计。为避免附着在内壁上的粉末过度受热，干燥室壳体通常还装有振动装置以抖落黏附的粉末。

四、流化床干燥机

流化床干燥机，亦称沸腾床干燥机，是一类利用物料在沸腾状态下进行高效干燥的设备（图 12-7）。颗粒物料经料斗与加料器均匀散布于分布板上，随后热气流自下而上穿透床层，与物料充分接触。随着气流速度的提升，固体颗粒在床内呈现沸腾状态，相互混合与碰撞，实现高效的传热与传质，从而迅速达到干燥目的。热空气不仅作为流化介质，还扮演着干燥介质的角色，确保了干燥过程的顺利进行。

流化床干燥机尤其适用于处理粉状且不易结块的物料，其粒度范围通常在 30μm～6mm 之间。过小的颗粒易导致床层局部沟流，而过大的颗粒则要求更高的流化速度。此外，该设备对于处于降速干燥阶段的物料尤为高效，特别适用于喷雾干燥或气流干燥后仍需进一步去除结合水分的物料。流化床干燥机优点：结构简单、设计紧凑、占地面积小、便于安装与维护。物料与加热介质接触面积大、热量传递迅速、干燥效率高。物料停留时间可调，便于精确控制干燥制品的含水量。物料与机械部件无直接接触，减少污染风险。流化床干燥机缺点：能耗较高，对物料颗粒大小及均匀性要求严格，控制复杂。

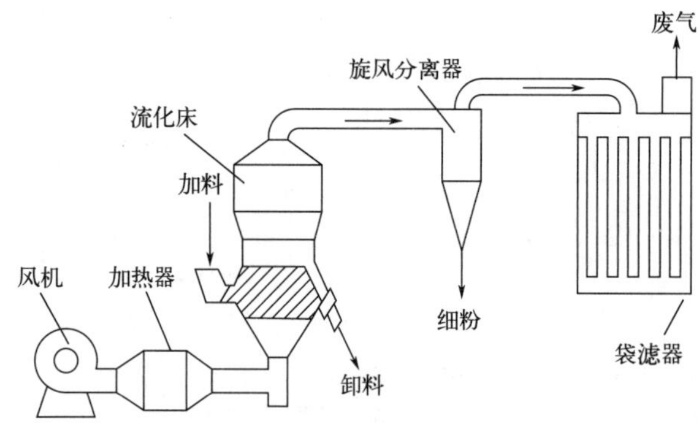

图 12-7 流化床干燥机系统

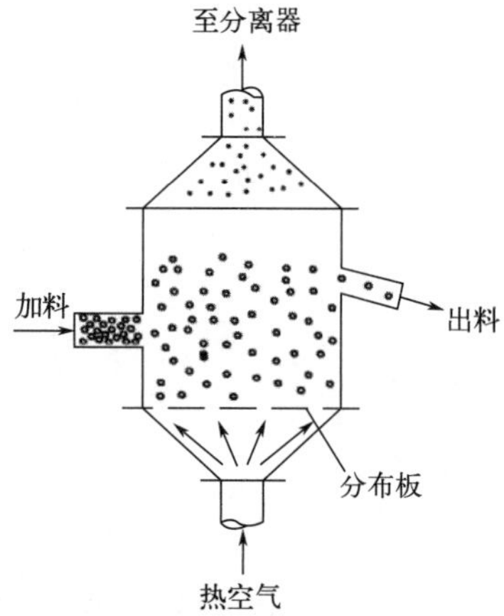

图 12-8 单层圆筒型流化床干燥机

（一）单层圆筒型流化床干燥机

单层圆筒型流化床干燥机是结构最简单的流化床干燥设备，其构造如图 12-8 所示。空气分布板作为流化床干燥机的关键部件，其主要功能是支撑物料并均匀分配气体，以创造良好的流化条件。为了确保气流能在较低阻力下更均匀地到达分布板，可在流化床干燥机下方设置气流预分布器。

单层圆筒型流化床干燥机的主要优点是结构简单、操作方便、生产能力高。然而，由于颗粒在床内与空气高度混合，自由度大，为防止颗粒过早从出料口排出，保证物料干燥均匀性，必须保持较高的流化床层，从而使所有颗粒在床内有足够停留时间，这导致气流压降增大；其次，由于湿物料与已干物料在同一干燥室内混合，因此难以保证排出物料的水分含量均匀。

（二）多层圆筒型流化床干燥机

对于需要干燥更均匀或干燥时间较长的产品，可以采用多层圆筒型流化床干燥机。根据物料在层间的转移方式，多层圆筒型流化床干燥机大致分为溢流式和穿流板式两种（图 12-9）。目前国内多采用溢流式。

1. 溢流式多层流化床干燥机

溢流式多层流化床干燥机［图 12-9(a)］中，湿物料颗粒首先加入第一层，经过初步干燥后通过溢流管移至下一层，直至从最底层出料。由于颗粒在各层之间无混合作用，仅在层内实现流态化混合，并且停留时间较长，因此可以使得最终产品的含水量较低且更均匀，热量利用率也显著提高。溢流管是这种干燥器的关键部件，常见的结构有菱形堵头式、铰链活门式、自封闭式溢流管。为防止堵塞或气体穿孔导致下料不稳定，破坏沸腾床，溢流管下方通常装有调节装置。

① 菱形堵头式溢流管：如图 12-10(a) 所示。调节堵头上下位置，可以改变下料孔自由截面积，从而控制下料量，但需人工调节。

② 铰链活门式溢流管：如图 12-10(b) 所示。根据溢流量的多少，可自动开大或关小活门，但需注意活门可能轧死而失灵。

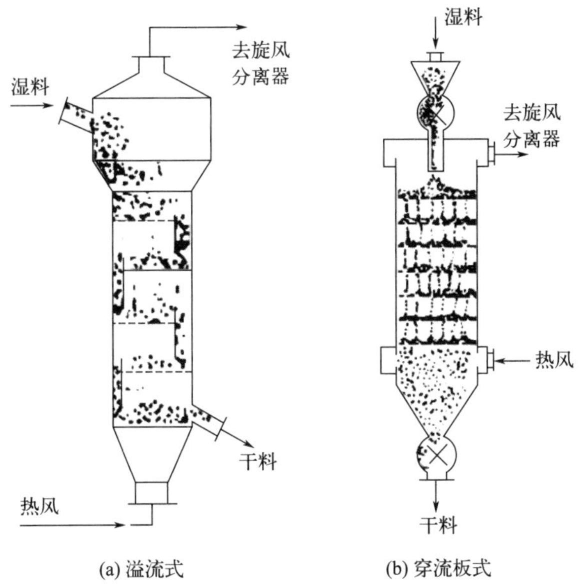

图 12-9 多层圆筒型流化床干燥机

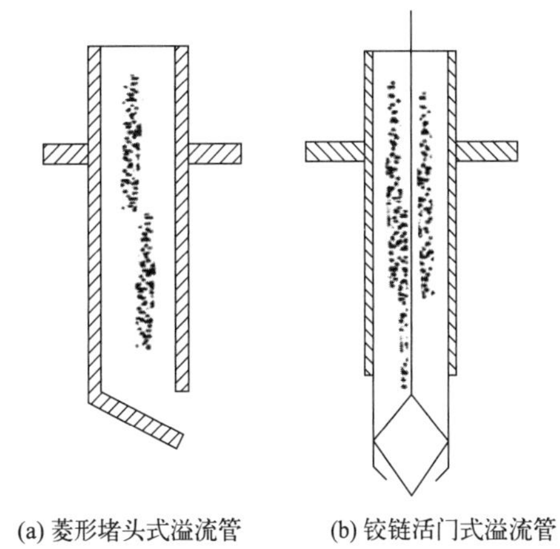

图 12-10 溢流管结构图

2. 穿流板式多层流化床干燥机

穿流板式多层流化床干燥机［图 12-9(b)］的结构较为简单，特点在于没有溢流管，物料直接通过筛板孔自上而下流动，同时气体通过筛孔由下向上运动，在每块筛板上形成沸腾床。此类型干燥机结构比溢流式简单，生产能力强，但操作控制更为严格。

（三）卧式多室流化床干燥机

为保证产品在较低压强下的干燥均匀性并降低床层高度，可采用卧式多室流化床干燥机（图 12-11）。该设备的主体横截面为长方形，通过一定高度的垂直挡板横向分隔成多室结构。挡板下端与多孔板之间预留间隙，使物料能够从一个室流向另一个室。这种流化床干燥机具备结构简单、制造方便、易于操作和干燥速度快等优点，适用于干燥难以处理的颗粒状、片状和热敏性物料。然而，其热效率相对较低，对多种小批量物料的适应性有限。在食品工业中，该设备常用于干燥砂糖、干酪素、葡萄糖酸钙和固体饮料等。

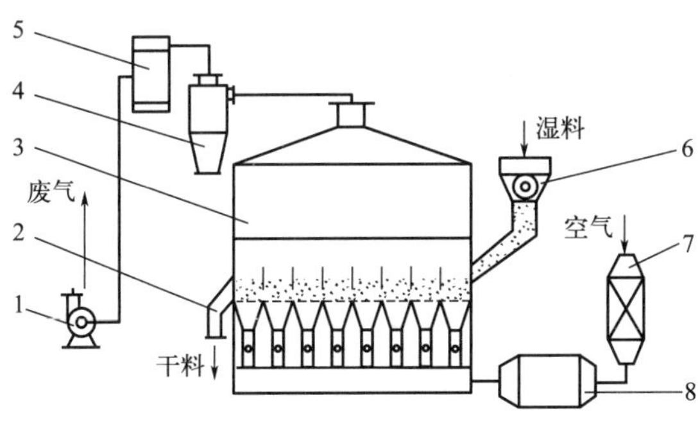

图 12-11 卧式多室流化床干燥机

1—抽风机；2—卸料管；3—干燥器；4—旋风除尘器；5—袋式除尘器；6—摇摆颗粒机；7—空气过滤器；8—加热器

（四）其它类型的流化床干燥机

1. 振动流化床干燥机

普通流化床干燥机在干燥颗粒物料时可能遇到以下问题：小颗粒导致沟流或死区的形成；颗粒分布范围广时夹带严重；颗粒返混导致机内滞留时间差异，干燥后颗粒含水量不均；物料湿度稍增时产生团聚和结块现象，恶化流化过程。振动流化床通过在流化床上施加机械振动来改善这些问题。对流型振动流化床干燥机见图 12-12。工作时，由振动电机或其它方式产生的激振力使物料在空气分布板上跳跃前进，并与下方送入的热风接触进行热质传递。下箱体为床层提供稳定的具有一定压力的风室环境。通过调节引风机 11，在上箱体中保持微负压，以维持良好的干燥环境和防止粉尘泄漏。空气分布板支撑物料并确保热风分布均匀。

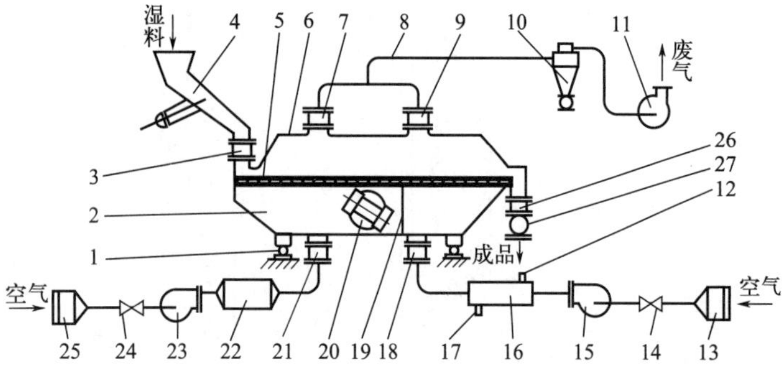

图 12-12 对流型振动流化床干燥机

1—减振器；2—振床；3,7,9,18,21,26—软接头；4—振动给料器；5—振槽；6—槽盖；8—连接管路；10—旋风分离器；11—引风机；12—冷却液进口；13—空气净化器；14—风量调节器；15—风机；16—除湿冷却器；17—冷却液出口；19—冷热风隔板；20—振动装置；22—热交换器；23—风机；24—风量调节阀；25—空气净化器；27—排料阀

振动流化床干燥机通过施加振动降低了最小流化气速，显著减少空气需求量，成套设备成本大幅度降低，无激烈返混，气流速度较低，物料粒子损伤小。缺点包括产生噪声以及个别零件寿命相对较短。

2. 脉冲流化床干燥机

脉冲流化床干燥机利用脉冲气流，对在常规条件下难以实现流态化的物料进行干燥。结构如图 12-13 所示，干燥器下部装有多根带有快速开关阀门的热风管。这些阀门按照特定的顺序和频率（如 4～16Hz）开启和关闭，使流化气体周期性地进入流化床。

与传统流化床干燥机相比，脉冲流化床干燥机具有传热系数高、干燥时间短的特点，能有效克服传统流化床的沟流、死区和局部过热等问题，能够流化非球形大颗粒，但是在操作过程中，脉冲和振动可能产生较大噪声。

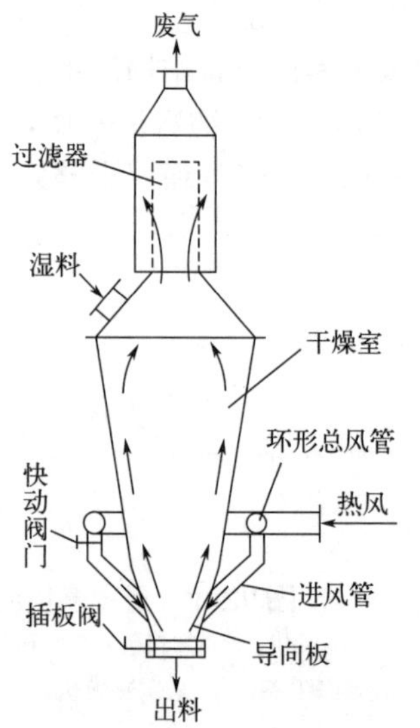

图 12-13 脉冲流化床干燥机

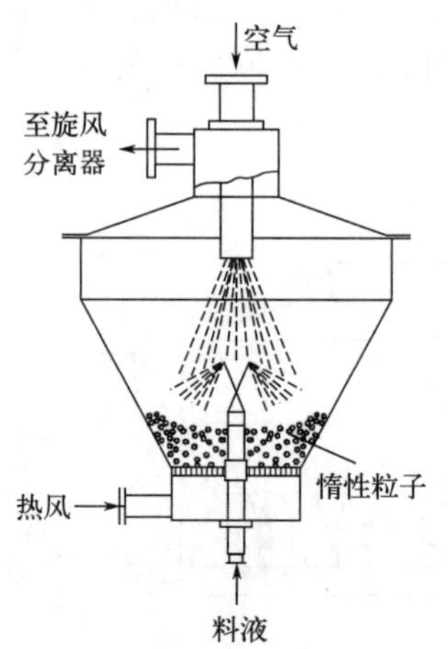

图 12-14 惰性粒子流化床干燥机

3. 惰性粒子流化床干燥机

惰性粒子流化干燥是一种特殊形式的流态化干燥方法，适用于溶液、悬浮液、黏性浆状物料等液态物料的干燥。惰性粒子流化床干燥机的结构如图 12-14 所示。先向干燥机内加入一定量的惰性粒子，在

底部进入的热气流作用下呈流态化并受热。在此过程中，物料通过加料器均匀喷洒在惰性粒子表面，惰性粒子内部储存的热量瞬间传递给物料，完成部分热质传递过程。

除了具备一般流化床干燥的优点（如高热效率、高热容系数、大干燥速率、操作简便）外，惰性粒子流化床干燥机还具有以下特点：适用于高水分浆状物料；在同一时间内完成干燥和粉碎，减少物料损失。

五、气流式干燥机

（一）直管式气流干燥机

直管式气流干燥机应用最普遍，如图 12-15 所示。潮湿物料经加料器送入干燥管，被来自加热器的热空气吹起。气体与固体物料在流动过程中因剧烈的相对运动而充分接触，进行传热和传质，达到干燥的目的。随气流干燥后的产品由干燥管顶部进入分离器，与废气分离。干料由分离器底部排出，废气由分离器顶部经排风机排入大气。

直管式气流干燥机具备以下优势：干燥能力强；干燥过程迅速，大多数物料仅需 0.5～2s 即可完成干燥，最长不会超过 5s；占地面积小，得益于高容积传热系数，因此所需的干燥机体积可以显著减小；热效率高，由于干燥机的散热面积较小，因此热损少；无需额外的输送设备；由于气流干燥机的活动部件较少，结构简单，易于构建和维护，成本相对较低；操作流畅稳定，能够一次性完成干燥、粉碎、输送、包装等一系列工序；适用广泛，可应用于多种粉状和粒状物料，物料粒径最大可达 10mm，湿含量可在 10%～40%之间。直管式气流干燥机缺点包括：所有产品均由气流输出，因而使得分离器的负担加重；由于气速较高，对物料颗粒有一定的磨损作用；由于气速较大，整个系统的阻力较大，从而导致能源消耗较大；干燥管的长度较长，一般等于或大于 10m。

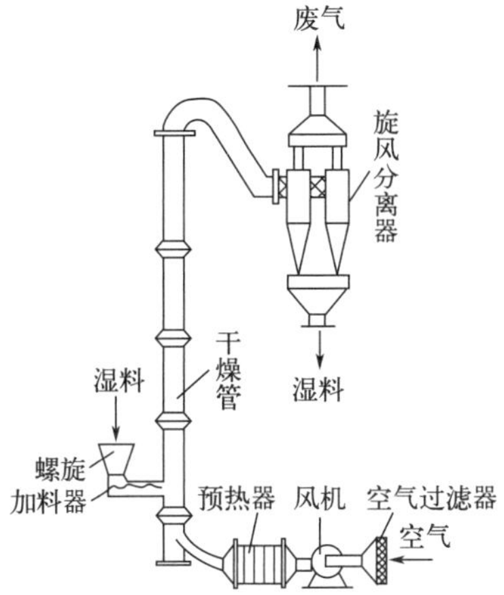

图 12-15 直管式气流干燥机

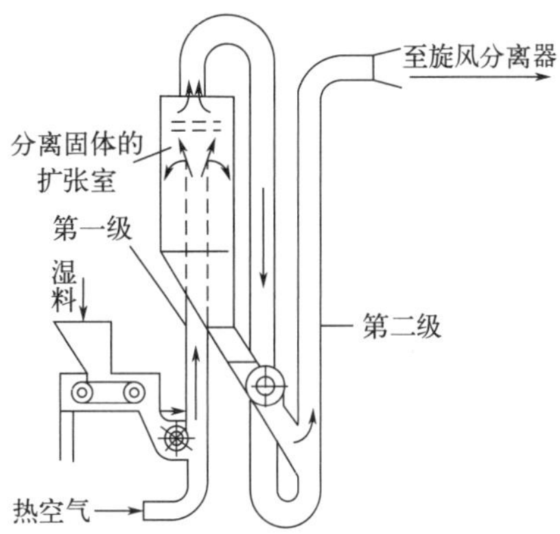

图 12-16 二级气流干燥机

（二）其它形式的气流干燥机

多级式气流干燥机。图 12-16 是一种二级气流干燥机，其明显优势在于有效降低了干燥管的高度。在第一级中，扩张部分对物料颗粒进行分级，使得细小颗粒的物料随气流继续向上移动并直接进入第二级干燥管，而较大的颗粒物料则通过星形阀经旁路进入第二级干燥，这一设计有效避免了大颗粒在底部转弯处的积聚和管道堵塞问题。

除了多级式气流干燥机之外，还有脉冲式、套管式、旋风式和环形管式等强化改进型气流干燥机（见图 12-17）。脉冲式气流干燥机［图 12-17(a)］由一系列交替的大管径和小管径脉冲管组成。在这种结构中，物料在小管径部分因气流速度增加而加速，在大管径部分则减速。颗粒物料在管径变化的影响

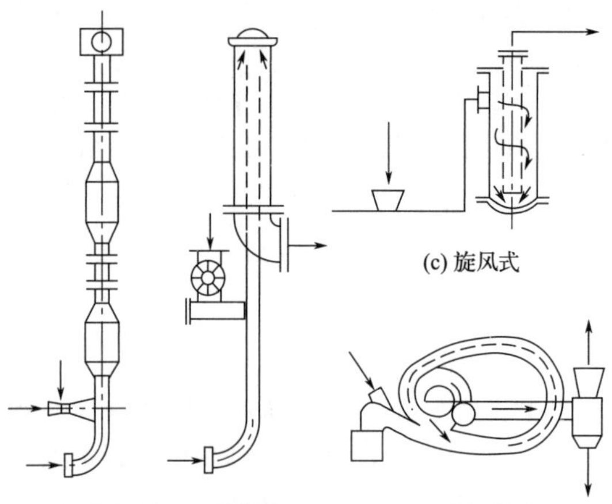

图 12-17 强化改进型气流干燥机原理示意图

下反复经历加速和减速，缺乏等速运动阶段，从而增强了传热和传质效率。这种效率的提升有助于缩短干燥时间，进而可以减少干燥管的总高度。套管式气流干燥机［图 12-17(b)］的设计包含内管和外管，物料与气流共同从内管的底部进入。颗粒物料在内管中加速运动，直至由顶部导入内外管间的环隙内，以较慢的速度下降并排出。这种设计有助于热量的节约。旋风式气流干燥机［图 12-17(c)］使物料与热空气一同沿切线方向进入干燥机，并在内、外管间进行螺旋运动。颗粒处于悬浮旋转状态，产生的离心力可在短时间内（几秒钟）实现物料的干燥。该类型干燥机体积小、结构简单，非常适合于干燥耐磨损的热敏性物料；然而，它不适用于干燥含水量高、黏性强、熔点低、易升华爆炸或易产生静电效应的物料。环形管式气流干燥机［图 12-17(d)］通过将干燥管设计成环形结构，旨在延长颗粒在干燥管内的停留时间。

第二节 传导型干燥设备

一、滚筒干燥机

滚筒干燥机，又称转筒干燥机，是接触式内加热传导型干燥设备的一种典型代表。其核心部件是一个被称作滚筒的中空金属圆筒，其中圆柱表面即作为干燥的接触面。在干燥过程中，热能通过滚筒内壁传递到外壁，进而通过接触面传递给待干燥的食品物料。该类干燥机主要适用于液态或膏状食品物料的干燥处理。

（一）滚筒干燥机的工作原理

滚筒干燥机将经过浓缩处理的料液由高位槽输送至滚筒干燥器的受料槽内。通过布膜装置，使物料以薄膜形式均匀附着在滚筒表面上。滚筒内部通有蒸汽等加热介质对筒壁上的物料进行加热，促使水分蒸发。在整个转动周期内，滚筒完成布膜、汽化、脱水等一系列过程。干燥后的物料被刮刀刮下并送至成品贮存槽，最后进行粉碎或直接包装。

（二）滚筒干燥机的分类

滚筒干燥机根据不同标准有多种分类方式。按滚筒数量可以分为单滚筒、双滚筒、多滚筒干燥机；依据操作压力分为常压式和真空式；根据加料方式则可分为顶部进料式、喷溅加料式、浸没加料式等。

图 12-18(a) 是浸没加料式单滚筒干燥机，其中滚筒的下半部分浸没在液体物料中。滚筒内部充满供热介质，随着滚筒的缓慢旋转，黏稠湿物料在滚筒上形成薄膜并进行加热干燥。当滚筒回转 3/4～7/8 圈时，物料达到预期干燥程度并被刮刀刮下，然后由螺旋输送器送走。

图 12-18(b) 是顶部进料式双滚筒干燥机，待干燥的料液通过加料口流入并由布膜装置均匀涂布在滚筒表面。随着滚筒的旋转，物料水分蒸发，而物料层的厚度可通过调整两滚筒间隙来控制。一个完整的转动周期内，滚筒完成布膜、汽化、脱水等步骤，最终干燥的物料被刮刀刮下。

（三）滚筒干燥机的特点

滚筒干燥机的显著优点体现在以下几个方面：

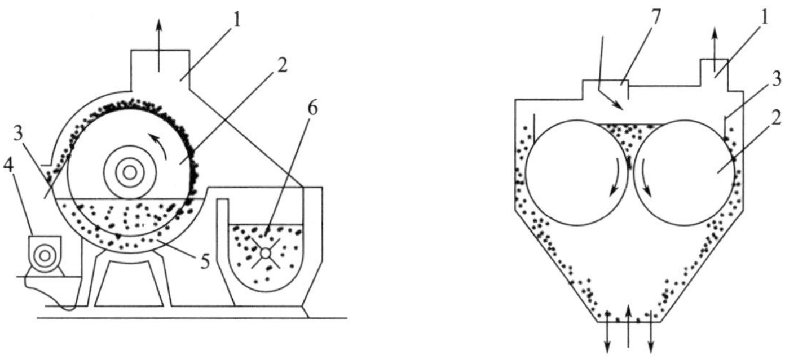

(a) 浸没加料式单滚筒干燥机　　(b) 顶部进料式双滚筒干燥机

图 12-18　滚筒干燥机

1—湿空气出口；2—滚筒；3—刮刀；4—旋转输送器；5—料槽；6—贮料槽；7—加料口

① 高热效率：主要采用热传导的方式进行热能传递，其热效率可高达 80%～90%。

② 干燥速率大：湿料膜与筒壁紧密接触，温度梯度较大，料膜表面能够维持较高的蒸发强度。

③ 稳定的产品质量：供热方式的可控性使得筒内温度及筒壁的传热速率保持稳定，从而确保料膜在恒定的传热条件下干燥，进而保障了产品的质量稳定性。

④ 大的处置量及强的物料适应性：滚筒干燥机能处理大量物料，同时对不同物理特性的物料具有较强的适应能力。

二、网带式干燥机

网带式干燥机是利用网带输送物料，并使其与穿流热风接触的连续式干燥设备。其结构主要包括干燥室、输送带、风机、加热器、提升机和卸料机等组成部分。在干燥流程中，待干燥物料通过加料器均匀地铺设在网带上。干燥机内部分为若干独立单元，每个单元内的热风循环系统都是独立的。根据结构和干燥流程的不同，网带式干燥机可分为单层和多层两种类型。

（一）单层网带式干燥机

单层网带式干燥机进一步分为单段和多段两种形式，分别配置一条和多条输送网带。单层单段网带式干燥机设有两个干燥区和一个冷却区。每个干燥区都配备了空气加热器、循环风机、热风分布器及隔离板等设备，形成加热风循环系统。第一干燥区的循环空气自下而上穿过物料层，而第二干燥区的空气则是自上而下穿过。最后一个部分是冷却区，这里不设置空气加热器。在干燥器内，物料随网带均匀前移，气流经加热器加热后由循环风机送入热风分布器，并以喷射形式吹向网带上的物料，实现传热传质过程（见图 12-19）。由于干燥区内循环的干燥空气在与物料接触后湿度会上升、温度会下降，因此需要排出部分高湿度空气，并引入低湿度空气以保持干燥操作的稳定性。

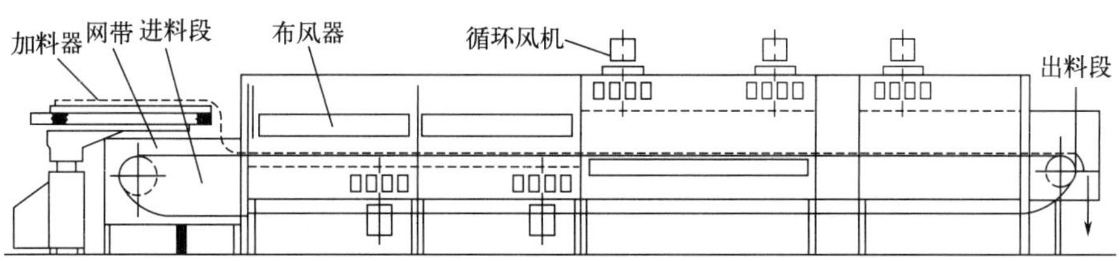

图 12-19　单层单段网带式干燥机

此类干燥机的主要特点在于结构简单，网带透气性好，便于热空气与物料的充分接触。同时，可以根据需求调整风量、加热温度以及物料在机内的停留时间。由于物料无剧烈运动，减少了物料破碎的风险。缺点方面，其占地面积相对较大，若物料的干燥时间较长，则从单位面积生产能力来看可能不够经济；此外，设备的进出料口密封性不强，容易出现漏气现象。

单层多段网带式干燥机，也被称为复合型网带式干燥机，采用多达四条的循环输送网带进行物料的传递。这种结构设计使得物料在不同干燥阶段拥有不同的停留时间，相较于单层单段网带式干燥机，能够显著提升生产效率。单层两段网带式干燥机分为干燥段（第一条输送带）和吹风冷却段（第二条输送带）。经过干燥处理的物料会从第一条输送带的末端自动落入第二条输送带，在拨料器的作用下发生翻动，随后通过冷却区，最终由终端卸出成品（见图 12-20）。

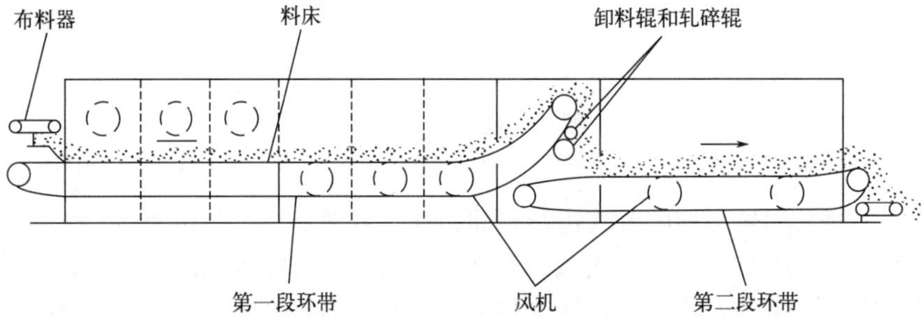

图 12-20 单层两段网带式干燥机

单层多段网带式干燥机主要优势：物料在输送带间转移时受到的松动和翻转作用，有助于增大物料蒸发面积，改善透气性和均匀性；不同输送带速度可以独立控制，每个干燥区的热风流量、温度和湿度都能单独调控，便于优化干燥过程。不足之处在于占地面积较大。

（二）多层网带式干燥机

多层网带式干燥机结构比单层网带式干燥机复杂，基本构成相似。在三层网带式干燥机的运行过程中，湿物料从进料口落到输送带上，随后随网带自左向右移动至末端，通过翻板落至方向相反的第二层输送带上，向左运动至末端后落在最下层输送带上，再次随网带自左向右移动，最终通过卸料口排出。由进风机送入的新鲜空气经过加热器加热后，通过分层进风柜调节风量送入干燥室进行物料干燥。排出的废气可用于预热物料（见图 12-21）。

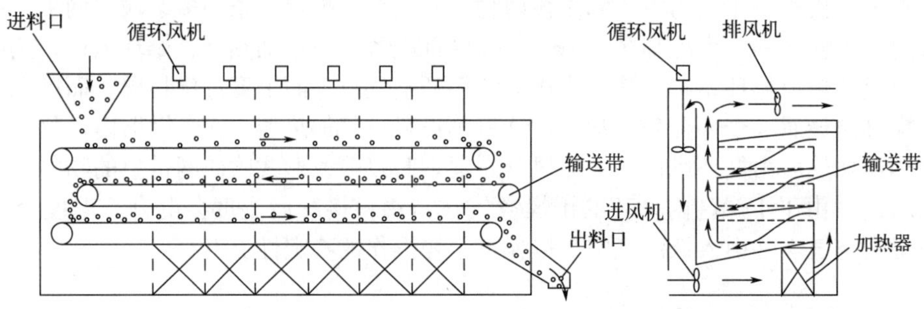

图 12-21 三层网带式干燥机

三、真空干燥机

（一）真空干燥机的原理及特点

真空干燥机是一种采用真空环境下的低压状态进行干燥操作的设备。工作原理是利用泵等设备将干燥室内的空气和气体抽除，形成低压的真空环境。在压力降低条件下，有效降低了物料中水分的沸点，水分子更易于从物料的表面和内部逸出变为水蒸气，促进了干燥的过程，蒸发温度低，可减少对物质的热损害。

（二）带式真空干燥机

带式真空干燥机是一种连续操作的干燥设备，尤其适合于液态和浆态物料的干燥处理。其干燥室设计为水平放置的封闭圆筒，内部配备有带式输送机构。在真空干燥过程中产生的二次蒸汽和非凝结性气体通过排气口排出，并由冷凝器及真空系统进行清除。

图 12-22 是单层带式真空干燥机，它由封闭的圆筒、钢制传送带、加热滚筒、冷却滚筒、辐射元件以及进料和出料机构组成。

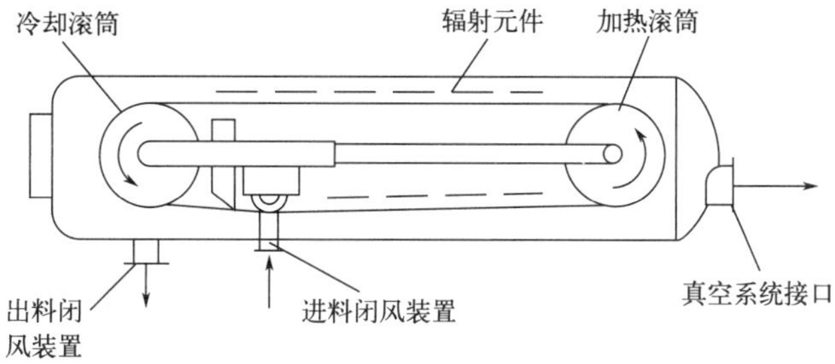

图 12-22　单层带式真空干燥机

图 12-23 是多层带式真空干燥机，此类干燥设备的特点在于干燥过程时间短，能够生产出多孔性产品。在干燥过程中能有效避免异物混入，防止污染，适合直接干燥高浓度、高黏度的物料，同时还能简化生产流程，节约能源。

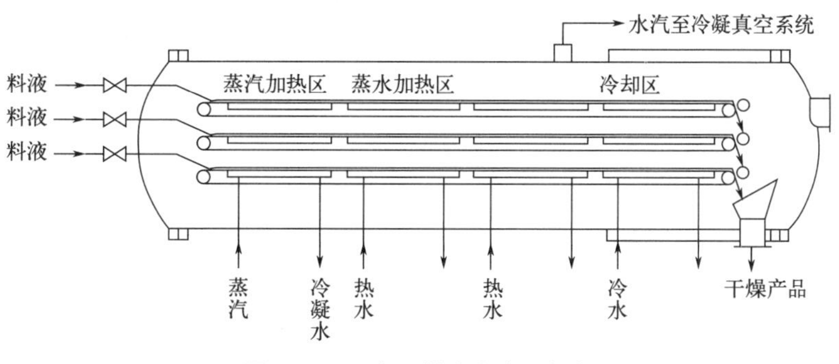

图 12-23　多层带式真空干燥机

第三节　辐射型干燥机械与设备

一、微波干燥机

（一）微波干燥的原理

微波是一种波长在 0.1mm～1m 之间的电磁波，具备显著的穿透力。传统加热通常依赖外部热源，通过热辐射的方式由外向内传导热量；而微波加热则是通过物体内部的介质损耗在电磁场作用下产生体积加热。

（二）微波干燥的特点

① 加热速度快，可直接穿透物体内部，有效节约能源。

② 加热均匀，避免出现温度梯度，从而保障产品质量。

③ 加热具有选择性，可以避免物料表面硬化或过热，保持其原有品质。

④ 过程控制迅速，功率连续可调，反应易于控制。

⑤ 节能环保，微波干燥可缩短干燥时间，降低能耗。

⑥ 适用范围广，微波干燥适用于各种类型的物料，对于氧敏感物料的干燥具有优势。

⑦ 系统占地面积小。

（三）微波干燥机的结构和分类

微波干燥机主要由微波发生器（例如磁控管、调速管等）、冷却系统、微波传输元件、微波加热器、直流电源等部分组成。根据其外形设计可分为箱式和隧道式；按工作压力可分为常压式和真空式；根据工作模式可分为间歇式和连续式等。箱式微波干燥机呈矩形箱体形状（如图 12-24），主要由矩形谐振腔、输入传导、反射板和搅拌器等部件构成。

隧道式微波干燥机（见图 12-25）可以视为多个箱式微波加热器首尾相连而成。该设备能够安装若干个低功率（频率为 2450MHz）磁控管以获取微波能，或者采用大功率（频率为 915MHz）磁控管。

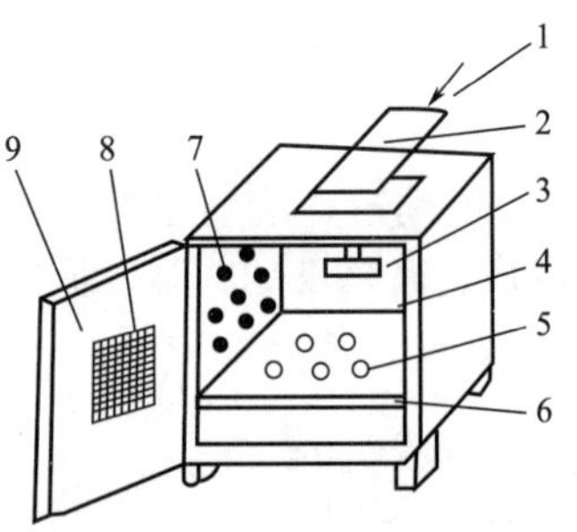

图 12-24 箱式微波干燥机

1—微波输入；2—波导管；3—搅拌器；4—干燥腔体；5—物料；6—介质板；7—排气孔；8—观察窗；9—门

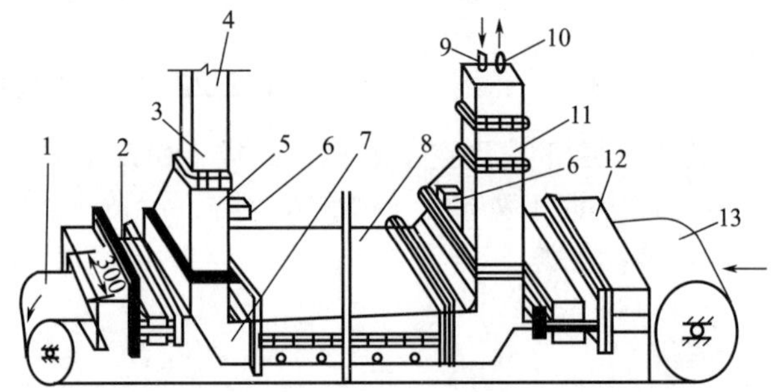

图 12-25 隧道式微波干燥机

1—输送带；2—抑制器；3—BJ22 标准波导；4—接波导输入口；5—锥形过滤器；6—接排风机；7—直角弯头；8—主加热器；9—冷水进口；10—热水出口；11—水负载；12—吸收器；13—进料

二、红外辐射干燥机

（一）红外辐射干燥的原理

红外线是波长在 0.75nm～1000μm 范围内的电磁波，其本质上是一种热辐射过程。

（二）红外辐射干燥的特点

红外辐射加热直接将热量传递给被干燥物料、无需介质传热、热损失小、节能环保；红外辐射在不引起物料过热的前提下，可以实现高温热源的使用，有效缩短加热时间并节约设备使用成本；远红外线的光子能量较低，通常仅产生热效应而不引发化学变化；物料表面及内部同时吸收红外辐射，确保了加热过程的均匀性，产品质量高；设备小型化、结构简单。

（三）红外辐射干燥机的结构

① 红外辐射加热器。红外辐射加热器是转换电能为红外辐射能的关键组件，主要由发热体（如电热丝或热辐射本体）、热辐射体以及紧固件或反射装置构成。

② 反射集光装置。在红外辐射干燥机中，常用具有高反射系数的金属制作反射集光装置，以增强辐射效果。

（四）常见的红外辐射干燥机

食品工业中普遍采用带有输送带的连续红外干燥机（图 12-26）。一般由鼓风机、红外加热器、电机、干燥室、传送带、调速系统及热风循环系统组成。物料通过加料器均匀铺展在网带上，由传动装置带动在干燥室内移动，经红外辐射源加热后水分被鼓风机带走。此过程中，物料受到振动和撞击较轻，颗粒不易粉化破碎，适合对晶型要求高的物料干燥。

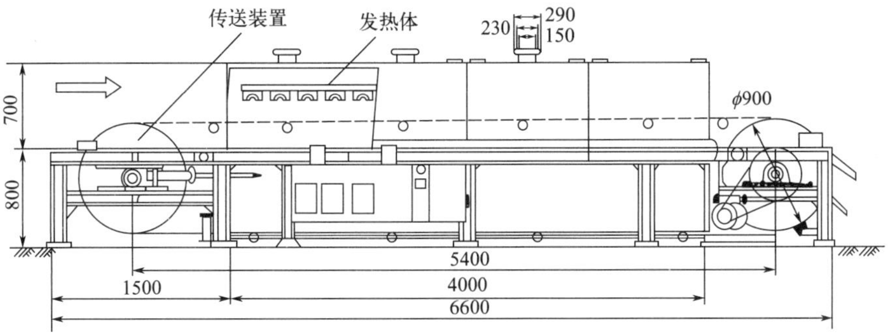

图 12-26 连续红外干燥机

第四节 真空冷冻干燥机

一、真空冷冻干燥的原理及特点

（一）真空冷冻干燥的原理

真空冷冻干燥技术涉及将含水物料在冻结状态下，在真空环境中进行脱水的过程。此过程主要是水分的升华，因此该技术也被称为冷冻升华干燥。水分的升华通常要求特定的真空条件，并需通过冷阱捕获水蒸气，以霜的形式凝结，确保在持续升华的同时，真空系统能够减轻负荷并维持正常运行。

（二）真空冷冻干燥的特点

能够最大限度地保存食品的色、香、味。干燥后能保持食品中的热敏性成分。在真空和低温下操作，微生物的生长和酶的作用受到抑制。脱水彻底，冷冻干燥可除去 95%～99%的水分，产品能长期保存且不变质。复水快、食用方便。

二、常见冷冻干燥机

（一）间歇式冷冻干燥机

间歇式冷冻干燥机是一种可以单机操作的冷冻干燥设备，适用于多品种、小批量的生产和实验中，广泛应用于食品加工业中。图 12-27 为一种典型的间歇式冷冻干燥机。

间歇式冷冻干燥机优势：适用于多品种小批量生产；可单机操作、独立运行；设备加工制造相对简单、维修保养方便；便于精确控制食品物料在不同阶段对加热温度和真空度的需求。其局限性在于：设备利用率较低，生产规模有限，每台设备均需配备相应的辅助系统，大批量生产时设备成本较高。

（二）连续式冷冻干燥机

图 12-28 是一种隧道式连续冷冻干燥机。该设备的前后端均配备有可隔离的真空锁气室，它们通过

闭气阀与干燥室相连，能够在不干扰干燥室内工作环境的前提下，实现物料的连续进出。适合单一品种、大批量的高效生产，并且有利于实现生产自动化。

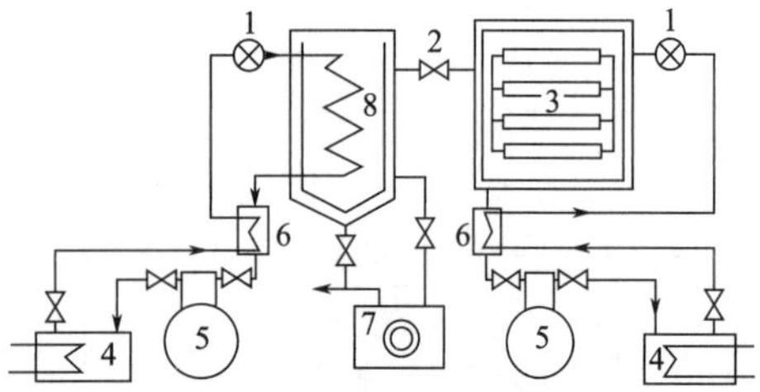

图 12-27　间歇式冷冻干燥机

1—膨胀阀；2—冷阱进口阀；3—干燥箱；4—冷凝器；5—制冷压缩机；6—热交换器；7—真空泵；8—冷阱

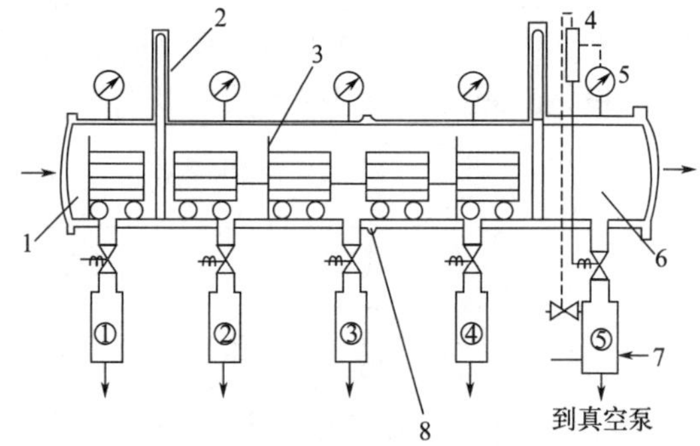

图 12-28　隧道式连续冷冻干燥机

1—前级真空锁气室；2—闭气阀；3—蒸汽压缩板；4—控制器；5—真空表；6—后级真空锁气室；7—冷凝室；8—真空连接系统

第五节　食品典型加工工艺中干燥设备的应用

一、典型工艺介绍

（一）水果干燥

水果干燥主要应用于制作果干、果脯等产品。其基本原理是通过去除水果中的水分来延长保质期，并赋予产品独特的口感和风味。常见的干燥方法包括自然晾干和真空干燥。

（二）肉制品干燥

肉制品干燥主要用于生产如肉干、肉松等产品，通过脱水提高保存性并增添独特口感。常见的肉制品干燥技术包括热风干燥和真空干燥。

（三）谷物干燥

谷物干燥主要应用于小麦、稻谷等农作物，目的是降低水分含量以防霉变并延长保存期。常见的谷物干燥方法有自然晾晒和机械烘干。

二、典型工艺中干燥设备的选型

在工业制造领域，干燥设备是决定产品质量和产量的关键环节。选择合适的干燥设备对于满足特定工艺要求至关重要。以下步骤可作为选择干燥设备的指导原则：

（一）明确工艺需求

选择干燥设备的前提是清楚了解工艺需求。这涉及对所需干燥物料的类型、目标湿度、产量以及安全标准等进行全面评估。同时，考虑物料的物理特性，如粒径、黏度和腐蚀性等，这些因素将直接影响干燥方法和设备的选择。

（二）确定干燥方式

干燥技术多种多样，包括传导干燥、对流干燥、辐射干燥和介电加热干燥等。例如，传导干燥适合大批量物料，对流干燥适用于轻质、多孔或纤维物料，辐射干燥可在高温或低温条件下进行，而介电加热干燥则适用于药物粉末等特殊应用。

（三）考虑设备容量

依据生产需求选择恰当的设备容量。容量过小可能无法满足生产需求，过大则可能导致不必要的高成本。因此，根据实际产量需求选择合适容量的设备至关重要。

（四）安全与环保要求

确保所选设备符合相关的安全和环保标准。选择具备防爆、防腐蚀等功能的设备尤其重要，特别是当物料具有易燃、易爆或强腐蚀性时。

（五）操作与维护的简便性

在选择干燥设备时，应优先考虑操作和维护的便捷性。设备易于操作和维护不仅能降低运营成本，还能提升生产效率。

总结

- 食品干燥机械与设备的主要类型和主要设备。
- 食品干燥机械与设备主要分为对流型、传导型和辐射型三大类。
- 对流型干燥设备包括厢式、隧道式、气流式、流化床和喷雾干燥机等。
- 传导型干燥机有滚筒、网带式和真空干燥机等。
- 真空冷冻干燥设备主要组成。冷冻干燥机由制冷系统、加热系统和真空系统三大部分组成，其操作方式可以是间歇式、半连续式和连续式三种。

思考练习

（一）干燥的作用。

（二）厢式干燥器的热损失较大，试分析如何提高厢式干燥器的热效率。

（三）查资料，学习其它新型流化床干燥机的结构和原理，并分析其优缺点。

（四）哪些措施可以避免或减少流化床干燥机中已干物料和湿物料碰撞混合？

（五）结合本章学习的内容，试比较压力式雾化器和离心式雾化器喷雾原理的差异，以及适用物料的特点。

流化床干燥装置

喷雾干燥装置

第十三章　挤压加工机械与设备

知识导图

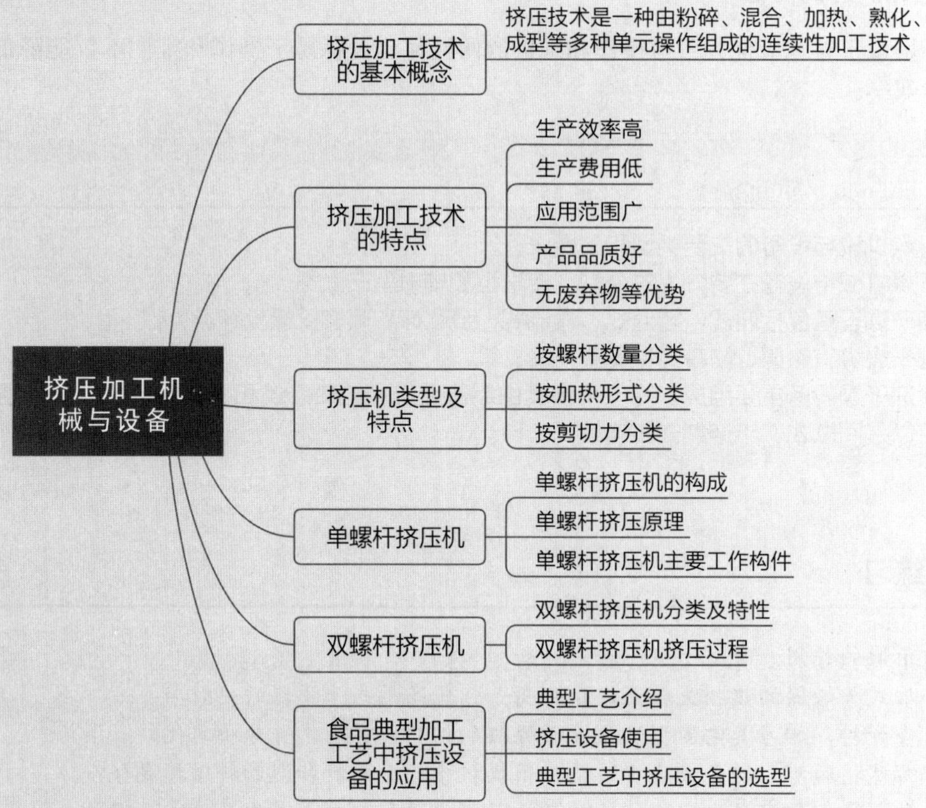

学习目标

- 理解挤压加工技术的概念、特点，以及不同类型挤压机各自的特点和应用领域。
- 熟悉单螺杆挤压机的构成、挤压原理和主要工作构件，双螺杆挤压机的不同分类和各自特性及挤压过程。
- 学会食品典型加工工艺中挤压设备的应用，能够根据不同工艺需求选择合适的挤压设备，实现所需食品形态。并对挤压设备最新研究进展及典型应用有一定的了解。

第一节　挤压加工技术的基本概念

一、挤压加工技术的概念

挤压技术是一种由粉碎、混合、加热、熟化、成型等多种单元操作组成的连续性加工技术，属于高温高压食品加工技术。它利用螺杆挤压产生的压力、剪切力、摩擦力、加温等作用，实现对固体食品原料的粉碎、捏合、混炼、熟化、杀菌、预干燥、成型等加工处理，完成高温高压物料变化及生化反应。最后食品物料在机械作用下强制通过一个专门设计的孔口（模具），便制得一定形状和组织状态的产品。

二、挤压加工技术的特点

食品挤压加工技术具有同时在高温、高压、短时条件下，进行机械处理和热处理的特性，利用挤压技术可以在同一台挤压机内连续完成若干个食品加工单元操作，为食品制品提供独特的风味和口感。具有生产效率高、生产费用低、应用范围广、产品品质好、浪费少、无废弃物等优势。

三、挤压机类型及特点

（一）按螺杆数量分类

1. 单螺杆挤压机

单螺杆挤压机机筒内只有一根螺杆，物料在螺杆和机筒形成通道中，沿机筒的轴向做螺旋运动，并形成一定的压力。单螺杆挤压机结构简单、制造方便，但输送效率低、混合剪切不均匀。

2. 双螺杆挤压机

机筒内配置有两根螺杆，挤压作业由两根螺杆配合完成。两根螺杆可以同向旋转，也可反向旋转，可以相互啮合，也可不产生啮合。物料是以从机筒的一侧到另一侧交替轮换的途径，沿机筒轴向运动。双螺杆挤压机输送效率高、混合均匀、剪切力大、具有自洁能力。但结构较复杂、价格较昂贵、配合精度要求高。

（二）按加热形式分类

1. 内热式（自热式）挤压机

内热式挤压机是高剪切力挤压机，产生的剪切力较大。挤压过程中的物料温升热量来自于物料与螺杆、物料与机筒、物料与物料之间的摩擦热，挤压温度难以控制，产品质量不稳定，操作灵活性差，控制较困难。

2. 外热式挤压机

外热式挤压机可以是高剪切力型，也可以是低剪切力型，物料温升热量除摩擦热以外，还依靠外部热源加热，按各部分要求进行温度控制。加热方式一般通过筒壁或轴心，采用蒸汽、电磁、电热丝和油加热等方式。外热式挤压机生产适应性强，设备灵活性大，操作控制简单方便，产品质量稳定。

（三）按剪切力分类

1. 高剪切力挤压机

高剪切力挤压机在挤压过程中，能够产生较高的剪切力和工作压力，螺杆上往往带有反向螺杆段，以便提高其剪切力和压力。高剪切力挤压机的压缩比较大，螺杆的长径比较小，一般多为自热式挤压机，具有较高的转速和挤压温度，比较适合于生产简单形状的膨化产品。

2. 低剪切力挤压机

低剪切力挤压机在挤压过程中，产生的剪切力较小，压缩比较小，螺杆长径比较大，一般多为外热式挤压机。低剪切力挤压机加工的物料水分含量一般较高，挤压过程物料黏度较低，故操作中引起的机械能黏滞耗散较少。此类设备的产品成型率较高，可方便生产复杂形状产品，较适用于湿软饲料或高水分食品的生产。

（四）按功能分类

1. 挤压成型机

挤压成型机螺杆结构具有较大的加压能力，利用夹套机筒或空心螺杆内通入冷却水抑制物料的过热，制取结构致密、均匀的未膨化成型产品。一般为中间半产品，需经过后续加工或利用，所使用的原料一般为塑性物料。此类挤压机的挤压螺杆转速低，筒体光滑，剪切力作用小，主要用于加工糕点、面条、通心粉等。筒壁开槽、压力高，主要用于挤压未膨化的谷物半成品。

2. 挤压熟化机

又称挤压蒸煮机，主要利用挤压机的加热蒸煮功能制取未膨化糊化产品。低剪切力蒸煮挤压机主要用于生产软湿食品、宠物食品等，高剪切力蒸煮挤压机可生产即食谷物、植物组织蛋白、小吃食品等。

3. 挤压膨化机

挤压膨化机可在挤压过程中，迅速将物料加热到 175℃以上，使淀粉流态化。当物料被挤出模孔时，即刻膨胀成松脆质地的产品，用于生产膨化产品。筒体开有防滑槽，螺杆螺槽浅，剪切力作用大。在挤压较干的物料时，可在模头处形成高温、高压，使淀粉糊化。

第二节　单螺杆挤压机

一、单螺杆挤压机的构成

单螺杆挤压机构成如图 13-1 所示，由挤压机（主机）、辅机和控制系统三部分组成。

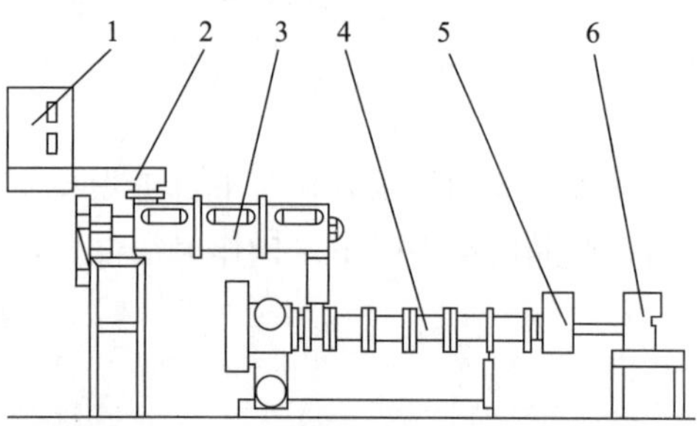

图 13-1　典型单螺杆挤压机构成示意图

1—混合料仓；2—称重给料装置；3—预调质装置；4—挤压装置；5—成型装置；6—切割装置

（一）主机

主机主要由挤压系统、传动系统、模头系统和加热（冷却）系统四个系统组成（图 13-2），简单的挤压机则没有第四部分。

挤压系统主要由螺杆、机筒组成，是直接进行挤压加工的部件，为主机的核心部分。传动系统的作用是驱动螺杆转动，保证螺杆所需的扭矩和转速。模头系统的作用是保证挤压食品的形状和建立模头前的压力，它由能与机筒连接的模座、分流板和成型模头组成。成型模头设有成型模孔，模孔横断面有圆孔、圆环、十字、窄槽等各种形状，决定产品的横断面形状。为了改进所挤压产品的均匀性，模孔进料端通常加工成流线形开口。加热（冷却）系统的作用是保证挤压工艺所要求的温度调控，通过在夹层筒体内通蒸汽加热筒体而把热量传递给物料，或通入冷却循环水冷却筒体；也有用电热元件加热筒体的，将螺杆做成中空也可用于加热或冷却操作。

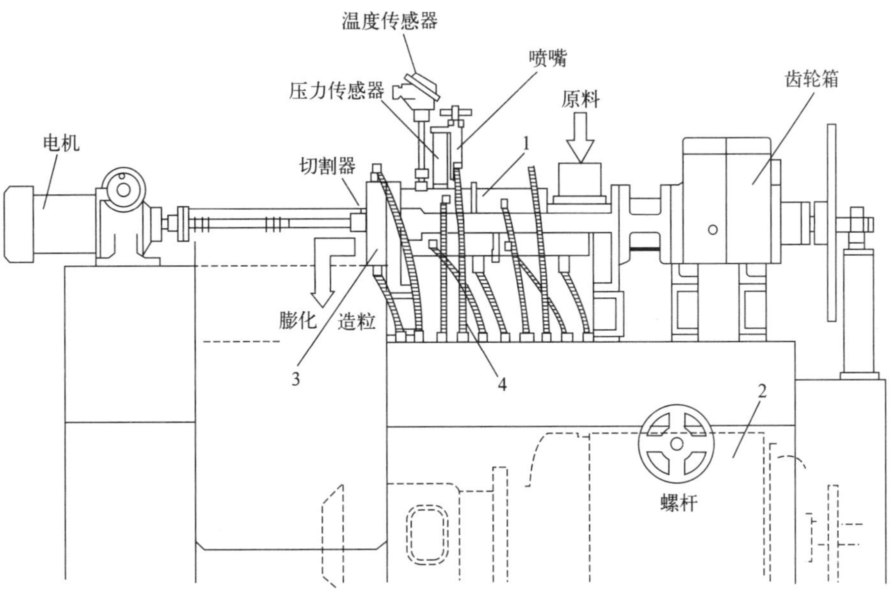

图 13-2　挤压机主机外观图

1—挤压系统；2—传动系统；3—模头系统；4—加热（冷却）系统

（二）辅机

进料系统的作用是将原料连续均匀地输送入加工系统，保证加工系统稳定操作。干料贮存料斗常带有振动装置，以防原料结块而中断输送。一台挤压机通常有 2～3 个贮液槽，由定量泵将液体原料送入挤压机中。一般贮液槽带有搅拌器和加热器，以确保液体原料混合均匀和降低黏度。预调质装置的作用是将原料与水、蒸汽或其它液体混合。挤出食品通过模头连续挤出，然后根据产品形状要求在切割装置中用切刀切断。常用的切割装置为端面切割器，切割刀具旋转平面与模板端面平行。通过调整切割刀具的旋转速度和挤压产品的线速度，调控所需挤压产品的长度。

（三）控制系统

控制系统的作用：显示挤压机的工作状态，如转速、温度、压力等；按工艺要求，控制进料量、温度和压力等，保证产品质量；控制主机、辅机等各部分协调运行，实现对整个挤压加工系统的自动控制。该系统主要由微电脑、电器、传感器、显示器、仪表和执行机构等组成。

二、单螺杆挤压原理

单螺杆挤压机主要由机筒和一根可在机筒中旋转的螺杆构成挤压室，在单螺杆挤压室内，螺杆上螺旋的作用是推动可塑性物料向前运动。由于螺杆或机筒结构的变化，以及出料模孔截面比机筒和螺杆之间空隙横截面小得多，物料受阻形成压力，加上物料与机筒、物料与螺杆以及物料自身之间的摩擦生热，以及外部加热，使物料在机筒内受到高温高压和剪切力作用，最后通过模孔挤出，并在剪切刀具作用下，形成一定形状产品（图 13-3）。

三、单螺杆挤压机主要工作构件

（一）螺杆

1. 普通螺杆

普通螺杆的整体长度布满螺纹，因螺纹旋向、螺距、螺槽深度等具体分为等距变深螺杆、等深变距螺杆、变深变距螺杆、带反向螺纹螺杆等几种，如图 13-4 所示。

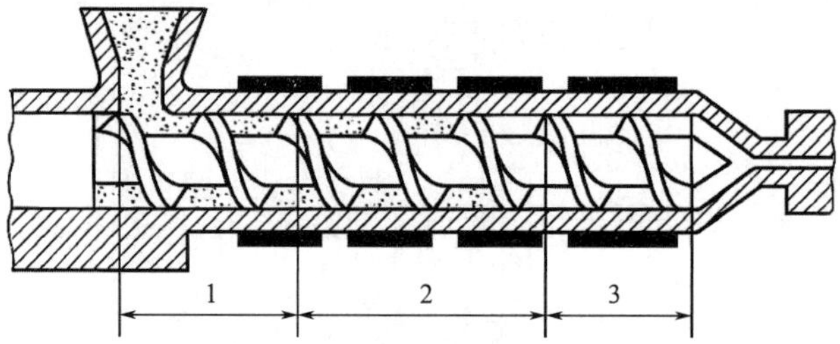

图 13-3 挤压加工过程示意图

1—加料输送段；2—压缩熔融段；3—计量均化段

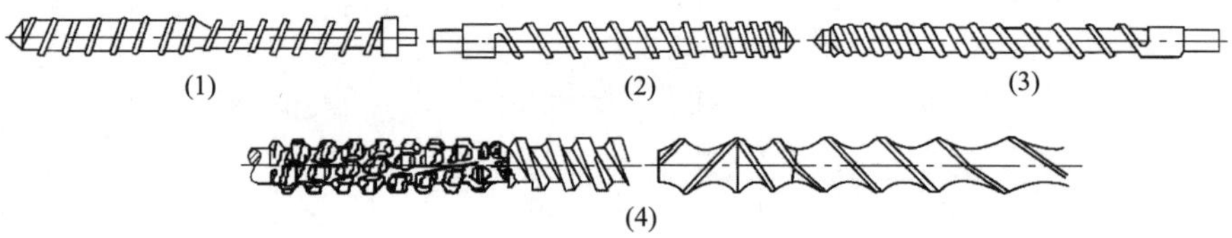

图 13-4 普通螺杆

（1）等距变深螺杆；（2）等深变距螺杆；（3）变深变距螺杆；（4）带反向螺纹螺杆

2. 特种螺杆

实际生产中，普通螺杆常存在某些不足，为弥补其不足，提高输送的稳定性和混合效果，稳定挤压过程，开发一些新型特种螺杆。特种螺杆在实际使用中多以组合螺杆的一段构件出现，包括分离型、屏障型、分流型和波状螺杆等，如图 13-5 所示。

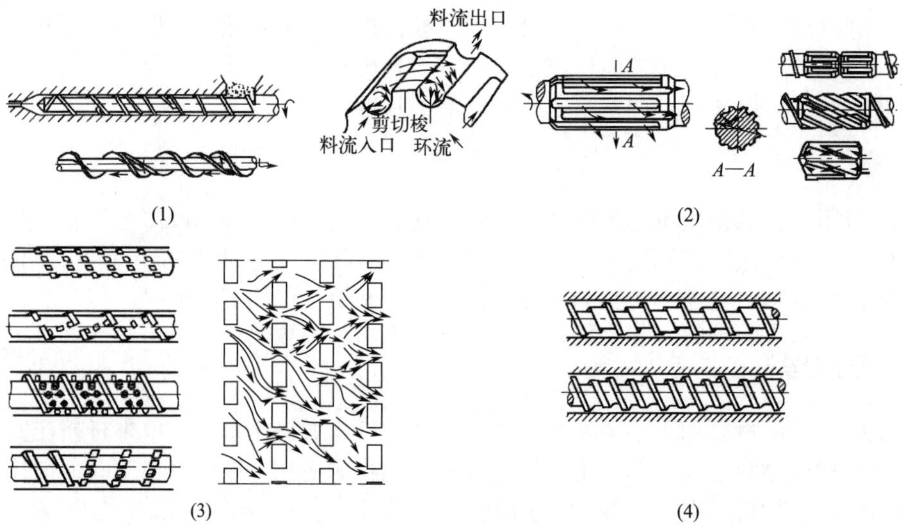

图 13-5 特种螺杆

（1）分离型螺杆；（2）屏障型螺杆；（3）分流型螺杆；（4）波状螺杆

（二）机筒

多数挤压机的机筒内壁为光滑面，部分机筒内壁带有若干较浅的轴向棱槽或螺旋状槽，能强化对物料的剪切效果，防止物料在机筒内打滑，且具有加热、保温、冷却和摩擦功能。常见的机筒有整体式和分段式两种形式（如图 13-6 所示）。此外，还有双金属机筒和特种机筒等。

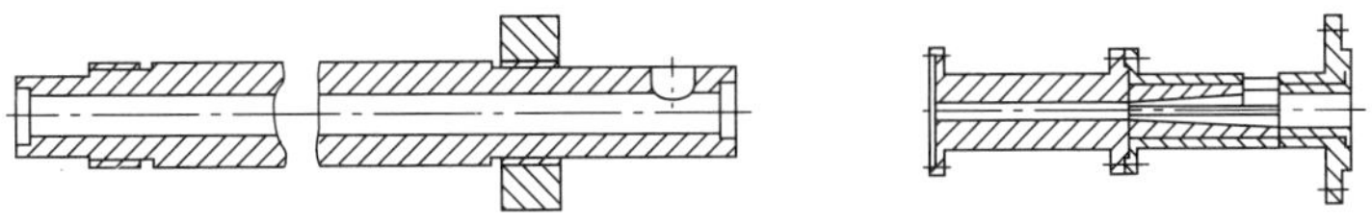

(1) 整体式机筒 (2) 分段式机筒

图 13-6 常见机筒形式

（三）模具

模具是物料从挤压室排出的通道，通道的横截面积远小于螺杆与机筒间空隙的横截面积，物料经过模孔时便由螺旋运动转变为直线运动，有利于物料的组织化作用。模孔处为挤压机最后一处剪切作用区，进一步提高了物料的混合和混炼效果。模孔横截面的形状可控制产品的造型，模孔的内部结构（如图 13-7）影响到产品的表面结构。常见的模孔内部结构有：

① 锥形模孔，从导流板到模板出口用锥形面引导，其特点是无死角、不易产生堵塞现象、模孔内压力无突变、机械损失小、压力损失小、产品表面光滑。

② 突变模孔，物流到达出口时，孔径突然变小。其特点是制造简单，压力损失大，有利于进一步提高混炼、混合效果，产品质地更为均匀、微细。但是，易产生堵塞现象，挤出物料表面易受损伤、不光滑。

③ 长管模孔，可减少产品的膨化程度，提高组织化程度。

④ 侧向模孔，可提高产品外形层次感和纤维化结构。

⑤ 共挤模头，用于生产夹心产品。

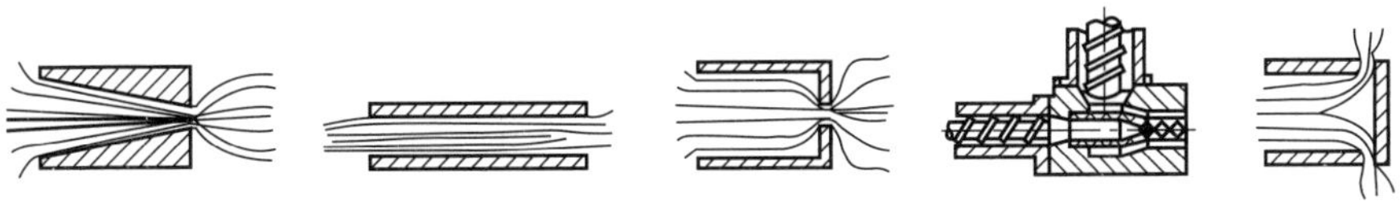

(1) 锥形模孔 (2) 突变模孔 (3) 长管模孔 (4) 侧向模孔 (5) 共挤模头

图 13-7 常见模孔内部结构

（四）加热和冷却装置

1. 加热装置

（1）载热体加热

利用载热体（如蒸汽、油等）作为加热介质的加热方法称为载热体加热。由于采用的载热体不同，可分为液体加热和蒸汽加热。液体加热使用的加热介质，在低于 200℃时，采用矿物油；高于 200℃时，一般都采用有机溶剂或其混合物。因要求加热系统密封良好，还需要配备加热循环装置，成本较高。此外，有机溶剂等载热体因受热分解，往往带有毒性和腐蚀性。装置的维修也不方便，故目前很少采用。

（2）电阻加热

电阻加热是使用最广泛的加热方式，其装置具有外形尺寸小、质量轻、装拆方便等优点。电阻加热是采用电阻丝加热机筒外表面，再以传导的方式将热量传递到物料。而机筒本身很厚，会沿机筒径向形成较大的温度梯度，因而所需加热时间较长。

（3）电感应加热

电感应加热是通过电磁感应在机筒内产生涡流电而直接使机筒发热的一种加热方法。其结构原理如图 13-8 所示，在机筒外壁上，隔一定间距配置若干组外面包有线圈 5 的硅钢片 1，从而组成电感应加热器。当将交流电源通入线圈时，产生磁力线，在硅钢片和机筒之间形成一个封闭的磁环。磁力线在封闭

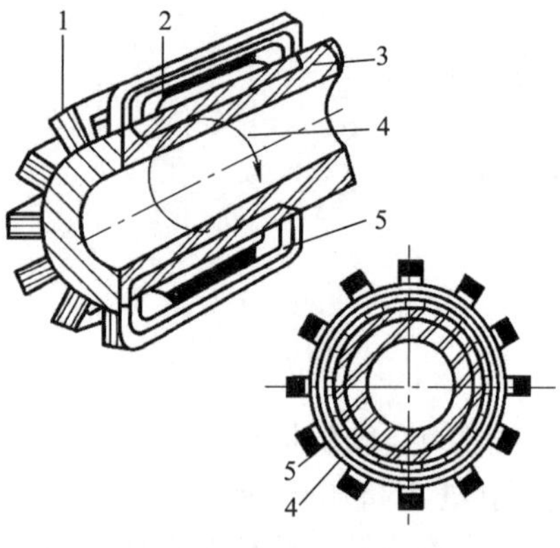

图 13-8 电感应加热结构原理图

1—硅钢片；2—冷却剂；3—机筒；4—感应环流电；5—线圈

回路中具有与交流电源相同的频率，当磁通发生变化时，在封闭回路中产生感应电动势，从而引起二次感应电压及感应电流，即环形电流，也叫电的涡流，涡流在机筒内遇到阻力而产生热量。

2. 冷却装置

(1) 机筒冷却

机筒冷却主要采用水介质冷却，其附属装置较为简单，冷却速度较快。但是，易造成急冷。未经软化处理的水，使水管易出现结垢和锈蚀现象，从而降低了冷却效果或造成水管损坏等。通常采用的水冷却装置结构有三种：缠绕冷却盘管；将加热棒和冷却水管同时铸入同一块铸铝加热器中；在电感应加热器内侧设置冷却水管。

(2) 螺杆冷却

螺杆冷却的目的是改善加料输送段物料的输送，防止物料过热，利于物料中所含气体能从加料输送段的冷混料中返回，并从料斗中排出。通入螺杆中的冷却介质通常是水，也可以是空气，一些先进挤压熟化机可根据不同物料和不同加工工艺要求调整螺杆的冷却长度，从而提高机器的适应性，一般通过调整伸进螺杆的冷却水管的插入长度等来实现。

第三节 双螺杆挤压机

一、双螺杆挤压机分类及特性

单螺杆挤压机在食品加工中已被普遍采用，但它的适应面窄，一些特殊食品用单螺杆挤压机难以完成。此外，单螺杆挤压机存在漏流严重、不能自清洁的缺点。因此，在单螺杆挤压机的基础上发展出了双螺杆挤压机。

双螺杆挤压机的机筒横截面呈“∞”字形（如图 13-9 所示），在机筒中并排安放两根螺杆。虽然双螺杆挤压机和单螺杆挤压机功能上十分相似，但工作原理存在较大差异。双螺杆挤压机由于螺杆的螺纹啮合安装，具有强制输送物料、螺杆自清洁、剪切力大和混合均匀等特性，挤压过程因螺杆结构、配置关系、运动参数等差异而大不相同。

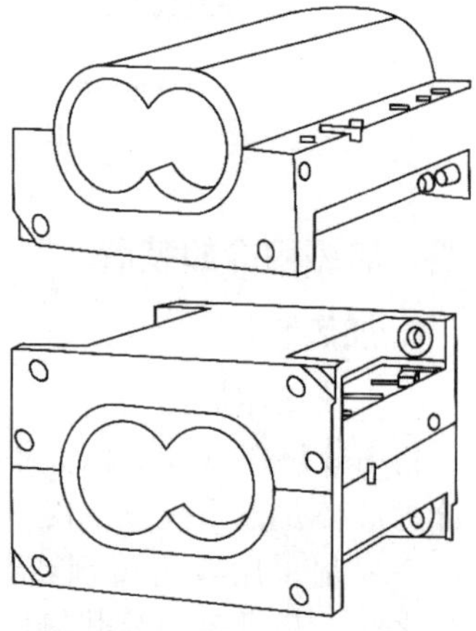

图 13-9 双螺杆挤压机筒体结构示意图

（一）根据两螺杆的啮合情况分类

根据两螺杆间的啮合关系，可将双螺杆挤压机分为非啮合型、部分啮合型和全啮合型，如图 13-10 所示。

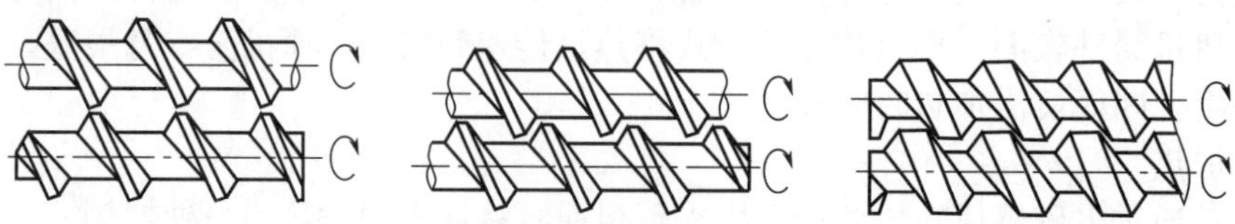

(1) 非啮合型　(2) 部分啮合型　(3) 全啮合型

图 13-10 双螺杆啮合类型

1. 非啮合型双螺杆

非啮合型双螺杆又称外径接触式或相切式双螺杆，两螺杆轴距至少等于两螺杆外半径之和，在一定程度上可视为相互影响的两台单螺杆挤压机。其工作原理与单螺杆挤压机基本相同，物料的摩擦特性是控制输送的主要因素，易产生漏流、倒流和料流不稳定现象，难以达到强制输送效果，这类挤压机在食品加工中应用较少。

2. 啮合型双螺杆

啮合型双螺杆的两根螺杆的轴距小于两螺杆外半径之和，一根螺杆的螺棱伸入另一根螺杆的螺槽。根据啮合程度不同，又分为全啮合型和部分啮合型。全啮合型是指在一根螺杆的螺棱顶部与另一根螺杆的螺槽根部不设计任何间隙。部分啮合型是指一根螺杆的螺棱顶部与另一根螺杆的螺槽根部设计留有间隙，作为物料的流动通道。物料由于受啮合螺纹的推力，使物料抱住螺杆旋转的趋势受到阻碍，从而被螺纹推进向前。啮合型双螺杆的啮合处间隙很小，对物料具有强制输送的能力，不易产生倒流、漏流现象，能在较短的时间内建立起高压，推送物料经过螺杆的各个部位，料流稳定，输送效果较好。

（二）根据螺杆转动方向分类

根据螺杆转动方向，可分为同向旋转型和异向旋转型两大类，异向旋转型又可分为向内异向旋转型和向外异向旋转型两种，如图 13-11 所示。

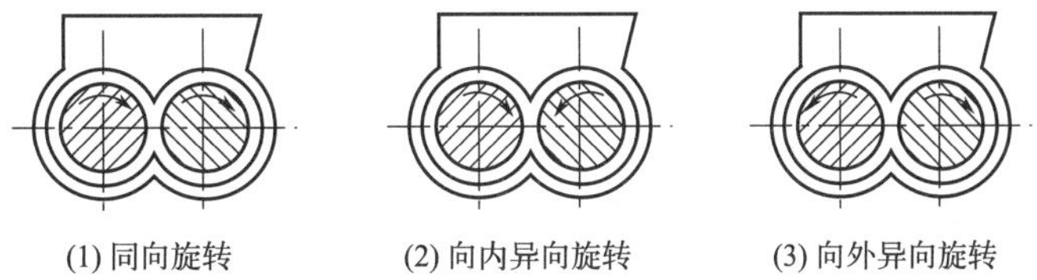

图 13-11　双螺杆转动方向

1. 同向旋转型双螺杆

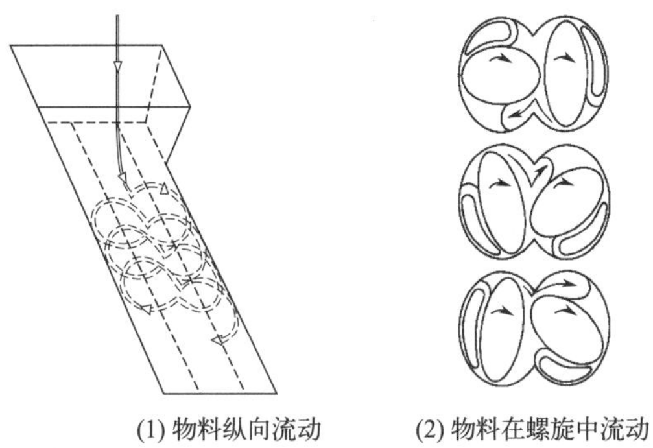

图 13-12　同向旋转啮合型双螺杆工作示意图

如图 13-12(1) 所示，由于同向旋转双螺杆在啮合处的速度方向相反，被螺纹带入啮合间隙的物料也会受到螺杆和螺槽间的挤压、剪切、研磨作用，有助于物料的混合和均匀。同时，一根螺杆把物料拉入啮合间隙，另一根螺杆把物料从间隙中推出，结果使物料从一根螺杆移动到另一根螺杆中，成“∞”形前进，更有利于物料的混合和均匀。此外，啮合处的速度方向相反，相对速度大，清除黏附在螺杆上物料的能力较大。但是，由图 13-12(2) 所示可知，物流在出料端沿圆周横截面上的流量不均匀。同时，在挤压过程中产生的蒸汽会从物料的螺旋槽处回流。由于同向旋转型双螺杆挤压机的混合特性好、磨损小、剪切率高、产量大以及更加灵活，因此，被食品挤压熟化普遍采用。

2. 异向旋转型双螺杆

异向旋转型双螺杆挤压机一般采用两根尺寸完全相同，但螺纹方向相反的螺杆。向内异向旋转型和向外异向旋转型两种形式的主要区别在于压力区位置的不同。向内异向旋转时，进料口处物料易在啮合区上方形成堆积，加料性能差，影响输送效率，甚至出现起拱架空现象。向外异向旋转时，物料可在两根螺杆的带动下，向两边分开充满螺槽，迅速与机筒接触吸收热量，有利于物料的加热、熔融。

如图 13-13 是异向旋转啮合型双螺杆挤压机工作时，对物料的作用情况和物料在机筒内的流动方式

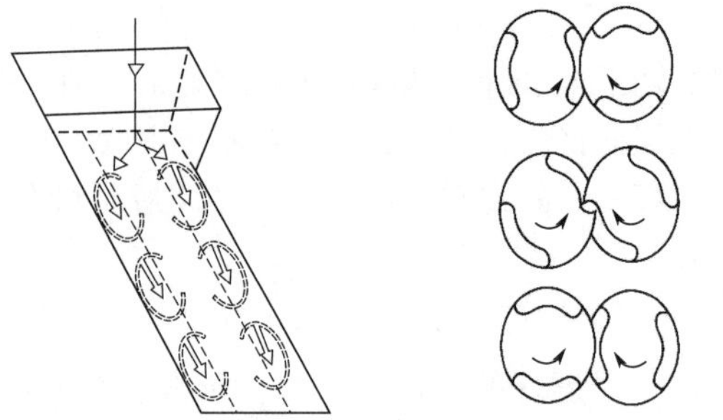

(1) 物料纵向流动　(2) 物料在螺旋中流动

图 13-13 异向旋转啮合型双螺杆工作示意图

示意图。异向旋转的螺杆啮合使连续的螺槽被分为相互间隔的 C 形小室。C 形小室的物料封闭前进，两螺杆之间物料交换不多，所以，这种运动在出料端沿圆周方向的流量比同向转动的情况要均匀，但混合效果没有同向转动效果好。

（三）根据螺杆装配方式分类

1. 整体式螺杆

整体式螺杆是指把螺杆形状的各要素都加工制造在一根轴上，不可拆卸。如图 13-14 所示，此双螺杆挤压机中的两根螺杆的形线是一样的，螺距、螺槽深度、升角等参数都不能有大的误差，否则在运转时就会被干涉。此双螺杆形状除了螺距变化之外，在不同长度上加剪切块，用以增加对物料的啮合剪切。

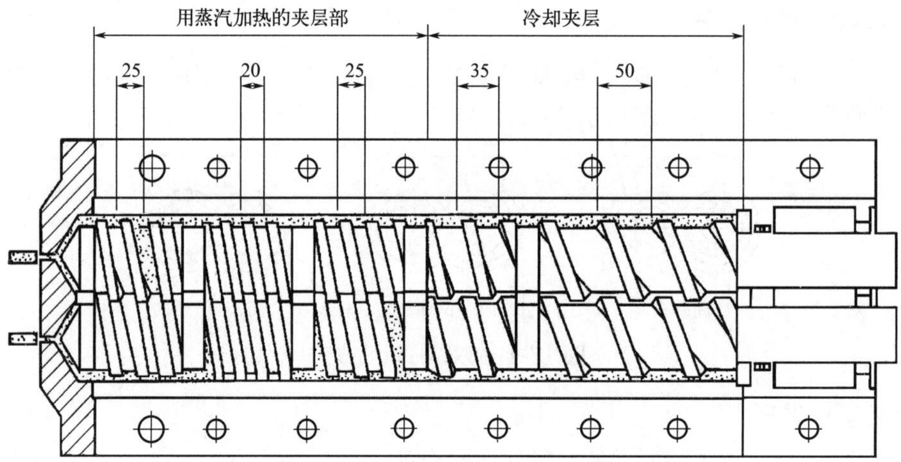

图 13-14 双螺杆挤压机整体式螺杆在机筒内的装配图

整体式螺杆的优点是强度高、使用时安装方便。缺点是制造难度大、成本高；一旦发生磨损，哪怕是很小一部分的损坏，也会导致整根轴不能使用；螺距变化规律，剪切处位置和数量都固定不变，因而在食品工厂使用时，只能适应较少的品种和原料。若想要增加生产品种，就要增加新的挤压机或者更换整根螺杆，不经济也很不方便。因而，目前食品加工用的双螺杆挤压机的螺杆较少采用整体式螺杆，而是采用积木式螺杆。

2. 积木式螺杆

积木式螺杆是指一根螺杆由芯轴、螺套、紧固螺钉三大部分组装成，如图 13-15 所示。

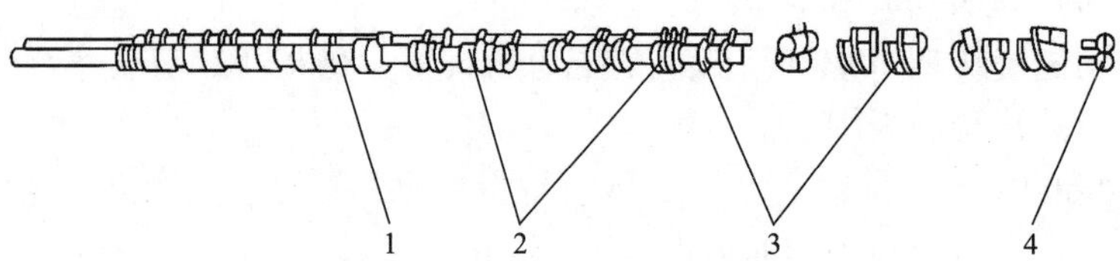

图 13-15 积木式螺杆组成部件

1—芯轴；2—剪切块；3—螺套；4—紧固螺钉

积木式螺杆挤压机的芯轴和螺套依靠花键连接和传递扭矩，轴向靠紧固螺母或紧固螺钉压紧螺套，保证各元件在螺杆上的轴向位置。螺套根据螺纹各要素的变化分成多段标准件，其长度不一定相等，但要求各螺套前后互换位置而形成的螺纹线是光滑的。剪切块可制成单片或几片为一组，在轴上任意位置安装，其数量也可按要求增减。

采用积木式筒体和积木式螺杆，可以根据不同食品产品的不同工艺要求，确定螺套的大小和数量。根据剪切块的位置不同，组装成不同长径比、不同压缩比、不同剪切强度的双螺杆，组合出适合各种用途的挤压机，实现过程长度、螺杆、螺套选配（压缩比、剪切强度）、模头形状、开口面积、螺杆转速、温度、压力、滞留时间的变化。在使用过程中，如某个螺套被磨损失去作用，只需把该螺套更换就可以恢复使用，相当于延长了整个螺杆的寿命，经济适用。

（四）根据开放情况分类

对于啮合型双螺杆，根据啮合区螺槽是否设计留有沿着螺槽的通道，分为纵向开放或封闭、横向开放或封闭。

1. 纵向开放或封闭

如果物料可由一根螺杆的螺槽流到另一根螺杆的螺槽，则称为纵向开放，反之称为纵向封闭。

2. 横向开放或封闭

在两根螺杆啮合区，若物料可通过螺杆进入同一根螺杆的相邻螺槽，或一根螺杆螺槽中的物料可以流进另一根螺杆的相邻两螺槽，则称为横向开放，横向开放必然也纵向开放。

二、双螺杆挤压机挤压过程

对于双螺杆挤压机，一般工作过程如下：

将多组食品原料按比例称重，人工送入混合机，进行充分混合后用螺旋输送机定量提升送入预处理机中。原料在预处理机内与雾化的水滴接触，在双轴的搅拌作用下，使水量均匀，达到工艺要求之后，被定量送到喂料机中。物料在喂料机中通过调节输送螺杆转速，把物料均匀不断地按生产要求定量喂入挤压机中。进入挤压机内的物料在转动螺杆的推动下，在挤压机内连续完成破碎、剪切、压缩、加热、熔融、升压过程，然后通过模头被挤出。挤出的产品按要求用螺旋切刀切断。切割后的食品含水量稍高，要进一步脱水，须将食品运到干燥（冷却）机内进行干燥。干燥后的食品要进行调味处理，通过喷油、喷粉（调味料）使食品具有不同风味，将调味后的产品进行包装后即可上市。

第四节 食品典型加工工艺中挤压设备的应用

一、典型工艺介绍

（一）通心粉

通心粉又称为空心面、异形面，除了管状产品外，还有扭曲状、雀巢状、文字和鸟兽图案的面制食品。通心粉是采用螺杆挤压成型的工作原理生产的一种方便食品，特别是预熟通心粉，只要辅以佐料，用沸水浸泡 10min，即可食用，是一种新颖的方便面食品。

1. 生产工艺

通心粉一般以小麦面粉为原料，经和面、挤压和干燥而成。典型的通心面类食品的挤压生产工艺如图 13-16 所示。水由水杯式加水器 3 加入桨叶式卧式混合机 4 后，进行搅拌形成面块，然后落入带有真空装置的捏面机 5 内进行充分捏合，形成面团后，再进入机筒内由螺杆 7 挤压入压模 8，并从压模 8 的模孔中排出后被切刀 9 切断，同时被风机 10 吹来的冷风干燥。在捏面机 5 上安装真空装置的目的是抽除捏合机内的空气，真空度通常调节到0.06～0.07MPa，以尽量抽除空气，减少面团的小气泡，使面团变得紧密、富有弹性、不易断裂。此外，经过抽除空气后加工的通心粉呈半透明状，吃起来有韧劲。

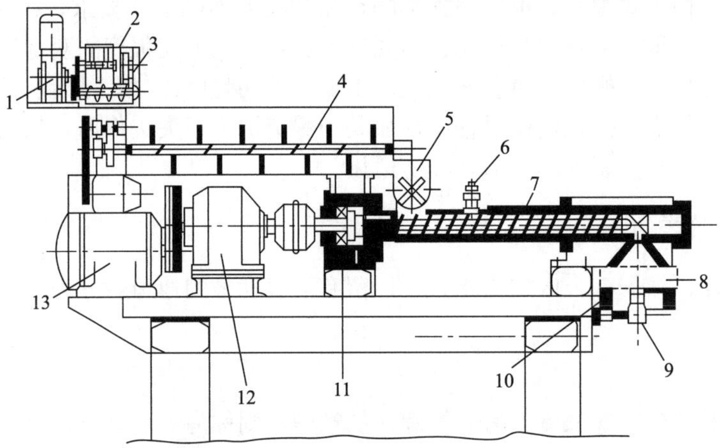

图 13-16 通心面类食品的挤压生产工艺

1—变速传动装置；2—喂料器；3—水杯式加水器；4—桨叶式卧式混合机；5—带有真空装置的捏面机；6—降压阀；7—螺杆；8—压模；9—切刀；10—风机；11—止推轴承；12—齿轮减速箱；13—电动机

2. 操作要点

和面、挤压和干燥是通心面类食品挤压加工的关键。生产时，把面粉、水及其它辅助添加剂在定量之后进行预处理，调水分质量分数至31%，然后喂入单螺杆成型挤压机或双螺杆挤压机中挤压蒸煮成型。通心粉类食品的干燥过程是消耗能量较大的操作单元，一般分为预干燥、主干燥和冷却三个阶段，干燥的方法有低温干燥、高温干燥、微波干燥等。

（二）谷物类早餐食品的挤压生产工艺

1. 生产工艺

根据不同的挤压加工方法，可将谷物类早餐挤压食品分为膨化类、成型类、压片类、涂层类和夹馅类等，工艺路线如下：

原料预混合→挤压蒸煮→切割→输送冷却→干燥→调味→包装

2. 生产设备

挤压加工谷物类早餐食品所用的设备有：液体输送泵、粉体输送装置、预混合设备、挤压蒸煮机、挤压成型机、压片机、调味冷却装置、筛分设备及储存和包装设备等。片状谷物类早餐挤压加工设备流程如图13-17所示。

3. 操作要点

根据不同的需要和条件选择原料组成，挤压加工谷物类早餐食品可以利用当地的任何谷物，其加工原理基本相同。原料选取需要根据营养平衡和调味的需要综合考虑。原料组成、原料水分质量分数和温度是谷物类早餐食品生产过程中的主要影响因素，不同的挤压产品和形状要采用不同的挤压操作参数。

（三）豆粕挤压生产大豆组织蛋白

1. 加工工艺

图13-18是利用单螺杆挤压机，使用豆粕加工成具有膨松多孔结构大豆组织蛋白的工艺流程图。

加工时，豆粕进入粉碎机1中粉碎，经平筛2除去豆皮等夹杂物，送入低温脱脂粉库3中储存。粉料从低温脱脂粉库3由计量泵4送入搅拌器7，同时磷脂罐5中2%～3%的磷脂由计量泵6注入搅拌器

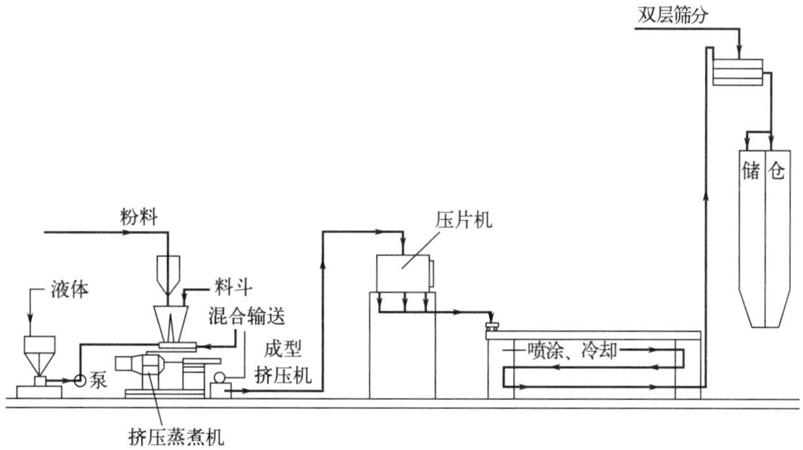

图 13-17　片状谷物类早餐挤压加工设备流程

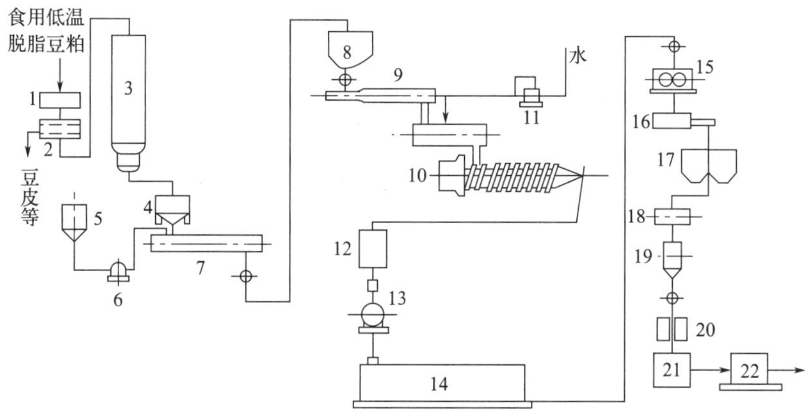

图 13-18　大豆组织蛋白生产流程图

1—粉碎机；2—平筛；3—低温脱脂粉库；4,6—计量泵；5—磷脂罐；7,9—搅拌器；8—暂存斗；10—膨化机；11—泵；12—脱臭器；13—湿式粉碎机；14—干燥冷却机；15—干式粉碎机；16—分离平筛；17—成品暂存箱；18—分离筛；19—计量秤；20,22—金属探测器；21—装袋

7 中搅拌均匀，搅拌后的混合物送入暂存斗 8 中依次供应膨化机。在搅拌器 9 中有时需再加入一些物料，搅拌后落入膨化机上部的搅拌机中，该处为双搅拌翅式，在此加入 20%～30%的水分，同时进行加温。搅拌好的物料进入膨化机 10 中，膨化机 10 机筒内可通入蒸汽加热，内壁有不同形状的齿形槽，螺杆呈螺旋齿状，旋转时将物料向前挤压推移。物料在机筒内逐步升温到 180℃，压力为 1.96～3.92MPa，在此高温、高压下，蛋白质分子发生变性作用，同时由许多粒状蛋白质形成分子排列整齐均匀的物料，并在出口处减压蒸汽蒸发形成空腔体状，在此高剪切作用下，粒状蛋白质变成纤维状，形成与肉具有相似质构的产品，因而，此产品具有肉的咀嚼感。虽然加工温度较高，但时间极短，在 2～3min 内即可完成。膨化后的粒状颗粒经脱臭器 12 脱除大豆臭味，再经湿式粉碎机 13 粉碎成粗粒，通过干燥冷却机 14 进行脱水冷却，冷却后的物料再经细粉碎，计量包装。

2. 操作要点

水分与原料之间的相互作用是大豆蛋白组织化的重要影响因素之一。在脱脂大豆组织化挤压过程中，原料中添加水对物料的流变性能与输送性能有明显影响。此外，添加水对大豆蛋白的组织化过程也有明显影响。随着原料水分的增加，物料黏度明显下降，相应影响到物料在挤压机机头和挤压机内的流动与输送，同时影响到产品的成型与组织化。随着原料含水率的增加，主机功率消耗减小。

原料水分质量分数最大为80%，最小为20%。水分质量分数太小，物料堵塞片状机头，会引起主机超载。随着原料水分质量分数的增加，产品的纤维性组织减小。为满足脱脂大豆粉得到良好的组织化，有最佳纤维状结构和口感的要求，原料的水分质量分数在43%左右较为合适。

二、挤压设备的使用

（一）挤压膨化技术

挤压膨化技术是集搅拌、混匀、加热、挤压、破碎、膨化及成型于一体的多功能、高产量、高质量的现代食品加工技术。物料从进料槽进入，经调质装置进入挤压机的机筒内，在螺旋的强大挤压和卸料磨具及机筒内截留装置的反向阻止作用下，物料与螺杆、物料与机筒壁以及物料之间产生摩擦力，使得机筒内的物料处在高温、高压、高剪切力的作用下，发生淀粉糊化降解、消化性改善、脂质氧化、可溶性蛋白质和膳食纤维溶解度增加、有害微生物（如大肠杆菌、沙门氏菌等）活性降低、风味物质形成、酶失活和美拉德反应等一系列的物理和化学变化。当物料被强行挤出模具口时，压力骤然降为常压，水分闪蒸，温度降低，产品随之膨胀并固化成型，形成质构疏松的膨化食品。

目前，挤压膨化加工技术因其操作过程简易、生产效率高、原料适用性广、生产成本低、产品性状多样化和原料营养损失少等特点，已被广泛应用于食品、发酵、油脂加工、饲料和医药等行业。物料经挤压膨化处理后，黏度、吸水性指数、糊化度降低，溶解性升高，营养物质（如脂肪）含量减少，可溶性蛋白质和还原糖含量升高，会产生某些挥发性风味物质，其中关键风味物质为醛类。挤压膨化食品的营养成分和理化特性不仅与原料和配方有关，还与原料水分含量、螺杆转速、机筒温度、原料粉碎度等因素有关。

淀粉在挤压膨化过程中发生糊化、糊精化、降解，使产品性质与风味发生改变，这种变化与挤压膨化机的工艺参数、原料的淀粉含量以及直链淀粉与支链淀粉的比例息息相关。在用挤压膨化机处理物料时，物料的含水量不高，随着挤压温度逐渐升高，淀粉发生不完全糊化，没有糊化的淀粉分子之间发生剧烈的相互作用，淀粉结晶结构开始溶融，最终形成具有黏弹性的溶融体结构，同时挤压剪切力使淀粉分子间氢键断裂，伴随产生降解反应，大分子物质降解，多糖变为寡糖，且此降解过程发生在支链淀粉部分的可能性更高，最终导致淀粉消化率升高。

挤压机的剧烈剪切摩擦作用可以打破不溶性膳食纤维的致密结构，大分子间化学键断裂，分子极性改变，纤维素与水分子之间的接触面增加提高了其亲水性，不溶性膳食纤维转变为可溶性半纤维素，部分β-葡聚糖被释放出来，水溶性膳食纤维含量明显升高，更有利于食品发挥其自身的功能特性，也更易被人体吸收利用。

挤压膨化工艺对原料中维生素A、维生素C、维生素E影响较大，对B族维生素的影响相对较小。物料脂肪含量对产品膨化程度有一定的影响，脂肪含量高于10%，产品的膨化度会下降。加压过程中脂肪易与淀粉和蛋白质形成复合体，在它们的保护下脂质不易发生氧化。

（二）挤压蒸煮技术

食品挤压蒸煮加工是在挤压机的机筒内将含一定水分的淀粉或蛋白质等原料，通过螺杆转动进行输送挤压，借助压力、加热和机械剪切力的联合作用，加速淀粉的糊化或蛋白质变性，进行增塑和蒸煮的工艺方法。最终物料在各种形状的模具中成型，继而膨胀并被旋转的刀片切割成所需要的长度。这种挤压蒸煮的温度一般在120℃以上，而受热的时间却很短（一般在1min），属于高温短时加工工艺，对于保持食品的营养成分以及良好的质构、口感和风味具有显著效果，被认为是目前食品蒸煮加工技术中，最新、用途最多、最经济有效的一种方法。高温短时挤压加工具备不会使食品产生过热、变色、营养成分流失或功能特性损失等优点，在微生物方面具有安全可靠性。

挤压蒸煮技术能有效地使淀粉糊化、改良蛋白质的质构，得到必要的功能特性，去除食品中的生长抑制剂、抗营养因子，生产出更纯净，在微生物和酶上更安全、更稳定的食品，并具有良好的外形、口感和风味。若加入氨基酸、蛋白质、矿物质、食品色素、香味料及某些维生素时，能够把这些添加物均匀地分配在挤压物中，不可逆地与挤压物相结合。其结构设计独特，可以简便快速地组合、更换零部件，从而成为一个多用途的系统。通过使用不同的挤压机部件及物料品种、水分含量和加工条件的变化，可以生产不同产品。高温短时蒸煮挤压机一般皆为连续性设备，其生产能力可在一定范围内进行调节。生产过程在密闭的机筒内进行，保证了生产的食品完全符合卫生法的安全、稳定的要求。机器清理容易，符合细菌学方面的要求，也是防止加工产品产生不良风味所必不可少的。

（三）挤压组织化技术

挤压组织化作用主要是指食品中植物蛋白组织化，是将蛋白质分子（通常是大豆蛋白）重组进行分层，交叉连接呈块状，使其在进一步加热时耐受剪切和其它处理。其纤维组织结构类似瘦肉，复水后有一定的弹性，有咀嚼感。

蛋白质含量较高的原料（50%以上），在挤压机内受到剪切力和摩擦力的双重作用，维持蛋白质三级、四级结构的氢键、范德华力、离子键、二硫键被破坏。随着高级结构的破坏，蛋白质分子形成了相对呈线性结构的蛋白质分子链，这些分子链在一定温度和水分含量条件下，产生分子间重组，最终形成一种类似于肉类组织结构的产品——组织化蛋白。

食品挤压组织化过程是一个复杂的过程，既涉及物理变化，也涉及化学变化。影响挤压组织化效果的因素很多，包括原料因素、挤压机因素和操作参数因素三大部分。原料因素包括原料粒度、组分构成、化学结构和化学键等，挤压机因素包括螺杆构型和模头结构等，操作参数因素包括机筒温度、物料湿度、喂料速度和螺杆转速。

当前，挤压组织化技术在大豆等其它植物蛋白的应用方面已经极为广泛，在花生蛋白的应用上也日渐成熟。采用挤压组织化的方法将脱脂花生蛋白粉处理后，用于类肉食品的生产，或者作为添加剂添加到肉制品中，是增加脱脂花生蛋白粉附加值的一个重要手段。而衡量组织化产品性质的指标有很多，其中持水性和持油性是花生蛋白粉应用于类肉食品生产的两个重要功能特性，是组织化产品生产加工中重要的质量控制指标。提高花生蛋白的持水性和持油性可有效改善类肉产品的硬度、黏度和口感等，对组织化产品的功能性质和感官性质具有重大的意义。

（四）挤压成膜技术

挤压成膜是一种通过挤出生产片材或薄膜的简单而成熟的技术，该技术使用具有狭缝或平膜模头的双螺杆挤出机，以及用于取向和收集的取出装置，使黏弹性淀粉基材料通过模具形成片材或薄膜产品。现阶段，一些研究人员已经开发了两阶段片/薄膜挤出加工技术，该技术首先在双螺杆挤出机中将淀粉共混物挤出成带，随后干燥并研磨成粉末，然后使用具有狭缝模头的单螺杆挤出机挤出成片材或薄膜。尽管这种两阶段挤出技术可能更耗时，但单螺杆挤出机的高压容量克服了在加工过程中淀粉基材料高黏度的缺点，因此，它提供了更容易和更稳定的挤压薄膜技术。该技术可以通过调节狭缝模的出口来控制挤压材料的厚度，从而决定最终产品是片材还是膜。另外，利用适当的模具作为狭缝或平膜模具的替代品，也可以使用两阶段技术来制造更薄的吹塑薄膜。

挤压是加工淀粉类聚合物最广泛使用的技术，其优点包括在低溶剂的情况下处理高黏度聚合物的能力，加工条件广泛（0～500atm 和 70～500℃），可以多次注射，停留时间（分布）和混合程度可控。目前，其它加工技术如注射，通常与挤压技术组合使用。

用于挤压加工淀粉基材料的技术与传统石油基塑料加工中广泛使用的技术相似。但其独特的相变、高黏度、水分蒸发、快速退化等原因，导致加工性能不理想。淀粉的加工比常规聚合物要复杂得多，难于控制。然而，适当的配方开发和合适的加工条件，可以克服许多难题。加工工艺及配方发展包括以下几个方面：

① 加入适量的增塑剂。

② 添加适当的润滑剂。

③ 使用其中羟基被酯基和醚基团替代的改性淀粉（如羧甲基淀粉和羟丙基淀粉）。

④ 在适当的增溶剂（通常是用疏水性聚合物接枝的淀粉-接枝共聚物）存在下，将淀粉与疏水性聚合物混合。

三、典型工艺中挤压设备的选型

（一）通心粉

通心粉机是生产通心粉的专用设备，由配料、混合、捏面（带有真空装置）、挤压成型和切割装置等部分组成，主要完成成型功能和蒸煮功能。螺杆是挤压机的主要工作部件，对面团的作用介于挤压蒸煮和挤压成型之间，剪切强度要求较小，一般采用单头螺旋螺杆，通常取螺距（t）与螺杆直径（d）的关系为$t=0.5d$，螺杆的有效长度（L）与螺杆直径（d）之比为$L/d=7$。当螺杆转动挤压面团时，面团与螺杆、面团与机筒内壁表面间发生强烈的剪切和摩擦作用，使机械能转变为热能，并传给面团，从而增加了面团的温度。为了保证面团温度，一般在机筒的外部加装冷却水隔套，以冷却机筒的外表面，进水温度一般为15℃，出水温度一般控制在34℃以内。采用不同结构与形状的模头，可以生产出空心类、圆柱状、片状、字母状的短面条或长面条。其挤压温度和螺杆转速都较加工膨化产品低，一般挤压温度在50℃左右，螺杆转速在80r/min。

（二）玉米果

玉米果膨化食品在挤压过程中，原料的粒度最好是均匀的，否则物料在喂料系统中和机筒内会发生分层现象。当水加入后，细粒会很快地吸收水分，从而使粗粒缺水。这种情况会使产品易碎裂且质量不稳定，此种现象在使用单螺杆挤压机时尤为突出。用于生产膨化食品的挤压机通常长度较短（长径比小于10∶1），挤压机转速300～400r/min，机筒温度120～160℃，机筒压力70～150Pa，干成分进料速率0.125kg/s，加水量0.0036kg/s，挤出产品的水分质量分数8%～10%，挤出产品的容积密度48～64kg/m^3。

（三）全脂大豆粉

常规工艺加工全脂大豆粉时，都存在先将水加入到原料中，最终又将水利用喷雾干燥脱去的过程，这些加工过程所需设备庞大，能量消耗较高，成本较高。利用螺杆挤压机对大豆可生产出综合性能良好的全脂大豆粉，可以直接食用，也可以加入面包、馒头、面条、米饭、蛋糕等主食中，充分有效地利用了大豆蛋白资源，对提高大豆的加工种类，具有十分重要的意义。

双螺杆挤压处理大豆粉比单螺杆挤压加工的单位能量消耗更小，加工范围更为广泛。利用双螺杆挤压机生产全脂大豆粉，可以在单螺杆挤压工艺的基础上，进一步简化大豆粉的生产工艺。

总结

○ 挤压机的类型

按螺杆数量分类：单螺杆挤压机、双螺杆挤压机。

按加热形式分类：内热式（自热式）挤压机和外热式挤压机。

按剪切力分类：高剪切力挤压机和低剪切力挤压机。

按功能分类：挤压成型机、挤压熟化机和挤压膨化机。

- **单螺杆挤压机的构成**

  组成：主要由挤压机（主机）、辅机和控制系统三部分组成。

  主机：主要由挤压系统、传动系统、模头系统和加热（冷却）系统四个系统组成，简单的挤压机则没有第四部分。

  辅机：包括进料系统、预调质装置和切割装置。

  挤压熟化过程：主要分为加料输送段、压缩熔融段和计量均化段三段过程。

  主要工作构件：螺杆、机筒、模具、加热和冷却装置。

- **双螺杆挤压机**

  根据两螺杆间的啮合关系分类：全啮合型、部分啮合型和非啮合型。

  根据螺杆转动方向分类：同向旋转型和异向旋转型两大类，异向旋转型又可分为向内异向旋转型和向外异向旋转型两种。

  根据螺杆装配方式分类：整体式螺杆和积木式螺杆。

  根据开放情况分类：纵向开放或封闭、横向开放或封闭。

- **理解和掌握不同挤压加工机械与设备的基本结构、工作原理和用途。**
- **结合典型食品加工工艺流程，深刻理解不同挤压设备在相关食品加工过程中的选型及实际应用。**

思考练习

（一）简述挤压加工机械与设备的作用。

（二）简述挤压加工技术的概念。

（三）简述挤压机按螺杆数量的分类。

（四）简述挤压机按加热形式的分类。

（五）简述单螺杆挤压机主机的组成。

（六）简述食品的单螺杆挤压熟化过程。

（七）简述单螺杆挤压机的普通螺杆。

（八）简述双螺杆挤压机根据两螺杆的啮合情况的分类。

（九）简述双螺杆挤压机根据螺杆转动方向的分类。

单螺杆挤压机

第十四章　发酵机械与设备

知识导图

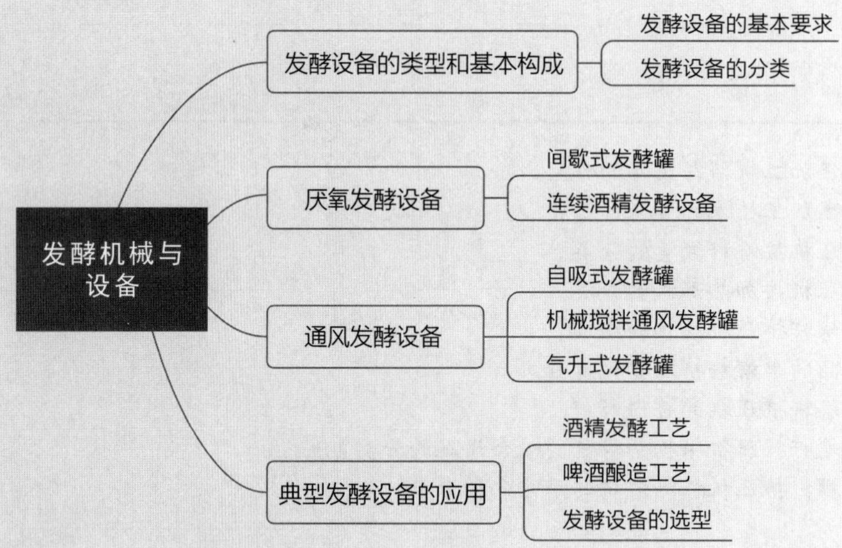

学习目标

- 了解发酵设备的类型和基本构成。能够理解发酵设备的基本要求、发酵设备的分类和发酵设备的特性。
- 熟悉厌氧发酵设备和通风发酵设备的种类。能够识别不同类型的发酵设备，了解它们的工作原理和应用领域。
- 了解典型加工工艺中发酵设备的应用。了解酒精发酵工艺、啤酒酿造工艺和典型工艺中发酵设备的选型。
- 了解发酵设备最新研究进展。了解自动化控制和微生物培养技术的基本原理。

第一节　发酵设备的类型和基本构成

一、发酵设备的基本要求

发酵设备的功能是按照发酵过程的要求，保证和控制各种发酵条件。主要是适宜微生物生长和形成产物的条件，促进生物体的新陈代谢，使之在低消耗下（包括原料消耗、能量消耗、人工消耗）获得较高的产量。因此发酵设备必须具备一定的条件，应有良好的传递性能来传递动量、质量、热量，能量消耗低；结构应尽可能简单，操作方便，易于控制，便于灭菌和清洗，能维持不同程度的无菌度；能适应特定要求的各种发酵条件，以保证微生物正常的生长代谢。

二、发酵设备的分类

根据发酵用培养基状况，发酵设备分为固体发酵设备（如固体发酵用的缸、池、窖）及液体发酵设备。根据微生物类型，发酵设备又分为厌氧和好氧两大类。酒精、啤酒和丙酮、丁醇溶剂等产品需要用厌氧发酵设备；谷氨酸、柠檬酸、酶制剂和抗生素的好氧发酵产品需要用通风发酵设备，在发酵过程中需不断通入无菌空气。

第二节　厌氧发酵设备

一、间歇式发酵罐

间歇式发酵是指生长缓慢期、加速期、平衡期和衰落期四个阶段的微生物培养过程全部在一个罐内完成。间歇式酒精发酵罐（图 14-1）为圆柱形，底盖和顶盖均为碟形或锥形。酒精发酵罐的洗涤多采用水力洗涤器（图 14-2），主要为一根两端装有喷嘴的喷水管。工作时，喷水管借助于两头喷嘴处以一定的速度喷出而形成的反作用力自动旋转，在旋转过程中，洗涤水由喷水孔排出而均匀喷洒在罐壁、罐顶、罐底上进行罐的洗涤。

与水力洗涤器相比，高压水力喷射洗涤装置（图 14-3）在水平喷水管基础上增加了一直立喷水管，洗涤用水压力较高，一般为 0.6～0.8MPa。

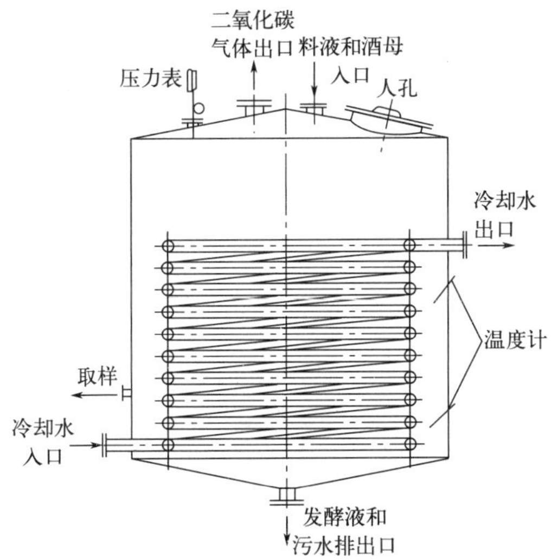

图 14-1　间歇式酒精发酵罐

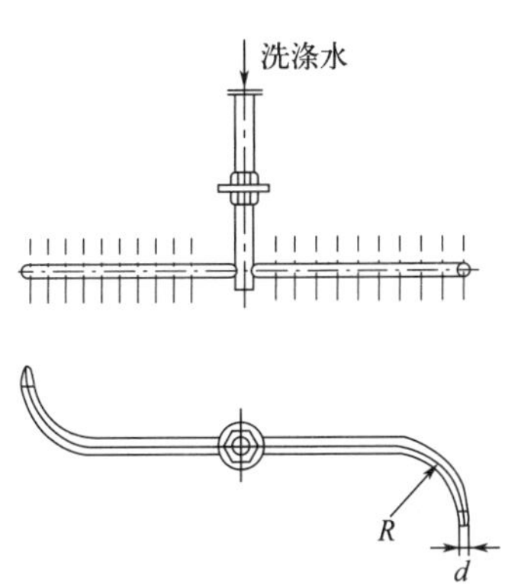

图 14-2　发酵罐水力洗涤装置

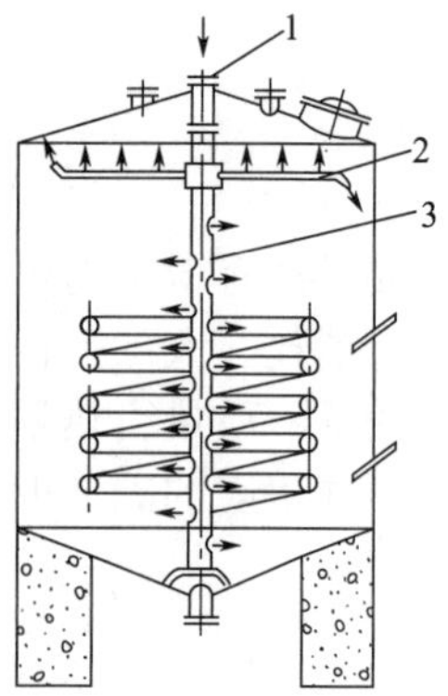

图 14-3 发酵罐高压水力喷射洗涤装置

1—洗涤剂进口；2—水平喷水管；3—直立喷水管

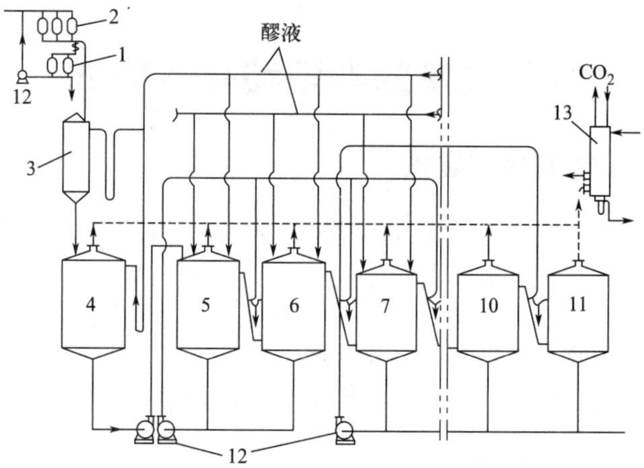

图 14-4 顺流式连续发酵设备流程

1—种酒母罐；2～4—酒母增殖罐；5,6—主发酵罐；7～11—后发酵罐（8,9 略）；12—泵；13—酒精捕集器

二、连续酒精发酵设备

（一）连续发酵基本概念

通过在发酵罐内连续加入培养液和取出发酵液，可使发酵罐中的微生物一直维持在生长加速期，同时降低代谢产物的积累，培养液浓度和代谢产品含量相对稳定，微生物在整个发酵过程中即可始终维持在稳定状态，细胞处于均匀状态，这即为连续发酵技术。与间歇式发酵相比，连续发酵具有产品产量和质量稳定、发酵周期短、设备利用率高、易对过程进行优化等优点，但技术要求较高。在实际发酵工业生产中，连续发酵目前还无法全部代替传统的间歇发酵。

（二）淀粉质原料生产酒精连续发酵设备流程

以淀粉质原料连续发酵生产酒精时，发酵液处于流动状态有利于酵母的生长繁殖、糊化醪的后糖化、酒精的生成，发酵率、淀粉出酒率得以大幅度提高；整个发酵在密闭设备内进行，可减少杂菌的感染和酒分的损失；便于酒精生产过程的全部连续化、自动化。但是，技术要求高，卫生条件十分严格，操作不易控制。目前在酒精厂大规模生产中得到应用的有以下两种多罐串联连续发酵流程。

1. 顺流式连续发酵设备流程（图 14-4）

该流程关键问题是需定期进行预防性灭菌。每经过一定时间，将糖化醪送入第二个主发酵罐 6，并经泵 12 将首罐 5 中的发酵液泵入罐 6。罐 5 出空后，清洗、蒸汽灭菌、冷却，再重新从酒母增殖罐接入酒母，并流加糖化醪。在罐 5 流加期间，开始将 6 中的发酵液泵入罐 7，出空后进行蒸汽灭菌、冷却，然后从罐 5 流入发酵液。这时进行 7 的出空和灭菌。这样的方法顺次将全部发酵罐及附属管道逐个进行消毒灭菌，以此来防止发酵过程中染菌的发生。进行预防性灭菌的间隔愈长，连续发酵的效果愈明显。

2. 全封闭式连续发酵设备流程（图 14-5）

该流程的特点是糖化锅密闭冷却到 60～65℃，流加液体糖化 45min 后在重力作用下经喷淋冷却器流入发酵罐。由于糖化锅密闭，又采用重力输送料液，避免了通过结构复杂、难以清洁的输送泵，消除了各种污染源。预防性灭菌的周期延长到 12d 以上，进一步提高了连续发酵的效率。

（三）糖蜜原料生产酒精连续发酵设备流程

在多罐阶梯式连续发酵法中有双浓度连续发酵设备流程和单浓度连续发酵设备流程。

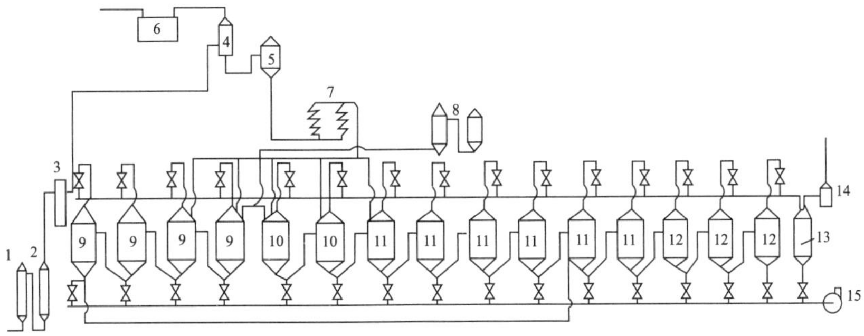

图 14-5 全封闭式连续发酵设备流程

1～3—后熟器；4—汽液分离器；5—糖化锅；6—热水箱；7—喷淋冷却器；8—酵母罐；9～12—发酵罐；13—泡沫捕集器；14—二氧化碳洗涤器；15—泵

1. 双浓度连续发酵设备流程（图 14-6）

在由七个发酵罐组成的发酵罐组中，头两个发酵罐 9 并联，后面三个发酵罐 10 串联，最后两个后酵罐 11 交替使用。头两个发酵罐 9 的容量占全部发酵罐组总容量的 35%～50%。

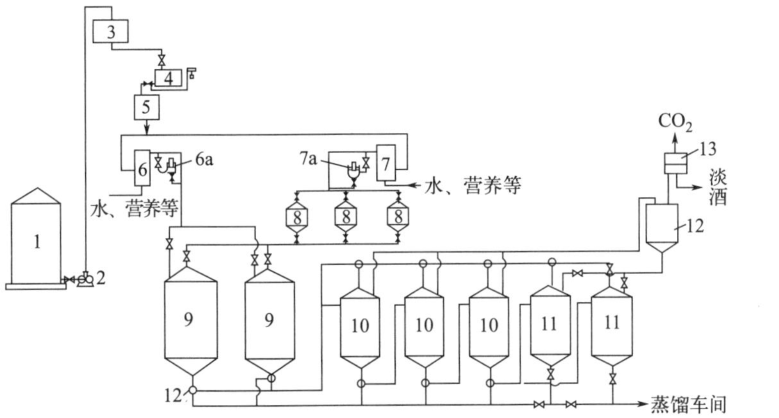

图 14-6 双浓度连续发酵设备流程

1—贮罐；2—齿轮泵；3—高位槽；4—磅秤；5—中间贮罐；6,7—稀释器；6a,7a—料液浓度检查器；8—酒母罐；9,10—发酵罐；11—后酵罐；12—泡沫捕集器；13—洗涤塔

原糖蜜由贮罐 1 用齿轮泵 2 送入高位槽 3 经磅秤 4 计量后流入中间贮罐 5 再流往稀释器 6 和 7 制备基本稀糖液和酒母糖液。酒母制备在酒母罐 8 中进行。

酒母和基本稀糖液连续均匀地同时流入头两个发酵罐 9，接种比为 1∶1。酒母和基本稀糖液的流量应控制在保持罐中 8%～9%的酸液浓度和 7%（体积分数）左右的酒度。醪液从发酵罐 9 流出，顺次经过三个发酵罐 10 和后酵罐 11。最后，成熟发酵醪从后酵罐送去蒸馏。发酵罐 9 和 10 中产生的泡沫和二氧化碳被送往泡沫捕集器 12。其中二氧化碳经洗涤塔 13 回收酒精，淡酒送去蒸馏，二氧化碳则送去进一步加工利用，消泡后的液体流入后酵罐 11。上述流程发酵时间约 24h，成熟醪酒度 9%～9.5%（体积分数），酸度 3°～3.5°，残余浓度 5%～6%。

发酵罐每隔 10d 左右须依次清洗灭菌一次，以防止酸败。

2. 单浓度连续发酵设备流程（图 14-7）

单浓度流程的操作比双浓度流程简单。设发酵罐组由 11～12 个发酵罐组成。第一个罐是酒母增殖罐，另外还有 5～6 个酒母罐，在酒母增殖罐 10 和酒母罐 9 内都装有通风装置、冷却装置和消泡剂加入口，头三个主发酵罐也装有冷却设备。原糖蜜从贮罐 1 经齿轮泵 2 送至高位槽 3，经磅秤 4 称量后流入酸化槽 5，加酸、加防腐剂，必要时加热后，流入除渣器 6 除去沉淀，进入贮器 7，在这里加入营养盐，再流往稀

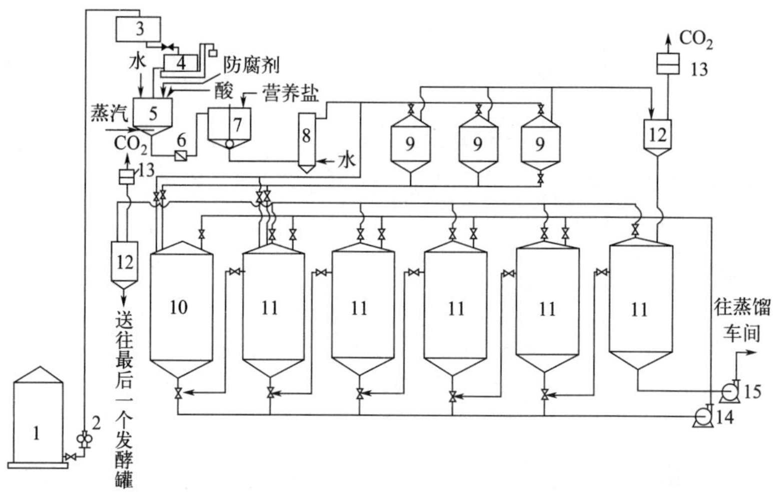

图 14-7　单浓度连续发酵设备流程

1—贮罐；2—齿轮泵；3—高位槽；4—磅秤；5—酸化槽；6—除渣器；7—贮器；8—稀释器；9—酒母罐；10—酒母增殖罐；11—发酵罐；12—捕集器；13—洗涤塔；14,15—泵

释器 8 得到浓度为 22％～25％、酸度为 3°～3.5°、加有 0.004％五氯苯酚钠（或其它防腐剂）的稀糖液。后者连续均匀地流入酒母罐组 9，再流入酒母增殖罐 10，然后顺次通过发酵罐 11，成熟醪从最后一个罐经泵 14、15 送去蒸馏。必要时酒母罐和酒母增殖罐中需添加消泡剂。二氧化碳经捕集器 12 和洗涤塔 13 进入综合利用车间，淡酒回入最后一个发酵罐。

第三节　通风发酵设备

一、自吸式发酵罐

自吸式发酵罐是一种在搅拌过程中自行吸入空气的发酵罐，不需配置空气压缩机或鼓风机。自吸式发酵罐种类繁多，根据通气的形式不同，可以分为以下类型：

（一）无定子回转翼片式自吸式发酵罐

通气搅拌装置为回转翼片的空气分布器，翼片呈流线形，上有许多小孔，压缩空气通过空心轴进入，并由小孔分布于液体中。这种罐结构简单、制作容易、操作维修方便，但空气的利用率低、电耗稍大。

（二）有定子自吸式发酵罐

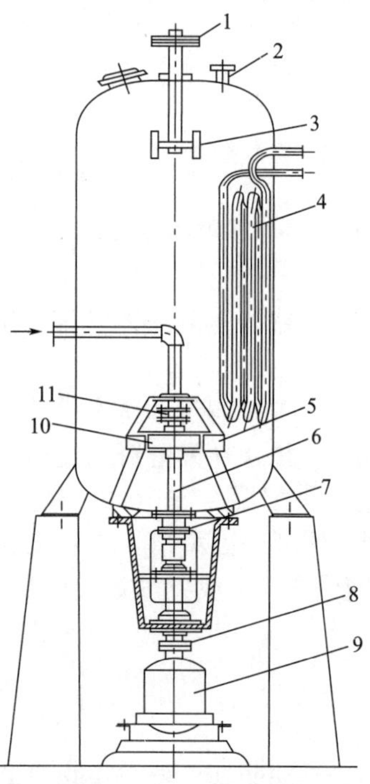

图 14-8　具有转子和定子的自吸式发酵罐

1—皮带轮；2—排气管；3—消泡器；4—冷却排管；5—定子；6—轴；7—双端面轴封；8—联轴节；9—电机；10—转子；11—端面轴封

图 14-8 为一具有转子和定子的自吸式发酵罐，主要构件即转子（又称为自吸搅拌器）和定子（又称为导轮）。转子为空心结构，如九叶轮、六叶轮、四叶轮（图 14-9）、三叶轮等。

转子在启动前，需要先用液体将其浸没，在电机驱动其高速旋转时，液体因离心力而被甩向叶轮边缘，并在转子中心处形成负压。在负压作用下，空气自动从转子中心处被吸

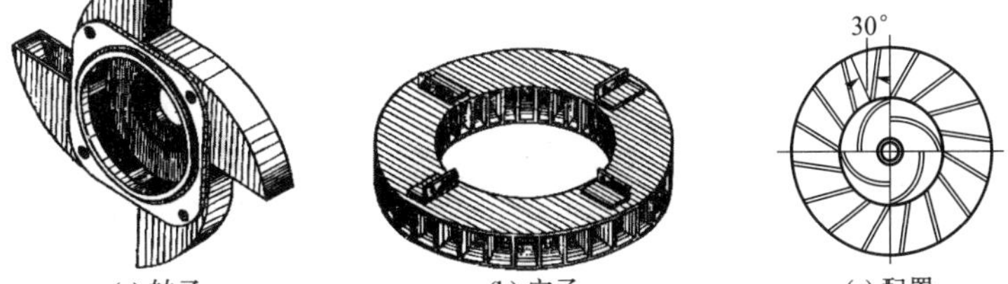

图 14-9　四叶自吸搅拌转子与定子

入，通过导向叶轮内腔甩出，而液体因转子外阔叶片被吸入并均匀甩出，在转子外圆处被剪切成细微的气泡并与循环的发酵液相遇，在湍流状态下混合、翻腾扩散，在搅拌的同时完成了充气。转子转速越高，所形成的负压也越大，吸气量也越大，流体的动能也越大，流体离开转子时由动能变成压力能也愈大，从而排出的风量也愈大。

（三）溢流喷射式自吸式发酵罐

溢流喷射式自吸式发酵罐为新型发酵罐。溢流喷射器利用液体溢流时形成的抛射流，在液体表面层作用下，使靠近液体表面的气体边界层具有一定的移动速度，从而形成气体的流动和自吸作用。流体处于抛射非淹没溢流状态，溢流尾管略高于液面（图 14-10）。

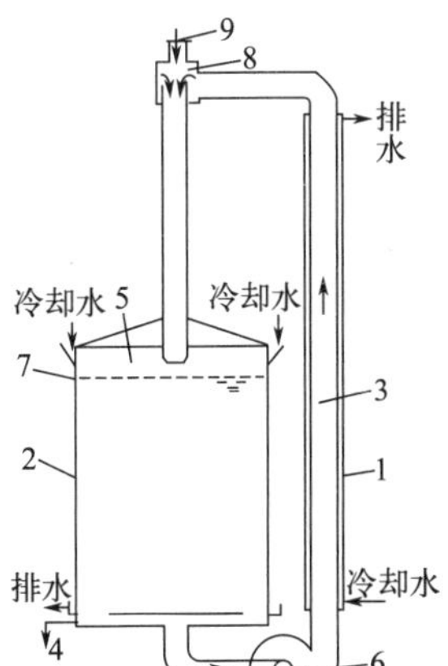

图 14-10　单层溢流喷射式自吸式发酵罐

1—冷却器；2—罐体；3—循环管；4—放料口；5—分离排气；6—循环泵；7—液面；8—喷射器；9—空气入口

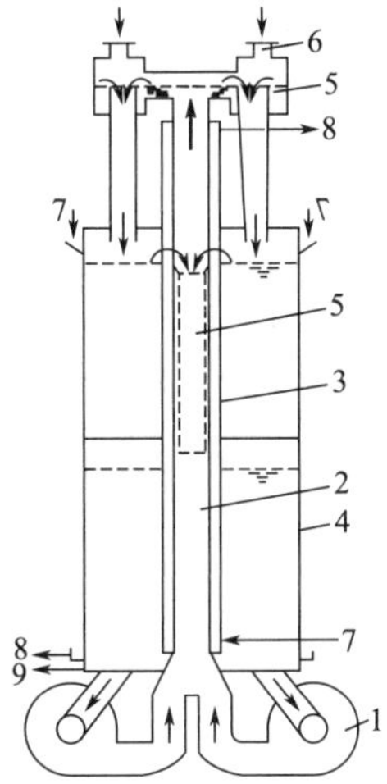

图 14-11　浮布式自吸式发酵罐

1—循环泵；2—循环管；3—冷却器；4—罐体；5—喷射器；6—空气入口；7—冷却水进口；8—排水；9—排液

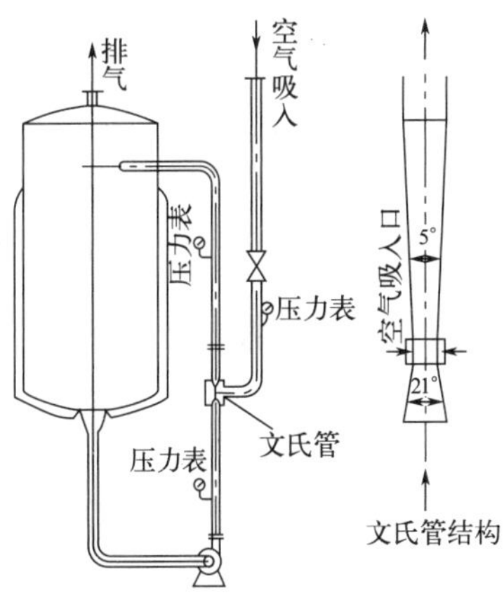

图 14-12　文氏管发酵罐

图 14-11 为浮布（VoBu）式自吸式发酵罐，采用双层溢流。酸液从罐底抽出，经气液分离泵提升到罐顶的溢流口，流入上层发酵罐，吸入新鲜空气，再流至下层发酵罐，再吸入新鲜空气。溢流喷射式自吸式发酵罐结构简单、电耗少、生产率较大。

（四）喷射自吸式发酵罐（文氏管发酵罐）

文氏管发酵罐（图 14-12）是从水力真空泵发展而来的一种新型发酵罐，它以文氏管作为分散元件。工作时利用泵将发酵液送入文氏管，发酵液在文氏管的收缩段处流速增加，形成真空而将空气吸入，并使气泡均匀分散到液体中，分散效果好，溶氧速率高。

二、机械搅拌通风发酵罐

机械搅拌通风发酵罐应用广泛，又常称之为通用式发酵罐。这类发酵罐用于通风发酵，靠通入的压缩空气和搅拌叶轮实现发酵液的混合、溶氧传质，同时强化热量传递。

机械搅拌通风发酵罐主要部件有罐体、搅拌器、挡板、轴封、空气分布装置、换热装置、消泡器、人孔、视镜等。机械搅拌通风发酵罐结构如图 14-13 所示。

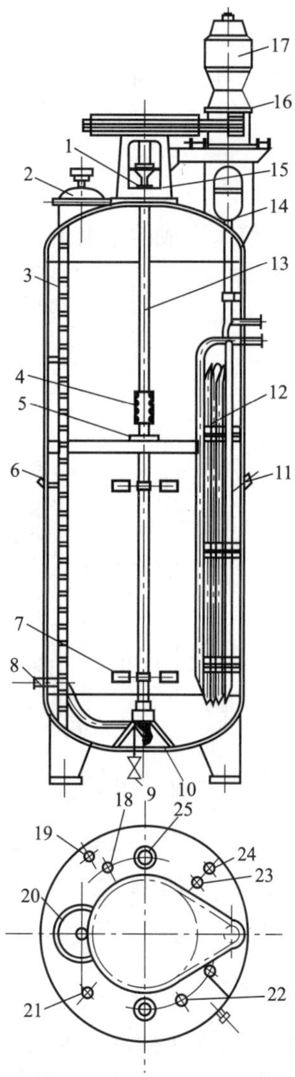

图 14-13 机械搅拌通风发酵罐结构

1—轴封；2,20—人孔；3—梯；4—联轴节；5—中间轴承；6—温度计接口；7—搅拌叶轮；8—进风管；9—放料口；10—底轴承；11—热电偶接口；12—冷却管；13—搅拌轴；14—取样管；15—轴承座；16—传动皮带；17—电机；18—压力表；19—取样口；21—进料口；22—补料口；23—排气口；24—回流口；25—视镜

1. 罐体

罐体由罐身、罐顶、罐底组成。罐身一般为圆柱体。中大型发酵罐罐顶、罐底多采用椭圆形或碟形封头通过焊接和罐身连接；小型发酵罐罐底一般也采用椭圆形或碟形封头通过焊接和罐身连接，罐顶却多采用平板盖和罐身用法兰连接。为了便于清洗，小型发酵罐顶设有清洗用的手孔，中大型发酵罐则装设有快开人孔。罐顶装有视镜及灯镜、进料管、补料管、排气管、接种管和压力表接管，排气管应尽可能靠近罐顶中心位置。在罐身上有冷却水进出管、进空气管、温度计管和测检仪表接口。取样管可装在罐侧或罐顶，视操作方便而定。

2. 搅拌器和挡板

搅拌器的主要作用涉及气体分散、固液悬浮、传热和混匀，即使通入的空气分散成气泡并与发酵液充分混合，使气泡细碎以增大气-液界面，以获得所需要的溶氧速率，并使生物细胞悬浮分散于发酵体系中，以维持适当的气-液-固（细胞）三相的混合与质量传递，同时强化传热过程。为实现这些目的，搅拌器的设计应使发酵液有足够的径向流动和适度的轴向运动。发酵罐采用的搅拌器主要有径向流涡轮搅拌器、轴向流搅拌器和组合式搅拌器。

（1）径向流涡轮搅拌器

Rushton 涡轮是最典型的径向流涡轮搅拌器，如图 14-14 所示，其结构比较简单，通常是一个圆盘上面带有六个直叶叶片，也称为六直叶圆盘涡轮。设置圆盘的目的是防止气体未经分散直接从轴周围溢出液面。在发酵工业的发展初期，发酵罐的规模较小，Rushton 涡轮在许多条件下能够满足工艺的需要，因结构简单，容易加工制造，所以其应用还是比较广泛的。但是随着发酵工业规模的扩大，越来越多的事实证明，这种结构并不是适用于气液分散的最优结构。

目前，国内外公司推出的弯曲叶片的搅拌器有多

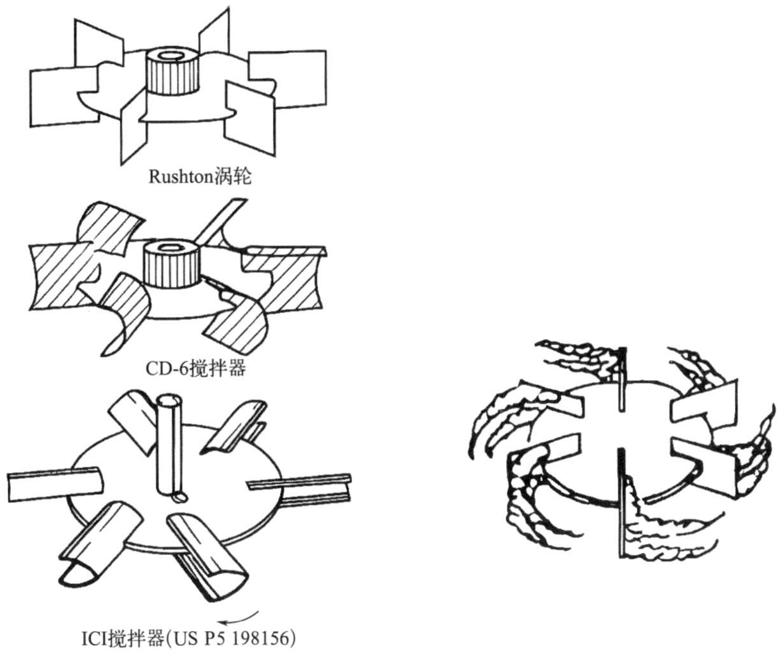

图 14-14　径向流涡轮搅拌器

种，其中有 Chemineer 公司的 CD-6，Lightnin 公司的 R130 搅拌器，Philadelphia 公司 Smith turbine（6DS90）。此类搅拌器的叶片采用的是半管的结构。英国 ICI 公司将半管的结构做了进一步改进，推出了 ICI 专利搅拌器，叶片采取了深度凹陷的结构，如图 14-14 所示。1998 年，Bakker 提出了采用弯曲非对称叶片的想法，并据此开发了最新一代的气液混合搅拌器 BT-6（Bakker Turbine），如图 14-15 所示。BT-6 搅拌器的特点是采用了上下不对称的结构设计，上面的叶片略长于下部的叶片。该设计使得上升的气体被上面的长叶片盖住，避免了气体过早地从叶轮区域直接上升而逃逸，而是使更多的气体通过叶轮区域在径向被分散。叶片曲线采用抛物线设计，既保留了弯曲叶片的优点，还能明显减少叶片后方的气穴。实验证明该搅拌器的综合性能均优于前述的各种径向流气液分散搅拌器。

图 14-15　BT-6 搅拌器

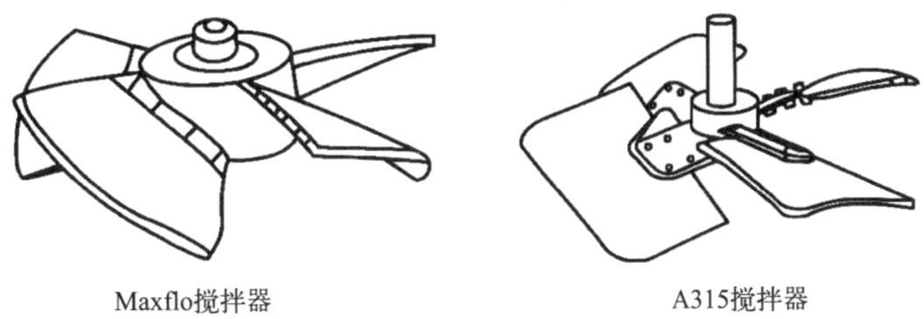

图 14-16　轴向流搅拌器

（2）轴向流搅拌器

径向流搅拌器对气体分散的能力比较强，但是其作用范围较小。随着发酵规模的不断扩大，其缺陷也越发明显。尤其是对于要求整罐混匀好，剪切性能温和的过程，径向流搅拌器往往无能为力。因而在发酵反应器中，轴向流搅拌器的开发应用迅速发展起来。应用于发酵罐的轴向流搅拌器叶片一般为 4～6 片宽叶，投影覆盖率可达 90%。国内外轴向流搅拌器的应用已经很多。较典型的有 Prochem 公司的 Maxflo 搅拌器和美国 Lightnin 公司的 A315 搅拌器，如图 14-16 所示。A315 搅拌器特别适合于气液传质过程，在直径>1m 的实验装置中，同样的输入功率下，A315 搅拌器的持气量比 Rushton 涡轮高 80%，气体分散量提高 4，同时产量提高 10%～50%，其剪切力仅为 Rushton 涡轮的 25%，较适合于对剪切敏感的微生物发酵过程。

(3) 组合式搅拌器

径向流搅拌器优势是气体分散能力强，但功耗较大，作用范围小；而轴向流搅拌器的轴向混合性能较好，功耗低，作用范围大，但对气体的控制能力弱。根据气-液混合的扩散机理，气-液混合是通过主体对流扩散、涡流扩散和分子扩散来实现的。大尺度的宏观循环流动称为主体流动，由旋涡运动造成的局部范围内的扩散称为涡流扩散。其中，机械搅拌作用能够强化的过程有主体对流扩散和涡流扩散。在生物反应器中，将径向流搅拌器和轴向流搅拌器组合使用，就可利用径向流搅拌器强化小范围的主体对流扩散和涡流扩散，实现小范围的充分气-液混合，然后再依靠轴向流搅拌器的主体对流作用使全部液体周期性依次与气体混合，实现较大范围的气-液混合。针对发酵罐规模的不断扩大，充分利用两种搅拌器的优势，取长补短，采用多级多种组合方式是今后大型发酵罐设计的发展方向。

对于组合形式，根据发酵罐一般是下部通气的特点，下层搅拌器选择径向流搅拌器，上层搅拌器采用轴向流搅拌器，与单纯采用径向流搅拌器相比，该组合形式可以提高传质系数，减少功率消耗，对于剪切敏感的细菌发酵过程还能够减少剪切作用，增加收率。

发酵罐内装设挡板作用是防止液面中央形成旋涡而促使液体激烈翻动，以提高溶氧，如图 14-17 和图 14-18 所示。挡板宽度为 (0.1～0.12)D，装设 4～6 块挡板，可满足溶氧全挡板条件。所谓“全挡板条件”是指在一定转速下，再增加罐内附件，轴功率仍保持不变。

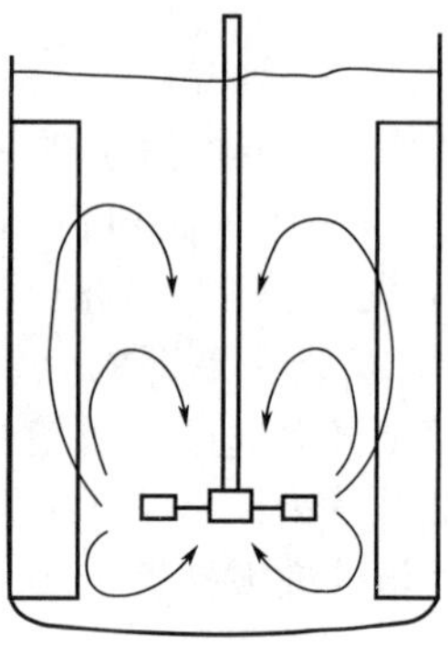

图 14-17 挡板径向流搅拌流型

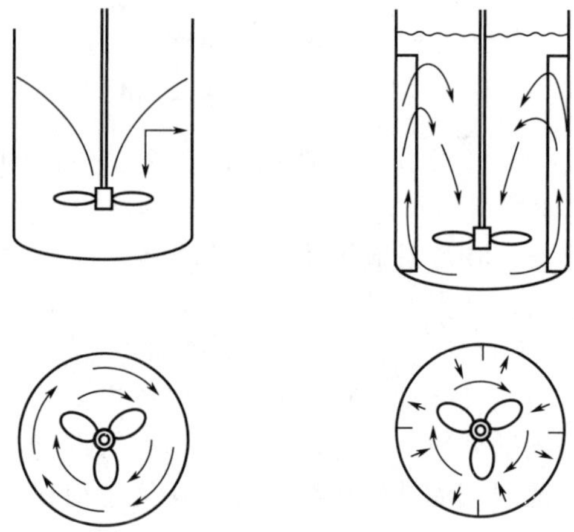

(1) 周边无挡板　(2) 周边有垂直挡板

图 14-18 轴向流搅拌流型

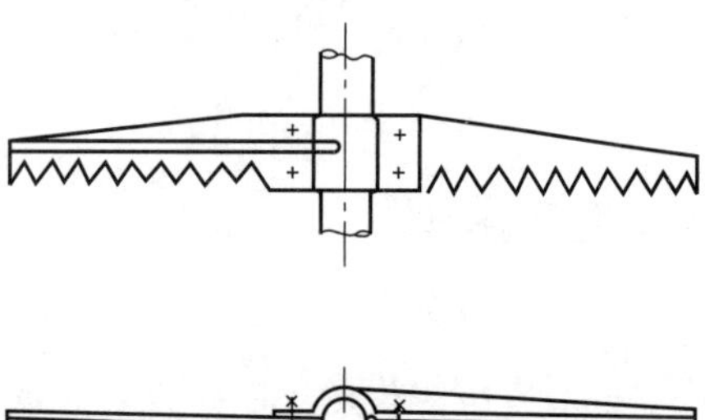

图 14-19 靶式消泡桨

3. 消泡器

发酵液中含有大量的蛋白质发泡物质，在强烈的通气搅拌下产生大量的泡沫将导致发酵液外溢和增加染菌机会。消除发酵液泡沫除了可加入消泡剂，在泡沫量较少时，可用机械消泡装置来破碎泡沫。简单的消泡装置为靶式消泡桨（图 14-19），装于搅拌轴上，齿面略高于液面。也可制成半封闭式涡轮消泡器（图 14-20），泡沫可直接被涡轮打碎或被涡轮抛出撞击到罐壁而破碎。

置于发酵罐顶部外面的消泡器一般都是利用离心力将泡沫粉碎，液体仍返回罐内。最简单的是离心式消泡器（图 14-21）。也可以采用电机带动的碟片式离心消泡器（图 14-22）。但上述消泡器仅适用于不易染菌的发酵过程。

4. 空气分布装置

发酵罐空气分布装置是将无菌空气引入到发酵液中的装置，通常有两种结构，一种为单根通气管结构，另一种为环形的钻有大孔的环形分布管结构。对于通气比小的小型发酵罐，选择单根通气管就能较好地分布空气；然而对于通气比大的大型发酵罐，则应优先选用设有大孔的环形分布管，这样不仅有利于增加气-液比表面积，更有利于空气入罐后的整体分布，并便于底层搅拌器粉碎气泡。单管式的结构是管口对正罐底中央，与罐底距离约 40mm，这样空气分散效果较好，若距离过大，空气分散效果就较差。风管内空气流速取 20m/s，在罐底中央衬上不锈钢圆板防止空气冲击，以延长罐底寿命。环形管式结构如图 14-23 所示。环形管上的开孔直径不能过小，过小的开孔在生产中往往被物料堵塞，易造成空气分布不均匀，严重时甚至造成染菌。

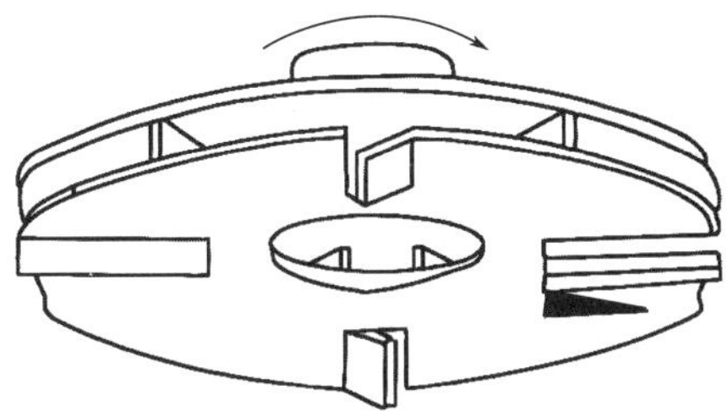

图 14-20 半封闭式涡轮消泡器

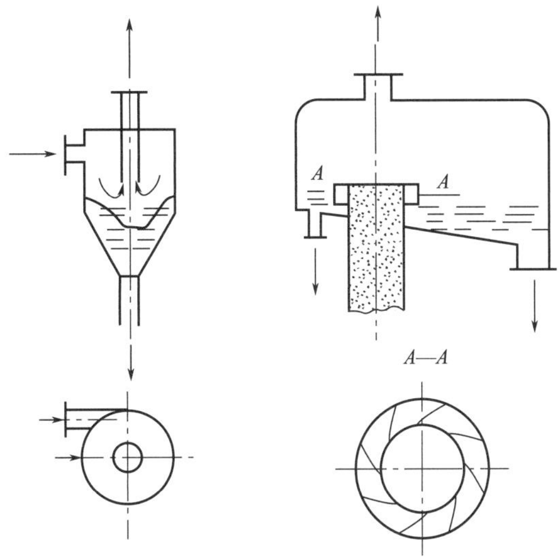

(a) 旋风离心式 (b) 叶轮离心式

图 14-21 离心式消泡器

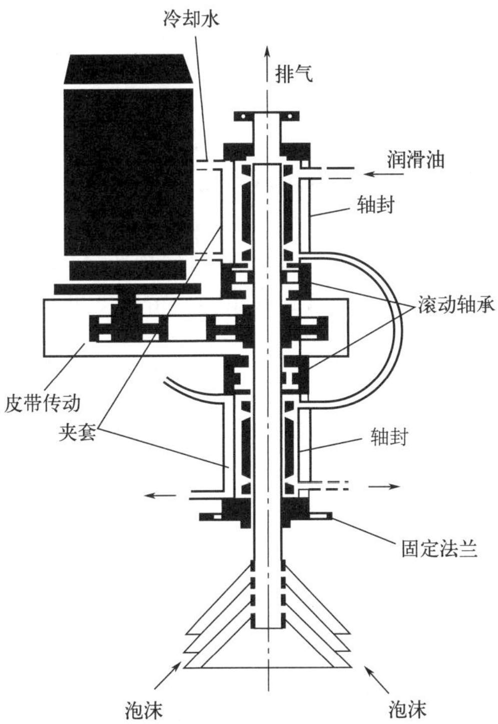

图 14-22 碟片式离心消泡器

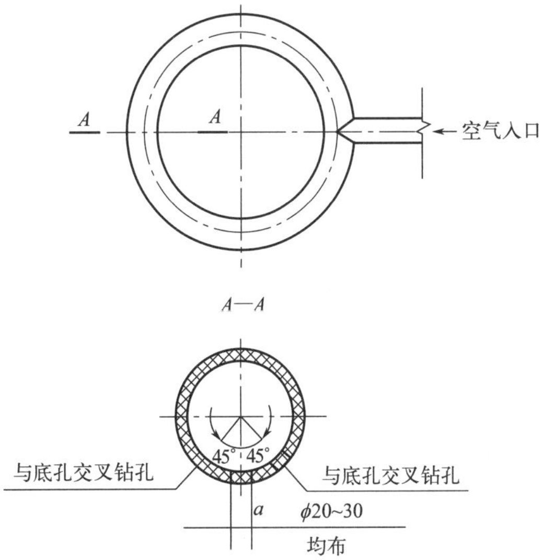

图 14-23 钻有大孔的环形分布管结构

5．轴封

轴封的作用是防止染菌和泄漏，大型发酵罐常用的轴封为端面机械轴封，如图 14-24 所示。对于密封要求较高的情况，可选用双端面机械轴封，其结构如图 14-25 所示。

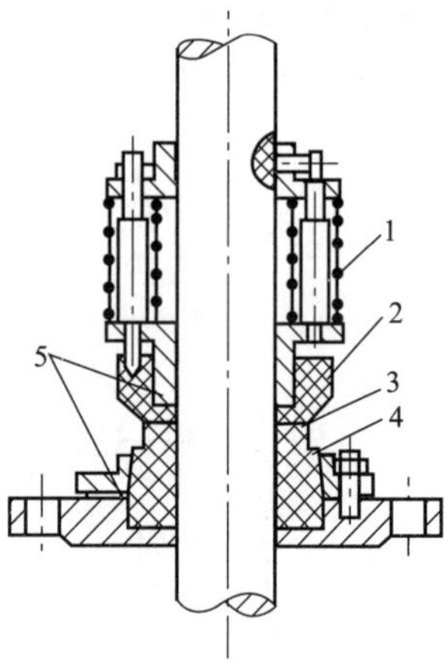

图 14-24 端面机械轴封

1—弹簧；2—动环；3—堆焊硬质合金；4—静环；5—O 形圈

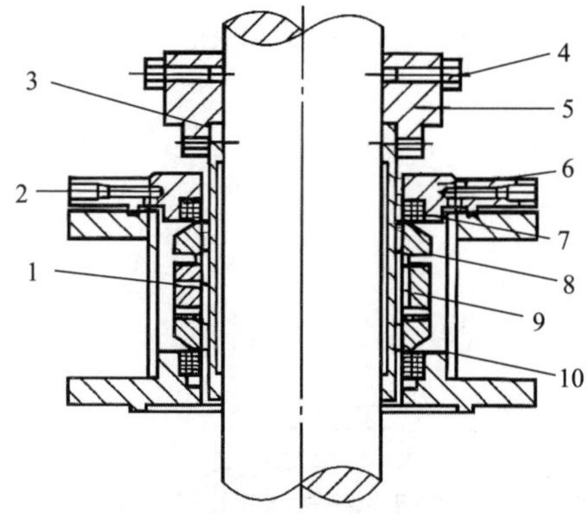

图 14-25 双端面机械轴封

1—密封盒固定螺栓；2—油管接口；3—O 形圈；4—固定螺栓静环；5—轴套丝帽；6—上法兰盖；7—静环；8—动环；9—弹簧；10—轴套

端面机械轴封的作用是靠弹性元件（弹簧、波纹管等）的压力使垂直于轴线的动环和静环光滑表面紧密地相互贴合，并做相对转动而达到密封。

端面机械轴封装置的要求如下：

① 动环和静环。应使此摩擦副（摩擦副即动环和静环）在给定的条件下，负荷最轻，密封效果最好，使用寿命最长。为此，动环、静环材料均要有良好的耐磨性，摩擦系数小、导热性能好、结构紧密，且动环的硬度应比静环大。

② 弹簧加荷装置。此装置的作用是产生压紧力，使动环、静环端面压紧密切接触，以确保密封。弹簧座靠旋紧的螺钉固定在轴上，用以支撑弹簧、传递扭矩。而弹簧压板用以承受压紧力，压紧静密封元件，传动扭矩带动动环。

③ 辅助密封元件。辅助密封元件有动静的封圈，用来密封动环与轴以及静环与静环座之间的缝隙。动环密封圈随轴一起旋转，故与轴及动环是相对静止的。静环密封圈是完全静止的。常用的动环密封圈为“O”形环，静环密封圈为平橡胶垫片。

6．换热装置

在发酵过程中，由生物氧化产生的热量和机械搅拌产生的热量必须及时移去，才能保证发酵在恒温下进行。发酵罐换热装置主要有下列类型：

① 夹套式换热装置。这种换热装置应用于小罐，夹套高度比静止液面稍高。优点为结构简单、加工容易、罐内死角少、容易清洗灭菌。缺点是降温效果差。

② 竖式蛇管换热装置。这种装置蛇管分组安装于发酵罐内，有四组、六组或八组不等。装置的优点是冷却水在管内的流速大，传热系数高。这种装置的缺点是，弯曲位置较容易被蚀穿。

③ 竖式列管（排管）换热装置。这种装置是以列管形式分组对称装于发酵罐内。其优点是：加工方便，适用于气温较高、水源充足的地区，当流速较快时，降温速度快。缺点：传热系数较蛇管式低，用水量较大。

三、气升式发酵罐

气升式发酵罐是近几十年来发展起来的新型发酵罐。空气由罐底进入后，通过罐内底部安装的分散元件（如多孔板）分散成小气泡在向上移动过程中与培养液混合进行供氧，最后经液面与二氧化碳等一起释出。在液体密度差异而产生的压力差推动下，培养液呈湍流状态在罐内循环。

（一）带升式发酵罐

带升式发酵罐如图 14-26 所示。上升液体的通道称为上升管，根据上升管的位置不同有内循环和外循环两种结构。外循环带升式发酵罐的上升管安装于罐外，上升管两端与罐底及罐上部相连接，构成一个循环系统，下部装有空气喷嘴。

在发酵过程中，空气用喷嘴以 250～300m/s 高速喷入上升管。由于喷嘴的作用，空气泡被分割细碎，而与上升管的发酵液密切接触。因气体含量多、密度小，加上压缩空气的高速向上喷流动能，上升管内液体上升。同时，罐内液体下降进入上升管下端，形成反复循环。在循环过程中，空气气泡不断地与发酵液接触，供给发酵所耗的溶解氧，使发酵正常进行。

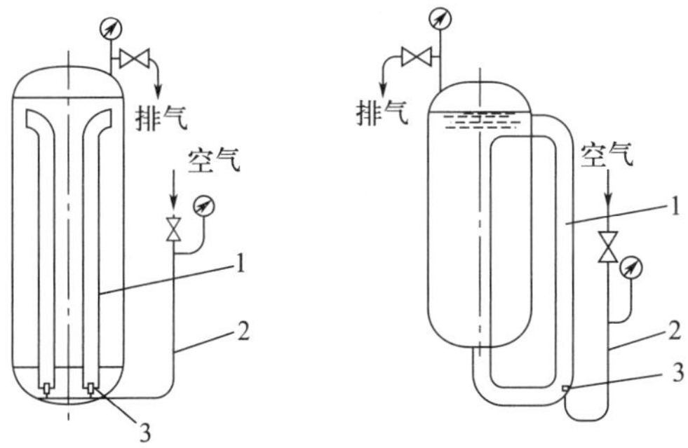

(a) 内循环式　(b) 外循环式

图 14-26　带升式发酵罐

1—上升管；2—空气管；3—空气喷嘴

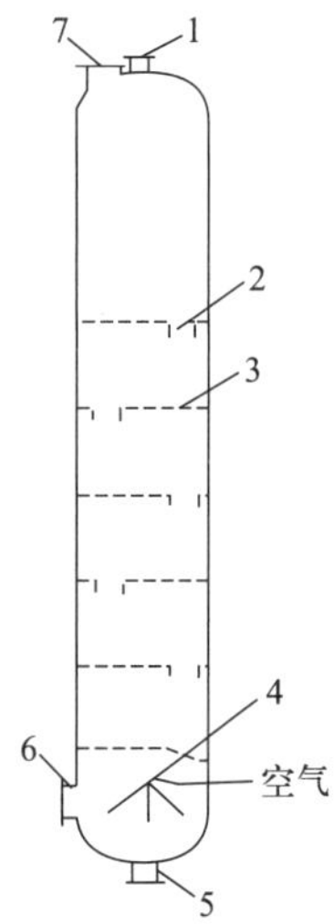

图 14-27　塔式发酵罐

1—排气口；2—降液管；3—筛板；4—分配器；5—出料口；6,7—人孔

（二）塔式发酵罐

塔式发酵罐（图 14-27）又称为空气搅拌高位发酵罐，罐体的高径比较大，罐内安装有多层用于空气分布的水平多孔筛板，下部装有空气分配器。空气从分配器进入后，经多孔筛板多次分割，不断形成新的气液界面，使空气泡一直能保持细小，液膜阻力下降，液相氧的传递系数增大，提高了体积溶氧系数。另外，多孔筛板减缓了气泡的上升速度，延长空气与液体的接触时间，从而提高了空气的利用率。在气升式发酵罐中塔式发酵罐的溶氧效果最好，适用于多级连续发酵，主要用于微生物的培养及水杨酸的生产。

（三）气升环流式发酵罐

气升环流式发酵罐的形式较多，常用的有高位、低位及压力发酵罐。

对于培养植物或动物细胞，既要求设备对培养基能充分搅拌均匀，使气体均匀分散，又要求没有伤害细胞的强烈剪切力，因此细胞培养多采用气升环流式发酵罐（图 14-28）。罐内设置一旋转推进器，气体从推进器转轴的上部进入，由底部的环形气体分布器喷出，与培养液均匀接触后由上部排出。培养液与气泡充分混合后由推进器上部的液体出口排出，然后向下流动到底部，被旋转的推进器吸入，形成环流。设备的特点为低转速高溶氧，一般用于小型发酵罐。

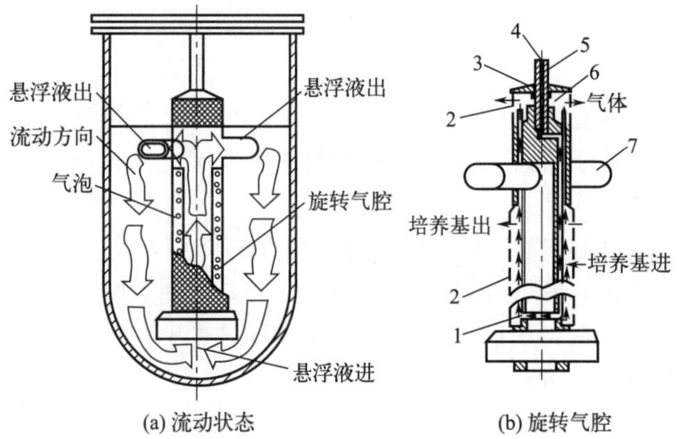

图 14-28 细胞培养气升环流式发酵罐示意图

1—气体分布器；2—筛网；3—上升；4—气体进口；5—进气管；6—泡沫室；7—搅拌叶

第四节 食品典型加工工艺中发酵设备的应用

一、典型工艺介绍

目前，生产酒精的主要原料是淀粉类物质，其中玉米原料占 60%以上、薯干原料占 30%、糖蜜原料占不到 10%。图 14-29 是淀粉类原料酒精发酵工艺流程。

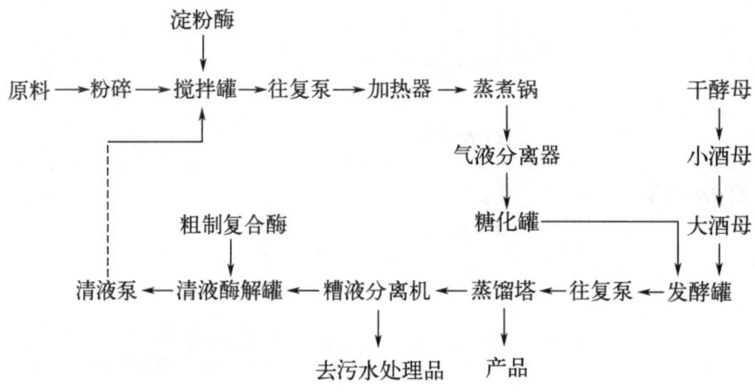

图 14-29 淀粉类原料酒精发酵工艺流程

另外，也有以糖质为原料制酒精，其工艺不必进行糖化及之前的操作，过程较为简单。

二、发酵设备的使用

（一）淀粉质原料酒精发酵工艺

糖化醪送入发酵罐（图 14-30），接入酒母后，即可开始乙醇发酵。发酵工艺有间歇式发酵、半连续式发酵和连续式发酵三类。在前发酵期阶段，发酵作用不强，酒精和二氧化碳产生得少，糖分消耗得比较慢。前发酵期一般控制发酵温度不超过 30℃。主发酵期为前发酵期之后的 12h 左右，在此阶段酵母细胞已大量形成，每毫升醪液中酵母数可达1亿个以上，酵母菌基本上停止繁殖而主要进行乙醇发酵作用，使糖分迅速下降，酒精量逐渐增多，醪液中产生大量的二氧化碳，有很强的二氧化碳泡沫响声。此期间发酵醪温度上升也快，生产上应加强温度控制，最好将温度控制在30～34℃。经主发酵期，醪液的糖分大部分已被耗掉，发酵进入后发酵期。在后发酵期阶段，发酵作用弱，产生热量也少，发酵醪温度逐渐下降，应控制发酵温度在30～32℃。后发酵一般需要约40h才能完成。总发酵时间一般控制60～72h。一般工厂糖化醪浓度为16～18°Bx，发酵成熟醪的乙醇含量为6%～10%（体积分数）。

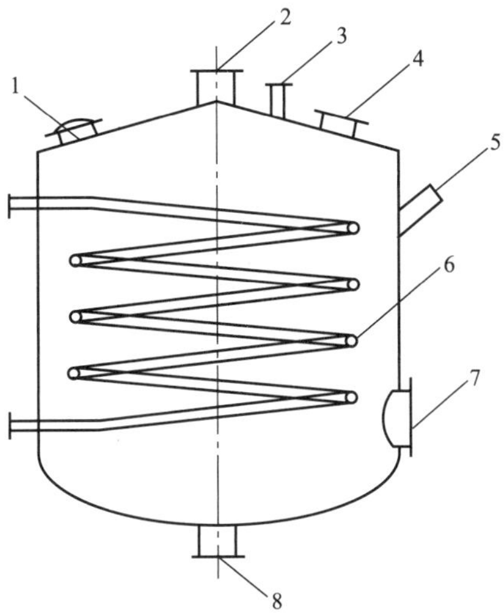

图14-30　密闭式发酵罐

1，7—人孔；2—CO_2排出管；3—进醪管；4—视镜；5—温度计；6—冷却蛇管；8—排醪管

（二）啤酒酿造工艺

1. 传统发酵

传统的啤酒发酵分成下面发酵和上面发酵两大类型，两者采用不同的酵母菌种，其发酵工艺和设备条件也不相同，制出的啤酒风味各异。

下面发酵过程包括主发酵和后发酵两个阶段，要实行2～3d敞口发酵，以排除啤酒中的生青味物质。一般下酒后24h就有泡沫从罐口冒出，数天后泡沫变黄回缩，即行封罐，进行加压发酵。有时下酒后3～4d仍无泡沫出现，可能为主发酵过度，可加10%～20%发酵旺盛的主发酵液来补救（俗称加高泡酒）。后酵期对发酵室温和罐内压力控制十分重要。封罐1周后，罐压应升到0.05MPa以上，以后逐渐上升，当罐压上升到0.1MPa以上时，应缓慢放掉部分二氧化碳。整个后酵过程的罐压应保持相对稳定，不可忽高忽低。后发酵温度多用室温控制，或储酒罐自身具备冷却设施时则自身冷却。传统的后发酵，多控制先高后低的储酒温度，即前期控制3～5℃，而后逐步降温至－1～1℃，降温速度随不同类型啤酒的储酒时间而定。新型的后发酵工艺，前期温度控制得高一些，以期尽快降低双乙酰含量；后期则保持7～14d的低温（－1～0℃）储酒，以利二氧化碳饱和及酒的澄清。

上面发酵采用上面酵母，在较高的温度下进行发酵，发酵时间较短，啤酒成熟快，并有独特的风味。其麦芽汁接种温度为13～16℃，发酵2～3d即达发酵旺盛阶段，酵母上浮到液面，发酵液开始澄清，这时采用12～14℃水加以降温，控制发酵最高温度为18～20℃，酵母形成泡盖时立即撤去，发酵4～6d后即行结束。

上面发酵一般不采用后发酵，主发酵的发酵度接近最终发酵度。酵母分离后，加鱼胶澄清酒液一段时间，而后采用人工充二氧化碳使达饱和。

2. 大罐发酵

我国从20世纪70年代末开始采用室外锥形罐发酵逐步取代传统的室内发酵。圆柱锥底发酵罐见图14-31。

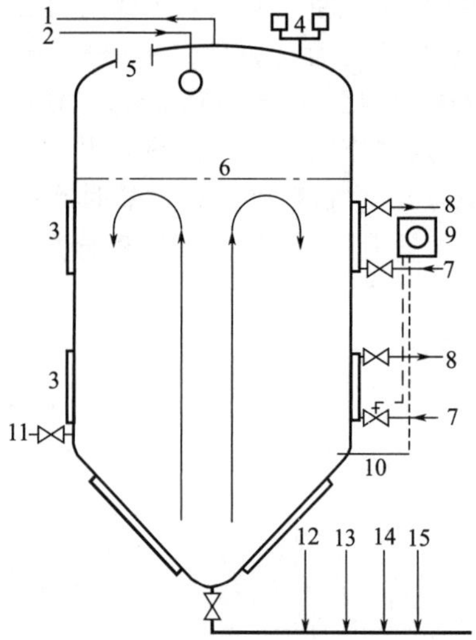

图 14-31　圆柱锥底发酵罐示意图

1—二氧化碳排出；2—洗涤器；3—冷却夹套；4—加压或真空装置；5—人孔；6—发酵液面；7—冷冻剂进口；8—冷冻剂出口；9—温度控制记录器；10—温度计；11—取样口；12—麦芽汁管路；13—嫩啤酒管路；14—酵母排出；15—洗涤剂管路

总结

- **发酵设备的分类**

  根据发酵用培养基状况分为固体发酵设备及液体发酵设备；根据微生物类型分为好氧发酵设备和厌氧发酵设备。

- **厌氧发酵设备和通风发酵设备的种类**

  厌氧发酵设备包括间歇式发酵罐、连续酒精发酵设备等；通风发酵设备包括自吸式发酵罐、机械搅拌通风发酵罐和气升式发酵罐等。

- **理解和掌握不同厌氧发酵设备和通风发酵设备的基本结构、工作原理和应用场景。**
- **结合典型食品加工工艺（如：酒精发酵工艺、啤酒酿造工艺等），理解发酵设备的应用和选用原则。**

思考练习

（一）为什么酒精发酵时可采用连续发酵设备？连续发酵设备有何特点？

（二）厌氧发酵设备和通风发酵设备有什么显著区别？

（三）机械搅拌、自吸式、气升式发酵罐各有何主要特点，如何选用？

通风发酵罐

第十五章　食品包装机械

知识导图

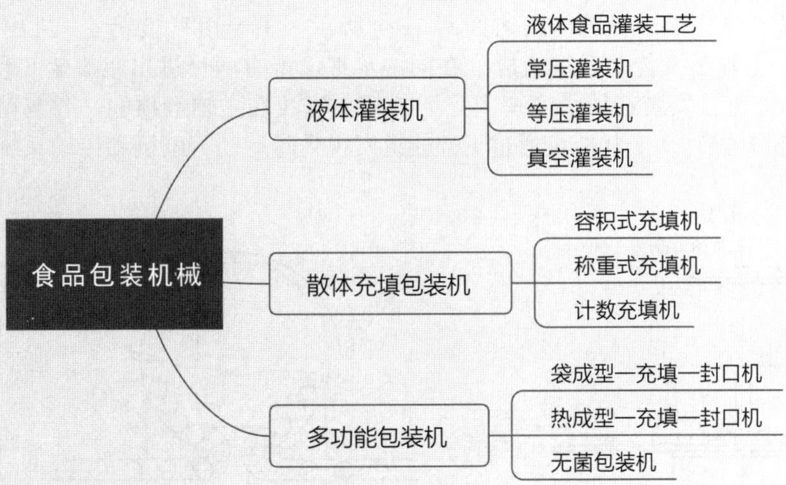

学习目标

- 了解食品包装技术方法与包装机械的类型及分类。
- 学习掌握各种包装机的工作原理及性能特点，了解它们的工作原理和应用领域。
- 熟悉各种包装机的应用。了解液体灌装机、散体充填包装机、多功能包装机的原理及应用范围。

第一节 液体灌装机

一、包装机械的分类

包装过程包括充填、裹包、封口等主要包装工序，以及与其相关的前后工序，如清洗、干燥、杀菌、堆码和拆卸等，也包括盖印、贴标、计量等辅助设备。按包装机械的自动化程度分类，可以分成全自动包装机和半自动包装机。按照包装产品的类型分类，可以分成专用包装机、多用包装机和通用包装机。按包装机械的功能分类，可以分成充填机械、灌装机械、裹包机械、封口机械、贴标机械、清洗机械、干燥机械、杀菌机械、捆扎机械、集装机械、多功能包装机械，以及完成其它包装作业的辅助包装机械。

二、常压灌装机

食品液体充填习惯上称为罐装，一般由灌装机来完成。常压灌装是在常压下，依靠料液自重流入包装容器内的灌装方法。常压灌装机总体结构如图 15-1 所示。主要由贮液箱 1、进出瓶拨轮 6 和 7、托瓶盘 5、灌装阀 2、主轴 3 及传动系统组成。在同一水平面上有两个进出瓶拨轮 6 和 7，托瓶盘 5 安装在升降杆上，主轴 3 直立安装在轴承底座上，贮液箱 1 安装在主轴最顶端，贮液箱下面共分配有 24 个灌装阀 2，中间部分共有 24 个托瓶盘通过下部轨道实现升降运动。电机和传动系统装置安装在机架内。

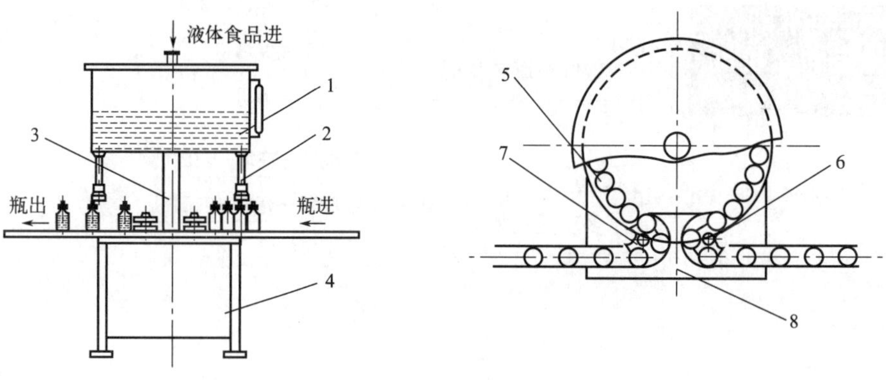

图 15-1 常压灌装机示意图

1—贮液箱；2—灌装阀；3—主轴；4—机架；5—托瓶盘；6—进瓶拨轮；7—出瓶拨轮；8—导向板

三、等压灌装机

等压灌装是指液体物料压力和包装容器内压力相等情况下进行灌装（图 15-2）。等压灌装机主要由进瓶装置 3、拨瓶星轮 2、升降瓶机构 1、灌装阀 4、高度调节装置 5、环形贮液箱 6、压盖装置 7、出瓶星轮 8 和机体 9 组成。

如图 15-3 所示，图（a）为旋塞式灌装阀结构简图，图（b）为其灌装工艺过程原理图。图（a）中，旋塞 4 上有三个通孔，彼此形成不同的角度且互不相通。对应于旋塞 4 上的三个通孔在阀体 11 上有三条并行的管路 1、2、3。阀体 11 上部与贮液箱 13 底部的上接头 12 相接，下部与下接头 5 相通。下接头 5 下面紧接由橡皮圈 10、定心锥体 15、定心锥头 9 以及 6、7、8 组成的灌装头。注液管 6 经阀体 11 上的通孔与注液管路 1 相对应，再由注液管路 1 接通贮液箱 13 中的液料。出沫管 8 紧贴在注液管 6

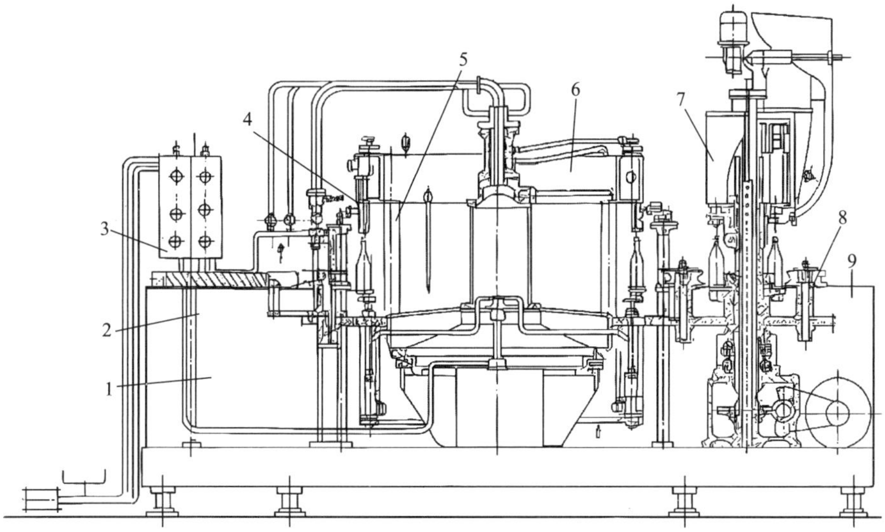

图 15-2　等压灌装压盖机结构图

1—升降瓶机构；2—拨瓶星轮；3—进瓶装置；4—灌装阀；5—高度调节装置；
6—环形贮液箱；7—压盖装置；8—出瓶星轮；9—机体

的管壁上，且经阀体 11 与出沫管路 3、贮液箱 13 的充气空间连通。出气管路 2 经阀体 11 与下接头 5 可与待装瓶子内腔相通。

当瓶子被瓶托 14 托起，使注液管 6 和出沫管 8 插入瓶中且使瓶口与灌装头中的橡皮圈 10 压紧后，待装瓶子与旋转塞体一起随灌装转台转动。当其转至充气工位时，旋塞柄 16 碰到固定在环形导轨上的第一个凸块，旋塞 4 转动一个转角，使出气管路 2 与待装瓶子内腔相通，贮液箱 13 中的高压气体（CO_2）充入瓶内，即使瓶内气体与贮液箱 13 内的气体等压。此时灌装系统的工作状态如图（b）中Ⅰ所示。

随着灌装转台的连续转动，充气建立等压过程结束，旋塞柄 16 碰到固定在环形导轨上的第二个凸块，旋塞 4 又转动一个角度，使注液管路 1 与注液管 6 连通，液料借自重自贮液箱 13 经注液管路 1、注液管 6 注入瓶内。此时，旋塞 4 也使出沫管路 3、出沫管 8 导通，瓶内的压力气体及液料中的泡沫被不断注入的液料排挤经出沫管 8 与出沫管路 3 回升进入贮液箱 13 的气体空间。当瓶内液面升至出沫管 8 的下管口 7 时，因液料封闭了出沫、出气通道，瓶内气体不能排出，瓶内气体压力逐渐升高，当这部分气体的压力与注液管 6 下管口的截面上的压力相平衡时，瓶中液面不再升高，继续注入的液料沿出沫管 8 和出沫管路 3 上升，直到出沫管路 3 中液面与贮液箱中液面等高为止。此时，灌装系统的工作状态如图（b）中Ⅱ所示，其中 h_1 为此时瓶内液面高度。此过程即为进液排气。

当进液排气工作过程结束，旋塞柄 16 与固定在环形导轨的第三个凸块相碰，旋塞 4 又转过一个角度，使注液管路 1 与注液管 6 断开，而出沫管路 3 与出沫管 8 仍连通，且出气管路 2 与瓶内气体空间也连通。于是，出沫管路 3 与出沫管 8 中的液料在自重作用下流至瓶内，瓶内气体经出气管路 2 上升进入贮液箱的气体空间。此时，灌装系统的工作状态如图（b）中Ⅲ所示，其中 h_2 为当出沫管路 3 和出沫管 8 中液料下流至瓶内后，瓶内液面高度。此过程为排气管中液料回流。

随着装料转台的继续回转，旋塞柄 16 与固定在环形导轨上的第四个凸块相碰，旋塞 4 又转过一个角度，使进气、排气、进液三条管路全部断开。瓶托 14 托着已装瓶子下降，瓶口与灌装头脱离接触，瓶口部气体压力降为大气压，进料管路中旋塞 4 以下的液料流入瓶内，使瓶内液面升高至 h_3（此高度即为所要求的定量值），如图（b）中Ⅳ所示，此过程为释放压力，排除进液管中余液。至此，计量灌装工作过程结束。

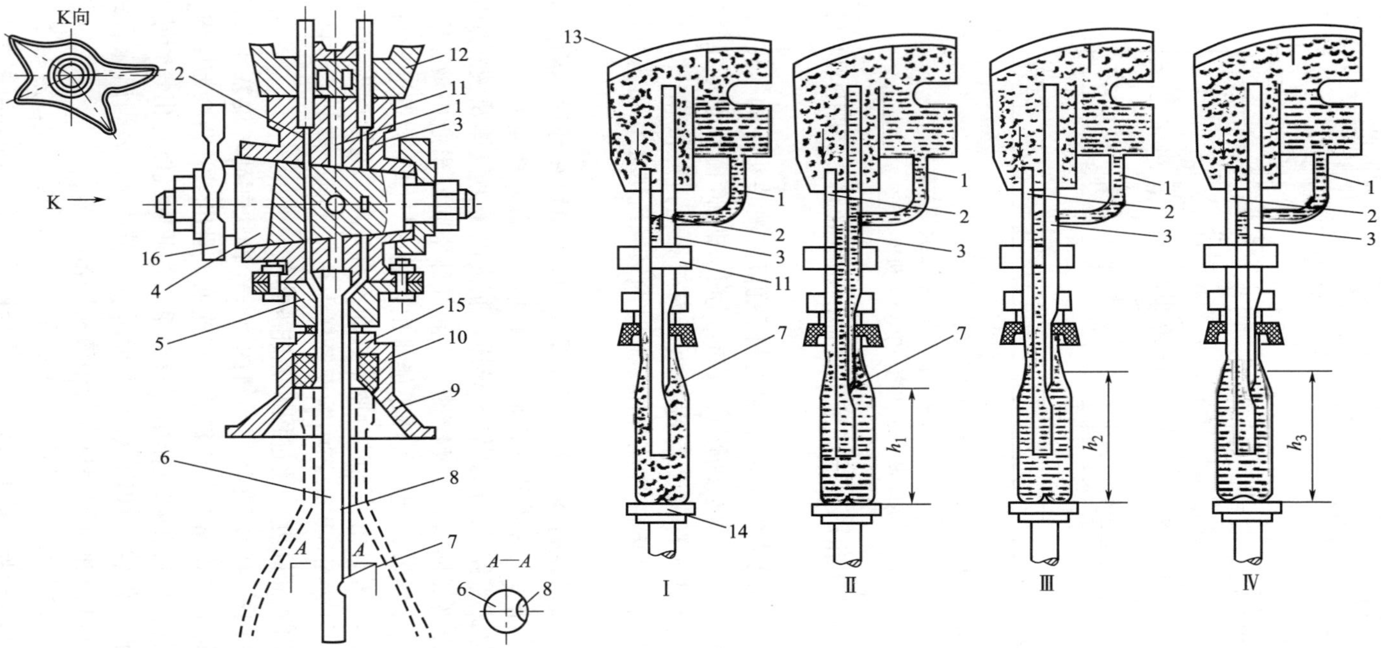

(a) 旋塞式灌装阀结构简图

(b) 等压灌装工艺过程原理图

图 15-3 旋塞式容器自身计量等压灌装工作原理图

1—注液管路；2—出气管路；3—出沫管路；4—旋塞；5—下接头；6—注液管；7—出沫管 8 的下管口；8—出沫管；9—定心锥头；10—橡皮圈；11—阀体；12—上接头；13—贮液箱；14—瓶托；15—定心锥体；16—旋塞柄

四、真空灌装机

真空灌装机的主要结构如图 15-4 所示。托瓶盘装在下转盘 13 上，它的升降是由托瓶盘升降导轮 16 来驱动的。贮液箱中的液位由液位控制装置 14 控制。灌装阀 5 固定在上转盘 9 上，上转盘的高度可由贮液箱高度调节装置 15 来调节，以适应不同瓶高的要求。调速手轮 19 用于无级调节主轴转速，使之符合主机生产率的要求。空瓶由进瓶链带 1 送入，经不等距螺杆 2 分成间距 110mm，再由进瓶拨轮 3 送到瓶托机构 4 上，瓶子随瓶托回转的同时，由托瓶盘升降导轮 16 带动上升，当瓶口顶住灌装阀密封圈时，瓶内空气被真空吸管 6、真空气缸 8 吸走，瓶内形成一定的真空度。在压差作用下，贮液箱内液体被吸液管 11 吸入瓶内，进行灌装。灌装结束后，瓶子在凸轮导轮带动下第一次下降，使液管内存在的液料流入瓶内；瓶托再下降，瓶子进到水平位置，由出瓶拨轮将瓶子送到压盖机上。

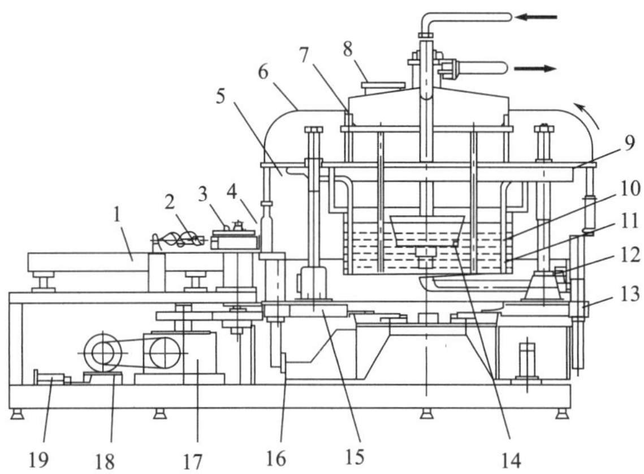

图 15-4 真空灌装机主要结构

1—进瓶链带；2—不等距螺杆；3—进瓶拨轮；4—瓶托机构；5—灌装阀；6—真空吸管；7—真空指示管；8—真空气缸；9—上转盘；10—贮液箱；11—吸液管；12—放气阀；13—下转盘；14—液位控制装置；15—贮液箱高度调节装置；16—托瓶盘升降导轮；17—涡轮减速箱；18—电机；19—调节手轮

第二节 散体充填包装机

一、容积式充填机

将产品按预定的容量充填至包装容器内的充填机称作容积式充填机。它适合于干料或稠状流体食品物料的充填，具有结构简单、计量速度快、造价较低的特点。

（一）螺杆式充填机

螺杆式充填机结构如图 15-5 所示，主要由螺杆计量装置、物料进给机构、传动系统、控制系统、机架等组成。适用于装填流动性良好的颗粒状、粉状、稠状物料，但不宜用于装填易碎的片状物料或密度较大的物料。

（二）量杯式充填机

量杯式充填机是采用定量的量杯取产品，并将其充填到包装容器内的机器。根据量杯计量装置的容积是否可调，分为容积固定式与容积可调式。

1. 容积固定式

量杯容积固定式充填装置如图 15-6 所示。它是由装于料斗 1 下面的平面回转圆盘 6 的圆筒状定量容杯 8 及活门底盖 3 等组成。回转圆盘平面上装有粉罩 2 及刮板 5，粉料从供料仓送入粉罩内，物料靠自重装入定量容杯 8 内，回转圆盘运转时，刮板刮去多余的粉料。已装好粉料的定量容杯，随圆盘回转

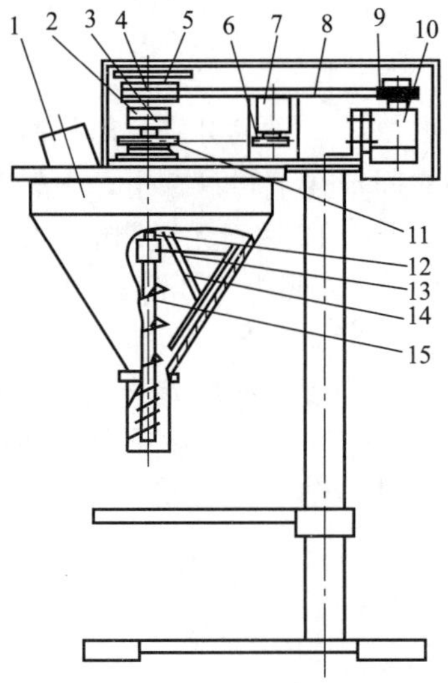

图 15-5 螺杆式充填机结构示意图

1—进料器；2—电磁离合器；3—电磁制动器；4—大皮带轮；5—光电码盘；6—小链轮；7—搅拌电机；8—齿形带；9—小带轮；10—计量电机；11—大链轮；12—主轴；13—联轴器；14—搅拌杆；15—计量螺杆

到卸料工位时，顶杆推开定量容杯底部的活门底盖 3，粉料自定量容杯下面落入漏斗，装入容器内。一种固定容积定量容杯对应一种特定量，不能作任何调整，若要改变定量则必须更换另一种定量容杯。这种机构只能适应于视密度非常稳定的粉料进行充填，由于粉料的视密度变化，对定量精度有较大影响。

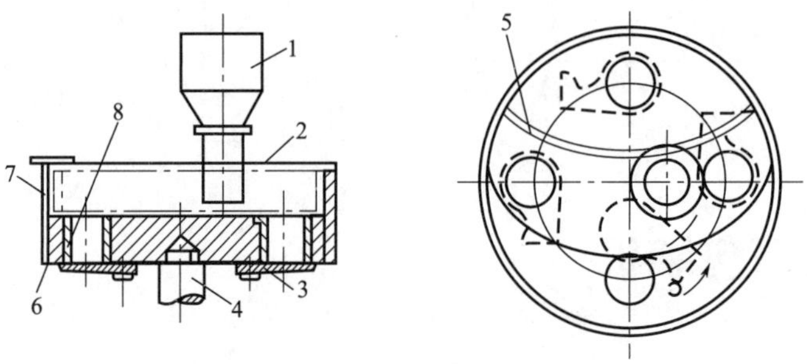

图 15-6 容积固定式充填装置

1—料斗；2—粉罩；3—活门底盖；4—转轴；5—刮板；6—回转圆盘；7—护圈；8—定量容杯

2. 容积可调式

量杯容积可调式充填装置如图 15-7 所示。可调容杯由一下容杯及一上容杯组合而成。通过调整装置改变上下容杯的相对位置，由于容积改变，使其重量也改变，但这种调整是有限度的。

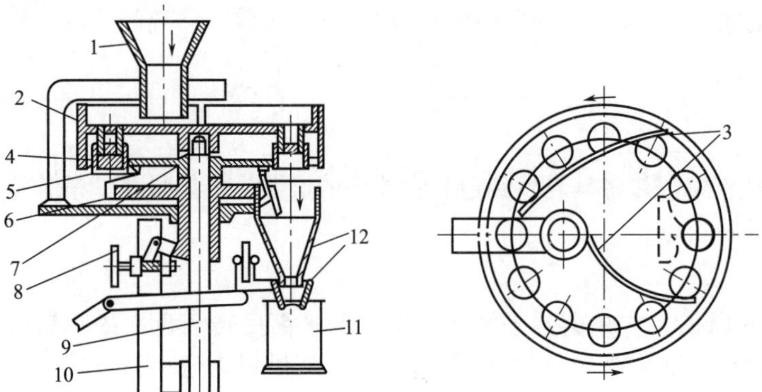

图 15-7 容积可调式充填装置

1—料斗；2—转盘；3—刮板；4—计量杯；5—底盖；6—导轨；7—托盘；8—容杯调节机构；9—转轴；10—支柱；11—容器；12—漏斗

二、称重式充填机

称重式充填机是将产品按预定质量充填到包装容器内的机器。是利用秤对包装物品称取其质量值而实现计量的方法，适用范围很广。在自动包装机中，常用称重计量法计量各种散堆密度不稳定的松散物料及无规则形体的块、枝状物品。称重计量的精度主要取决于称量装置的精度，一般的称量装置的计量精度可达0.1%，因此，对于价值高的物品也多用称重法计量。

图15-8为有触点检控杠杆秤工作原理图。在粗加料阶段，秤梁向右倾斜，装置中的粗、细加料触点都处在闭合状态。粗加料达到定量值的80%～90%时，粗加料触点断开，而细加料触点仍闭合，给料机对称量料斗细加料，当加料达到定量值时，秤梁处于水平状态，细加料触点也断开，给料机停止给料，同时发出开启称量料斗活门的信号，使称量料斗打开活门，把已称量的物料卸出。称量料斗卸完物料后，秤梁再次向右倾斜，粗、细加料触点又都闭合，开始新的称重计量工作循环。有触点检控装置结构简单，但存在电火花熔蚀和粉尘沾污问题。

图15-9为不等臂单杠杆秤无触点二级光控秤工作原理图。粉粒物料由电磁振动给料器自料斗1送往称量漏斗3中，料斗出口与振动料槽间有调节闸板，以调节送料层厚度。秤的右边装有可调位置计量砝码6，秤尾下装有限位台10。光电管7与光源9装在光挡板8的两侧。

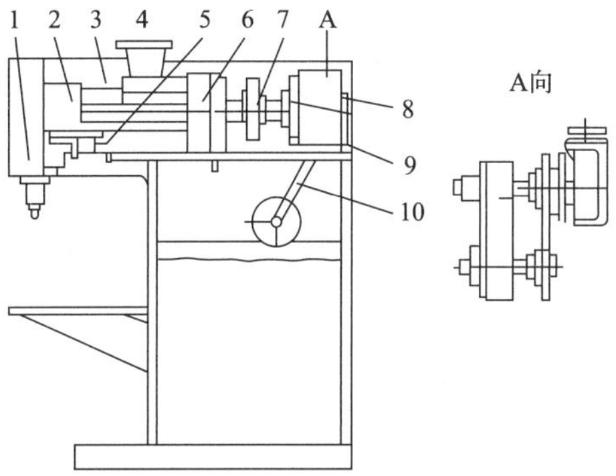

图15-8　有触点检控杠杆秤工作原理图

1—料斗；2—电振给料机；3—秤梁；4—配重砝码；5—检控规板；6—粗加料触点；7—细加料触点；8—刃支承；9—支承座；10—漏斗

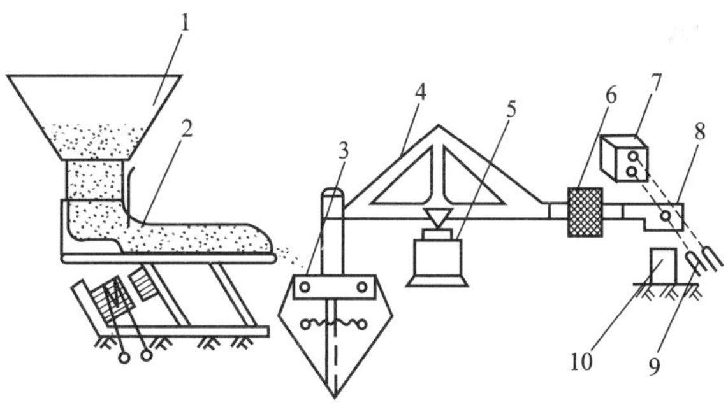

图15-9　无触点二级光控秤工作原理图

1—料斗；2—电磁振动给料器；3—称量漏斗；4—秤梁；5—支座；6—砝码；7—光电管；8—光挡板；9—光源；10—限位台

开始计量时，由于砝码重量，秤向右边下倾，秤尾落于限位台10上，光挡板8位移，第一级光控系统工作，电磁振动给料器2快速向称量漏斗3加料。当加料到90%时，秤尾升起，光挡板切断第一级光控光源，第二级光电系统起作用，发出信号，改变电磁振动给料器振幅以慢速进行细加料，秤尾继续升起。当加料到定量重量时，光挡板使第二级光电控制的光源切断，发出第二次控制信号，使电磁振动给料器停止供料，第一次计量完毕，这时由机械的、电气的或气动的机构，使料斗自动张开放料，物料在自重力作用下，装入已准备好的包装容器中。料斗中物料放完后，料斗受弹簧作用重新闭合，同时秤杆又恢复向右倾斜，开始下一个称重计量工作循环。

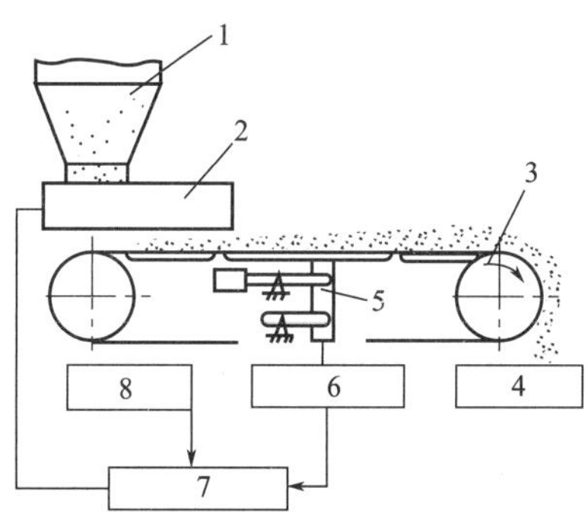

图15-10　连续式电子秤基本组成

1—料斗；2—可控给料装置；3—物料载送装置；4—等分截取装置；5—秤体；6—检测传感器；7—电子调节器；8—质量给定装置

对于连续式称重装置，按输送物料方式不同可分为电子皮带秤和螺旋式电子秤。连续式称重装置的基本组成有：料斗、可控给料装置、瞬间物流称量检测装置、物料载送装置、电子检控系统及等分截取装置等（图15-10）。连续式称重装置工作原理一般为：物料自料斗流过秤盘，瞬间物流称量检测装置对其进行检测，并通过电子检控系统进行调节控制，从而维持物料流量为给定量值，并利用等分截取装置，获得所需每份物料的定量值。

图 15-11 为天平平衡盘式电子秤的原理图与结构图。它是由料斗、秤盘、差动变压器、阻尼器、Ω 弹簧、输送带、电子控制系统及物料下卸分配机构等几部分组成。秤体采用等臂天平结构，等臂杠杆承托着秤盘，检重的物料流重量由砝码平衡，以微型滚动轴承作支承连接。

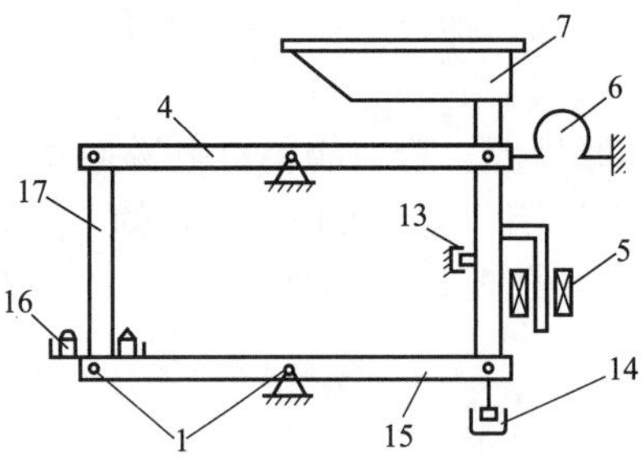

(a) 原理图

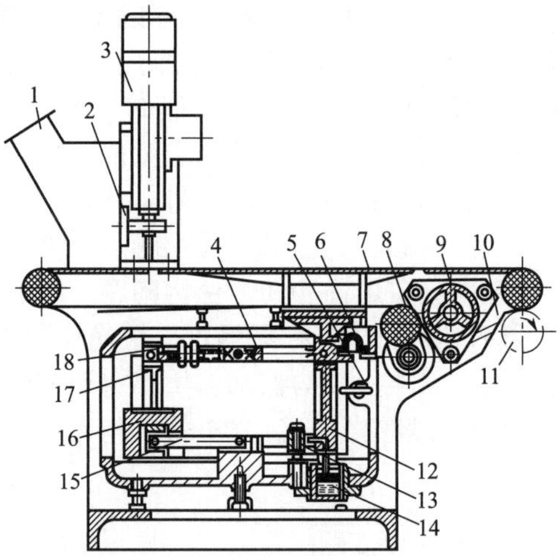

(b) 结构图

图 15-11 天平平衡盘式电子秤的原理图与结构图

1—料斗；2—闸门；3—可逆电机；4—横杆；5—差动变压器；6—Ω 弹簧；7—秤盘；8—压棍；9—主动皮带轮；10—输送带；11—圆毛刷；12—前支架；13—限位器；14—阻尼器；15—辅杆；16—系统平衡砝码；17—后支架；18—微调砝码

工作时，需要称量的物料连续流经自动秤，当秤盘 7 感到其上一段皮带的物料重量变化（对应视密度的变化），通过差动变压器，将此重量变化转变为相应的电量变化，经电子装置综合放大，以驱动可逆电动机，从而带动闸门升降，控制皮带上的物料层厚度，以保证皮带上物料的重量流量为一恒值，经检测计量后的物料连续由皮带送走。

三、计数充填机

模孔计数装置按结构形式分为转盘式与转鼓式等。模孔计数法适用于长径比小的颗粒物料，如颗粒状的巧克力糖的集中自动包装计量。模孔计数法计量准确、计数效率高、结构也较简单、应用较广泛。图 15-12 为转盘式模孔计数装置工作原理图。计数模板 3 上开设有若干组孔眼，孔径比物品颗粒直径大 0.5～1.0mm。计数模板 3 厚度比物品厚度稍大一点，确保每个孔只能容纳一个物品。计数模板 3 下端装有带卸料槽的承托盘 4，承托盘 4 固定不转，托住充填在计数模板 3 模孔中的物品。计数模板 3 上方装有扇形透明盖板 2，它将未落入模孔的多余物品刮除掉。在计数模板 3 转动过程中，某孔组转到卸料槽处，该孔组中的物品靠自重落入卸料漏斗 6 进而装入待装容器；卸完料的孔组转到散堆物品处，依靠转动计数模板 3 与物品之间的搓动及物品自重，物品便自动充填到孔眼中。随着计数模板的连续转动，便实现了物品的连续自动计数、卸料作业。

图 15-13 为转鼓式模孔计数装置工作原理图，其工作原理与转盘式模孔计数装置基本相同。转鼓外圆柱面上按要求等间距地开设出若干组计数盲孔。转鼓转动时，料斗中的物品依靠搓动与自重落入盲孔，待转至出料口时自动落下，即完成一次定量计数。随着转鼓的连续转动，便可实现连续自动计数作业。

图 15-14 为链传动条式模孔计数装置工作原理图。条式模孔板 2 上有数组通孔，条式模孔板 2 由

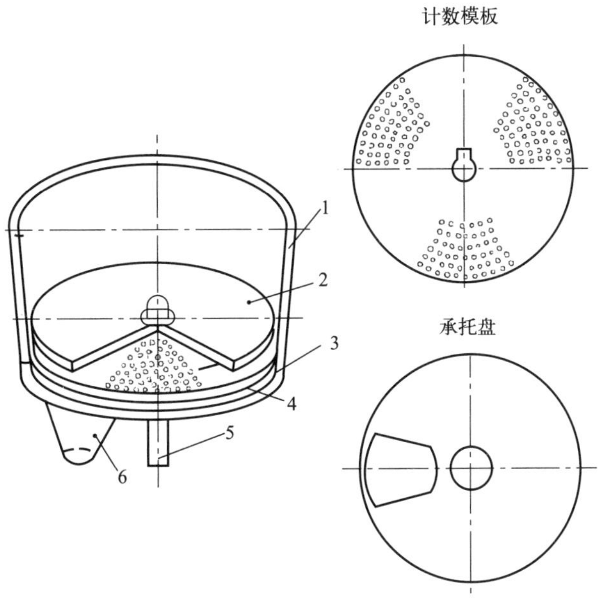

图 15-12　转盘式模孔计数装置工作原理图

1—料斗；2—盖板；3—计数模板；4—承托盘；5—轴；6—卸料漏斗

链条带动，当某模孔组行至料斗区段时，条式模孔板面相对物品产生摩擦运动，从而搓动物品，使物品落入计数模孔中，并且由条式模孔板下面的承托板 3 支托在模孔内，直到排料区段，物品才从模孔中排出，落入集料漏斗 4，装入待装容器。随着条式模孔板的连续运行，便可实现连续自动计数作业。

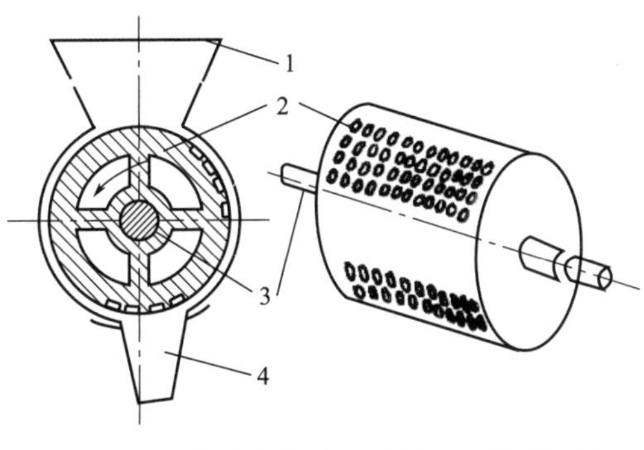

图 15-13　转鼓式模孔计数装置工作原理图

1—料斗；2—计数转鼓；3—转轴；4—卸料漏斗

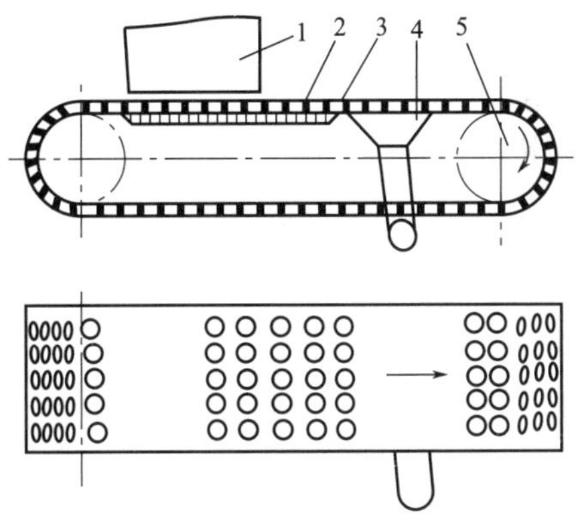

图 15-14　链传动条式模孔计数装置工作原理图

1—料斗；2—条式模孔板；3—承托板；4—集料漏斗；5—链传动

第三节　多功能包装机

多功能食品包装机是指在一台整机上可以完成两个或两个以上包装工序的机器。这种机器以它所能完成的包装工序联合命名。在这一节将介绍袋成型—充填—封口机、热成型—充填—封口机、无菌包装机。

一、袋成型—充填—封口机

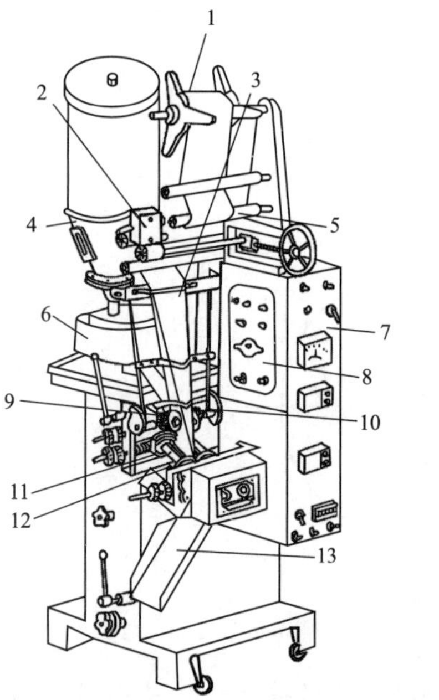

图 15-15 袋成型—充填—封口机外形图

1—包装材料卷；2—光电式自动检测补偿装置；3—袋成型器；4—贮料斗；5—包装材料薄膜张紧导棍；6—容杯式给料盘；7—电机；8—电光控制箱；9—横封辊；10—纵封辊测温传感器；11—纵封拉薄膜辊；12—横封辊测温传感器；13—出料斜槽

袋成型—充填—封口机（图 15-15）是用可热封的柔性包装材料自动完成制袋、物料的计量和充填、排气或充气、封口和切断等多功能的包装机。该机主要由物料计量及供料装置（贮料斗 4、容杯式给料盘 6 等）、包装材料供送系统装置（纵封拉薄膜辊 11、包装材料薄膜张紧导棍 5、光电式自动检测补偿装置 2、包装材料薄膜卷支架等）、包装材料成型封口系统装置（袋成型器 3、横封辊 9、纵封拉薄膜辊 11、旋转封口切断刀等）、机械传动及控制系统装置（电机 7、电光控制箱 8 等）组成。

B・BF・G—120 型卧式枕形袋包装机如图 15-16 所示，包装机由进料输送带 10、出料输送带 1、供纸架 7、成型器 8、热封切断机构 5、偏心不等速机构 2、动力和传动系统 9 及控制和调整系统 4 等组成。该机包装袋形为枕形袋，可用于包装方便面、饼干、糕点、糖果、冰棒、雪糕等块状物品。包装机连续工作，没有间隙和往返过程，生产率较高。

各组成件间关系如图 15-17 所示。物料输送带由主电机 10 带动，每完成一个包装，输送链移动一个推头间距，推头间距的大小由物料的长短来决定，移动速度可以调整，推头间距大则移动速度快，反之亦然。输纸运动通过主电机 10、无级变速器 19、纸位差速器 20 和微调变速器 8 带动。调节无级变速器 19 可以改变输纸长度，调节微调变速器 8、9 可使牵拉膜棍 7 与热封滚轮 3 同步。封切刀具通过主电机 10、刀位差速器 11 和偏心不等速机构 12 带动，每回转一周，封切一次。通过偏心不等速机构 12 调整刀具封切时的瞬时速度，适应各种不同包装速度的要求。通过刀位手轮 13 对刀位差速器 11 调节封切刀沿纸袋长度方向相对于纸袋的位置。对于带有印刷图案的包装材料，通过光电装置 5 与封切信号凸轮 18 的配合，自动控制伺服电机 19′和 20′正反转动，以保证图案的完整和统一。

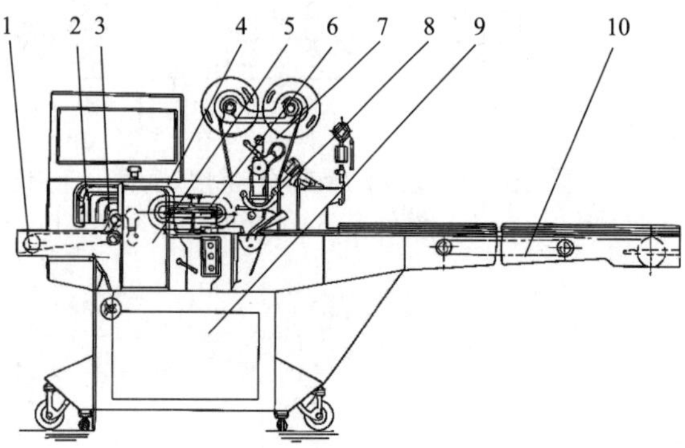

图 15-16 卧式枕形袋包装机结构示意图

1—出料输送带；2—偏心不等速机构；3—压料毛刷；4—控制和调整系统；5—热封切断机构；6—纵封机构；7—供纸架；8—成型器；9—动力和传动系统；10—进料输送带

二、热成型—充填—封口机

热成型—充填—封口机是在加热条件下对热塑性片状包装材料进行深冲，形成包装容器，然后进行

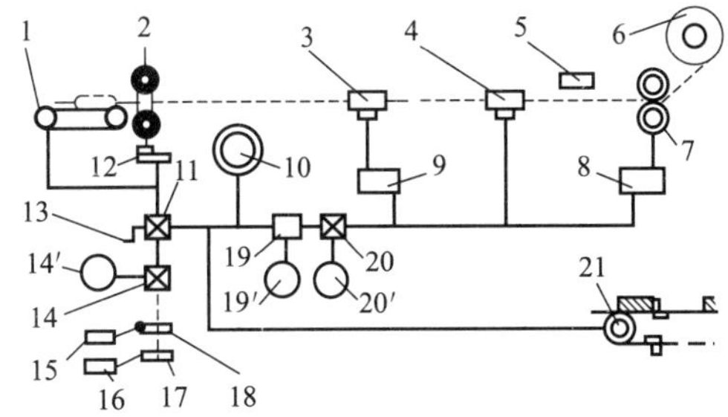

图 15-17　各组成件间关系

1—出料带；2—封切刀具；3—热封滚轮；4—牵拉膜滚轮；5—光电装置；6—卷筒包装材料；7—牵拉膜棍；8,9—微调变速器；10—主电机；11—刀位差速器；12—偏心不等速机构；13—刀位手轮；14—同步差速器；14′,19′,20′—伺服电机；15,16 开关；17—同步凸轮；18—封切信号凸轮；19—无级变速器；20—纸位差速器；21—进料输送带

充填和封口的机器。图 15-18 为热成型—充填—封口机包装工艺过程示意图，底膜材料加热成型和冷却、产品的充填、成型容器与盖材封合。包装材料热成型是该类机最重要工序之一，要使容器壁厚一致，应选择有机械辅助的压缩空气成型法。

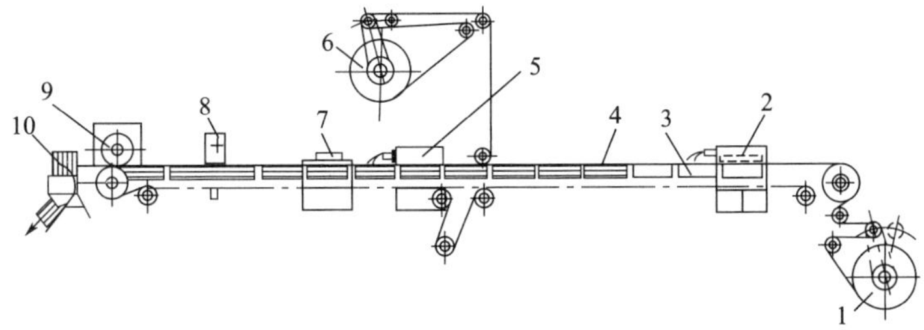

图 15-18　热成型—充填—封口机包装工艺过程示意图

1—底膜卷；2—热成型；3—冷却；4—充填；5—热封；6—盖膜卷；7—封口冷却；8—横向切割；9—纵向切割；10—底膜边料引出

图 15-19 为立式小型热成型—充填—封口机组成示意图。其工作过程是：底膜材料经加热滚筒 2 加热后，随即被真空成型模 3 的凹模吸入成型，并被冷却定型，随后脱模被拉到充填料斗 4 的下方，物料便自动充填到已成型容器中。当运行到热封辊 6 处时，被面板（盖材）覆盖、封口。最后由冲裁机构 10 冲裁，成品 9 输出，废料则由废料卷辊卷取。该机的主运动方向为立式，故占地面积小、结构紧凑。

图 15-20 为卧式热成型—充填—封口机组成示意图。机器的工作过程为：底膜从膜卷 7 被输送链夹持送入机内，在热成型装置 6 加热软化并向深度方向拉伸成盒型；成型盒在包装盒充填部位 5 充填包装物，然后被从盖膜卷 4 引出的盖膜覆盖，再由加热封口装置 8 封口；完成热封的盒经封口冷却装置 3、横向切割刀 2 和纵向切割刀 1 将数排盒分割成单件送出机外，同时底膜两侧边料脱离输送链送出机外卷收。

可将该机的加热封口装置 8 改成图 15-21 所示的真空—充气—热封室，使充填有包装物的容器在热封室内先抽出室内空气，随后以充气管充入惰性气体，热封模将盖膜与容器周边热封。此时，卧式热成型—充填—封口机又称作热成型—真空—充气封口机。

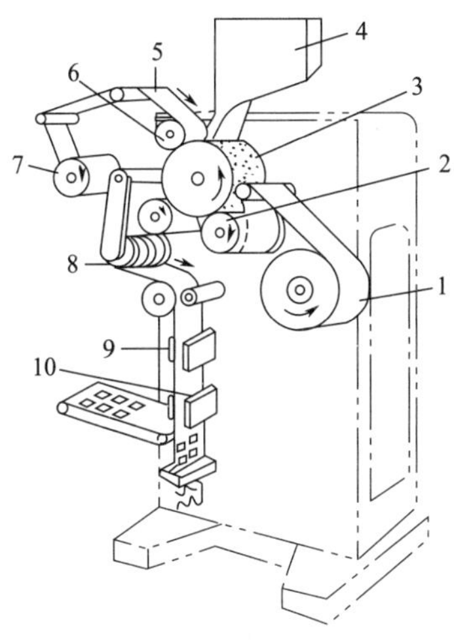

图 15-19　立式小型热成型—充填—封口机组成示意图

1—薄膜；2—加热滚筒；3—真空成型模；4—料斗；5—铝箔；6—热封辊；7—铝箔卷辊；8—张紧装置；9—成品；10—冲裁机构

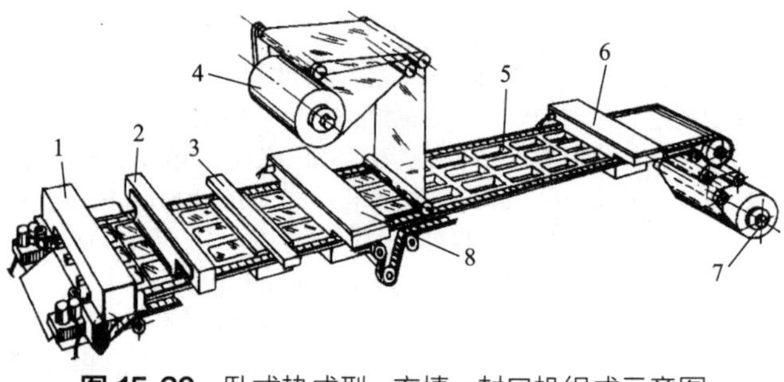

图 15-20 卧式热成型—充填—封口机组成示意图

1—纵向切割刀；2—横向切割刀；3—封口冷却装置；4—盖膜卷；5—包装盒充填部位；6—热成型装置；7—膜卷；8—加热封口装置

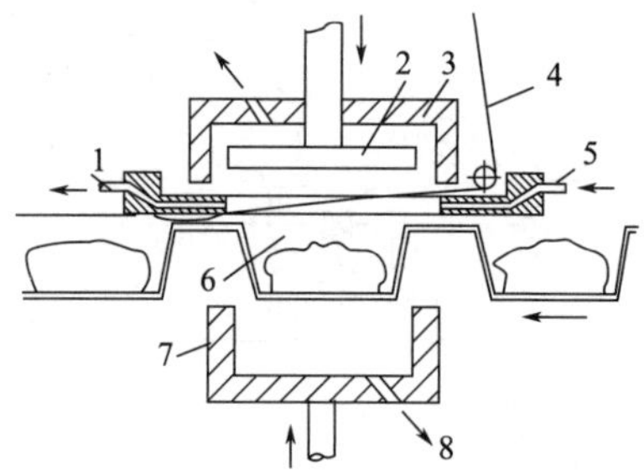

图 15-21 真空—充气—热封室

1，8—抽真空接口；2—压板；3—热封上模；4—盖膜；5—充气嘴；6—容器；7—热封下模

三、无菌包装机

无菌包装就是在无菌环境条件下，把无菌的或预杀菌的产品充填到无菌容器中并进行密封的操作。无菌包装的食品安全卫生，不破坏食品营养成分，并保持其色、香、味；延长食品的保存寿命；对包装材料限制小；不用冷链储运，降低流通成本。无菌袋成型—充填—封口包装机设有相对独立的包装材料杀菌系统和无菌环境的充填与封口系统，使得包装产品杀菌和包装材料杀菌相互独立，从而可实现食品的超高温瞬时杀菌（UHT）及确保包装产品的风味和质量。以康美盒无菌包装机为例，介绍无菌包装机。康美盒无菌包装机可以灌装低黏度液料，也可灌装含颗粒或不含颗粒的黏度液料，内容物与包装盒有一定的顶隙，适合多种大小不同包装盒灌装等特点。

康美盒无菌包装系统工艺过程见图 15-22。先经过复合材料制造、印刷、分切、压痕、纵封折叠及纵封等工序，制成盒坯；盒坯再送到无菌灌装机。在无菌灌装机中，经过盒坯拉开、底部密封、H_2O_2喷雾杀菌、灌装、顶部封口等工序，完成充填—封口过程。除了印刷层、黏结层外，康美盒的包装材料为五层复合结构，从外到内分别为：聚乙烯、纸板、聚乙烯、铝箔、聚乙烯。康美盒纵缝结构如图 15-23 所示，在纵缝处纸板沿厚度方向分切并反向折叠。

通过康美盒无菌包装机一定的工序，把已杀菌制品充填到康美盒中并封口成型。图 15-24 为该机结构示意图。康美盒无菌包装机运行过程包括以下几个方面：①盒坯输送与成型。已完成纵封的预制盒坯通过盒坯输送台 2 依次送到定型轮 5 旁，再由活动吸盘 4 吸牢和拉开成无底、无盖的长方盒，并推送至定型轮中。长方盒随定型轮转动，进入盒底部加热熔化区，两个热空气喷嘴伸入已张开的无底长方盒内，使盒底四壁的塑料面受热熔化。当转到底部折叠区时，开口的纸盒即被折叠器 18 纵横两向折压而产生折纹。然后，在封底器压力下将盒底封闭。当定型轮将已封好底的空盒推出，随即被链式输送带扣住往前移动。②包装容器杀菌。在进杀菌区前，包装容器顶部被一折叠器由顶向下折纹，以备最后封口用。盒顶折纹后即进入无菌区，H_2O_2 在 H_2O_2 喷雾装置 16、电加热器作用下成气雾状喷射到空盒内部，同时无菌区保持正压无菌空气环境，避免外部有菌空气进入。在包装盒上的气雾状 H_2O_2 冷凝，由喷雾区下部 H_2O_2 收集槽收集，其余的气雾状 H_2O_2 则由喷雾区顶部排气罩排出。在热空气干燥装置 8 作用下，通过多次吹热空气操作，使 H_2O_2 分解成活性氧，对空盒进行杀菌，并把残余的 H_2O_2 吹走与干燥（要求残留 H_2O_2 少于 0.1mg/kg）。③无菌制品灌装。在无菌区，经过杀菌的制品由灌装机构 9、15 完成灌装。不同物料的特性，灌装方法有所不同。对黏度较大的或含颗粒的制品如番茄酱、浓缩汤等需用机械压力灌装法，在待装物料槽底部有柱塞泵，由柱塞往返运动将制品吸入、计量、推出，经输出管注到消毒好的纸盒中；对黏度较小的制品如果（蔬）汁、牛奶等用定时流量法。灌装易起泡沫的制品，可用去沫器吸取泡沫并送到另一贮槽回用。④顶部加热与密封。顶部加热与密封是无菌区最后

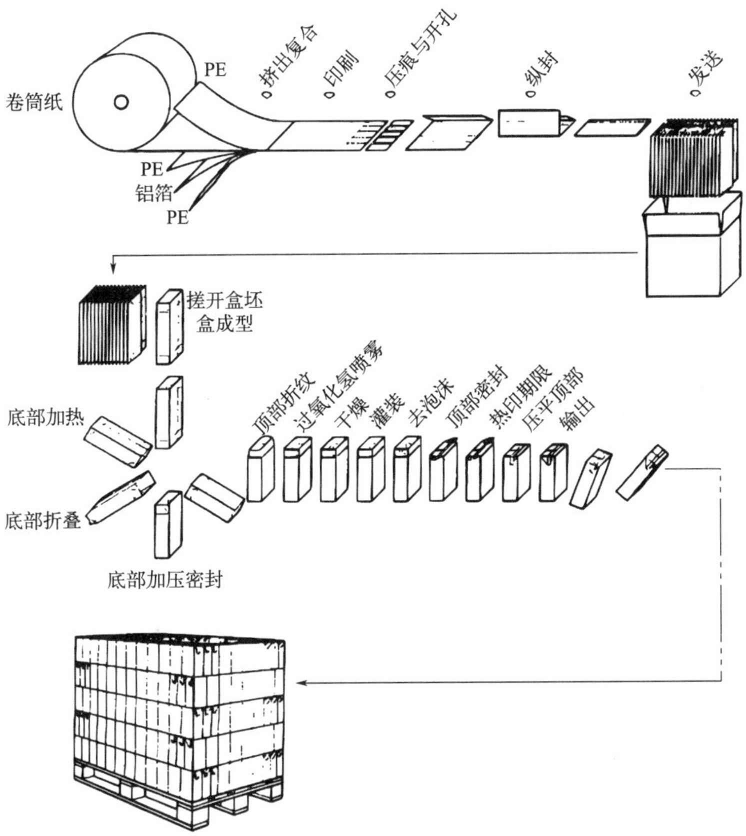

图 15-22　康美盒无菌包装系统工艺过程

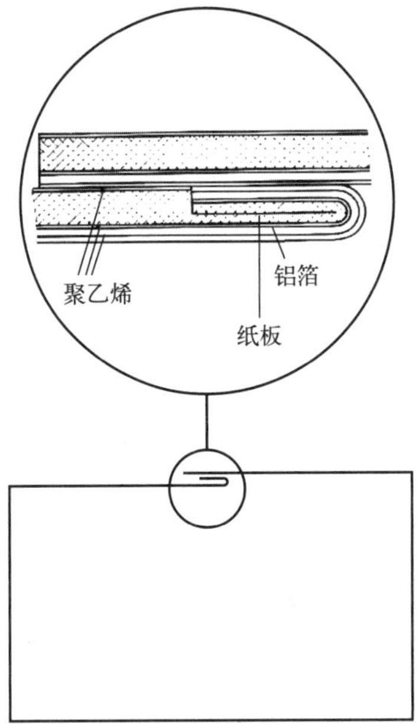

图 15-23　康美盒纵缝结构

的工序。灌装完成的盒顶封口处吹热空气，使该处复合材料软化，随后折叠，再用超声波封口装置密封。⑤热印与顶部压平。封口后立刻热印上灌装或过期时间。对包装袋四端处的凸翼（耳朵）由顶部压平装置 11 折叠压平，使包装成砖形。通过传送轮 12 及传送带将包装产品送出机外。

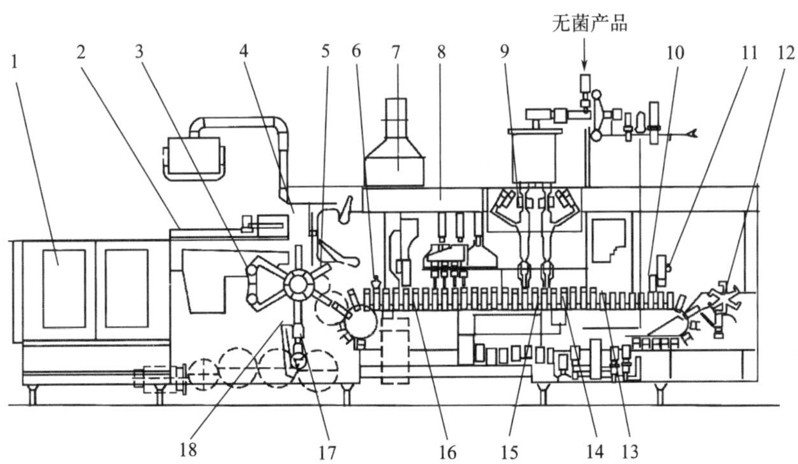

图 15-24　康美盒无菌包装机结构示意图

1—仪表控制台；2—盒坯输送台；3—盒坯底部加热装置；4—活动吸盘；5—定型轮；6—顶部折纹装置；7—H_2O_2 蒸气收集罩；8—热空气干燥装置；9,15—灌装机构；10—热印装置；11—顶部压平装置；12—传送轮；13—盒顶部封口装置；14—去沫器；16—H_2O_2 喷雾装置；17—盒坯底部密封装置；18—折叠器

总结

○ **液体灌装机各类型的特点**

常压灌装机：适用于低黏度、不含气体的液体，结构简单、操作方便。

等压灌装机：适用于高黏度、含气体或固体的液体，灌装精度高、速度快。

真空灌装机：适用于易氧化、易挥发或有毒的液体，能有效防止物料污染。

○ **散体充填包装机各类型的特点**

螺杆式充填机：通过旋转螺杆的运动将物料推送至出料口，适用于粉末、颗粒状物料的充填，操作简单、稳定可靠，易于清洗和维护。

称重式充填机：是将产品按预定质量充填到包装容器内的机器。是利用秤对包装物品称取其质量值而实现计量的方法，适用范围很广。

计数充填机：模孔计数装置按结构形式分为盘式与转鼓式等。模孔计数法适用于长径比小的颗粒物料，如颗粒状的巧克力糖的集中自动包装计量。模孔计数法计量准确，计数效率高，结构也较简单，应用较广泛。

○ **多功能包装机**

袋成型—充填—封口机：是用可热封的柔性包装材料自动完成制袋、物料的计量和充填、排气或充气、封口和切断等多功能的包装机。

热成型—充填—封口机：是在加热条件下对热塑性片状包装材料进行深冲，形成包装容器，然后进行充填和封口的机器。

无菌包装机：无菌包装就是在无菌环境条件下，把无菌的或预杀菌的产品充填到无菌容器中并进行密封的操作。无菌包装的食品安全卫生，不破坏食品营养成分，并保持其色、香、味；延长食品的保存寿命；对包装材料限制小；不用冷链储运，降低流通成本。

思考练习

（一）液体灌装机各类型有何特点，如何选用？

（二）散体充填包装机各类型有何特点？

（三）包装生产线由哪些部分组成？

无菌包装机

参考文献

[1] 陈斌. 食品加工机械与设备[M]. 2版. 北京：机械工业出版社，2018.
[2] 陈从贵，张国治. 食品机械与设备[M]. 南京：东南大学出版社，2009.
[3] 崔建云. 食品加工机械与设备[M]. 北京：中国轻工业出版社，2008.
[4] 顾林. 食品机械与设备[M]. 北京：中国纺织出版社，2016.
[5] 何国庆. 食品发酵与酿造工艺学. 北京：中国农业出版社，2001.
[6] 胡继强，张旭光，黄亚东. 食品工程技术装备食品生产单元操作[M]. 北京：科学出版社，2009.
[7] 胡晓波，李清明，程玉来，等. 食品机械与设备[M]. 北京：中国农业大学出版社，2020.
[8] 康旭. 食品机械与设备. 北京：科学出版社，2020.
[9] 李良. 食品机械与设备[M]. 北京：中国轻工业出版社，2019.
[10] 李清明，胡晓波. 食品机械与设备[M]. 北京：中国农业大学出版社，2021.
[11] 李勇，张佰清. 食品机械与设备[M]. 北京：化学工业出版社，2019.
[12] 刘东红，崔建云. 食品加工机械与设备[M]. 2版. 北京：中国轻工业出版社，2021.
[13] 陆振曦. 食品机械原理与设计[M]. 北京：中国轻工业出版社，1995.
[14] 马海乐. 食品机械与设备. 3版. 北京：中国农业出版社，2022.
[15] 丘泰球，任娇艳，杨日福. 食品物理加工技术[M]. 北京：科学出版社，2018.
[16] 孙凤兰，马喜川. 包装机械概论. 北京：印刷工业出版社，1998.
[17] 唐丽丽，王光耀. 食品机械与设备[M]. 重庆：重庆大学出版社，2014.
[18] 唐伟强. 食品通用机械与设备[M]. 2版. 广州：华南理工大学出版社，2010.
[19] 席会平，田晓玲. 食品加工机械与设备[M]. 2版. 北京：中国农业大学出版社，2014.
[20] 夏文水. 食品工艺学[M]. 北京：中国轻工业出版社，2007.
[21] 徐清华. 生物工程设备. 北京：科学出版社，2010.
[22] 许学勤. 食品工厂机械与设备[M]. 2版. 北京：中国轻工业出版社，2018.
[23] 殷涌光. 食品机械与设备[M]. 北京：化学工业出版社，2006.
[24] 张佰清，李勇. 食品机械与设备[M]. 郑州：郑州大学出版社，2012.
[25] 张和平，张列兵，武建新，等. 现代乳品工业手册[M]. 北京：中国轻工业出版社，2012.
[26] 张燕萍，谢良. 食品加工技术[M]. 北京：化学工业出版社，2006.
[27] 张裕中. 食品加工技术装备[M]. 2版. 北京：中国轻工业出版社，2007.
[28] 赵晋府，孔繁东，王凤翼，等. 食品工艺学[M]. 2版. 北京：中国轻工业出版社，2018.
[29] 周裔彬. 粮油加工工艺学[M]. 北京：化学工业出版社，2014.
[30] 邹小波. 食品加工机械与设备. 北京：中国轻工业出版社，2020.
[31] 徐学平，尹宗伦，朱澄良，等. 食品工程全书[M]. 北京：中国轻工业出版社，2005.
[32] 胡乔木，姜椿芳，梅益. 中国大百科全书[M]. 北京：中国大百科全书出版社，2014.
[33] 康旭，康志强，周然，等. 食品机械与设备[M]. 北京：科学出版社，2020.
[34] 应雪正，王剑平，叶尊忠. 国内外高压脉冲电场食品杀菌关键技术概况[J]. 食品科技，2006，31（3）：4.
[35] 戴妍. 食品3D打印技术在现代食品工业中的应用进展[J]. 食品工业科技，2022，43（7）：35-42.
[36] 毕荃，薛文通. 挤压蒸煮技术在食品工业上的应用及研究进展[J]. 粮食与油脂，2018，31（10）：1-3.
[37] 郭新月. 微粉碎协同挤压膨化处理对燕麦麸皮特性影响及应用研究[D]. 呼和浩特：内蒙古农业大学，2022.
[38] 李芳蕊，杨佳彤，张瑞，王英平. 挤压膨化工艺在中药及其产品加工领域中的应用研究[J]. 特产研究，2021，43（4）：65-69.
[39] 刘畅，孟倩楠，刘晓飞，王雨晴，杨春瑜，张娜. 挤压膨化技术及其应用研究进展[J]. 饲料研究，2021，（4）：137-140.
[40] 任军伟. 饲料挤压膨化设备与工艺技术研究新进展[J]. 南方农机，2018，（4）：78.
[41] 杜凯欣. 不同表面处理设备对谷物清理效果的对比研究[D]. 郑州：河南工业大学，2023.
[42] 袁鼎山. FBPY型小麦剥皮机[J]. 粮食加工，2004，（6）：43.
[43] 袁鼎山. FBPY型小麦剥皮机的结构原理及性能[J]. 粮食与饲料工业，2005，（4）：15-16.

[44] 杨国峰，周建新. 食品微波杀菌有关问题的探讨[J]. 食品科学，2006，27 (10)：4.
[45] 陈启和，何国庆. 微波技术在食品中的应用和食品杀菌研究进展[J]. 粮油加工与食品机械，2002，(4)：3.
[46] Xiang Li，Mohammed Farid. A review on recent development in non-conventional food sterilization technologies[J]. Journal of Food Engineering，2016，182：33-45.
[47] Piotr Kulawik，Nikheel Bhojraj Rathod，Yesim Ozogul，et al. Recent developments in the use of cold plasma，high hydrostatic pressure，and pulsed electric fields on microorganisms and viruses in seafood[J]. Critical Reviews in Food Science and Nutrition，2022，63 (29)：9716-9730.
[48] Varalakshmi S. A review on the application and safety of non-thermal techniques on fresh produce and their products [J]. LWT-Food Science and Technology，2021，149.
[49] Lohrasbi-Nejad S，Shahedi M，Fathi M. Comparative study of microwave-assisted vacuum evaporation，microwave-assisted evaporation，and conventional evaporation methods on physicochemical properties of barberry juice[J]. Journal of Agricultural Science and Technology，2021，23 (2)：307-317.
[50] Dan Huang，Pei Yang，Xiaohong Tang，et al. Application of infrared radiation in the drying of food products[J]. Trends in Food Science & Technology，2021，110：765-777.
[51] Zachary Welsh，Matthew J Simpson，Md Imran H Khan，et al. Multiscale Modeling for Food Drying：State of the Art[J]. Comprehensive Reviews in Food Science and Food Safety，2018，17 (5)：1293-1380.
[52] Luis González-Cavieres，Mario Pérez-Won，Gipsy Tabilo-Munizaga，et al. Advances in vacuum microwave drying (VMD) systems for food products[J]. Trends in Food Science & Technology，2021，116：626-638.
[53] Chandrasekaran S，Ramanathan S，Tanmay Basak. Microwave food processing-A review[J]. Food Research International，2013，52 (1)：243-261.
[54] Yiran Wu，Rongyi Mu，Guohua Li，et al. Research progress in fluid and semifluid microwave heating technology in food processing[J]. Comprehensive Reviews in Food Science and Food Safety，2022，21 (4)：3436-3454.
[55] Kumar C，Karim M A. Microwave-convective drying of food materials：A critical review[J]. Critical Reviews in Food Science and Nutrition，2017，59 (3)：379-394.
[56] 涂国圣，陈新新，吴惠平. 一种转弯输送机和输送带：CN201920572962.2[P]. 2020-02-18.
[57] 苏海峰，韩其华，苏承跃，等. 螺旋输送机棱形轴连接结构. CN201922423921.X[P]. 2020-11-20.
[58] 汪旭辉，刘巍，王慧明，等. 一种利于更换单螺杆泵定子与转子的出口过渡管接头：CN201620654084.5[P]. 2016-11-30.
[59] 王恒，王进学，苗委然，等. 一种智能防堵塞星型卸料器：CN201721504918.5[P]. 2018-06-12.
[60] 罗刚银，孔得友，薛艳芬，等. 一种适用于轻质物料的喷射式供料器：CN201620905511.2[P]. 2017-02-22.

数字资源索引

视频名称	页码
磨粉机	102
高压均质设备	119
制冷设备	170
降膜蒸发器	187
活动刮板式薄膜蒸发器	187
流化床干燥装置	205
喷雾干燥装置	205
单螺杆挤压机	221
通风发酵罐	236
无菌包装机	250